高等学校“十二五”计算机规划教材·实用教程系列

计算机应用基础

（Windows 7+Office 2010）

吕庆莉　编

西北工業大學出版社

【内容简介】本书为高等学校“十二五”计算机规划教材，主要内容包括计算机基础知识、Windows 7 操作系统、中文输入法、文字处理软件 Word、表格处理软件 Excel、演示文稿制作软件 PowerPoint、计算机多媒体技术、计算机网络基础与 Internet、综合应用实例以及上机实验，第 1～8 章后附有本章小结及操作练习，读者在学习时更加得心应手，做到学以致用。

本书结构合理，内容系统全面，讲解由浅入深，实例丰富实用。既可作为各高等院校计算机基础课程的首选教材，也可作为各成人高校、民办高校及社会培训班的计算机基础课程教材，同时还可供计算机爱好者自学参考。

图书在版编目（CIP）数据

计算机应用基础：Windows 7+Office 2010/吕庆莉编．—西安：西北工业大学出版社，2013.5（2020.4 重印）

高等学校“十二五”计算机规划教材·实用教程系列

ISBN 978-7-5612-3685-7

Ⅰ．①计…　Ⅱ．①吕…　Ⅲ．①Windows 操作系统—高等学校—教材 ②办公自动化—应用软件—高等学校—教材　Ⅳ．①TP316.7 ②TP317.1

中国版本图书馆 CIP 数据核字（2013）第 112995 号

出版发行：西北工业大学出版社

通信地址：西安市友谊西路 127 号　　邮编：710072

电　　话：（029）88493844　88491757

网　　址：www.nwpup.com

电子邮箱：computer@nwpup.com

印 刷 者：陕西向阳印务有限公司

开　　本：787 mm×1 092 mm　1/16

印　　张：18.5

字　　数：492 千字

版　　次：2013 年 5 月第 1 版　　2020 年 4 月第 4 次印刷

定　　价：37.00 元

序　言

2010 年召开的全国教育工作会议是新世纪以来第一次、改革开放以来第四次全国教育工作会议。在全面建设小康社会、开始从教育大国向教育强国迈进的关键时期，召开全国教育工作会议，颁布《国家中长期教育改革和发展规划纲要（2010—2020 年）》，是党中央、国务院作出的又一重大战略决策，是我国教育事业改革发展一个新的里程碑，意义重大，影响深远。

在《国家中长期教育改革和发展规划纲要（2010—2020 年）》中，明确了我国高等教育事业改革和发展的指导思想，牢固确立了人才培养在高校工作中的中心地位，着力培养信念执著、品德优良、知识丰富、本领过硬的高素质专门人才和拔尖创新人才，创立高校与高校、科研院所、行业、企业、地方联合培养人才的新机制，走产、学、研、用相结合之路。

在我国国民经济和社会发展的第十二个五年规划纲要中，对教育改革也提出了新的要求，按照优先发展、育人为本、改革创新、促进公平、提高质量的要求，深化教育教学改革，推动教育事业科学发展，全面提高高等教育质量。

近年来，我国高等教育呈现出快速发展的趋势，形成了适应国民经济建设和社会发展需要的多种层次、多种形式、学科门类基本齐全的高等教育体系，为社会主义现代化建设培养了大批高级专门人才，在国家经济建设、科技进步和社会发展中发挥了重要作用。

但是，高等教育质量还需要进一步提高，以适应经济社会发展的需要。不少高校的专业设置和结构不尽合理，教师队伍整体素质有待提高，人才培养模式、教学内容和方法需进一步转变，学生的实践能力和创新精神需进一步加强。

为了配合当前高等教育的现状和中国经济生活的发展状况，依据教育部的有关精神，紧密配合教育部已经启动的高等学校教学质量与教学改革工程精品课程建设工作，通过全面的调研和认真研究，我们组织出版了“高等学校‘十二五’计算机规划教材·实用教程系列”教材。本系列教材旨在“以培养高质量的人才为目标，以学生的就业为导向”，在教材的编写中结合工作实际应用，切合教学改革需要，提高人才培养的能力和水平，更好地满足经济社会发展对高素质人才的需要。

主要特色

⊙ 中文版本、易教易学

本系列教材选取在工作中最普遍、最易掌握的应用软件的中文版本，突出“易教学、易操作”，结构合理、循序渐进、讲解清晰。

◎ 内容全面、图文并茂

本系列教材合理安排基础知识和实践知识的比例，基础知识以“必需、够用”为度，内容系统全面，图文并茂。

◎ 结构合理、实例典型

本系列教材以培养实用型和创新型人才为目标，在全面讲解实用知识的基础上拓展学生的思维空间，以实例带动知识点，诠释实际项目的设计理念，实例典型，切合实际应用，并配有上机实验。

◎ 体现教与学的互动性

本系列教材从“教”与“学”的角度出发，重点体现教师和学生的互动交流。将精练的理论和实用的行业范例相结合，使学生在课堂上就能掌握行业技术应用，做到理论和实践并重。

◎ 与实际工作相结合

开辟培养技术应用型人才的第二课堂，注重学生素质培养，与企业一线人才要求对接，充实实际操作经验，将教育、训练、应用三者有机结合，使学生一毕业就能胜任工作，增强学生的就业竞争力。

读者对象

本系列教材的读者对象为高等学校师生和需要进行计算机相关知识培训的专业人士，同时也可供从事其他行业的计算机爱好者自学参考。

结束语

希望广大师生在使用过程中提出宝贵意见，以便我们在今后的工作中不断地改进和完善，使本系列教材成为高等学校教育的精品教材。

西北工业大学出版社

2011年3月

前　言

随着计算机技术的不断发展，计算机的应用能力已经成为各行各业从业人员的基本技能。尤其是进入 21 世纪之后，计算机硬件价格的下降进一步促进了计算机应用的普及。而我国社会信息化建设也进入了一个快速发展时期，人们的日常工作越来越多地依赖于计算机的应用。本书正是为了满足人们利用计算机完成文档排版、数据处理、制作演示文稿以及利用网络搜索信息和共享资源等最常用和最实用的需求而编写的。

本书以“基础知识+课堂实战+综合应用实例+上机实验”为主线，对 Office 2010 软件循序渐进地进行讲解，读者通过学习能够快速直观地了解和掌握 Office 各组件的基本使用方法、操作技巧和行业实际应用，为步入职业生涯打下良好的基础。

本书内容

全书共分 10 章，第 1 章介绍了计算机基础知识，让读者了解计算机；第 2 章介绍了 Window 7 操作系统，让读者开始使用计算机；第 3 章主要介绍了中文输入法的相关知识；第 4～6 章主要介绍 Word 2010，Excel 2010 和 PowerPoint 2010 的基本操作与使用技巧；第 7 章主要介绍计算机多媒体技术及应用；第 8 章主要介绍 Internet 的基础知识与应用；第 9 章列举了几个有代表性的综合实例；第 10 章是上机实验。通过理论联系实际，帮助读者举一反三，学以致用，进一步巩固前面所学的知识。

读者定位

本书结构合理，内容系统全面，讲解由浅入深，实例丰富实用，既可作为各高等学校计算机基础教育教材，也可作为成人高校及民办高校的计算机课程教材。

本书力求严谨细致，但由于水平有限，书中难免出现疏漏与不妥之处，敬请广大读者批评指正。

编　者

目 录

第1章 计算机基础知识 1

1.1 计算机概述 1

1.1.1 计算机发展简史 1

1.1.2 计算机的特点 2

1.1.3 计算机的分类 3

1.1.4 计算机的应用 4

1.2 计算机中的数制 5

1.2.1 数制中的三要素 5

1.2.2 常用的进位计数制 5

1.2.3 不同进制数之间的转换 6

1.3 数据与编码 8

1.3.1 常用术语 9

1.3.2 BCD码 9

1.3.3 字符编码 10

1.3.4 汉字编码 11

1.4 微型计算机系统 12

1.4.1 微型计算机的主要技术指标 12

1.4.2 微型计算机的硬件系统 13

1.4.3 微型计算机的软件系统 17

本章小结 17

操作练习 17

第2章 Windows 7操作系统 19

2.1 Windows 7操作系统简介 19

2.1.1 Windows 7的配置需求 19

2.1.2 Windows 7系统特色 20

2.2 初次接触Windows 7 21

2.2.1 启动Windows 7操作系统 21

2.2.2 认识Windows 7的界面 21

2.2.3 退出Windows 7 22

2.2.4 在Windows 7中操作鼠标 24

2.3 Windows 7的基本操作 25

2.3.1 窗口的操作 25

2.3.2 对话框的操作 27

2.3.3 菜单的操作 29

2.3.4 操作“开始”菜单 30

2.4 个性化Windows 7 31

2.4.1 桌面背景个性化设置 31

2.4.2 桌面图标个性化设置 32

2.4.3 个性化“开始”菜单 33

2.4.4 个性化任务栏 34

2.4.5 设置日期和时间 36

2.4.6 创建与管理用户账户 37

2.5 规划文件系统 39

2.5.1 磁盘、文件和文件夹的基本概念 39

2.5.2 文件存放注意事项 41

2.6 管理文件的场所 41

2.6.1 “计算机”窗口 42

2.6.2 “资源管理器”窗口 42

2.6.3 用户文件夹窗口 43

2.7 管理文件和文件夹 44

2.7.1 新建文件或文件夹 44

2.7.2 文件或文件夹的选定 44

2.7.3 重命名文件或文件夹 45

2.7.4 移动与复制文件或文件夹 45

2.7.5 删除文件或文件夹 47

2.7.6 搜索文件和文件夹 47

2.7.7 设置文件或文件夹属性 48

2.7.8 设置文件或文件夹的显示效果 49

2.8 管理回收站 50

2.8.1 清空“回收站” 50

2.8.2 还原项目 50

2.9 在Windows 7中安装和卸载软件 51

2.9.1 认识常用的应用软件 51

2.9.2 安装应用软件 51

2.9.3 卸载应用软件 51

2.10 Windows 7的常用附件 52

2.10.1 便笺 52

2.10.2 画图 53

2.10.3 计算器 54

2.10.4 写字板 55

2.10.5 截图工具 55
2.11 课堂实战——使用写字板编辑文档 .. 56
本章小结 58
操作练习 58
第 3 章 中文输入法 60
3.1 键盘的操作 60
3.1.1 认识键盘的布局 60
3.1.2 复合键的使用 62
3.1.3 操作键盘的正确姿势 63
3.1.4 键盘指法 63
3.2 输入法简介 64
3.2.1 中文输入法的分类 64
3.2.2 选择汉字输入法 65
3.2.3 认识输入法状态条 65
3.2.4 添加与删除输入法 66
3.3 拼音输入法 67
3.4 五笔字型输入法 67
3.4.1 汉字字型结构 67
3.4.2 五笔字型键盘设计 68
3.4.3 字根文字的输入 69
3.4.4 一般汉字的输入 69
3.4.5 简码的输入 70
3.4.6 重码、容错码和万能学习键“Z” 71
3.5 课堂实战——制作“留言条” 71
本章小结 72
操作练习 73
第 4 章 文字处理软件 Word 74
4.1 Word 2010 的基础知识 74
4.1.1 Word 2010 十大功能改进 74
4.1.2 安装中文 Word 2010 75
4.1.3 Word 2010 的启动和退出 76
4.1.4 Word 2010 的界面介绍 77
4.1.5 Word 2010 的视图方式 80
4.2 文档的基本操作 82
4.2.1 创建文档 82
4.2.2 保存文档 83
4.2.3 打开文档 84
4.2.4 关闭文档 85
4.3 文本的基本操作 85
4.3.1 输入文本 85
4.3.2 选定文本 87
4.3.3 复制与粘贴文本 87
4.3.4 移动文本 88
4.3.5 查找与替换文本 88
4.3.6 删除文本 89
4.3.7 撤销与恢复操作 90
4.4 格式化文本 90
4.4.1 设置字符格式 90
4.4.2 设置段落格式 92
4.4.3 添加边框和底纹 94
4.4.4 添加项目符号和编号列表 96
4.4.5 设置段落制表位 98
4.4.6 复制与清除格式 99
4.4.7 特殊排版方式 99
4.4.8 应用样式 101
4.5 表格的使用 103
4.5.1 创建表格 103
4.5.2 选择表格元素 105
4.5.3 编辑表格 105
4.5.4 设置表格格式 106
4.6 丰富 Word 文档 108
4.6.1 插入图片和剪贴画 108
4.6.2 编辑图片和剪贴画 109
4.6.3 添加文本框 111
4.6.4 添加自选图形 112
4.6.5 创建 SmartArt 图形 114
4.6.6 艺术字的应用 115
4.6.7 制作文档封面 115
4.6.8 插入页眉、页脚和页码 116
4.7 打印 Word 文档 117
4.7.1 页面设置 117
4.7.2 打印预览 119
4.7.3 打印文档 119
4.8 课堂实战——制作贺卡 121
本章小结 124
操作练习 124
第 5 章 表格处理软件 Excel 126
5.1 Excel 2010 的基础知识 126
5.1.1 Excel 2010 的工作窗口 126

5.1.2 Excel 2010 的相关概念 127
5.2 操作工作簿 128
5.2.1 新建工作簿 128
5.2.2 保存工作簿 129
5.3 操作工作表 130
5.3.1 选择工作表 130
5.3.2 重命名工作表 131
5.3.3 插入与删除工作表 131
5.3.4 移动与复制工作表 132
5.3.5 隐藏与显示工作表 133
5.3.6 保护工作表 134
5.3.7 拆分与冻结工作表 134
5.4 操作单元格 136
5.4.1 选择单元格 136
5.4.2 插入单元格 137
5.4.3 删除单元格 137
5.4.4 合并和拆分单元格 138
5.5 输入与编辑数据 138
5.5.1 输入数据 138
5.5.2 编辑数据 139
5.6 美化 Excel 表格 141
5.6.1 设置字符格式 141
5.6.2 设置数字格式 141
5.6.3 设置数据的对齐方式 142
5.6.4 设置行列格式 143
5.6.5 添加边框和底纹 144
5.6.6 套用表格样式 144
5.7 使用公式和函数 145
5.7.1 创建公式 145
5.7.2 编辑公式 146
5.7.3 相对引用和绝对引用 147
5.7.4 使用函数 147
5.8 管理数据 149
5.8.1 数据排序 149
5.8.2 数据筛选 150
5.8.3 分类汇总 152
5.9 使用图表分析数据 153
5.9.1 创建图表 153
5.9.2 编辑图表 154
5.10 打印输出工作表 155
5.10.1 页面设置 155
5.10.2 打印表格 156
5.11 课堂实战——计算和管理数据 157
本章小结 160
操作练习 160
第 6 章 演示文稿制作软件 PowerPoint 162
6.1 PowerPoint 2010 基础知识 162
6.1.1 PowerPoint 2010 的工作界面 162
6.1.2 幻灯片视图方式 163
6.2 制作与设置幻灯片 164
6.2.1 新建演示文稿 164
6.2.2 选择幻灯片版式 165
6.2.3 输入与设置文本 165
6.2.4 编辑幻灯片 166
6.3 丰富幻灯片 168
6.3.1 插入图片对象 168
6.3.2 插入表格和图表 169
6.3.3 插入多媒体文件 170
6.3.4 创建相册 172
6.4 设计演示文稿的外观 173
6.4.1 应用设计主题 173
6.4.2 设置幻灯片背景 175
6.4.3 制作幻灯片母版 176
6.4.4 添加页眉与页脚 179
6.4.5 添加超链接 180
6.5 设置动画效果 180
6.5.1 幻灯片间的切换效果 181
6.5.2 为幻灯片中的对象设置动画效果 181
6.5.3 修改动画 183
6.5.4 使用动画刷 183
6.5.5 添加动作按钮 184
6.6 放映演示文稿 184
6.6.1 设置放映方式 184
6.6.2 隐藏或显示幻灯片 185
6.6.3 自定义放映幻灯片 185
6.6.4 放映控制 186
6.6.5 调整放映顺序 187
6.6.6 排练计时 187
6.7 打包与打印演示文稿 188

6.7.1 打包演示文稿 188
6.7.2 打印演示文稿 189
6.8 课堂实战——制作电子相册 190
本章小结 193
操作练习 193
第 7 章 计算机多媒体技术 195
7.1 多媒体的基本概念 195
7.1.1 媒体与多媒体 195
7.1.2 媒体的种类 195
7.1.3 多媒体的组成要素 196
7.1.4 多媒体技术及应用 197
7.2 多媒体计算机的系统组成 197
7.2.1 多媒体技术的基本特征 197
7.2.2 多媒体计算机硬件系统 197
7.2.3 多媒体计算机软件系统 198
7.3 常用的多媒体处理工具 198
7.3.1 图形图像软件 198
7.3.2 视频编辑软件 198
7.3.3 动画制作软件 198
7.3.4 音频编辑软件 199
7.3.5 多媒体合成软件 199
7.4 Windows 7 的多媒体功能 199
7.4.1 Windows Media Center 199
7.4.2 Windows Media Player 202
7.5 课堂实战——播放媒体库的视频 203
本章小结 204
操作练习 204
第 8 章 计算机网络基础与 Internet 205
8.1 计算机网络概述 205
8.1.1 计算机网络的概念 205
8.1.2 计算机网络的分类 205
8.1.3 计算机网络的功能 206
8.1.4 计算机网络的基本组成 206
8.2 局域网 207
8.2.1 局域网的特点 207
8.2.2 局域网的分类 207
8.2.3 局域网的通信协议 208
8.2.4 局域网的组成 209
8.3 Internet 概述 210
8.3.1 Internet 的服务 210
8.3.2 Internet 的地址 210
8.3.3 Internet 的接入方式 211
8.4 使用 IE 浏览器 212
8.4.1 认识 IE 浏览器 212
8.4.2 打开与浏览网页 213
8.4.3 收藏网页 214
8.4.4 保存网页 214
8.5 搜索与下载网络资源 215
8.5.1 用搜索引擎搜索资源 215
8.5.2 下载网络资源 216
8.6 收发电子邮件 218
8.6.1 在线收发电子邮件 218
8.6.2 使用 Outlook 2010 收发电子邮件 222
8.7 用 WinRAR 解压缩文件 224
8.7.1 压缩文件 224
8.7.2 解压文件 225
8.7.3 加密压缩文件 225
8.8 课堂实战——下载并解压安装程序 226
本章小结 227
操作练习 228
第 9 章 综合应用实例 229
综合实例 1 制作“兰花”文档 229
综合实例 2 制作语文小报 234
综合实例 3 编制电子报销单 243
综合实例 4 制作工资表 250
综合实例 5 三亚之旅演示文稿 263
第 10 章 上机实验 270
实验 1 定制 Windows 7 桌面 270
实验 2 制作古诗词书卷 272
实验 3 制作商场销售情况表 273
实验 4 家庭收支管理 276
实验 5 制作竞赛评分自动计算表 279
实验 6 制作交互式选择题 281
实验 7 在幻灯片中插入 Flash 动画 283
实验 8 逆序打印页面 286

第 1 章　计算机基础知识

计算机俗称电脑，也有人称它为微机、PC 机、个人电脑。自计算机问世以来，它对人类社会的生产和生活方式产生了极其深远的影响，因其体积小、功耗低、工作可靠、有优良的性能价格比等优点而得以飞速发展。如今，计算机已成为人类工作、学习、生活和娱乐不可缺少的工具。因此，掌握计算机的使用方法逐渐成为人们必不可少的技能。

知识要点

- 计算机概述
- 计算机中的数制
- 数据与编码
- 微型计算机系统

1.1　计算机概述

计算机是一种由电子器件构成的、具有计算能力和逻辑判断能力以及自动控制和记忆功能的信息处理机器，可以自动、高速和精确地对数据、文字、图像、声音等信息进行存储、加工和处理。从第一台计算机诞生以来，随着计算机科学的飞速发展，计算机已广泛地应用在国防、工业、农业、文教、卫生以及人类的日常生活等各个领域，并且已经成为人类生活不可缺少的电子智能工具。

1.1.1　计算机发展简史

1946 年，世界上第一台计算机 ENIAC（埃尼阿克）在美国的宾夕法尼亚大学诞生，它标志着电子计算机时代的到来，是计算机发展的一个里程碑。随着科技的发展，计算机以惊人的速度不断更新换代。微型计算机的诞生，是计算机发展的另一个里程碑。计算机的发展可以划分为以下 4 个阶段。

1．第一代电子管计算机（1946—1957 年）

第一代计算机（见图 1.1.1）的基本元件采用的是电子管，它的体积大、耗电量大、寿命短、可靠性差、成本高。内存储器采用容量小的汞延迟线，外存储器使用穿孔卡片和纸带，输入、输出装置落后，主要使用速度慢的穿孔机。软件方面使用汇编语言和机器语言，其应用仅限于科学和军事计算。

图 1.1.1　第一代计算机

2．第二代晶体管计算机（1958—1964 年）

第二代计算机的基本元件采用的是晶体管，它的体积与第一代相比大大减小了，成本也较第一代有所降低，可靠性较高，运算速度也大幅度提高。内存储器大量使用磁性材料制成的磁芯，外存储器有磁盘、磁带，外部设备种类增加。软件方面采用了监控程序并发展成为后来的操作系统，高级程序设计语言如 BASIC，FORTRAN 和 COBOL 的推出，使编写程序的工作变得更为方便并实现了程序兼容，大大提高了计算机的工作效率。使用范围由单一的科学计算扩展到数据处理和事务管理等其他领域。

3．第三代中、小规模集成电路计算机（1965—1969 年）

第三代计算机的基本元件采用小规模或中规模集成电路，它的体积更小，重量更轻，能耗更省，成本更低，可靠性和运算速度均得到了更大的提高，采用半导体作为主存储器，外存储器采用磁带或磁盘。软件方面出现了操作系统和会话式语言，使其不仅用于科学计算，还可用于文字处理、企业管理、自动控制等领域，出现了计算机技术与通信技术相结合的信息管理系统，可用于生产管理、交通管理、情报检索等领域。

4．第四代大规模及超大规模集成电路计算机（1970 年至今）

第四代计算机的基本元件采用大规模及超大规模集成电路，使计算机体积、重量、成本均大幅度降低，使计算机进入微型化，广泛应用于社会生活的各个领域，走入了办公室和家庭，在办公自动化、电子编辑排版、数据库管理、图像识别、语音识别、专家系统等众多领域大显身手。

计算机整个发展过程的主要特点是体积越来越小，运行速度越来越快，功能越来越强，价格越来越低，逐步走向网络化。

1.1.2 计算机的特点

计算机被广泛地应用于生产生活的各个领域，其主要原因是计算机具有区别于以往计算工具的几个重要特点。

1．运算速度快

运算速度快是计算机最显著的特点。从第一台现代计算机 5 000 次每秒的运算速度，到目前最快的巨型计算机上百亿次每秒的运算速度，它大大地提高了人类数值计算、信息处理的效率。例如天气预报，由于其运算量大得惊人，如果没有计算机的高速运算，人工根本不可能完成。

2．计算精度高

计算机一般的有效数字都有十几位，有的甚至达到上百位的精度，这些在科学计算中是必不可少的。计算机由程序自动地控制运算过程，这样可以避免人工计算过程中可能产生的各种错误。例如火箭的发射以及卫星的定位，误差要求非常小，否则实际发射和定位的偏差就可能达到几千米甚至更多。

3．存储容量大

计算机具有强大的数据存储能力，通过计算机的存储器可以将原始数据、中间结果以及运算指令等存储起来以备调用。计算机的存储器容量大小一般以字节来衡量，存储容量的大小标志着计算机记忆能力的强弱。普通的微型计算机的内存储器容量可达几十 MB 至几 GB；外存储器可达几百 MB 至几十 GB。随着存储器容量的不断增大，计算机可存储记忆的信息量也越来越大。

4．判断能力强

计算机除了具有高速、高精度的计算能力外，还具有对文字、符号、数字等进行逻辑推理和判断的能力。人工智能机的出现将进一步提高其推理、判断、思维、学习、记忆与积累的能力，从而可以代替人脑做更多的工作。

5. 工作自动化

计算机的内部操作是按照人们事先编制好的程序自动进行的。只要将事先编制好的程序输入到计算机中，计算机就会自动按照程序规定的步骤来完成预定的任务，而不需要人工干预，并且通用性很强，是现代化、自动化、信息化的基本技术手段。

6. 可靠性强

随着科学技术的不断发展，电子技术也发生着很大的变化，电子器件的可靠性也越来越高。在计算机的设计过程中，通过采用新的结构可以使其具有更高的可靠性。

1.1.3 计算机的分类

随着计算机技术的进步，各种计算机的性能均会有不同程度的提高，各种分类方法也会有所改变，不同领域，不同用途，对计算机分类的标准也将有所不同。根据计算机的规模和处理能力，通常可将计算机分为巨型计算机、大型主机、小巨型计算机、小型计算机、工作站和微型计算机 6 大类。

1. 巨型计算机

巨型计算机（简称巨型机）又称超级计算机，它是目前功能最强、速度最快、价格最昂贵的计算机，一般用于解决诸如气象、太空、能源、医药等尖端科学研究和战略武器研制中的复杂计算。这种机器价格昂贵，号称国家级资源。巨型机的研制开发是一个国家综合国力和国防实力的体现。

2. 大型主机

大型主机也有很高的运算速度和很大的存储容量，并允许相当多的用户同时使用，当然在量级上不及巨型机，价格也比巨型机便宜。这类机器通常用于大型企业、商业管理或大型数据库管理系统中，也可用做大型计算机网络中的主机。

3. 小巨型计算机

小巨型计算机是新发展起来的小型超级计算机，或称桌面型超级计算机，它的发展方向是巨型机缩小成个人机的大小，或者使个人机具有超级计算机的性能。它是对巨型机的高价格发出的挑战，其发展非常迅速。例如，美国 Conver 公司的 C 系列、Alliant 公司的 FX 系列就是比较成功的小巨型计算机。

4. 小型计算机

小型计算机的规模小，结构简单，设计试制周期短，便于及时采用先进工艺技术，软件开发成本低，易于操作维护。小型计算机广泛应用于工业自动控制、大型分析仪器、测量设备、企业管理、大学、科研机构等，也可以作为巨型和大型计算机系统的辅助计算机。

5. 工作站

工作站是介于小型计算机和微型计算机之间的高档微型计算机，主要用于图像处理和计算机辅助设计等领域。

6. 微型计算机

微型计算机的主要特点是小巧、灵活、便宜，不过通常一次只能供一个用户使用，所以微型计算机也叫个人计算机（Personal Computer）。近几年又出现了体积更小的计算机，如笔记本电脑、膝上电脑、掌上电脑等微型机。

注意：以上介绍的分类方法是国际上比较流行的一种方法。我国计算机界长期流行着巨、大、中、小、微的分类方法，即将计算机分为巨型机、大型机、中型机、小型机、微型机5大类。虽然这种分类有通俗易懂、顺口好记的特点，但是在与国际通行的交流中可能会遇到某些问题。因此，关于计算机的分类，还是应该向国际上流行的标准靠拢。

1.1.4 计算机的应用

随着计算机技术的发展，计算机在越来越多的领域得到广泛的应用，主要包括科学计算、信息处理、自动控制、辅助功能、计算机通信、人工智能、多媒体技术、电子商务、信息高速公路等方面。

1．科学计算

科学计算也称为数值计算，是计算机最早的应用领域，高速度、高精度的运算是人工运算所望尘莫及的。现代科学技术中有大量复杂的数值计算，例如在地震预测、气象预报、工程设计、火箭和卫星发射等尖端科技领域，都离不开计算机的精确计算，计算机的应用大大节省了人力、物力和时间。

2．数据处理

数据处理也称为非数值计算，是对大量数据进行处理而得到有用的数据信息。数据处理被广泛地应用在办公自动化、事务管理、情报分析、企业管理等方面。数据处理已经发展成为一门新的计算机应用学科。

3．自动控制

自动控制也称为过程控制或实时控制，是指用计算机对连续工作的控制对象实行自动控制，并及时采集检测数据，按最优方案实现自动控制。自动控制主要应用在宇航、军事领域以及工业生产系统，例如航天飞机的飞行、军事目标的全球定位与控制、集成电路板的生产以及炼钢过程中的计算机控制等。

4．辅助功能

计算机可以辅助工程中的计算、设计、制造、测试等多个方面，如辅助设计电路、机器加工控制、服装设计等。计算机辅助教学可以使用计算机代替或部分代替教师传授知识，实现教学自动化。

5．计算机通信

现代通信技术与计算机技术相结合，构成联机系统和计算机网络，这是微型机具有广阔前景的一个应用领域。计算机网络的建立，不仅解决了一个地区、一个国家的计算机之间的各种资源的共享，还可以促进和发展国际间的通信和各种数据的传输与处理。

6．人工智能

人工智能一般是指利用计算机来模拟人脑进行推理和决策分析的过程。人工智能主要研究的是将人脑进行思维的过程编成计算机程序，在计算机中存储一些公式和规则，然后让计算机自动探索解答的方法，主要应用在机器人、机器翻译、模式识别等领域。

7. 多媒体技术

多媒体技术是应用计算机技术将文字、图像、图形和声音等信息以数字化的方式进行综合处理，从而使计算机具有表现、处理、存储各种媒体信息的能力。多媒体技术的关键是数据压缩技术。

8. 电子商务

电子商务是指利用计算机和网络进行的商务活动，具体地说，是指综合利用 LAN（局域网）、Intranet（企业内部网）和 Internet 进行商务与服务交易、金融汇兑、网络广告或提供娱乐节目等商业活动。交易的双方可以是企业与企业之间，也可以是企业与消费者之间。电子商务是一种比传统商务更好的商务方式，它旨在通过网络完成核心业务，改善售后服务，缩短周转周期，从有限的资源中获得更大的收益，从而达到销售商品的目的，同时，向人们提供新的商业机会、市场需求以及各种挑战。

9. 信息高速公路

1993 年 9 月，美国政府推出了一项引起全世界瞩目的高科技系统工程——国家信息基础设施（National Information Infrastructure，NII），俗称“信息高速公路”，实质上就是高速信息电子网络。这项跨世纪的高科技信息基础工程的目标是用光纤和相应的硬/软件及网络技术，把所有的企业、机关、学校、医院、图书馆以及普通家庭联结起来，使人们拥有更好的信息环境，做到无论何时、何地都能以最好的方式与自己想联系的对象进行信息交流。

1.2　计算机中的数制

数制（Number System）是指用一组固定的数字和一套统一的规则来表示数据的方法。编码是采用少量的基本符号，选用一定的组合原则，以表示大量复杂多样的信息的技术。计算机是信息处理的工具，任何信息必须转换成二进制形式数据后才能由计算机进行处理、存储和传输。

1.2.1　数制中的三要素

在进位计数制中有数位、基数和位权 3 个要素。

（1）数位。数位是指数码在一个数中所处的位置。

（2）基数。基数是指在某种进位计数制中，每个数位上所能使用的数码的个数，例如十进位计数制中，每个数位上可以使用的数码为 0～9，即基数为 10。

（3）位权。位权是指在某种进位计数制中，每个数位上的数码所代表的数值的大小，等于在这个数位上的数码乘上一个固定的数值，这个固定的数值就是此种进位计数制中该数位上的位权。数码所处的位置不同，代表的数的大小也不同。

1.2.2　常用的进位计数制

常用的进位计数制很多，这里主要介绍与计算机技术有关的几种常用进位计数制。

1. 二进制

二进制数具有两个不同的数码符号 0 和 1，其基数是 2，二进制数的特点是逢二进一，例如：

$$(1101)_2=1\times2^3+1\times2^2+0\times2^1+1\times2^0=(13)_{10}$$

2．十进制

十进制数具有 10 个不同的数码符号 0，1，2，3，4，5，6，7，8，9，其基数为 10，十进制数的特点是逢十进一，例如：

$$(1011)_{10}=1\times10^3+0\times10^2+1\times10^1+1\times10^0$$

3．八进制

八进制数具有 8 个不同的数码符号 0，1，2，3，4，5，6，7，其基数为 8，八进制数的特点是逢八进一，例如：

$$(1011)_8=1\times8^3+0\times8^2+1\times8^1+1\times8^0=(521)_{10}$$

4．十六进制

十六进制数具有 16 个不同的数码符号 0，1，2，3，4，5，6，7，8，9，A，B，C，D，E，F，其基数为 16，十六进制数的特点是逢十六进一，例如：

$$(1011)_{16}=1\times16^3+0\times16^2+1\times16^1+1\times16^0=(4113)_{10}$$

如表 1.1 所示列出了 4 位二进制数与其他数制的对应关系。

表 1.1　4 位二进制数与其他数制的对应关系

二进制	十进制	八进制	十六进制
0000	0	0	0
0001	1	1	1
0010	2	2	2
0011	3	3	3
0100	4	4	4
0101	5	5	5
0110	6	6	6
0111	7	7	7
1000	8	10	8
1001	9	11	9
1010	10	12	A
1011	11	13	B
1100	12	14	C
1101	13	15	D
1110	14	16	E
1111	15	17	F

1.2.3　不同进制数之间的转换

计算机之所以采用二进制数的形式来表示各种数据信息，是因为二进制数只有 0 和 1 两种状态，而电器元件的这两种状态最稳定，也易于实现。由于人们习惯于用十进制数，因而人与计算机要沟通，就必须能够在十进制数与二进制数之间进行转换。

不同计数制之间的转换原则是：如果两个有理数相等，则两数的整数部分和小数部分分别相等。因此，进行各计数制之间的转换时，都是把整数部分和小数部分分别进行转换的。

1．十进制数与二进制数之间的转换

（1）十进制整数转换成二进制整数。把一个十进制整数转换成二进制整数的方法是把被转换的十进制整数反复地除以 2，直到商为 0，所得的余数（从末位读起）就是这个数的二进制表示，简单地说，就是“除 2 取余法”。

例如，将十进制整数（58）$_{10}$转换成二进制数。

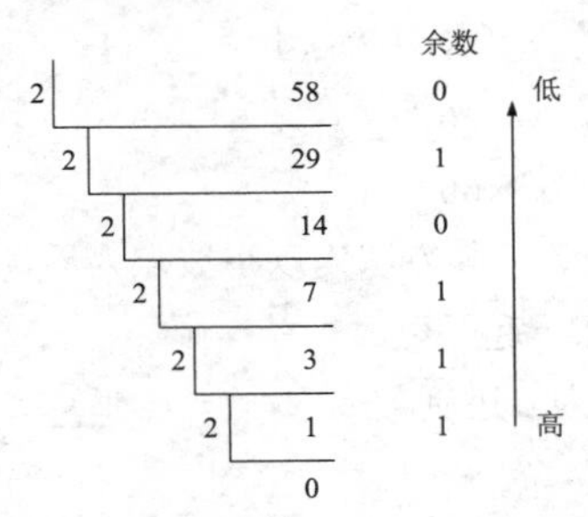

于是，（58）$_{10}$=（111010）$_{2}$。

了解了十进制整数转换成二进制整数的方法以后，十进制整数转换成八进制或十六进制就很容易了。十进制整数转换成八进制整数的方法是“除 8 取余法”，十进制整数转换成十六进制整数的方法是“除 16 取余法”。

（2）十进制小数转换成二进制小数。十进制小数转换成二进制小数是将十进制小数连续乘以 2，选取进位整数，直到满足精度要求为止，简称“乘 2 取整法”。

例如，将十进制小数（0.175）$_{10}$转换成二进制小数（保留 4 位小数）。

	整数	
0.175 × 2		高
0.350	0	
× 2		
0.700	0	
× 2		
1.400	1	
× 2		
0.800	0	低

于是，（0.175）$_{10}$=（0.0010）$_{2}$。

了解了十进制小数转换成二进制小数的方法以后，那么，十进制小数转换成八进制小数或十六进制小数就很容易了。十进制小数转换成八进制小数的方法是“乘 8 取整法”，十进制小数转换成十六进制小数的方法是“乘 16 取整法”。

（3）二进制数转换成十进制数。把二进制数转换为十进制数的方法是将二进制数按权展开求和。

例如，将（101101.101）$_{2}$转换成十进制数。

（101101.101）$_{2}$$=1\times2^5+0\times2^4+1\times2^3+1\times2^2+0\times2^1+1\times2^0+1\times2^{-1}+0\times2^{-2}+1\times2^{-3}$

$=2^5+2^3+2^2+2^0+2^{-1}+2^{-3}$

$=45.625$

同理，非十进制数转换成十进制数的方法是把各个非十进制数按权展开求和即可。如把二进制数（或八进制数或十六进制数）写成 2（或 8 或 16）的各次幂之和的形式，然后再计算其结果。

2．二进制数与八进制数之间的转换

二进制数与八进制数之间的转换十分简便，它们之间的对应关系是八进制数的每一位对应二进制数的三位。

（1）二进制数转换成八进制数。由于二进制数和八进制数之间存在特殊关系，即 $8^1=2^3$，因此转换方法比较容易，即将二进制数从小数点开始，整数部分从右向左 3 位一组，小数部分从左向右 3 位一组，不足 3 位用 0 补足即可。例如，将（10110101110.11011）$_{2}$转换为八进制数。

010　110　101　110　.　110　110

↓　↓　↓　↓　↓　↓　↓

2　6　5　6　.　6　6

于是，（10110101110.11011）$_2$=（2656.66）$_8$。

（2）八进制数转换成二进制数。其方法为以小数点为界，向左或向右每一位八进制数用相应的3位二进制数取代，然后将其连在一起即可。

例如，将（6237.431）$_8$转换为二进制数。

6　2　3　7　.　4　3　1

↓　↓　↓　↓　↓　↓　↓　↓

110　010　011　111　.　100　011　001

于是，（6237.431）$_8$=（110010011111.100011001）$_2$。

3．二进制数与十六进制数之间的转换

（1）二进制数转换成十六进制数。二进制数的每4位刚好对应于十六进制数的一位，即$16^1=2^4$，其转换方法是将二进制数从小数点开始，整数部分从右向左4位一组，小数部分从左向右4位一组，不足4位用0补足，每组对应一位十六进制数即可得到十六进制数。

例如，将二进制数（101001010111.110110101）$_2$转换为十六进制数。

1010　0101　0111　.　1101　1010　1000

↓　↓　↓　↓　↓　↓　↓

A　5　7　.　D　A　8

于是，（101001010111.110110101）$_2$=（A57.DA8）$_{16}$。

又如，将二进制数（100101101011111）$_2$转换为十六进制数。

0100　1011　0101　1111

↓　↓　↓　↓

4　B　5　F

于是，（100101101011111）$_2$=（4B5F）$_{16}$。

（2）十六进制数转换成二进制数。其方法为以小数点为界，向左或向右每一位十六进制数用相应的4位二进制数取代，然后将其连在一起即可。

例如，将（3AB.11）$_{16}$转换成二进制数。

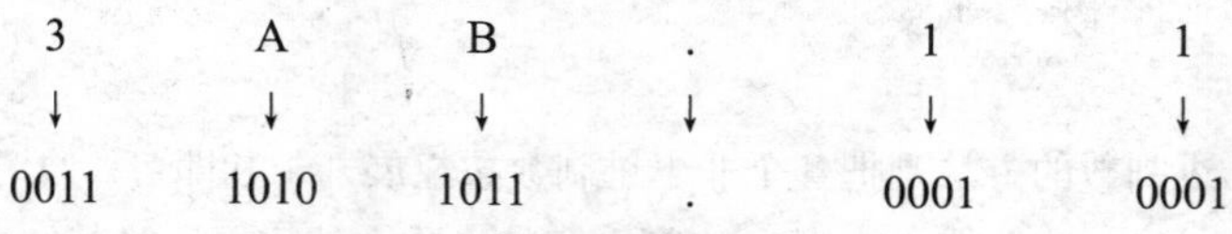

3　A　B　.　1　1

↓　↓　↓　↓　↓　↓

0011　1010　1011　.　0001　0001

于是，（3AB.11）$_{16}$=（1110101011.00010001）$_2$。

1.3　数据与编码

计算机处理的信息，除了数值信息外，更多的是非数值信息。非数值信息是指字符、文字、图形等形式的数据，它不表示数量大小，只代表一种符号，所以又称符号数据。

从键盘向计算机中输入的各种操作命令以及原始数据都是字符形式的，然而计算机只能存储二进

制数，这就需要对符号数据进行编辑，输入的各种字符由计算机自动转换成二进制编码存入计算机。

1.3.1　常用术语

在信息编码中常用的术语有位、字节、字、字长等。

1．位

位是描述数据大小的最小单位，所有数据及指令都是由若干个位组成的。在计算机内部，无论是存储过程、处理过程、传输过程，还是用户数据、各种指令，使用的全部都是 0 和 1 组成的二进制数。把二进制数中的每一个数位称为位，记作比特（bit，简写为 b）。

2．字节

字节是描述数据大小、设备存储容量大小的最基本单位，记作 Byte（简写为 B）。一个字节由一组 8 位二进制数组成：1 B＝8 b，通常将 2 的 10 次方即 1 024 个字节称为 1 K 字节，记作 1 KB，读作千字节。常用的还有 MB，GB 和 TB，它们之间的换算关系如下：

1 MB＝1 024 KB　　　　1 GB＝1 024 MB　　　　1 TB＝1 024 GB

3．字

字（Word）是衡量计算机一次能同时读取、存储、处理数据能力的基本单位，通常是字节的整数倍。用二进制码表示，一个字由一个字节或若干字节构成（通常取字节的整数倍），它可以代表数据代码、字符代码、操作码和地址码或它们的组合。字又称为“计算机字”，用来表示数据或信息的长度，它的含义取决于机器的类型、字长及使用者的要求。

4．字长

字的长度就是字长（Word Length），字长的单位是位。常用的固定字长有 16 位、32 位、64 位等。在微型计算机在发展过程中，经过了 8 位机、16 位机、32 位机、64 位机的历程。

对速度而言，字长越大，计算机在相同时间内传送、处理的信息就越多，速度就越快；对内部存储器而言，字长越大，计算机就可以有更大的寻址空间，因此可以有更大的内部存储器；对指令而言，字长越大，计算机系统支持的指令数量就越多，功能也就越强大。

1.3.2　BCD 码

BCD（Binary Coded Decimal）码是用若干个二进制数表示一个十进制数的编码，BCD 码有多种编码方法，常用的有 8421 码，如表 1.2 所示为十进制数 0～19 的 8421 编码表。

8421 码是将十进制数码 0～9 中的每个数分别用 4 位二进制编码表示，从左至右每一位对应的数是 8，4，2，1，这种编码方法比较直观、简要。对于多位数，只需要将它的每一位数字按表 1.2 中所列的对应关系用 8421 码直接列出即可。例如将十进制数转换成 BCD 码如下：

$$(1209.56)_{10}=(0001\ 0010\ 0000\ 1001.0101\ 0110)_{BCD}$$

8421 码与二进制数之间的转换不是直接的，要先将 8421 码表示的数转换成十进制数，再将十进制数转换成二进制数。例如：

$$(1001\ 0010\ 0011.0101)_{BCD}=(923.5)_{10}=(1110011011.1)_2$$

表 1.2　十进制数与 BCD 码的对照表

十进制数	8421 码	十进制数	8421 码
0	0000	10	0001 0000
1	0001	11	0001 0001
2	0010	12	0001 0010
3	0011	13	0001 0011
4	0100	14	0001 0100
5	0101	15	0001 0101
6	0110	16	0001 0110
7	0111	17	0001 0111
8	1000	18	0001 1000
9	1001	19	0001 1001

1.3.3　字符编码

在计算机中，对非数值的文字和其他符号进行处理时，要对文字和符号进行数字化处理，即用二进制编码来表示文字和符号。字符编码（Character Code）是用二进制编码来表示字母、数字以及专门符号的。

在计算机系统中，有两种重要的字符编码方式：ASCII 和 EBCDIC。EBCDIC 码主要用于 IBM 的大型主机；ASCII 码用于微型机与小型机。

目前，计算机中普遍采用的是 ASCII（American Standard Code for Information Interchange）码，即美国信息交换标准代码。ASCII 码有 7 位版本和 8 位版本，国际上通用的是 7 位版本，7 位版本的 ASCII 码有 128 个元素，如表 1.3 所示。

表 1.3　标准 ASCII 码字符集

十进制	十六进制	字 符	十进制	十六进制	字 符	十进制	十六进制	字 符	十进制	十六进制	字 符
0	00	NUL	32	20	SP	64	40	@	96	60	‘
1	01	SOH	33	21	!	65	41	A	97	61	a
2	02	STX	34	22	″	66	42	B	98	62	b
3	03	ETX	35	23	#	67	43	C	99	63	c
4	04	EOT	36	24	$	68	44	D	100	64	d
5	05	ENQ	37	25	%	69	45	E	101	65	e
6	06	ACK	38	26	&	70	46	F	102	66	f
7	07	BEL	39	27	‘	71	47	G	103	67	g
8	08	BS	40	28	(	72	48	H	104	68	h
9	09	HT	41	29	)	73	49	I	105	69	i
10	0A	LF	42	2A	*	74	4A	J	106	6A	j
11	0B	VT	43	2B	+	75	4B	K	107	6B	k
12	0C	FF	44	2C	,	76	4C	L	108	6C	l
13	0D	CR	45	2D	-	77	4D	M	109	6D	m
14	0E	SO	46	2E	.	78	4E	N	110	6E	n
15	0F	SI	47	2F	/	79	4F	O	111	6F	o
16	10	DLE	48	30	0	80	50	P	112	70	p
17	11	DC1	49	31	1	81	51	Q	113	71	q
18	12	DC2	50	32	2	82	52	R	114	72	r

续表

十进制	十六进制	字 符	十进制	十六进制	字 符	十进制	十六进制	字 符	十进制	十六进制	字 符
19	13	DC3	51	33	3	83	53	S	115	73	s
20	14	DC4	52	34	4	84	54	T	116	74	t
21	15	NAK	53	35	5	85	55	U	117	75	u
22	16	SYN	54	36	6	86	56	V	118	76	v
23	17	ETB	55	37	7	87	57	W	119	77	w
24	18	CAN	56	38	8	88	58	X	120	78	x
25	19	EM	57	39	9	89	59	Y	121	79	y
26	1A	SUB	58	3A	;	90	5A	Z	122	7A	z
27	1B	ESC	59	3B	:	91	5B	[	123	7B	{
28	1C	FS	60	3C	<	92	5C	\	124	7C	|
29	1D	GS	61	3D	=	93	5D	]	125	7D	}
30	1E	RS	62	3E	>	94	5E	^	126	7E	~
31	1F	US	63	3F	?	95	5F	_	127	7F	DEL

1.3.4　汉字编码

ASCII 码只对英文字母、数字和标点符号进行了编码。为了用计算机处理汉字，同样也需要对汉字进行编码。从汉字的角度看，计算机对汉字信息的处理过程，实际上是各种汉字编码间的转换过程。这些编码主要包括汉字内码、汉字字形码、汉字信息交换码、汉字输入码、汉字地址码等。

1．汉字内码

汉字内码是为了在计算机内部对汉字进行存储、处理和传输而编制的汉字编码。汉字内码采用双字节编码方案，用 2 个字节（16 位二进制数）表示 1 个汉字的内码。对同一个汉字，其机内码只有 1 个，也就是汉字在字库中的物理位置。

2．汉字字形码

汉字字形码是汉字字库中存储的汉字字形的数字化信息，用于显示和打印。目前，汉字字形的产生方式大多是点阵方式，所以，汉字字形码主要是指汉字字形点阵的代码。

汉字字形点阵有 16×16 点阵、24×24 点阵、32×32 点阵、64×64 点阵、96×96 点阵、128×128 点阵等。

3．汉字信息交换码

汉字信息交换码是用于汉字信息处理系统之间或者与通信系统之间进行交换的汉字编码，简称交换码，也叫国标码。它是为了使系统、设备之间信息交换时采用统一的形式而制定的。1981 年，我国根据有关国际标准规定了《信息交换用汉字编码子集——基本子集》，即 GB2312—80（国标码）。在该子集中收集了 7 445 个字符和图形，其中有 6 763 个汉字，682 个各种图形符号（英文、日文、俄文、希腊文字母、序号、汉字制表符等）。

国标码将这些符号分为 94 个区，每个区分为 94 个位。每个位置可放一个字符，每个区对应一个区码，每个位置对应一个位码，区码和位码构成区位码。

区位码的分布如下：

1～15 区：图形符号区；1～9 区：标准区；10～15 区：自定义符号区；

16～55 区：一级汉字区；56～87 区：二级汉字区；88～94 区：自定义汉字区。

4．汉字输入码

汉字输入码是为了将汉字通过键盘输入到计算机而设计的代码，其表现形式多为字母、数字和符号。输入码的长度也不同，多数为 4 个字节。目前，使用较普遍的汉字输入码有拼音码、自然码、五笔字型码和智能 ABC 码等。

5．汉字地址码

汉字地址码是指汉字库(这里主要指整字形的点阵式字模库)中存储汉字字形信息的逻辑地址码。在汉字库中，字形信息都是按一定顺序（大多数按标准汉字交换码中汉字的排列顺序）连续存放在存储介质上的，所以汉字地址码也大多是有序的，而且与汉字内码间有简单的对应关系，以简化汉字内码到汉字地址码的转换。

1.4　微型计算机系统

微型计算机自 20 世纪 70 年代初诞生以来，发展异常迅速，应用范围不断扩大，几乎遍及各行各业和多种应用领域。

1.4.1　微型计算机的主要技术指标

评估一台计算机的性能，通常要根据该机器的字长、运算速度、内存容量、外存容量、外部设备配置以及软件配置等主要技术指标来进行综合考虑。

1．字长

在计算机中，数据的长度用“字”表示，每个字所包含的二进制位数称为字长。由于字长是计算机中的 CPU 一次能够同时处理的二进制数据的位数，因此它直接关系到计算机的计算精度、速度和功能。字长越长，计算机处理数据的能力越强。

2．运算速度

计算机的运算速度是指每秒钟能执行指令的数量，即计算机进行数值运算的快慢程度，其单位为 MI/s（百万条指令/秒）。衡量计算机的速度一般从以下几个方面考虑：

（1）主频。主频一般指计算机的时钟频率，在很大程度上决定了计算机的运算速度。时钟频率越高，计算机的运算速度越快。

（2）运算速度。运算速度指计算机每秒钟能执行的指令条数，单位一般为“次/s”或“百万次/s”。

（3）存取速度。存取速度指存储器完成一次读或写操作所需要的时间，时间越短，存取速度越快。存取速度的快慢是决定计算机运算速度的重要因素。

3．内存容量

内存容量是指计算机内存储器的容量，表示内存储器所能容纳信息的字节数。计算机程序的执行

及数据的处理都要调到内存才能进行，内存容量直接影响到计算机的处理能力。内存容量越大，所能存储的数据和运行的程序就越多，存放较多的数据，以减少对外存的访问次数，从而提高了程序的运行速度，所以内存容量也是计算机的一个重要性能指标。

4．外存容量

外存容量是指整个计算机系统中外存储器存储信息的能力。外存储器的容量越大，该系统的性能就越高。

5．外部设备配置

外部设备配置是指主机所配置的外部设备的多少及各设备的性能指标，如鼠标、打印机、显示器等。

6．软件配置

软件配置主要是指计算机配有的操作系统、高级语言、应用程序等。丰富的软件可以充分发挥计算机的效率，方便使用。

除了以上 6 个主要技术指标以外，以下几方面的因素，对计算机的性能也起着至关重要的作用。

（1）可靠性。可靠性是指计算机系统无故障的工作时间。无故障工作时间越长，系统就越可靠。

（2）兼容性。兼容性强的计算机有利于推广应用。

（3）性能价格比。这是一项综合评估计算机系统的性能指标。性能包括硬件和软件的综合性能，价格是整个计算机系统的价格，与系统的配置有关。

（4）可维护性。可维护性是指计算机的维修效率，一般用故障的平均排除时间来表示。

1.4.2　微型计算机的硬件系统

微型计算机的硬件系统是指组成计算机的各种物理装置，是看得见、摸得着的设备，包括主机、显示器、键盘、鼠标、音箱等。

1．主板

主板是计算机主机内部的主要部件，位于主机箱内，CPU、内存条、显卡、声卡、网卡等均插接在主板上，光驱、硬盘则通过缆线与其相连，主机箱背后的键盘接口、鼠标接口、打印机接口以及网卡接口等也是由它引出的，主板的结构如图 1.4.1 所示。

图 1.4.1　主板

2．中央处理器

中央处理器（CPU）是微型计算机的核心，其内部结构由控制单元、逻辑单元和存储单元 3 大部分构成，它们相互协调，进行分析、判断、运算等工作。CPU 安装在主板的 CPU 插座上，主板固定在计算机机箱中，如图 1.4.2 所示。

3．内存储器

存储器是计算机的记忆部件，负责存储程序和数据，并根据命令提示程序和数据。通常存储器可分为内存储器和外存储器。内存储器简称内存，是微型计算机的记忆中心，如图 1.4.3 所示。内存主要用来存放当前计算机运行所需要的程序和数据，其大小直接影响到计算机的运行速度。内存越大，信息交换越快，处理数据就越快。

图 1.4.2　CPU

图 1.4.3　DDR 内存

4．外存储器

外存储器简称为外存，主要用来存放用户所需的大量信息。常用的外存储器有硬盘、移动硬盘、光盘、U 盘等。

（1）硬盘。硬盘是计算机中最主要的数据存储设备之一，具有体积小，容量大，读写速度快，可靠性高，使用方便等特点。其容量随着生产工艺的改进不断增大，一般来说，硬盘容量越大，其读写速度越快。用它来存储大量的数据。硬盘通常被固定在计算机的主机箱内，如图 1.4.4 所示。

（2）固态硬盘。固态硬盘是由控制单元和存储单元组成的，简单地说就是用固态电子存储芯片阵列而制成的硬盘（目前最大容量为 1TB），固态硬盘的接口规范和定义、功能及使用方法与普通硬盘完全相同，在产品外形和尺寸上也完全与普通硬盘一致。

（3）U 盘。U 盘，全称“USB 闪存盘”，英文名“USB flash disk”，如图 1.4.5 所示。它是一个 USB 接口的无需物理驱动器的微型高容量移动存储设备，可以通过 USB 接口与电脑连接，实现即插即用。USB 接口连到电脑的主机后，U 盘的资料可与电脑进行交换。

图 1.4.4　2TB 硬盘和固态硬盘　　图 1.4.5　U 盘

注意：如果无法将 U 盘插入 USB 接口时，千万不可用力，换个方向就可以解决问题，也不可频繁地插拔 U 盘。

（4）光盘和光驱。光盘是一种辅助存储器，可以存放各种文字、声音、图形、图像和动画等多媒体数字信息，而且具有价格低、体积小、容量大和可长期保存等优点，一般的光盘有 10 年以上的使用寿命。光盘可分为 CD-ROM（只读性光盘）、CD-RW（可擦写光盘）和 DVD（数字视频光盘）等，如图 1.4.6 所示。

光驱与光盘的格式相对应，可分为 CD-ROM（只读光盘驱动器）、DVD-ROM（数字视频光盘驱动器）、CD-R（可记录光盘驱动器）和 CD-RW（读写光盘驱动器），后两种习惯上被称为刻录机。常见光驱如图 1.4.7 所示。

图 1.4.6　光盘

图 1.4.7　光驱

5．输入设备

输入设备是用户和计算机系统之间进行信息交换的主要装置之一，主要有键盘、鼠标、摄像头、扫描仪、数码相机、手写输入板等。

（1）键盘和鼠标。键盘是计算机系统中最基本的输入设备，用户通过键盘向计算机输入各种命令。鼠标作为窗口软件或者绘图软件的首选输入设备，在应用软件的支持下可以快速、方便地完成某个特定的功能，如图 1.4.8 所示。

图 1.4.8　键盘和鼠标

（2）扫描仪和数码相机。扫描仪是常见的外部输入设备。扫描仪可以将照片、文字、图像等扫描到计算机中，并以图片的格式保存在计算机中，如图 1.4.9 所示。

数码相机是一种光、电、机一体化的产品，它是一种数字化的相机，能够拍照，并把拍摄的对象通过内部处理转换成数字化图像，进而以数字化格式存储，如图 1.4.10 所示。

图 1.4.9　扫描仪

图 1.4.10　数码相机

6. 输出设备

输出设备是计算机的终端设备，用于接收计算机数据的输出显示、打印、声音、控制外围设备操作等。常见的有显示器、显卡与声卡、打印机、绘图仪等。

（1）显示器。显示器是电脑的主要输出设备，主要用于显示向电脑输入和电脑处理后的信息结果，最常见是 LCD 液晶显示器，如图 1.4.11 所示。

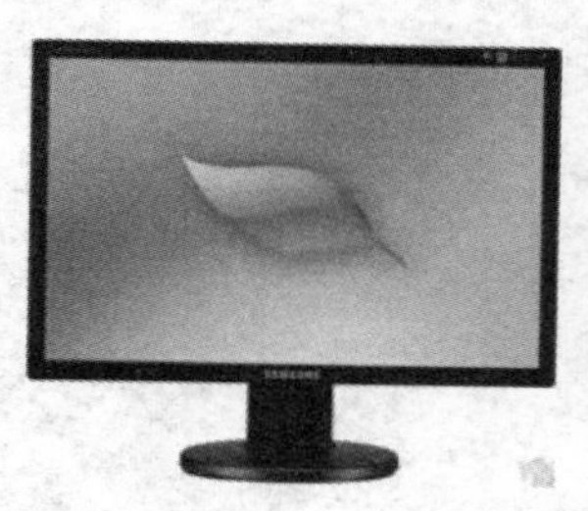

图 1.4.11　液晶显示器

（2）显卡和声卡。显卡是计算机中进行数/模信号转换的设备，也就是将计算机中的数字信号通过显卡转换成模拟信号让显示器显示出来；同时现在的显卡还具有图像处理能力，能够协同 CPU 进行部分图片的处理，提高整机的运行速度，这也是通常所说的 3D 图形加速功能，显卡的外观如图 1.4.12 所示。

声卡是多媒体技术中最基本的组成部分，是实现声波 / 数字信号相互转换的一种硬件设备。声卡的基本功能是把来自话筒、磁带、光盘的原始声音信号加以转换，输出到耳机、扬声器、扩音机、录音机等声响设备，或通过音乐设备数字接口（MIDI）使乐器发出美妙的声音，如图 1.4.13 所示。

图 1.4.12　显卡

图 1.4.13　声卡

（3）音箱。音箱是多媒体计算机的必备设备。随着技术的发展，声卡的功能已经很完备，加上多媒体音箱的配合，可以尽显计算机的多媒体功能，如图 1.4.14 所示。

（4）打印机。打印机是计算机的主要输出设备之一，使用它可以打印各种公文、表格、照片等。目前，市场上的打印机品牌齐全、种类繁多，按照工作原理的不同可将打印机分为针式打印机、喷墨打印机和激光打印机 3 种。如图 1.4.15 所示为一款激光打印机。

图 1.4.14　音箱

图 1.4.15　打印机

1.4.3　微型计算机的软件系统

计算机软件是指在硬件设备上运行的各种程序及其相关的资料。软件可以充分扩展计算机的功能，提高计算机的效率，它是计算机系统的重要组成部分。计算机的软件系统可分为系统软件和应用软件两大部分。

1．系统软件

系统软件是为管理、监控和维护计算机硬件和软件资源，并使计算机充分发挥作用，以提高工作效率、方便用户的各种程序集合。系统软件包括操作系统、数据库管理系统、语言处理程序、实用程序等。

操作系统软件是最基本、最重要的软件。它负责管理计算机系统的全部软件资源和硬件资源，合理地组织计算机各部分协调工作，为用户提供操作和编程界面。

2．应用软件

应用软件是微型计算机系统支持下的所有面对实际问题和具体用户群的应用程序的综合。它主要包括数据处理软件、文字处理软件、表格处理软件、计算机辅助软件、实时处理软件、多媒体信息处理软件和网络应用软件等。例如 Office，Photoshop，AutoCAD，3DS MAX，Flash 等。

本 章 小 结

本章主要讲解了计算机概述、计算机中的数制、数据与编码、微型计算机系统等内容。通过本章的学习，用户可以对计算机基础知识有一定的了解。

操 作 练 习

一、填空题

1．计算机是一种由__________构成的、具有__________能力和__________能力以及__________和__________功能的信息处理机器。

2．__________是指用一组固定的数字和一套统一的规则来表示数据的方法。

3．汉字编码一般分为__________、__________、__________和__________。

4．计算机的硬件结构主要由__________、__________、__________、__________和__________五大基本部件组成，其中以__________为中心。

5．计算机软件系统可分为__________和__________两大部分。

二、选择题

1．1946 年，在美国的宾夕法尼亚大学诞生的世界上第一台计算机的名字是（　）。

（A）ENIAC　　（B）EDSAC

（C）EDVAC　　（D）UNIVAC

2．电子计算机的发展已经历了 4 代，这 4 代计算机的主要元器件分别是（　）。

（A）电子管，晶体管，中、小规模集成电路，激光器件

（B）电子管，晶体管，中、小规模集成电路，大规模及超大规模集成电路

（C）晶体管，中、小规模集成电路，激光器件，光介质

（D）电子管，数码管，中、小规模集成电路，激光器件

3．一个完整的计算机系统包括（　）。

（A）计算机及其外部设备　　（B）主机、键盘、显示器

（C）系统软件和应用软件　　（D）硬件系统和软件系统

4．通常家庭使用的个人计算机是（　）。

（A）巨型机　　（B）大型机

（C）小型机　　（D）微型机

5．操作系统是一种（　）。

（A）应用软件　　（B）实时控制软件

（C）系统软件　　（D）编辑软件

6．在计算机中，地址和数据等全部信息的存储和运算都是采用（　）。

（A）八进制数　　（B）十进制数

（C）十六进制数　　（D）二进制数

三、简答题

1．简述计算机的发展过程和计算机的特点。

2．简述不同进制数之间的转换方法。

3．简述微型计算机系统的组成。

四、上机操作题

1．打开主机箱，观察主机里有哪些配件，并说明它们的作用。

2．连接电脑的外部连线。

第 2 章　Windows 7 操作系统

Windows 7 操作系统继承部分 Vista 特性，在加强系统的安全性、稳定性的同时，重新对性能组件进行了完善和优化，部分功能、操作方式也回归质朴，在满足用户娱乐、工作、网络生活中的不同需要等方面达到了一个新的高度，Windows 7 操作系统成为了微软产品中的巅峰之作。本章将介绍 Windows 7 操作系统的基本操作与功能特点。

知识要点

- Windows 7 操作系统简介
- 初次接触 Windows 7
- Windows 7 的基本操作
- 个性化 Windows 7
- 规划文件系统
- 管理文件的场所
- 管理文件和文件夹
- 管理回收站
- 在 Windows 7 中安装和卸载软件
- Windows 7 的常用附件

2.1　Windows 7 操作系统简介

Windows 7 是由微软公司（Microsoft）开发的操作系统，核心版本号为 Windows NT 6.1。Windows 7 可供家庭及商业工作环境、笔记本电脑、平板电脑、多媒体中心等使用。

Windows 7 有多个版本，不同的用户应根据自己的实际情况，选择不同的版本。其中简易版保留了一些用户比较熟悉的特点和兼容性，并吸收了在可靠性和响应速度方面的最新技术进步；家庭普通版可以更快、更方便地访问使用最频繁的程序和文档；家庭高级版拥有最佳的娱乐体验，可以轻松地欣赏和共享您喜爱的电视节目、照片、视频和音乐；专业版提供办公和家用所需的一切功能；旗舰版集各版本功能之大全，兼备家庭高级版的娱乐功能和专业版的商务功能，同时增加了安全功能以及在多语言环境下工作的灵活性。

2.1.1　Windows 7 的配置需求

下面是 Windows 7 操作系统的推荐配置，如表 2.1 所示。

表 2.1　Windows 7 操作系统的配置需求

设备名称	推荐配置	备　注
CPU	1 GHz 及以上的 32 位或 64 位处理器	Windows 7 包括 32 位及 64 位两种版本，如果希望安装 64 位版本，则需要 64 位运算的 CPU 的支持
内存	1 GB（32 位）/2 GB（64 位）	最低允许 1 GB

续表

设备名称	推荐配置	备　注
硬盘	20 GB 以上可用空间	不要低于 16 GB
显卡	有 WDDM1.0 驱动的支持 DirectX 10 以上级别的独立显卡	显卡支持 DirectX 9 就可以开启 Windows Aero 特效
其他设备	DVD R/RW 驱动器或者 U 盘等其他储存介质	安装使用

2.1.2　Windows 7 系统特色

Windows 7 作为 Windows Vista 的继任者，其优点足够吸引用户与各界厂商，其绚丽的界面，方便快捷的触摸屏，快速启动关闭速度足以使各界满意。下面简要介绍其特点：

1．易用

Windows 7 做了许多方便用户的设计，如快速最大化、窗口半屏显示、跳转列表（Jump List）、系统故障快速修复等。

（1）新的任务栏。Windows 7 的任务栏不仅可以显示当前窗口中的应用程序，还可以显示其他已经打开的标签。右键单击 Windows 7 任务栏中的图标，将可以打开所谓的跳跃列表。

（2）任务栏缩略图。只需要在一个任务栏图标上悬停鼠标并且替换标准的信息提示，将看到一个窗口的小型快照。

（3）开始菜单。开始菜单的颜色会以不同的 Aero 颜色主题一起变化，另外一点就是搜索、看图。搜索的结果会占满整个开始菜单，而不会像 Vista 那样，右边列不变，导致很多搜索结果只能以很小的一条空间显示出来，经常有内容显示不全而被截断。

2．快速

Windows 7 大幅缩减了 Windows 的启动时间，据实测，在 2008 年的中低端配置下运行，系统加载时间一般不超过 20 秒，这比 Windows Vista 的 40 余秒相比，是一个很大的进步。

3．简单

Windows 7 将会让搜索和使用信息更加简单，包括本地、网络和互联网搜索功能，直观的用户体验将更加高级，还会整合自动化应用程序提交和交叉程序数据透明性。

4．安全

Windows 7 包括了改进了的安全和功能合法性，还会把数据保护和管理扩展到外围设备。Windows 7 改进了基于角色的计算方案和用户账户管理，在数据保护和坚固协作的固有冲突之间搭建沟通桥梁，同时也会开启企业级的数据保护和权限许可。

5．特效

Windows 7 的 Aero 效果华丽，有碰撞效果、水滴效果，还有丰富的桌面小工具，这些都比 Vista 增色不少。但是，Windows 7 的资源消耗却是最低的。Windows 7 的小工具并没有了像 Windows Vista 的侧边栏，这样，小工具可以放在桌面的任何位置，而不只是固定在侧边栏。

6．效率

Windows 7 中，系统集成的搜索功能非常强大，只要用户打开“开始”菜单并开始输入搜索内容，

无论要查找应用程序、文本文档等，搜索功能都能自动运行，给用户的操作带来极大的便利。

7．低成本

Windows 7 可以帮助企业优化它们的桌面基础设施，具有无缝操作系统，应用程序和数据移植功能，并简化 PC 供应和升级，进一步朝完整的应用程序更新和补丁方面努力。

2.2　初次接触 Windows 7

本节主要讲解 Windows 7 操作系统的启动与退出、Windows 7 操作系统的界面及鼠标的操作。

2.2.1　启动 Windows 7 操作系统

启动 Windows 7 操作系统的实质就是打开电脑，其操作步骤如下：

（1）按下显示器的电源开关，接通显示器电源。

（2）按下开机按钮，电脑开始自检、初始化硬件设备和加载引导程序，此时无须进行任何操作。

（3）若只有一个用户且未设置密码，自检和加载引导程序完成后将自动进入启动 Windows 7 操作系统界面。如果有多个操作系统，可通过按键盘中的“↑”或“↓”键进行选择，然后按回车键即可启动 Windows 7。

2.2.2　认识 Windows 7 的界面

进入 Windows 7 操作系统后看到的整个区域就是电脑桌面。桌面是电脑屏幕上的“办公桌”，主要由桌面图标、桌面背景、任务栏等部分组成，如图 2.2.1 所示。

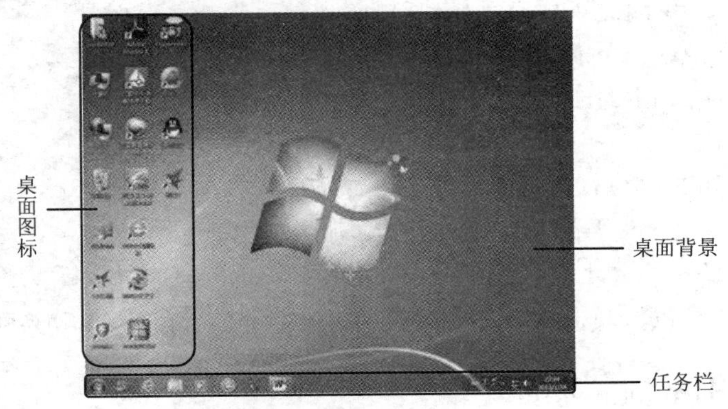

图 2.2.1　Windows 7 的桌面

安装 Windows 7 后，在默认的情况下，桌面上只有“回收站”系统图标，用户需要自行添加系统自带的其他系统图标和需要的桌面快捷方式图标。

1．桌面图标

桌面图标就是桌面上显示的由图形和名称组成的各种小图案，在图标上直接双击即可打开与图标对应的程序。桌面图标分为系统图标和快捷方式图标，其中系统图标指系统自带的一些特殊用途的图标，如“计算机”“网络”“回收站”“控制面板”图标等；快捷方式图标一般是安装应用程序时自动产生的，其左下角有一个图标，用户也可根据需要自行创建。

2. 桌面背景

桌面背景是屏幕中显示图片的区域，位于桌面的最底层，主要用于美化桌面。用户可将自己喜欢的图片或颜色设为桌面背景。

3. 任务栏

在默认情况下，任务栏位于 Windows 7 桌面的最下方。任务栏是由“开始”按钮、快速启动区、任务按钮区、语言区、活动按钮区、时间/日期区和“桌面”按钮等部分组成，如图 2.2.2 所示。

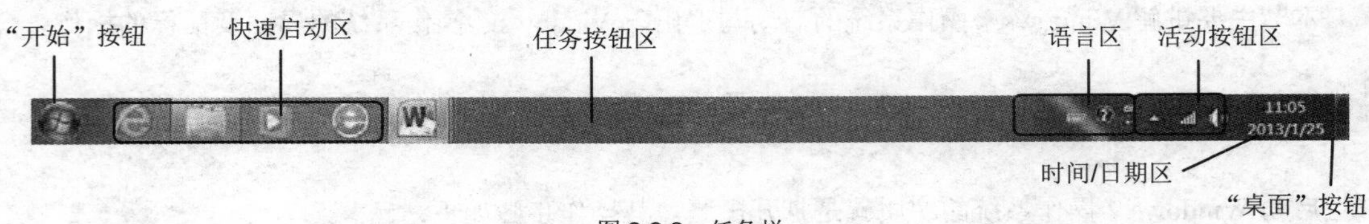

图 2.2.2　任务栏

任务栏各项含义如下：

（1）“开始”按钮。单击该按钮，可打开“开始”菜单，从而可执行启动应用软件，设置电脑等操作。

（2）快速启动区。用于存放快速启动按钮，单击该区域的按钮，可快速打开相关的窗口。系统默认有 3 个快速启动图标，其中单击图标可以打开“库”窗口，用于操作电脑中的文件；单击图标可打开 Windows Media Player 窗口，用于播放音视频文件；单击图标，可打开 IE 浏览器窗口，用于上网浏览网页内容。

（3）任务按钮区。在 Windows 中打开窗口或启动程序时，在任务按钮区会显示一个相应名称的任务图标按钮。单击相应的任务图标可以显示该任务的操作窗口。

（4）语言栏。用于切换和显示系统使用的输入法。单击输入法图标，在弹出的下拉菜单中可以选择一种输入法；单击“还原”按钮，可将语言栏还原为桌面上的工具条；单击“最小化”按钮，可将语言栏最小化到任务栏中。

（5）活动按钮区。将后台运行的程序按钮显示在其中，如杀毒软件、QQ 等。单击按钮，可显示隐藏的程序按钮，如图 2.2.3 所示。

图 2.2.3　隐藏的活动按钮

（6）时间/日期区。用于显示当前日期和时间。

（7）“桌面”按钮。单击该按钮，可快速最小化操作的所有窗口，切换到桌面状态。

2.2.3　退出 Windows 7

退出 Windows 7 操作系统也就是关闭电脑。根据当前电脑运行情况的不同，其退出方法也不同，下面分别介绍。

1. 用系统退出

单击“开始”按钮，弹出“开始”菜单（见图 2.2.4），单击右侧的按钮即可退出 Windows 7 操作系统，主机的电源也会自动关闭，指示灯熄灭代表已经成功关机，然后关闭显示器即可。

2. 手动退出

当用户在使用电脑的过程中时，可能会出现蓝屏、花屏和死机等现象，这时用户不能通过“开始”菜单退出系统了，需要按主机机箱上的电源按钮几秒钟，这样主机就会关闭，然后关闭显示器的电源开关即可完成手动关机操作。

3. 注销电脑

所谓注销电脑，是将当前正在使用的所有程序关闭，但不会关闭电脑。因为 Windows 7 操作系统支持多用户共同使用一台电脑上的操作系统。当用户需要退出操作系统时，可以通过“注销”菜单命令，快速切换到用户登录界面。在进行该操作时，用户需要关闭当前运行的程序，保存打开的文件，否则会导致数据的丢失。

注销电脑的具体操作步骤如下。

（1）单击“开始”按钮，在弹出的“开始”菜单中单击 关机 右侧的按钮，然后在弹出的菜单中选择 注销(L) 菜单命令，如图 2.2.5 所示。

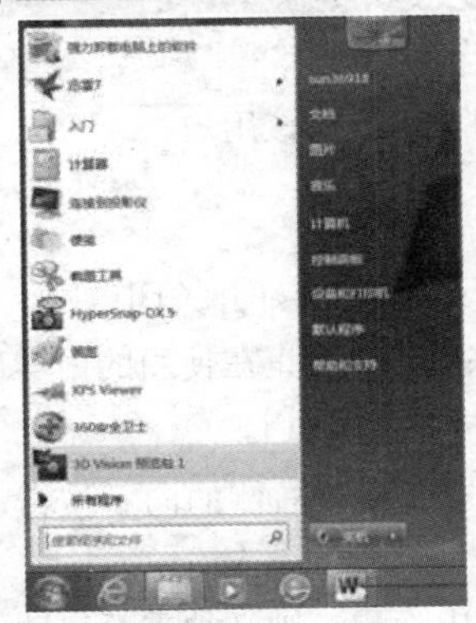

图 2.2.4 “开始”菜单

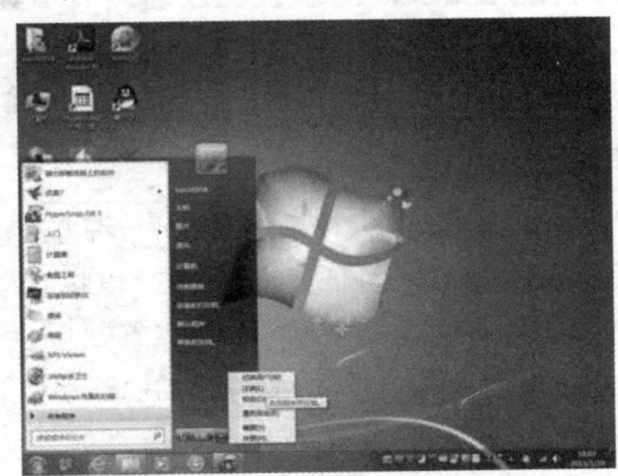

图 2.2.5 注销菜单命令

（2）如果还有没有关闭的应用程序，则会弹出提示窗口，如图 2.2.6 所示。

（3）单击 强制注销(F) 按钮，系统则会强制关闭应用程序。如果想保存打开的文件，需要单击 取消(C) 按钮，系统将恢复到系统界面。

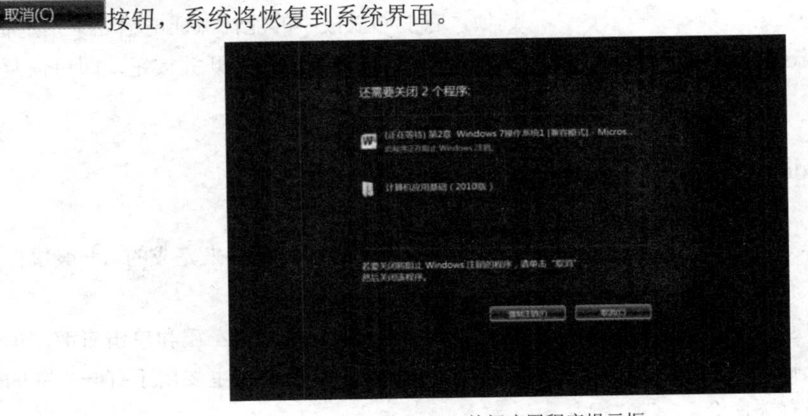

图 2.2.6 关闭应用程序提示框

4. 切换用户

通过切换用户功能，用户可以退出当前 Windows 7 系统下的用户，并不关闭当前运行的程序，然后返回到用户登录界面。具体操作步骤如下。

（1）单击“开始”按钮，在弹出的“开始”菜单中单击关机右侧的按钮，然后在弹出的菜单中选择切换用户(W)菜单命令，如图 2.2.7 所示。

（2）系统会快速切换到用户登录界面，同时会提示当前登录的用户为已登录的信息，如图 2.2.8 所示。

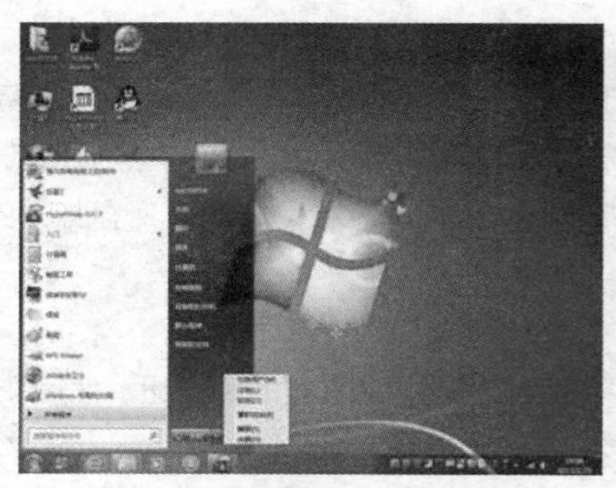

图 2.2.7　切换用户菜单命令

图 2.2.8　用户登录界面

（3）选择所需的用户账户图标，如有密码，再输入密码即可切换到该用户。

5．休眠

休眠是退出 Windows 7 操作系统的另外一种方法，选择休眠会保存会好并关闭电脑，此时电脑没有真正关闭，而是进入了一种低耗能的状态。电脑进入休眠状态后，会将正在使用的内容保存在硬盘上并将电脑上的所有部件断电，所以休眠更省电。休眠的具体操作步骤如下：

（1）单击“开始”按钮，在弹出的“开始”菜单中单击关机右侧的向右按钮，然后在弹出的菜单中选择休眠(H)菜单命令。

（2）此时电脑会进入休眠状态。如果用户想让电脑从休眠中唤醒，则必须重新启动。按下主机上的开关按钮，启动电脑并再次登录，会显示休眠前的状态。

6．睡眠

在【关闭选项】中还有一项睡眠(S)选项，它能够以最小的能耗保证电脑处于锁定状态，与休眠(H)状态极为相似，而最大的不同在于不需要按下主机上的开关按钮，即可恢复到电脑的原始状态。

2.2.4　在 Windows 7 中操作鼠标

在 Windows 7 操作系统中，除了输入文字外，大多数操作都是通过鼠标来完成的，一般鼠标通过右手操作，其操作方法有如下几种：

（1）单击：指快速地在一个对象上按一下鼠标按键。单击又分为单击左键和单击右键，单击左键主要用于选定对象或打开菜单等，选定的对象呈高亮显示；单击鼠标右键主要用于打开当前的快捷菜单，可以快速地选择有关命令。

（2）双击：指快速连续地在一个对象上单击两次鼠标左键，主要用于启动程序或是打开一个窗口。

（3）拖放：指将鼠标指针指向一个对象，按住鼠标左键并拖至目标位置，然后释放鼠标。该操作常用于复制或移动对象，或者拖动滚动条与标尺的标杆。

（4）指向：将鼠标指针指向对象，停留一段时间，即为指向或称持续操作，该操作通常用来显示指向对象的提示信息。

（5）滚动：按住滚轮前后滚动即可，主要用于屏幕窗口中内容的上下移动。

当系统处于不同的运行状态或进行不同的操作时，鼠标光标会呈现不同的形态，如表 2.2 所示。

表 2.2　鼠标光标形态与含义

鼠标光标形态	鼠标光标含义
↖	表示 Windows 7 准备接受用户输入命令
I	此光标一般出现在文本编辑区，用于定位从什么地方开始输入文本字符
⌛	表示系统处于忙碌状态，正在处理较大的任务，用户需要等待
↖⌛	表示 Windows 7 正处于忙碌状态
↔ ↕	鼠标光标处于窗口的边缘时出现该形态，此时拖动鼠标即可改变窗口大小
⤢ ⤡	鼠标光标处于窗口的四角时出现该形态，拖动鼠标可同时改变窗口的高度和宽度
✥	该鼠标光标在移动对象时出现，表示拖动鼠标可移动该对象
👆	表示鼠标光标所在的位置是一个超级链接
+	表示鼠标此时将进行精确定位，常出现在制图软件中
↖?	鼠标光标变为此形状时，单击某个对象可以得到与之相关的帮助信息

2.3　Windows 7 的基本操作

在 Windows 7 中包括窗口、“开始”菜单、对话框、任务栏等多种对象，下面分别介绍各个对象的基本操作方法。

2.3.1　窗口的操作

在 Windows 7 中，启动应用程序或双击图标等操作会打开一个窗口，在打开的窗口中包含多个对象，一般以图标形式显示。用户可以同时打开多个窗口，显示在最前面的窗口为当前活动窗口。

1．窗口的组成

窗口是 Windows 的重要组成部分，它限定了每个应用程序在屏幕上的工作范围。当窗口被关闭时，应用程序也同时被关闭。窗口主要由标题栏、地址栏、工具栏、搜索框等组成，如图 2.3.1 所示为“计算机”窗口。

（1）标题栏。标题栏位于窗口的顶部，用于显示当前窗口的名称和对窗口执行关闭、最小化等操作。

（2）地址栏。用于显示当前操作窗口的路径，用户可在地址栏中输入地址访问本地或网络的文件夹，或单击右侧的下拉按钮在所展开的下拉列表中选择地址。

（3）工具栏。用于显示一些常用的工具按钮，如“返回”按钮、“前进”按钮、“刷新”按钮等，通过这些按钮可以对当前的窗口和其中的内容进行调整或设置。

（4）搜索框。用于快速搜索当前电脑中保存的文件。

（5）导航窗格。用于显示当前电脑的文件结构。

（6）窗口工作区。用于当前窗口的内容，如果内容较多，将在右侧和下方显示滚动条，拖动滚动条，可显示隐藏部分的内容。

（7）细节窗格。用于显示当前窗口或所选对象的详细信息，如电脑内容、文件大小、作者等。

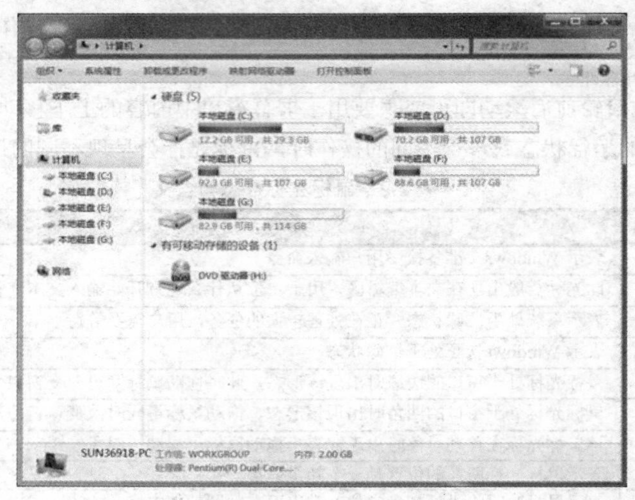

图 2.3.1 “计算机”窗口

2. 窗口的基本操作

Windows 窗口拥有最大化、最小化、还原三种显示状态，大部分的 Windows 窗口都能够由用户自由调整状态。窗口默认有“最小化”“最大化”“关闭”三个按钮，如图 2.3.2 所示。如果当前窗口已经为最大化，则“最大化”按钮将显示为“向下还原”按钮。用户也可以直接在窗口边缘的空白处双击鼠标，这样能够更快地完成窗口最大化操作。通过调整窗口状态能够使桌面显示的内容更加有序、清晰，便捷的调整方式有利于用户对窗口的操作。

图 2.3.2　窗口状态按钮

Windows 窗口的操作主要有以下几种：

（1）调整窗口大小。一个普通窗口可以根据需要任意调整其大小。如果要调整窗口的大小，先将光标移到窗口的任意一个边界上，这时光标就变为调整大小的形状（双向箭头↕，↔或者⤡）。如果只调整一个方向的大小（宽度或者高度），就将光标移到窗口的上下边界或左右边界，然后拖动鼠标即可；如果想一次调整两个方向的大小（同时调整宽度和高度），就将光标移到窗口的任意角，然后按住鼠标左键并拖动，窗口大小会随之改变。

（2）排列窗口。Windows 是一个多任务的操作系统，它可以同时运行多个窗口程序。而在实际使用的过程当中，过多的窗口切换容易造成混乱。除了使用最小化功能减少桌面上的窗口以外，还可以使用 Windows 标准的 3 种窗口排列方式：层叠窗口、堆叠显示窗口和并排显示窗口。

层叠窗口是重新排列桌面上已经打开的窗口，各窗口彼此重叠，前面每一个窗口的标题栏相对于后一个窗口的标题栏都略微低一些，并略微地靠右边一点，这样看上去就好像是层叠在一起；堆叠显示窗口是将所有的窗口都在垂直方向上排列，在水平方向上占据整个屏幕空间，窗口之间不重叠。当窗口非常多时，水平方向上不再占据整个屏幕，而是进行合理的划分；堆叠显示窗口与并排显示窗口相似，只不过窗口是在垂直方向上占据整个屏幕。当窗口非常多时，垂直方向上不再占据整个屏幕，而是进行合理的划分。如图 2.3.3 所示为堆叠显示窗口。

排列窗口的具体操作步骤如下：

1）将鼠标指针指向任务栏的空白区域，单击鼠标右键，弹出其快捷菜单，如图 2.3.4 所示。

2）从中选择 层叠窗口(D)、堆叠显示窗口(T) 或者 并排显示窗口(I) 命令即可。

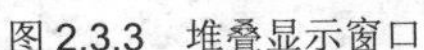

图 2.3.3 堆叠显示窗口

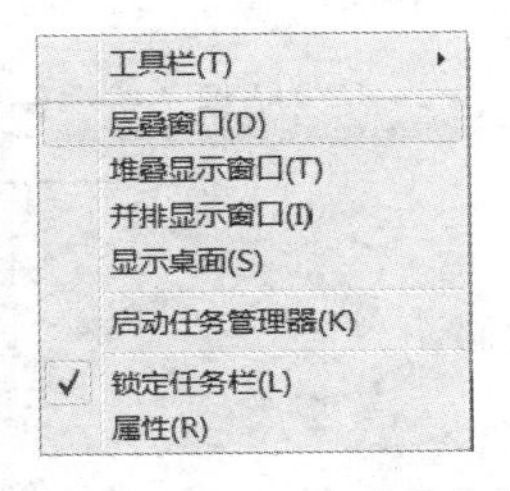

图 2.3.4 “任务栏”快捷菜单

（3）切换（激活）窗口。在桌面上可同时打开多个窗口，总有一个窗口位于其他窗口之前。在Windows 环境下，用户当前正在使用的窗口为活动窗口（或称前台窗口），位于最上层，总是深色加亮的窗口，其他窗口为非活动窗口（或称后台窗口）。

用户随时也可以用“Alt+Tab” 快捷键切换（激活）所需要的窗口。使用 Alt+Tab 快捷键进行切换窗口，桌面中间会显示各程序的预览小窗口，如图 2.3.5 所示。

图 2.3.5 程序的预览小窗口

提示： 按住 Alt 键不放，每按一次 Tab 即可切换一次程序窗口，用户可以按照这种方法切换至自己需要的程序窗口。也可以直接用鼠标点击桌面中间预览小窗口中需要切换的程序预览小窗口，即可快速切换。

2.3.2 对话框的操作

在使用电脑的过程中，若执行了某个操作或选择了带…图标的命令，将打开相应的对话框。执行的命令不同，对话框中的内容也各不相同。如图 2.3.6 所示的两个对话框为常用的对话框样式。

1．对话框的组成

一般的对话框主要包括选项卡、文本框、复选框、列表框、下拉列表框、单选按钮等。

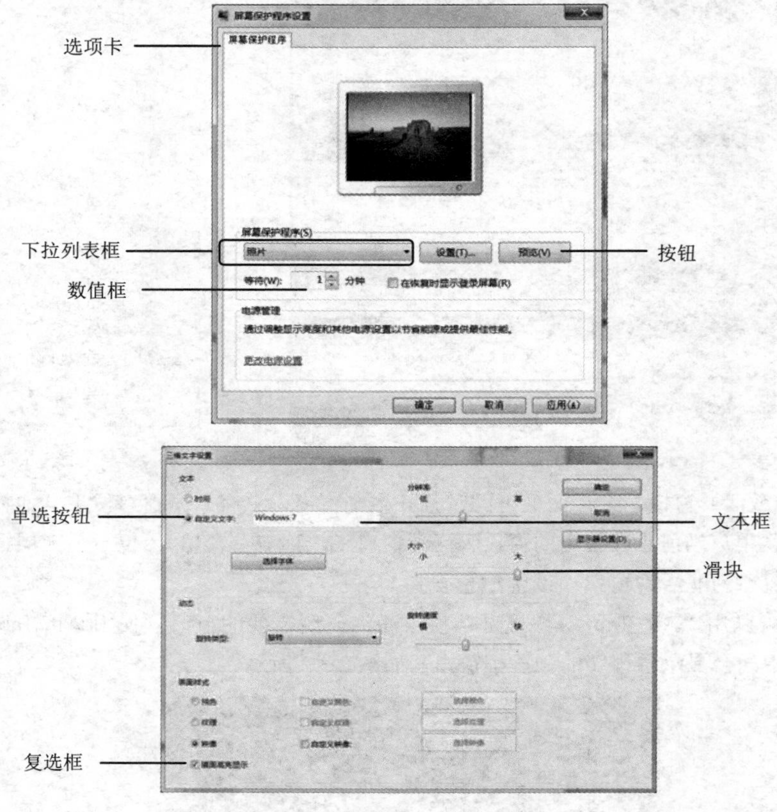

图 2.3.6　对话框

（1）选项卡。当对话框中内容较多时，通常按类别将其分成几个选项卡，并依次排列在一起。每个选项卡都有各自的名称，单击相应的选项卡会显示相应的内容。

（2）单选按钮。通常由多个按钮组成一组，选中某个单选按钮可以选择相应的选项，但在一组单选按钮中只能有一个单选按钮被选中。选中单选按钮时，左侧的小圆圈显示为状态；若未选中单选按钮，则显示为状态。

（3）下拉列表框。单击下拉列表框右侧的下拉列表按钮即可显示出下拉列表，在下拉列表中列出了多个选项，使用鼠标和键盘都可从下拉列表中选择其中的一个选项。

（4）复选框。可以是一组相互之间并不排斥的选项，用户可以根据需要选中其中的某些选项。单击图标，即选中该复选框，此时方框内会出现一个标记；再次单击可取消选中，此时方框为图标。

（5）数值框。数值框中用于输入所需数字，单击其后的上、下箭头可调整左侧数字框中的数字。

（6）按钮。使用该按钮可执行一个动作。若命令按钮带有省略号“…”，则单击此按钮将弹出另一个对话框。若命令按钮带有两个尖括号“>>”，则单击此按钮，可扩展当前的对话框。

2．对话框的基本操作

对话框的基本操作包括移动对话框和关闭对话框。

（1）移动对话框。将鼠标移到对话框的标题栏上，按住鼠标左键并拖动，即可将对话框移动到屏幕上的任何位置，但形状、大小不改变。

（2）关闭对话框。用鼠标单击对话框标题栏右边的关闭按钮即可关闭对话框。如果要应用对话框中设置的参数，单击 确定 按钮并退出；如果不应用所设置的参数，单击 取消 按钮并退出对话框。

提示：（1）在对话框的组成部分中，凡是以灰色状态显示的按钮或选项，表示当前不可执行。选择各选项或按钮时，除了用鼠标外，还可以通过按“Tab”键激活并选择参数，然后按“Enter”键确定设置的参数。

（2）在对话框中可以方便地获得各选项的帮助信息，在对话框的右上角有一个带有问号“？”的按钮，单击该按钮，然后选择一个选项，即可以获得该选项的帮助信息。

2.3.3 菜单的操作

菜单一般由若干命令和子菜单组成，用户可通过执行命令进行相应的操作。其中，子菜单又称下级菜单，同样由若干命令和子菜单组成。

1. 菜单的分类

在 Windows 7 中，除了“开始”菜单外，还有两种常见的菜单：下拉菜单和右键快捷菜单。

（1）下拉菜单。下拉菜单位于菜单栏中，当鼠标指针移动到菜单标题上时，菜单标题就自动显示出一个带颜色的小方框，这表明它处于活动状态，单击它就可以打开下拉菜单。单击菜单上的命令，就可以执行相应的操作，如图 2.3.7 所示。

提示：打开菜单也可以使用快捷键，即按“Alt+菜单命令后面括号中的字母键”打开菜单。例如，按“Alt+T”快捷键就可以打开“工具”菜单。打开菜单后，如果不想选择菜单命令，可以按“Esc”键撤销菜单。

（2）右键快捷菜单。当用鼠标右键单击某个对象时，会弹出一个快捷菜单。在该快捷菜单中可以选择一些常用命令，以快速执行相应的操作。如图 2.3.8 所示为在桌面上单击鼠标右键弹出的快捷菜单。

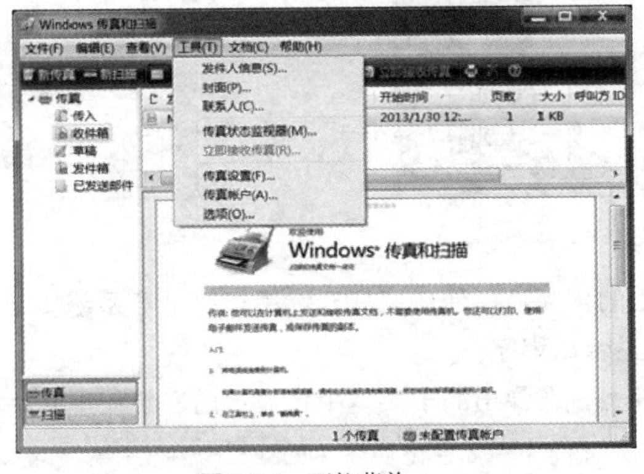

图 2.3.7 下拉菜单

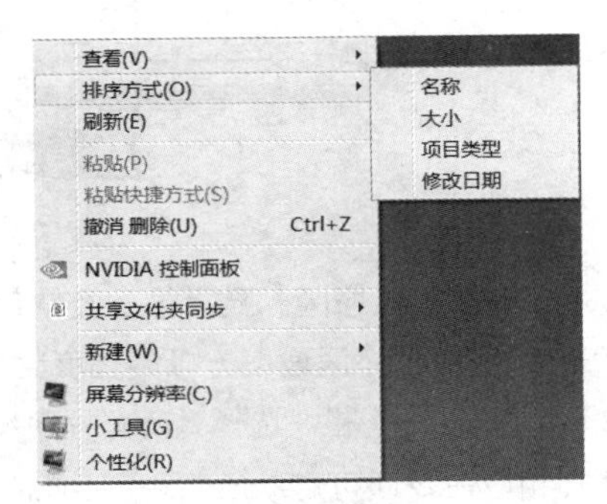

图 2.3.8 桌面快捷菜单

2. 窗口菜单的约定

Windows 系统中的菜单是遵循一定约定的，因此，打开窗口菜单后会发现命令选项有黑色、灰色，或者名字后带有省略号（…）的命令等。

（1）右端带有右箭头▸的菜单命令。这种菜单称为层叠式菜单，表示该菜单还有下一级菜单，有时也将其下一级菜单称为子菜单。

（2）右端带有省略号的菜单命令。选择并执行这些菜单命令时，通常会弹出一个对话框，要求用户进行一些必要的设置，然后再执行用户指定的操作。

（3）带有组合键的菜单命令。带有组合键的菜单命令表示用户可以直接使用这些组合键执行该命令。

（4）呈灰色显示的菜单命令。在 Windows 7 中，正常的菜单命令其文字呈黑色显示，表示用户可以执行该命令。当菜单命令以灰色显示时，表示用户目前不能使用该命令。

（5）菜单命令中的选中标记。在某些菜单命令的左侧，经常会出现对勾标记或圆点标记，这表示该命令当前处于激活状态。

（6）菜单命令的分组。在同一个下拉式菜单中，有时菜单命令之间会出现分隔线，从而将众多的菜单命令分隔成若干个小组。分在同一组中的菜单命令功能相似或具有某种共同的特征。

2.3.4 操作“开始”菜单

在 Windows 7 中，所有的操作都可以通过“开始”菜单进行。单击任务栏左侧的“开始”按钮，弹出“开始”菜单。默认情况下，“开始”菜单由高频使用程序区、“所有程序”栏、搜索栏、用户账户区、系统控制区和关闭注销区 6 部分组成，如图 2.3.9 所示。

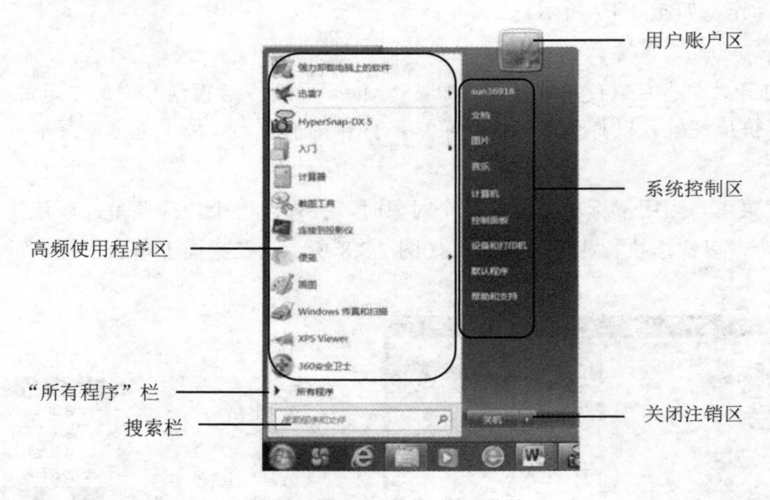

图 2.3.9 “开始”菜单

（1）高频使用程序区。显示最近经常使用的程序，以便快速打开常用程序。若系统安装了新程序，将在高频使用程序区最下方以高亮度突出显示该程序。

（2）“所有程序”栏。选择“所有程序”命令，在弹出的子菜单中将显示出安装在电脑中的所有程序，选择相应命令即可启动所需程序。此时“所有程序”命令将显示为◀ 返回，选择“返回”命令，即可返回“开始”菜单的初始状态。

（3）搜索栏。在搜索栏的文本框中输入要搜索的程序名或文件名后按“Enter”键，可快速找到该程序或文件。

（4）用户账户区。显示当前登录的用户账户图标，单击该图标将打开“用户账户”窗口，可在

该窗口更改用户账户的密码和图片。

（5）系统控制区。显示了“计算机”“网络”“控制面板”等选项，选择它们，可在打开的窗口中管理电脑中的资源、运行和查找文件、安装和删除程序以及打印文档等。

（6）关闭注销区。用于关闭电脑、切换用户、注销或重启电脑等操作。

2.4　个性化 Windows 7

在使用 Windows 7 时，用户可根据自己的喜好设置个性化电脑的办公环境。其中主要包括 Windows 7 桌面背景个性化设置、桌面图标个性化设置、个性化“开始”菜单、设置日期和时间、管理用户账户等，下面分别进行介绍。

2.4.1　桌面背景个性化设置

使用电脑办公需要长时间面对电脑，为减轻疲劳感，可设置各种背景和屏幕保护程序，以达到美化电脑的操作界面、缓解疲劳和保护电脑的目的。

1. 设置桌面主题

桌面主题是指桌面外观风格的一个总体方案，它可以同时改变桌面图标、桌面背景、任务栏、窗口和对话框等项目的外观，其具体操作步骤如下：

（1）在桌面空白处单击鼠标右键，从弹出的快捷菜单中选择 个性化(R) 命令。

（2）这时打开“个性化”窗口，在“Aero 主题”列表中选择“风景”，如图 2.4.1 所示。

（3）返回桌面可以看到主题已改变，如图 2.4.2 所示。‘

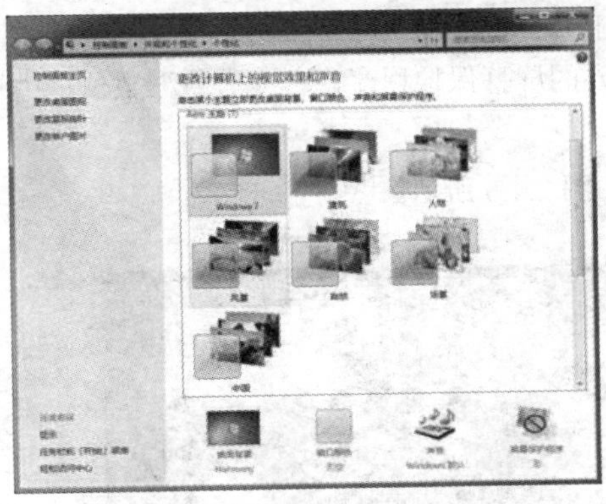

图 2.4.1　“个性化”窗口

图 2.4.2　应用桌面主题效果

2. 更换桌面背景

如果不需要整体改变桌面主题，只需更改桌面显示的背景图片，可只对其进行修改，其操作步骤如下：

（1）在桌面空白处单击鼠标右键，从弹出的快捷菜单中选择 个性化(R) 命令，打开“个性化”窗口。

（2）单击窗口下方的 桌面背景 超链接，打开“桌面背景”窗口，在中间的列表框中选择所需桌面背景，这里选择“中国”第五张图片，如图 2.4.3 所示。

（3）单击 保存修改 按钮，将选择的图片设置为桌面背景，如图 2.4.4 所示。

图 2.4.3 “桌面背景”窗口

图 2.4.4 应用桌面背景效果

提示：打开“桌面背景”窗口，如果在中间的列表中没有找到需要的背景图片，可单击 浏览(B)... 按钮，在打开的 浏览文件夹 对话框中选择保存在电脑磁盘中的图片。

3．设置屏幕保护程序

为电脑设置屏幕保护程序不仅可以保护显示屏，还能够防止他人查看保存在电脑中的重要文件。设置屏幕保护程序后，如果在规定的时间内不操作键盘或鼠标，将启动该程序。下面将屏幕保护程序设置为“照片”，启动时间为 20 分钟，其具体操作如下：

（1）在桌面空白处单击鼠标右键，从弹出的快捷菜单中选择 个性化(R) 命令，打开“个性化”窗口。

（2）单击窗口下方的 屏幕保护程序 超链接，打开 屏幕保护程序设置 对话框。

（3）在“屏幕保护程序”下拉列表框中选择需要的屏幕保护程序，在“等待”数值框中输入启动屏幕保护程序的时间（输入 20），如图 2.4.5 所示。

（4）设置完成后，单击 确定 按钮，效果如图 2.4.6 所示。

图 2.4.5 “屏幕保护程序”对话框

图 2.4.6 屏幕保护效果

2.4.2 桌面图标个性化设置

桌面图标除了双击可打开相应的窗口外，还可以对桌面图标进行添加、移动、删除、排列等操作。

1．添加桌面图标

所谓添加图标，是指在桌面上创建快捷方式图标。在桌面上创建快捷方式图标有以下两种方法：

（1）从“开始”菜单中添加快捷方式图标。单击按钮，在打开的“开始”菜单中选择要创建快捷方式的程序。按住鼠标左键，将其拖动到桌面空白位置，释放鼠标即可。

（2）使用快捷菜单创建快捷方式图标。选中要创建快捷方式的图标，单击鼠标右键，在弹出的快捷菜单中选择 发送到(N) → 桌面快捷方式 命令，如图 2.4.7 所示。

2．移动桌面图标

移动图标的方法非常简单，只须选中要移动的图标，然后按住鼠标左键不放，将该图标拖动到目标位置后释放鼠标即可。

3．排列桌面图标

用户可以根据需要将桌面图标按一定的方式进行排列。其具体操作步骤如下：

（1）在桌面空白位置单击鼠标右键，在弹出的快捷菜单中选择 排序方式(O) 命令，弹出如图 2.4.8 所示的子菜单。

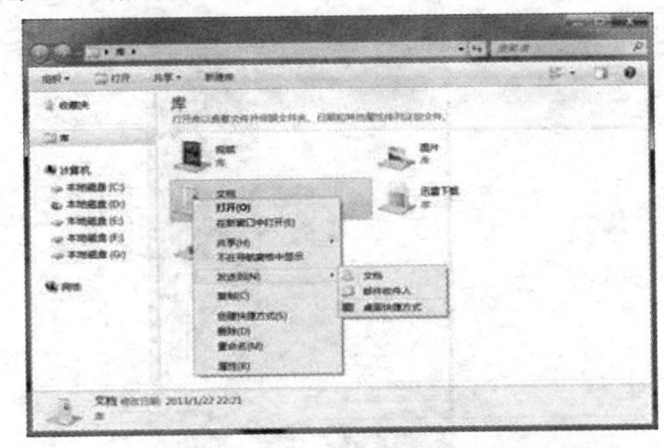

图 2.4.7 使用快捷菜单创建快捷方式图标

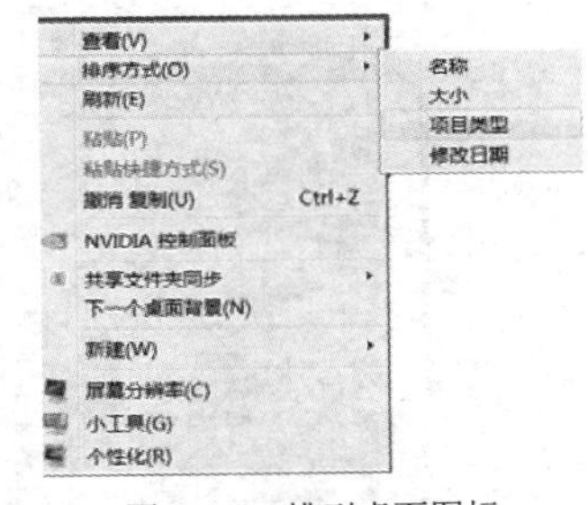

图 2.4.8 排列桌面图标

（2）在该子菜单中选择所需的排列方式即可。

4．删除桌面图标

可以通过鼠标和键盘来删除桌面上不需要的图标。其具体操作步骤如下：

（1）在要删除的图标上单击鼠标右键，在弹出的快捷菜单中选择 删除(D) 命令，弹出如图 2.4.9 所示的 删除快捷方式 对话框。

（2）在该对话框中单击 是(Y) 按钮即可。

图 2.4.9 “删除快捷方式”对话框

2.4.3 个性化“开始”菜单

通过对 Windows 7 系统的“开始”菜单做个性化设置，可以使之更适合自己的使用习惯。

在“开始”菜单按钮上单击鼠标右键，从弹出的快捷菜单中选择 属性(R) 命令，弹出 任务栏和「开始」菜单属性 对话框，系统默认打开 「开始」菜单 选项卡，如图 2.4.10 所示。

（1）电源按钮。该选项决定了菜单右下角的电源按钮所对应的操作，默认是“关机”。如果需要其他的操作，可以从下拉列表中选择“切换用户”“注销”“重新启动”“休眠”等操作。

（2）隐私。隐私栏包含两个默认选项：☑存储并显示最近在「开始」菜单中打开的程序(P)和☑存储并显示最近在「开始」菜单和任务栏中打开的项目(M)，该选项决定了是否在开始菜单中显示有关程序运行和文件打开的历史记录。如果不想显示个别的程序和项目，可以直接从右键菜单中选择从列表中删除(F)命令。

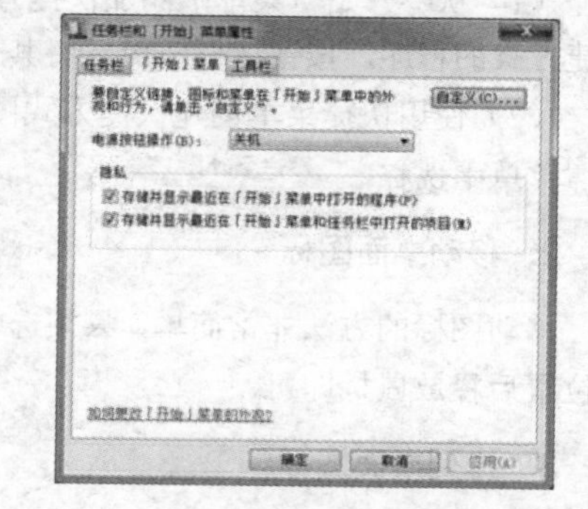

图 2.4.10 “任务栏和‘开始’菜单属性”对话框

（3）单击自定义(C)...按钮，弹出自定义「开始」菜单对话框，如图 2.4.11 所示。

（4）在该对话框中选中☑运行命令和☑最近使用的项目复选框，用户也可以自定义“开始”菜单大小。单击确定按钮返回任务栏和「开始」菜单属性对话框，在“电源按钮操作”下拉列表中选择“睡眠”选项。

（5）单击确定按钮后可以看到“开始”菜单中原来那些最近使用的程序和项目不见了，同时右边的菜单中多出了“最近使用的项目”“运行”，电源按钮的初始选项变为“睡眠”，如图 2.4.12 所示。

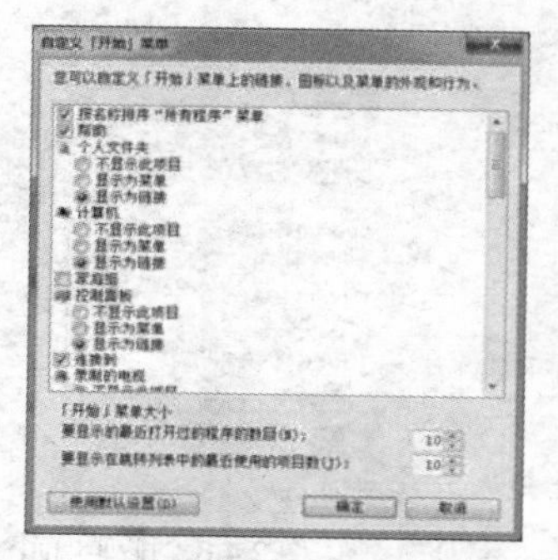

图 2.4.11 “自定义‘开始’菜单”对话框

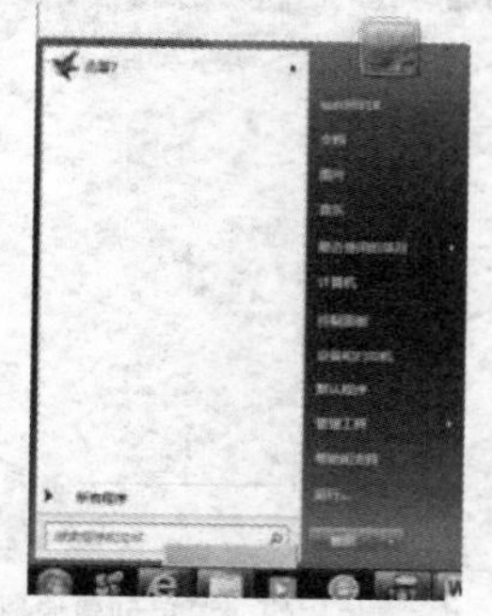

图 2.4.12 自定义“开始”菜单

2.4.4 个性化任务栏

Windows 7 的任务栏功能非常强大，不过很多 Windows XP 用户可能一开始的时候会用不太习惯，因此一些个性化的定制工具就应运而生。

1. 定制任务栏

在任务栏空白处单击鼠标右键，从弹出的快捷菜单中选择属性(R)命令，弹出任务栏和「开始」菜单属性对话框，系统默认打开任务栏选项卡，如图 2.4.13 所示。

该对话框包含以下选项：

（1）锁定任务栏。锁定后，任务栏将无法移动，无法调整大小，也就无法产生任何位置上的变化。若需要锁定任务栏，只需选中☑锁定任务栏(L)复选框。

（2）自动隐藏任务栏。如果显示器太小，或希望程序最大化占满整个窗口，可以选中此复选框。

（3）使用小图标。默认情况下是大图标，如需要大面积显示某一程序时，可以选中此复选框。

（4）屏幕上的任务栏位置。决定任务栏显示的位置，默认情况是屏幕底部，也可以单击该选项右侧的下拉按钮▾，从弹出的下拉列表中选择“左侧”“右侧”“顶部”。

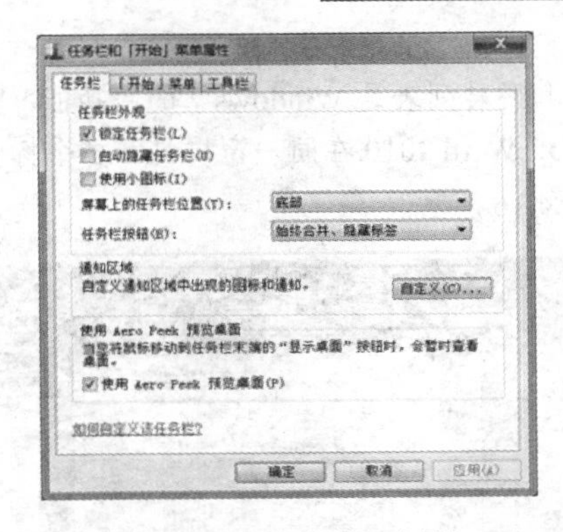

图 2.4.13　“任务栏”选项卡

（5）任务栏按钮。任务栏按钮格式，系统定义了三种模式：

1）始终合并，隐藏标签。使任务栏看起来简洁明了，但操作又不方便。

2）当任务栏占满时合并。

3）从不合并。选择此选项，会在任务栏按钮上显示标签。

2．任务栏图标

在任务栏中有两种图标，一种是在周围有方块的，形成了按钮的效果，这是正在运行的程序，单击这个按钮，可以将对应的程序放在最前面。另一种是图标旁边没有方块，这种是属于普通的快捷方式，对应着尚未运行的程序，单击该图标可以启动相应的程序，如图 2.4.14 所示。

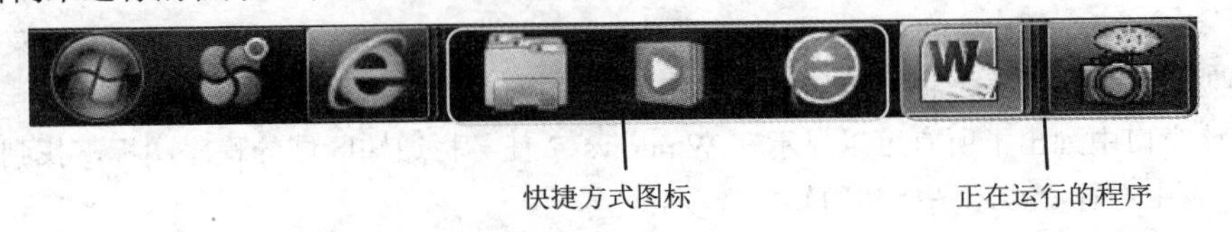

图 2.4.14　任务栏图标

3．跳转列表

在任务栏上用鼠标右键单击某一图标后，系统就会用弹出菜单的形式显示跳转列表，而跳转列表的具体内容取决于对应的程序，如鼠标单击的 IE 浏览器，则列表中会显示最近访问过的网页记录，以及少量的常用的用于控制该程序的选项，如图 2.4.15 所示。

图 2.4.15　跳转列表

注意： 任务栏缩略图和跳转列表是 Windows 7 的新功能，因此第三方程序必须在经过专门的设计后方可支持，如：Microsoft Word 2010 在同一窗口打开多个标签后，就可以直接用缩略图的形式显示每个标签的内容，如图 2.4.16 所示。

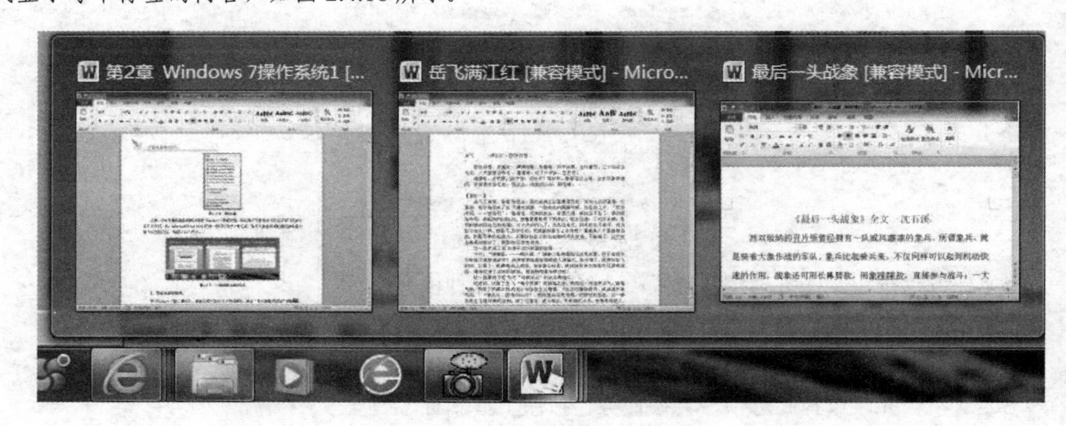

图 2.4.16　以缩略图形式显示标签

4．自定义通知区域

在 Windows 7 默认情况下，通知区域只显示几个系统图标。单击“显示隐藏的图标”按钮，才可以看到正在后台运行的程序或其他通知图标。下面讲解将 QQ 图标显示在任务栏上。

（1）在“显示隐藏的图标”按钮上单击鼠标右键，从弹出的快捷菜单中选择 自定义通知图标(C) 命令，打开“通知区域图标”窗口，如图 2.4.17 所示。

（2）该窗口中列出了所有可以显示在 Windows 7 任务栏通知区域的程序图标，找到 QQ，在右侧的下拉列表中选择“显示图标和通知”选项。

（3）单击 确定 按钮保存设置并关闭窗口，这时 QQ 图标就不再被隐藏起来了，如图 2.4.18 所示。如果想要将显示的图标隐藏起来，在刚才的下拉菜单中就选择“隐藏图标和通知”选项即可。

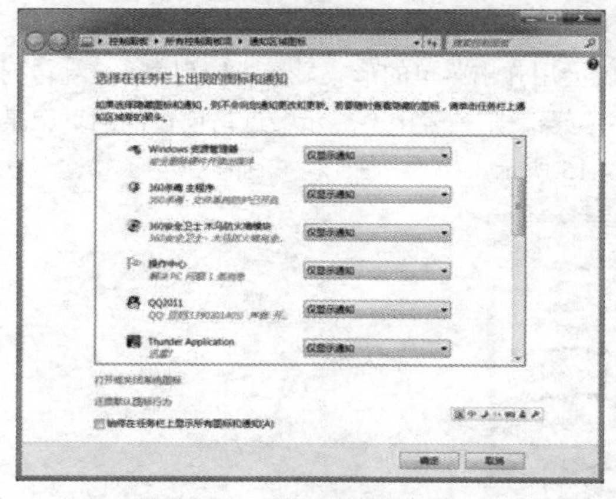

图 2.4.17　“通知区域图标”窗口

图 2.4.18　在任务栏上自定义图标

2.4.5　设置日期和时间

在实际办公中经常强调时间的准确性，所以电脑中显示的日期和时间正确与否非常重要，如显示错误需及时调整，具体操作步骤如下：

（1）在任务栏的时间/日期区上单击鼠标右键，从弹出的快捷菜单中选择 调整日期/时间(A) 命令，打开 日期和时间 对话框，如图 2.4.19 所示。

（2）单击 更改日期和时间(D)... 按钮，打开 日期和时间设置 对话框，在“日期”栏中单击◂ 或 ▸ 调整当前的月份，在下方单击相应的数字选择具体日期；在“时间”栏的数值框中输入当前正确的时间，如图 2.4.20 所示。

图 2.4.19 “日期和时间”对话框

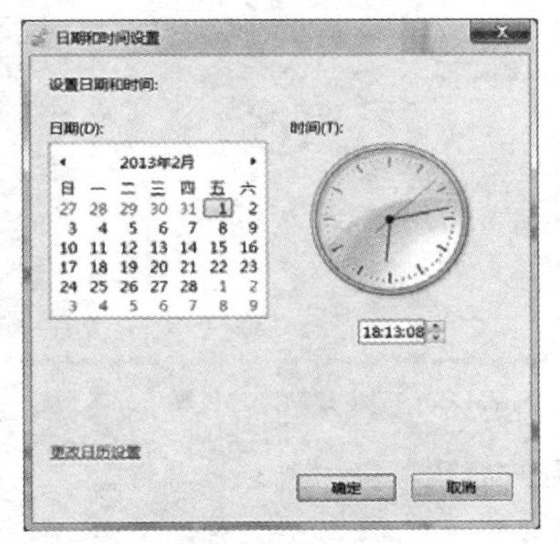

图 2.4.20 设置当前日期和时间

（3）设置完成后，单击 确定 按钮即可。

2.4.6 创建与管理用户账户

Windows 7 具有多用户管理功能，可以让多个用户共同使用一台计算机，并且每一个用户都可以拥有属于自己的操作环境。

1．创建用户账户

在 Windows 7 操作系统中，可根据需要创建管理员和标准用户两种账户，其中标准用户的权限小于管理员。下面将创建一个名为“小宝”的标准用户账户，其操作步骤如下：

（1）以管理员账户登录到 Windows 7 操作系统中，单击“开始”按钮，从弹出的快捷列表中选择 控制面板 命令，打开“控制面板”窗口，如图 2.4.21 所示。

（2）在“用户账户和家庭安全”栏中单击 添加或删除用户帐户 超链接，打开“管理账户”窗口，其中显示了当前的账户情况，如图 2.4.22 所示。

图 2.4.21 “控制面板”窗口

图 2.4.22 “管理账户”窗口

（3）在该窗口的下方单击 创建一个新帐户 超链接，打开“创建新账户”窗口，在上方的文本框中输入用户名“小宝”，在下方单击 ◉ 标准用户(S) 单选按钮，如图 2.4.23 所示。

（4）单击 创建帐户 按钮返回“管理账户”窗口，将显示创建的用户账户，如图 2.4.24 所示。

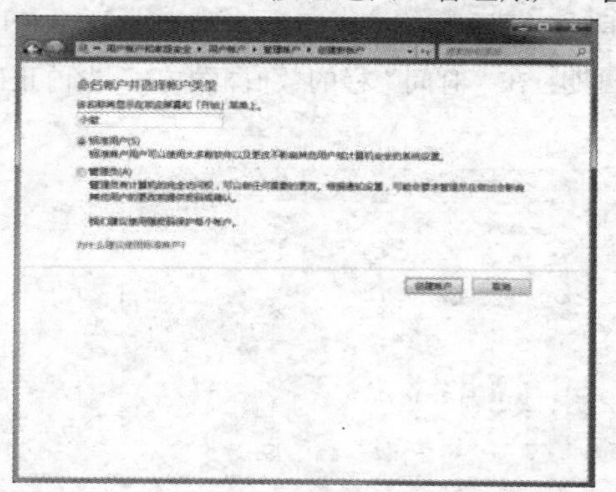

图 2.4.23　“创建新账户”窗口

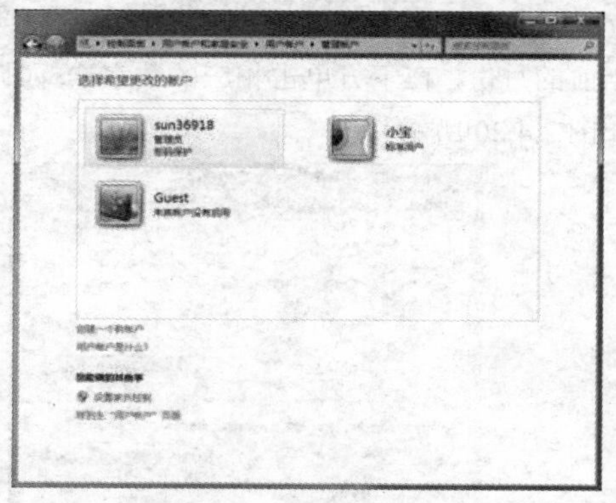

图 2.4.24　查看账户情况

2．设置账户密码

为了保护办公用户的安全，创建账户后还应设置密码。使用该用户账户登录操作系统时必须输入正确的密码，否则无法进入。下面将为“小宝”账户创建密码，具体操作步骤如下：

（1）通过“控制面板”窗口打开“管理账户”窗口后，选择需设置密码的账户，如“小宝”用户账户图标，打开“更改账户”窗口，如图 2.4.25 所示。

（2）单击 创建密码 超链接，打开“创建密码”窗口，在“新密码”和“确认新密码”文本框中输入相同的密码，在“输入密码提示”文本框中输入所需的文字，如“生日”，如图 2.4.26 所示。

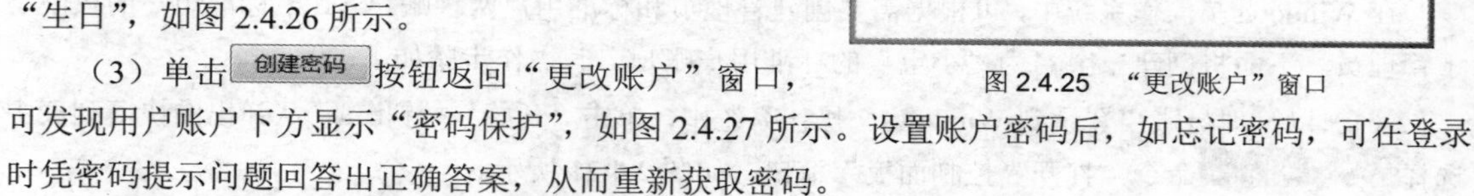

图 2.4.25　“更改账户”窗口

（3）单击 创建密码 按钮返回“更改账户”窗口，可发现用户账户下方显示“密码保护”，如图 2.4.27 所示。设置账户密码后，如忘记密码，可在登录时凭密码提示问题回答出正确答案，从而重新获取密码。

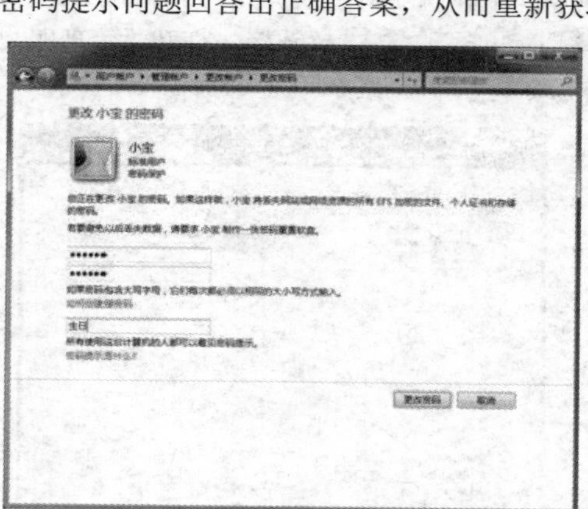

图 2.4.26　“创建密码”窗口

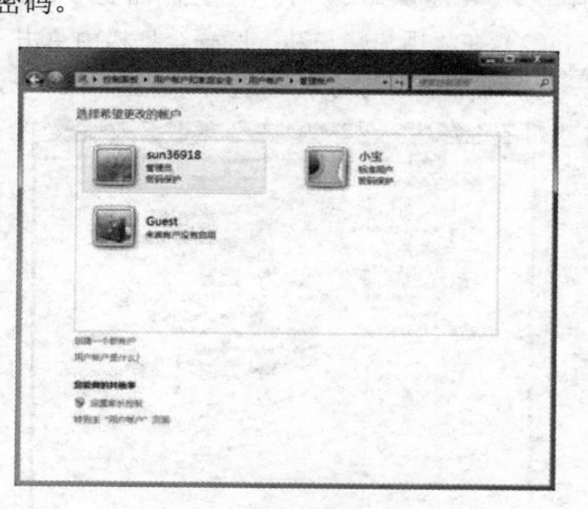

图 2.4.27　设置的账户密码

提示：在“更改账户”窗口中单击相应的超链接，可根据提示在打开的窗口中更改当前账户的名称、图片和账户类型等，其操作方法与设置密码类似。

3．切换账户

在一台电脑上创建了多个账户后，如需使用另一个账户的环境执行相应操作，应先进入该账户的工作状态，此时无须关闭电脑，再重新启动电脑选择用户，只需执行切换操作，其操作步骤可参见 2.2.3 节内容。

4．删除账户

当不需要再使用某个账户登录电脑时，可以删除该账户。下面将删除创建的“小宝”账户，其操作步骤如下：

（1）以管理员账户登录到 Windows 7 操作系统中，单击“开始”按钮，从弹出的快捷列表中选择控制面板命令，打开“控制面板”窗口。

（2）在“用户账户和家庭安全”栏中单击添加或删除用户帐户超链接，打开“管理账户”窗口，选择需要删除的账户。

（3）打开“更改账户”窗口，单击该窗口左侧的删除帐户超链接，在打开的“删除账户”窗口中根据实际情况选择保留或删除用户创建的文件，如图 2.4.28 所示。

（4）单击删除文件按钮，弹出“确认删除”对话框，如图 2.4.29 所示。

（5）单击删除帐户按钮即可完成操作。

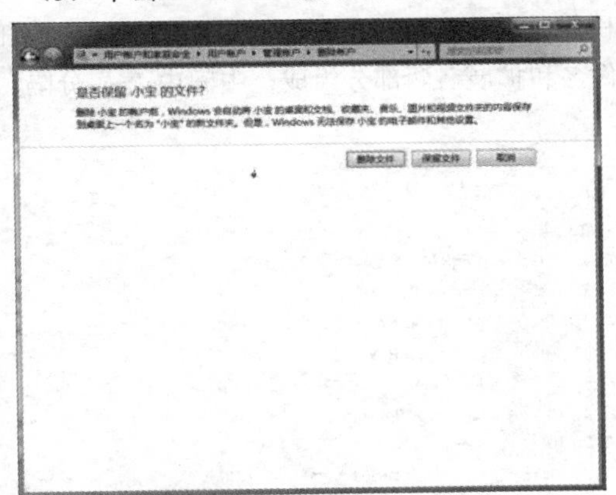

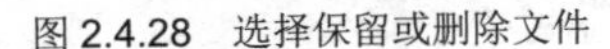

图 2.4.28　选择保留或删除文件

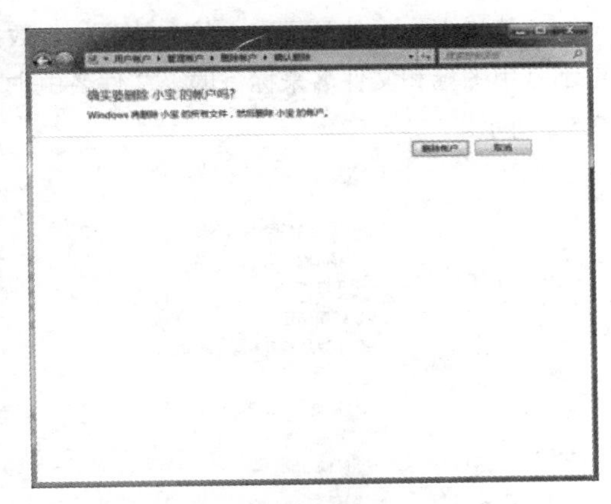

图 2.4.29　“确认删除”对话框

2.5　规划文件系统

电脑中存放的文件各式各样，为了更好地使用电脑为日常工作服务、快速找到所需的办公文件，必须先为电脑规划办公文件系统。

2.5.1　磁盘、文件和文件夹的基本概念

在 Windows 7 的文件管理中，涉及以下基本概念。

1．磁盘

磁盘是存储数据的场所，为了便于存放数据，将一个硬盘划分为多个区域，每个区域存放一定数量的文件，这个区域就是磁盘。每个磁盘都有各自的名称，默认以字母命名，如C盘、D盘、E盘、F盘等。根据需要还可以为磁盘重命名，从而快速识别该磁盘中存放的数据类型。如图2.5.1所示为磁盘在电脑中的表现形式，它由磁盘图标、磁盘名称、磁盘使用情况等几部分组成。通过磁盘使用情况可以查看该磁盘的总容量及可用容量等信息。

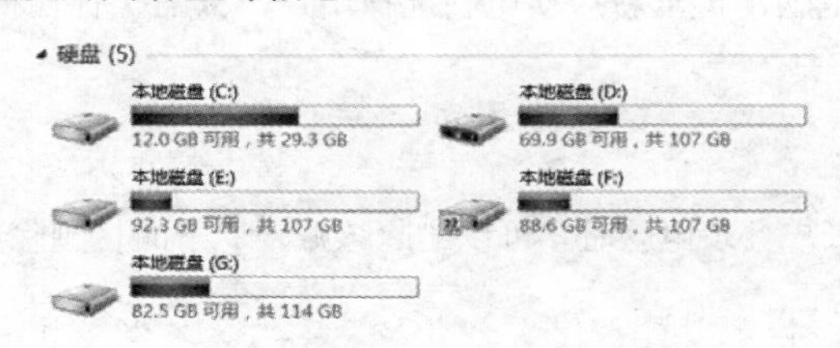

图2.5.1　磁盘在电脑中的表现形式

从图中可以看出，不同的图标样式表示该磁盘的类型不同，各种图标样式代表的含义分别如下：

：表示该磁盘中存放了Windows 7操作系统文件，一般不要轻易对其中的文件进行删除和移动操作。

：它是Windows 7默认的磁盘图标，表示磁盘中存放了普通的数据文件。

：表示该磁盘中的文件已被共享到局域网中，可供局域网中的其他用户查看和使用。

2．文件

在计算机中，文件是最基本的存储单位，数据和各种信息都保存在文件中。Windows 中的任何文件都是用图标和文件名来标识的，文件名由主文件名和扩展名两部分组成，中间由“.”分隔，如图2.5.2所示。

名称	修改日期	类型	大小
曾仕强易经mp3下载.zip	2012/6/30 14:38	WinRAR ZIP 压缩...	901 KB
浮沉.rar	2012/7/17 21:06	WinRAR 压缩文件	320,507 KB
工资表.xls	2010/7/29 10:54	Microsoft Excel ...	16 KB
健康秘笈.doc	2013/2/18 20:12	Microsoft Word ...	30 KB
宁夏沙湖风景留念.pptx	2013/3/15 20:50	Microsoft Power...	4,775 KB
软件.JPG	2013/3/16 13:11	JPEG 图像	31 KB
添加Flash动画.pptx	2013/3/17 16:37	Microsoft Power...	759 KB
为生命画一片树叶.rtf	2013/2/20 10:27	RTF 格式	3,595 KB
咏柳.doc	2013/2/22 11:18	Microsoft Word ...	31 KB

图2.5.2　文件在电脑中的表现形式

（1）文件名：最多可以由255个英文字符或127个汉字组成，或者混合使用字符、汉字、数字甚至空格。但是，文件名中不能含有“\”、“/”、“:”、“<”、“>”、“?”、“*”、“"”和“|”字符。

（2）扩展名：通常为3个英文字符。扩展名决定了文件的类型，也决定了可以使用什么程序来打开文件。常说的文件格式指的就是文件的扩展。

从打开方式看，文件分为可执行文件和不可执行文件两种类型。沥

（1）可执行文件：指可以自己运行的文件，其扩展名主要有.exe，.com等。用鼠标双击可执行文件，它便会自己运行。应用程序的启动文件都属于可执行文件。沥

（2）不可执行文件：指不能自己运行的文件。在双击这类文件后，系统会调用特定的应用程序去打开它。例如，双击.txt文件，系统将调用Windows系统自带的“记事本”程序来打开它。

3. 文件夹

文件夹是在磁盘上组织程序和文档的一种手段，既可包含文件，也可包含其他文件夹，就像用户办公时使用文件夹来存放文档一样。

文件夹可以包含各种不同类型的文件，例如文档、音乐、图片、视频和程序等。可以将其他位置的文件（例如，其他文件夹、计算机或者 Internet 上的文件）复制或移动到用户创建的文件夹中，用户还可以在文件夹中再创建文件夹，如图 2.5.3 所示。

图 2.5.3　文件夹在电脑中的表现形式

文件夹：表示该文件夹中存放的文件为图片。

文件夹：表示该文件夹存放的文件为 Word 文档。

文件夹：表示该文件夹为空文件夹，其中没有任何内容。

文件夹：表示该文件夹中存在子文件夹和一般文件。

2.5.2　文件存放注意事项

根据实际需求规划好办公文件存放体系后，在存放办公文件时为了保证电脑中的文件井井有条，应注意以下几方面：

（1）办公文件不放系统盘。系统盘一般为 C 盘，用于存放操作系统的相关文件，如果系统损坏需重装系统，其中的文件一般会全部删除，所以为了保证办公的安全性，不要将办公文件存放于系统盘中，以避免文件丢失。需要注意的是，如将文件保存到电脑桌面，以用户名命名的文件夹中，实际也是保存在系统盘中。

（2）随时备份文件。为了避免重要的电脑文件受损，可将文件进行备份，备份即将文件复制一份，保存到电脑的其他磁盘位置、移动硬盘或其他电脑中。一旦该文件受损，可从其他位置再次复制到原位置。

（3）文件名应易懂。在创建文件夹和文件时，应注意其命名通俗易懂，以保证用户能够通过名称快速知道其中包含的内容，从而缩短寻找文件或文件夹的时间。

（4）定期整理电脑中的文件。规划好电脑文件体系后，文件应保存到相应的位置，并应根据情况定期整理电脑中的文件，将不需要的文件删除，将临时保存在某个位置的文件或文件夹移动到指定位置等。

2.6　管理文件的场所

在 Windows 7 中用于管理文件的场所不是首先看到的桌面，而是“计算机”“资源管理器”和“用户文件夹”窗口。下面分别介绍这 3 个窗口的特点。

2.6.1 “计算机”窗口

“计算机”窗口是常用的管理文件的场所。其打开方法有如下几种：

（1）双击桌面上的“计算机”图标。

（2）在桌面的“计算机”图标上单击鼠标右键，在弹出的快捷菜单中选择 打开(O) 命令。

（3）单击“开始”按钮，在弹出的菜单中选择 计算机 命令。

“计算机”窗口中用于管理文件的区域分为导航窗格和工作区域，如图 2.6.1 所示。

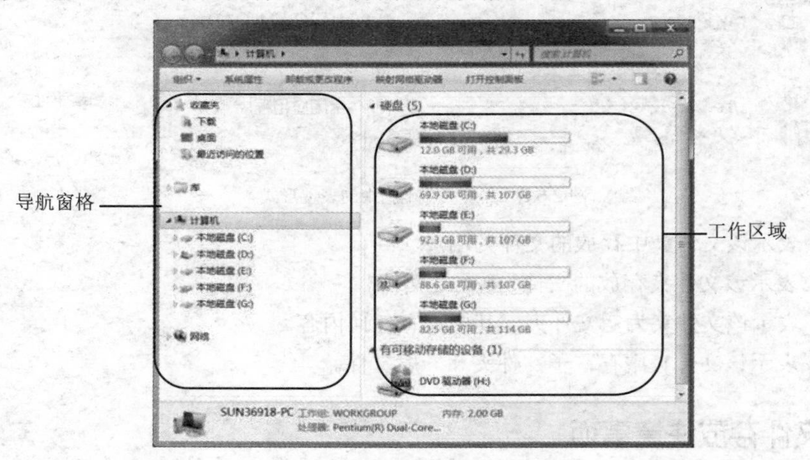

图 2.6.1 “计算机”窗口

其功能和使用方法分别如下：

（1）导航窗格。导航窗格中以树形目录的形式列出了当前磁盘中包含的文件类型。默认选择“计算机”选项，并显示该选项下的所有磁盘。单击某个磁盘选项左侧的 ▷ 图标，可展开该磁盘，并显示其中的文件夹（此时该磁盘选项左侧的图标由 ▷ 变为 ◢ 状态）。再单击某一文件夹左侧的 ▷ 图标，可以显示该文件夹中包含的子文件夹。

（2）工作区域。工作区域一般为“硬盘”和“有可移动存储设备”两栏，其中“硬盘”栏中显示了当前电脑的所有磁盘分区，双击任意一个磁盘分区，可在打开的窗口中显示该磁盘分区下包含的文件夹和文件，再次双击其中的文件夹或文件，又可打开该文件夹中的子文件夹或文件对应的应用程序操作窗口；“有可移动存储设备”栏中显示了当前电脑连接的可移动存储设备，如光驱、U 盘等。

2.6.2 “资源管理器”窗口

“资源管理器”窗口也是常用文件管理窗口，其打开方法有如下两种：

（1）在“开始”按钮上单击鼠标右键，从弹出的快捷菜单中选择 打开 Windows 资源管理器(P) 命令。

（2）单击任务栏中快速启动区中的“Windows 资源管理器”按钮。

“资源管理器”窗口与“计算机”窗口类似，只是左侧的导航窗格中默认选择的是“库”选项，其中包含“视频”“图片”“文档”和“音乐”文件夹，并且各个文件夹中包含 Windows 7 自带的相应文件，如图 2.6.2 所示。用户也可单击导航窗格中的“计算机”选项，打开“计算机”窗口，再对文件进行管理。

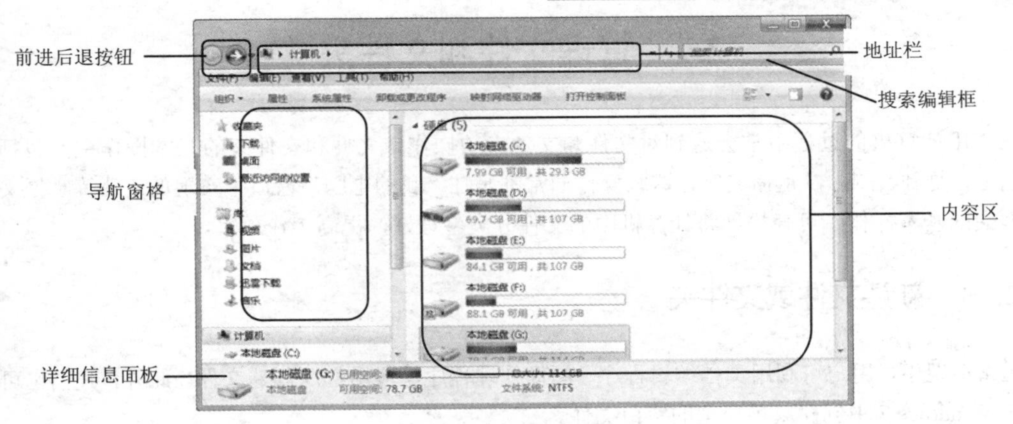

图 2.6.2 “资源管理器”窗口

（1）导航窗格：采用层次结构来对电脑中的资源进行导航，最顶层的为“收藏夹”“库”“计算机”和“网络”等项目，其下又层层细分为多个子项目（如磁盘和文件夹等）。

（2）内容区：显示具体的资源内容。

（3）地址栏：显示当前文件夹的路径，也可通过输入路径的方式来打开文件夹，还可通过单击文件夹名或三角按钮来切换到相应的文件夹中。

（4）“前进”按钮和“后退”按钮：单击这两个按钮可在打开过的文件夹之间切换。

（5）搜索编辑框：在其中输入关键字，可查找当前文件夹中存储的文件或文件夹。

（6）工具栏：其上的按钮会随所选对象的不同而不同，用于快速完成相应的操作。

（7）详细信息面板：显示当前文件夹或所选文件、文件夹的有关信息。

2.6.3 用户文件夹窗口

在 Windows 7 中，每一个用户账户都有对应的文件夹窗口，其打开方法有如下两种：

（1）在桌面上显示出用户文件夹图标后，双击以当前用户名命令的文件夹图标。

（2）单击“开始”按钮，在弹出的“开始”菜单右上角选择以用户名命名的命令。

打开用户文件夹窗口，默认显示“收藏夹”中的内容。单击“收藏夹”中的各个选项，可在右侧的工作区域中查看其包含的文件夹和文件，如图 2.6.3 所示。

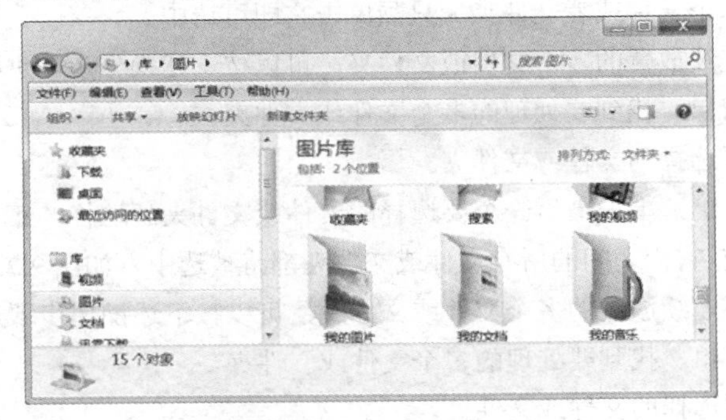

图 2.6.3 用户文件夹窗口

单击导航窗格中的“库”或“计算机”选项，可切换到对应的“资源管理器”窗口和“计算机”窗口。

2.7 管理文件和文件夹

在使用计算机的过程中常会遇到对文件和文件夹的操作，文件和文件夹的基本操作主要包括新建、选定、复制、删除及重命名等，这些操作通常都是在“我的电脑”窗口中实现的。熟练掌握文件与文件夹的基本操作，可轻松地将计算机中的文件分类整理好，提高工作效率。

2.7.1 新建文件或文件夹

通常情况下，用户可利用文档编辑程序、图像处理程序等应用程序创建文件。此外，我们也可以直接在 Windows 7 中创建某种类型的空白文件。

在要创建文件或文件夹的磁盘窗口单击 新建文件夹 按钮或者选择 新建(W) → 文件夹(F) 命令，即可创建文件夹，如图 2.7.1 所示。

图 2.7.1 创建文件夹

执行新建操作后文件或文件夹名称呈可编辑状态，输入所需的名称后按“Enter”键即可。

2.7.2 文件或文件夹的选定

用户在处理一个或多个文件或者文件夹之前，必须首先选择要处理的文件或者文件夹，而选中后的对象将以反白显示。

（1）如果要选择一个文件或者文件夹，只须单击它即可选中。

（2）如果要选择连续放置的多个文件或文件夹，可以按下述操作步骤进行：

1）打开文件夹窗口，找到要处理的多个文件或文件夹。

2）单击第一个要选择的文件或文件夹。

3）按住“Shift”键，单击最后一个要选择的文件或文件夹。这样，第一个文件或文件夹和最后一个文件或文件夹以及它们之间的所有文件或文件夹都将被选中，如图 2.7.2 所示。

（3）如果要选择不连续放置的多个文件或文件夹，可以按下述操作步骤进行：

1）打开文件夹窗口，找到要处理的多个文件或文件夹。

2）单击第一个要选择的文件或文件夹。

3）按住“Ctrl”键，单击第二个要选中的文件或文件夹，然后单击第三个、第四个……如图 2.7.3 所示。

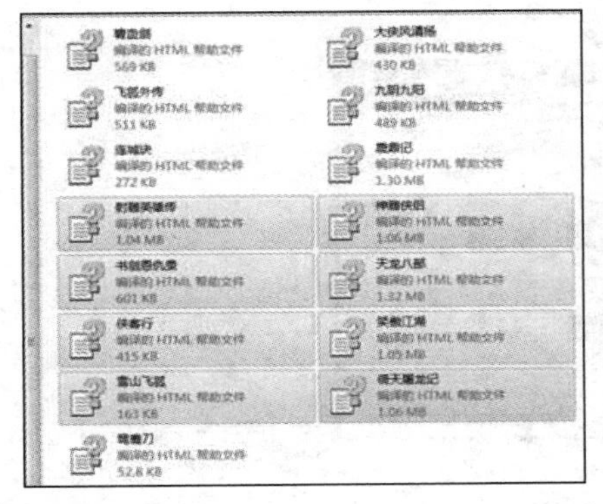

图 2.7.2　选择多个连续的文件

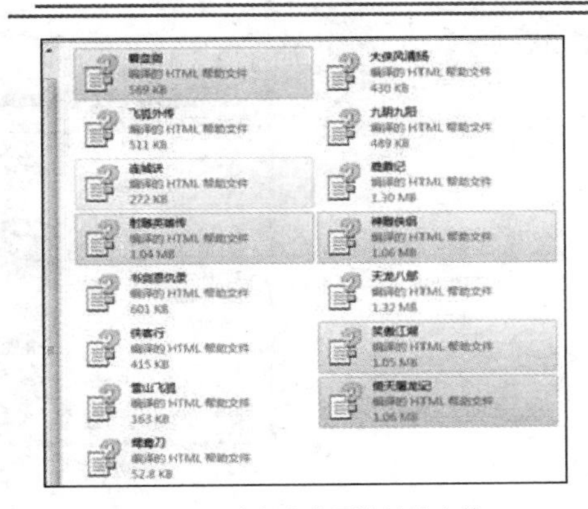

图 2.7.3　选择多个不连续的文件

技巧：在文件夹窗口内，按住鼠标左键并拖动，会形成一个矩形框，释放鼠标后，被这个矩形框罩住的文件或文件夹都会被选中。这种方法适合选中连续放置的文件。

（4）如果要选择同一磁盘分区或文件夹下的全部文件或文件夹，可按“Ctrl+A”快捷键或单击工具栏中的 组织▾ 按钮，从其下拉菜单中选择 全选 命令。

2.7.3　重命名文件或文件夹

当用户在电脑中创建了大量文件或文件夹时，为了方便管理，可以根据需要对文件或文件夹重新命名，其操作步骤如下：

（1）选择要重命名的文件或文件夹。

（2）单击工具栏中的 组织▾ 按钮，在其下拉菜单中选择 重命名 命令，直接输入新的文件夹名称，然后按“Enter”键确认。

用户也可以利用右键快捷菜单中的 重命名(M) 命令重命名文件或文件夹。

注意：在同一个文件夹中不能有两个名称相同的文件或文件夹，还要注意不要修改文件的扩展名。如果文件已经被打开或正在被使用，则不能被重命名；不要对系统中自带的文件或文件夹，以及其他程序安装时所创建的文件或文件夹重命名，以免引起系统或其他程序的运行错误。

2.7.4　移动与复制文件或文件夹

移动文件或文件夹是指调整文件或文件夹的存放位置；复制是指为文件或文件夹在另一个位置创建副本，原位置的文件或文件夹依然存在。

1. 移动文件或文件夹

移动文件或文件夹，通常有以下几种方法：

（1）通过快捷键移动。选中要移动的文件或文件夹，然后按“Ctrl+X”组合键，打开要移动到的目标文件夹后按“Ctrl+V”组合键。

（2）通过菜单移动。选中要移动的文件或文件夹，单击工具栏中的 组织▾ 按钮，在展开的列表中选择 剪切 命令。打开要移动到的目标文件夹，单击工具栏中的 组织▾ 按钮，在展开的列表中

选择 粘贴 命令即可，如图 2.7.4 所示。

图 2.7.4　选择相应命令移动

（3）通过右键快捷菜单移动。选择需移动的文件或文件夹，单击鼠标右键，从弹出的快捷菜单中选择 剪切(T) 命令。打开要移动到的目标文件夹，单击鼠标右键，从弹出的快捷菜单中选择 粘贴(P) 命令。

（4）通过导航窗格移动。如果需移动的文件或文件夹与目标文件夹在同一个磁盘中，可通过导航窗格显示出目标文件夹，然后拖动工作区域的文件或文件夹至导航窗格的目标文件夹中，如图 2.7.5 所示。如果需移动的文件或文件夹与目标文件夹不在同一个磁盘中，需在拖动文件或文件夹的同时按住“Shift”键。

（5）通过工作区移动。如果需将文件或文件夹移动到当前窗口的某个文件夹中，可拖动该文件或文件夹图标到目标文件夹图标上再释放鼠标，如图 2.7.6 所示。

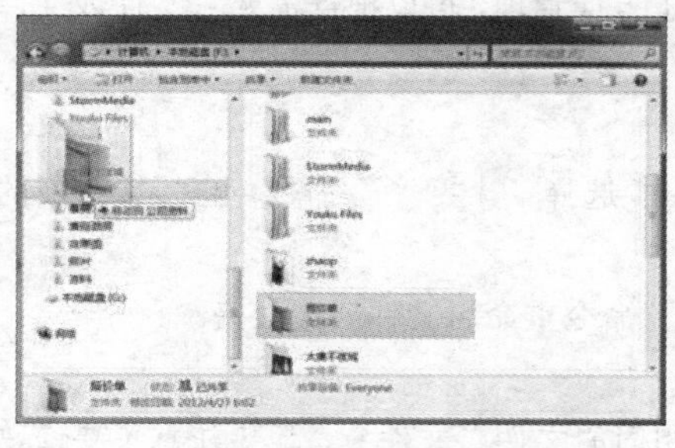

图 2.7.5　通过导航窗格移动

图 2.7.6　通过工作区移动

2．复制文件或文件夹

复制文件或文件夹的操作与移动文件与文件夹的方法类似。

选择需要复制的文件或文件夹，按“Ctrl+C”组合键，选择目标位置后，按“Ctrl+V”即可。

如果需要通过导航窗格将文件或文件夹复制到同一磁盘中，需在拖动的同时按住“Ctrl”键不放；如果需要通过工作区复制文件或文件夹到同一窗口的其他文件夹中，也需在拖动文件的同时按住“Ctrl”键。也可单击工具栏中的 组织▾ 按钮，在展开的列表中选择 复制 命令，选择目标位置后，再单击工具栏中的 组织▾ 按钮，在展开的列表中选择 粘贴 项命令即可。

提示：在移动或复制文件或文件夹时，如果目标位置有相同类型并且名称相同的文件夹或文件夹，系统会打开一个提示对话框，用户可根据需要选择覆盖同名文件或文件夹、不移动文件或文件夹，或是保留两个文件或文件夹。复制和剪切作用相似，不同的是复制的对象可以多次粘贴，而剪贴的对象只能粘贴一次。

2.7.5 删除文件或文件夹

在使用电脑的过程中应及时删除电脑中已经没有用的文件或文件夹，以节省磁盘空间。删除文件的方法有多种：

（1）通过菜单删除。选择需删除的文件或文件夹，单击工具栏中的 组织▾ 按钮，在展开的列表中选择 ✕ 删除 命令。

（2）通过快捷菜单删除。选择需删除的文件或文件夹，在其图标上单击鼠标右键，从弹出的快捷菜单中选择 删除(D) 命令。

（3）通过快捷键删除。选择需删除的文件或文件夹，直接按“Ctrl”键。

（4）通过拖动法删除。选择需删除的文件或文件夹，

如果该文件或文件夹中存在内容，将打开 删除文件夹 对话框，如图 2.7.7 所示。单击 是(Y) 按钮确认删除，单击 否(N) 按钮不删除。

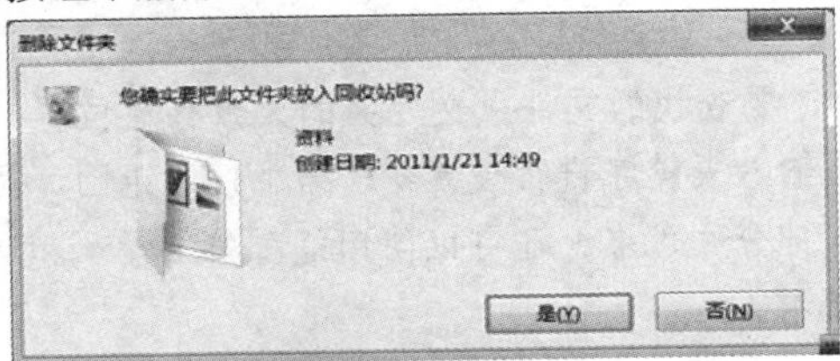

图 2.7.7 “删除文件夹”对话框

删除大文件时，可将其不经过回收站而直接从硬盘中删除。方法是：选中要删除的文件或文件夹，按“Shift+Delete”组合键，然后在打开的确认提示框中确认即可。

2.7.6 搜索文件和文件夹

随着电脑中文件和文件夹的增加，用户经常会遇到找不到某些文件的情况，这时可以利用 Windows 7 资源管理器窗口中的搜索功能来查找电脑中的文件或文件夹。

（1）打开资源管理器窗口，此时可在窗口的右上角看到“搜索计算机”编辑框，在其中输入要查找的文件或文件名称，名称中包含所输入文本的文件或文件夹，如图 2.7.8 所示。

（2）此时系统自动开始搜索，等待一段时间即可显示搜索的结果，如图 2.7.9 所示。对于搜到的文件或文件夹，用户可对其进行复制、移动、查看和打开等操作。

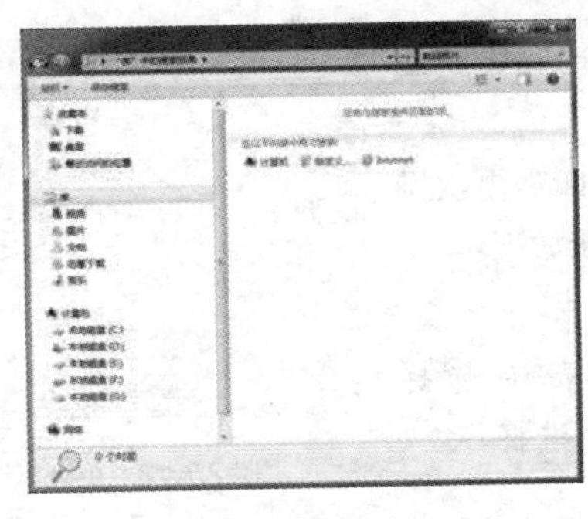

图 2.7.8 搜索文件

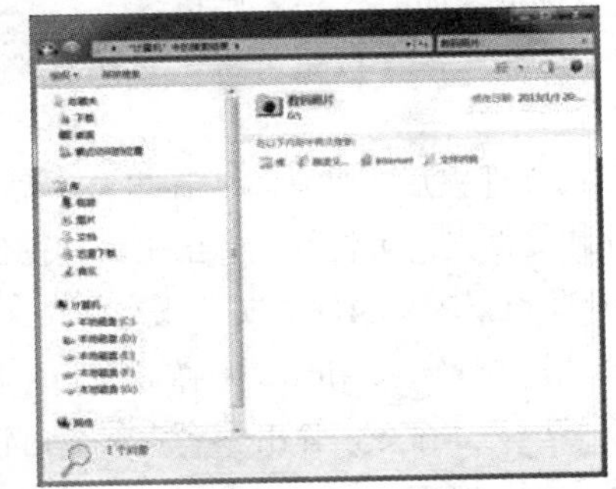

图 2.7.9 搜索到的结果

在“搜索”栏中输入搜索内容时，将出现“添加搜索筛选器”栏，其中有“修改时间”“大小”

两个设置选项，其作用分别介绍如下：

（1）修改时间。单击该设置选项，可在弹出的列表框中选择需搜索文件的修改时间，从而缩小搜索范围，减少搜索时间，如图 2.7.10 所示。

（2）大小。单击该设置选项时，可在弹出的列表框中设置文件或文件夹的大小，以缩小搜索范围，如图 2.7.11 所示。

图 2.7.10　设置修改日期

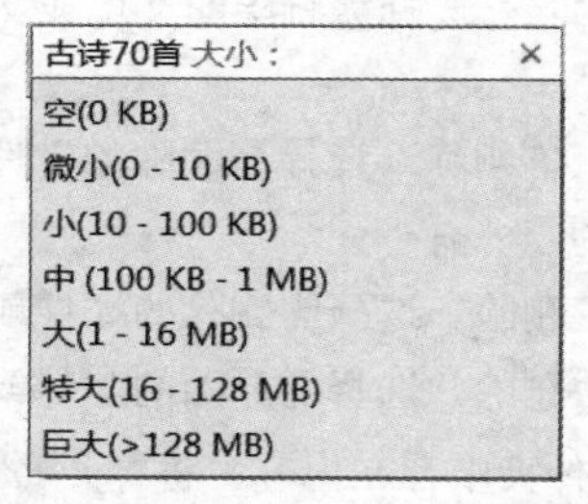

图 2.7.11　设置文件大小

提示：如果用户知道要查找的文件或文件夹的大致存放位置，可在资源管理器中首先打开该磁盘或文件夹窗口，然后再输入关键字进行搜索，以缩小搜索范围，提高搜索效率。如果不知道文件或文件夹的全名，可只输入部分文件名；还可以使用通配符“？”和“*”，其中“？”代表任意一个字符，“*”代表多个任意字符。

2.7.7　设置文件或文件夹属性

拥有不同属性的文件或文件夹可执行的操作不同，Windows 7 为文件或文件夹提供了 2 种属性，即只读和隐藏，它们的含义如下：

（1）只读：用户只能对文件或文件夹的内容进行查看而不能修改。

（2）隐藏：在默认设置下，设置为隐藏的文件或文件夹将不可见，从而在一定程度上保护了文件资源的安全。

下面将设置“小说”文件夹为只读、隐藏属性，其操作步骤如下：

（1）打开“小说”所在的文件夹，在“小说”文件夹图标上单击鼠标右键，从弹出的快捷菜单中选择 属性(R) 命令。

（2）打开“小说 属性”对话框，在“属性”栏中选中☑只读和☑隐藏(H)复选框，如图 2.7.12 所示。

（3）单击 确定 按钮可将该文件设置为只读和隐藏属性。

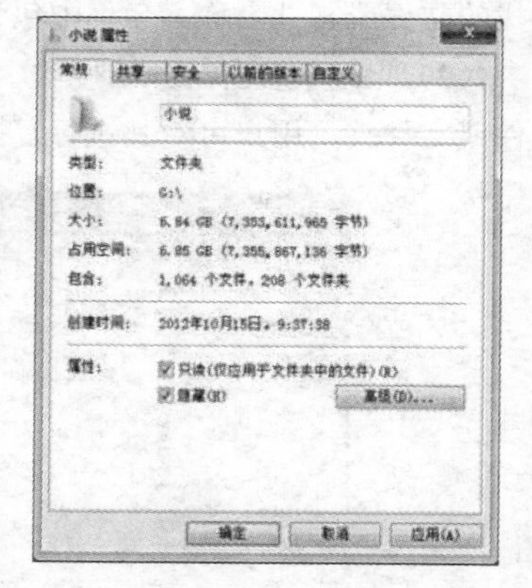

图 2.7.12　更改属性

隐藏文件或文件夹后，默认将不在电脑中显示，如需再次操作隐藏的文件或文件夹，可将其显示出来，其操作步骤如下：

（1）打开要设置隐藏属性的文件或文件夹。

（2）单击 组织▾ 按钮，从弹出的下拉列表中选择 文件夹和搜索选项 命令，弹出 文件夹选项 对话框，选择 查看 选项卡，如图 2.7.13 所示。

（3）在“高级设置”列表框中选中◉ 显示隐藏的文件、文件夹和驱动器 单选按钮。

（4）单击确定按钮返回文件夹窗口，此时可发现隐藏的文件或文件夹已显示出来，只是图标的颜色比正常文件或文件夹稍浅，如图 2.7.14 所示。

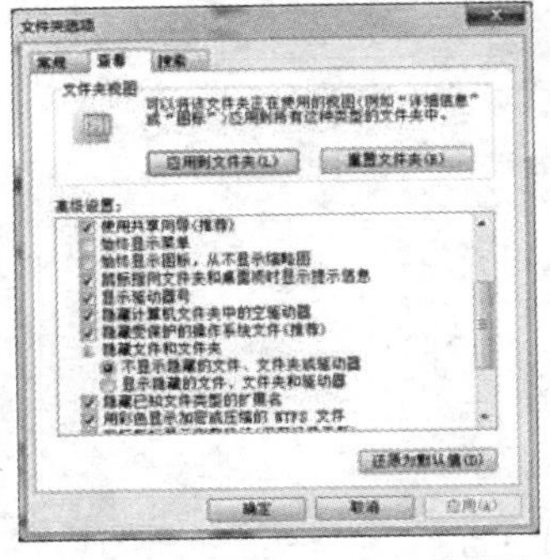

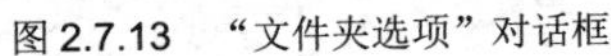

图 2.7.13　“文件夹选项”对话框　　图 2.7.14　查看隐藏的文件或文件夹

2.7.8　设置文件或文件夹的显示效果

文件和文件夹在窗口工作区域中的显示效果并非一成不变，根据需了解的文件情况不同，可将文件和文件夹设置成不一样的显示效果，其操作步骤如下：

（1）打开需设置显示效果的文件夹窗口。

（2）单击窗口右上方的“更改您的视图”按钮的下拉按钮，从弹出的下拉列表中选择所需的效果选项，如图 2.7.15 所示。

各选项的作用分别如下：

（1）超大图标、大图标、中等图标、小图标。以图标的形式显示文件或文件夹内容，如查看图片文件，选择此效果最佳，因为在图标上即显示图片的效果。

（2）列表。将文件或文件夹以多列的形式显示在窗口中，如图 2.7.16 所示。当文件夹中包含很多文件，并且想在列表中快速查找一个文件名时，这种视图非常有用。

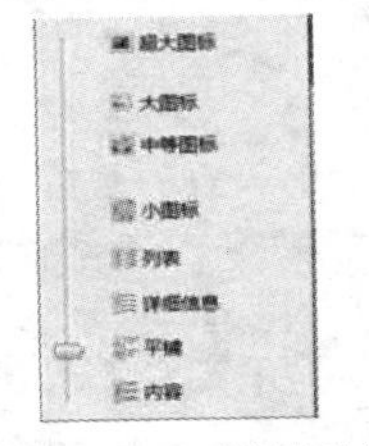

图 2.7.15　显示效果列表

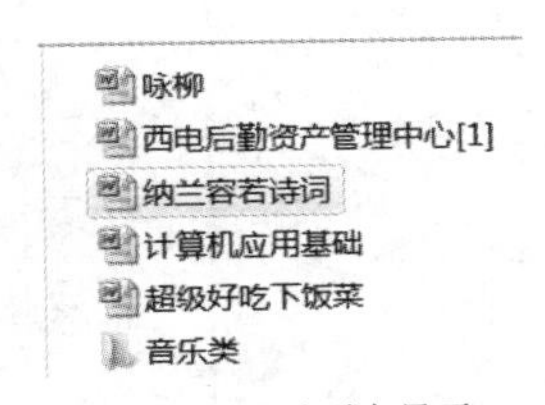

图 2.7.16　以列表显示

（3）详细信息：在该视图中，Windows 按组排列文件，并列出已打开的文件夹的内容和有关文件的详细信息，包括名称、类型、大小和修改日期等，如图 2.7.17 所示。

（4）平铺。这是默认的文件和文件夹的显示效果，它将图标、名称、大小等内容以左右的形式排列，如图 2.7.18 所示。

名称	修改日期	类型	大小
咏柳	2012/4/1 11:29	Microsoft Word ...	24 KB
西电后勤资产管理中心[1]	2012/2/4 10:06	Microsoft Word ...	94 KB
纳兰容若诗词	2012/2/11 18:06	Microsoft Word ...	88 KB
计算机应用基础	2013/1/24 16:03	Microsoft Word ...	333 KB
超级好吃下饭菜	2011/12/31 10:01	Microsoft Word ...	567 KB
音乐类	2011/1/18 16:26	文件夹	

图 2.7.17　以详细信息显示

图 2.7.18　以平铺显示

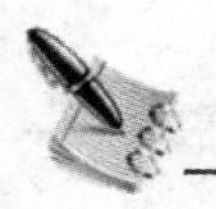

（5）内容。将文件或文件夹图标和名称、大小和修改日期等信息分别分为两列排列，便于用户识别，如图 2.7.19 所示。

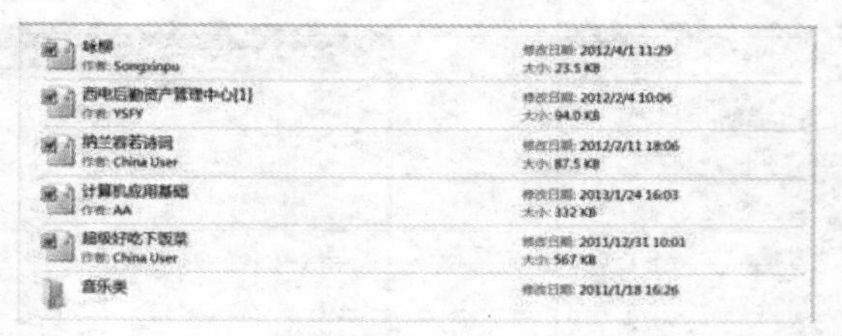

图 2.7.19　以内容显示

2.8　管理回收站

回收站中的内容一般都被保留在磁盘中，直到用户决定从计算机中永久地将它们删除。回收站中的项目仍然占用硬盘空间并可以被恢复或还原到原位置。回收站被占满后，Windows 会自动清除“回收站”中的空间以存放最近删除的文件和文件夹。

2.8.1　清空“回收站”

如果要手工清空“回收站”中的内容，可以按下述操作步骤进行：

（1）双击桌面上的“回收站”图标，打开“回收站窗口，如图 2.8.1 所示。

（2）单击工具栏中的 清空回收站 按钮，弹出 删除多个项目 对话框，提示用户是否确认删除，如图 2.8.2 所示。

图 2.8.1　“回收站”窗口

图 2.8.2　确认删除提示框

（3）单击 是(Y) 按钮可将回收站中所有文件清除。

提示：在桌面的“回收站”图标上单击鼠标右键，从弹出的快捷菜单中选择 清空回收站(B) 命令，也可清空“回收站”。

2.8.2　还原项目

在文件夹窗口删除某个文件后，若发现是误删除，可以从“回收站”窗口中将其恢复，其方法分别如下：

（1）打开“回收站”窗口，在需还原的文件或文件夹上单击鼠标右键，从弹出的快捷菜单中选择 还原(E) 命令。

（2）打开“回收站”窗口，选择需还原的文件或文件夹，单击工具栏中的 还原此项目 按钮可将文件或文件夹还原到删除之前的位置。

2.9 在 Windows 7 中安装和卸载软件

为了扩展电脑的功能，用户需要为电脑安装应用软件。当不需要这些应用软件时，可以将它们从操作系统中卸载，以节约系统资源，提高系统运行速度。

2.9.1 认识常用的应用软件

常用的应用软件主要有以下几种：

（1）办公类。主要用于编辑文档和制作电子表格。Office 是目前使用最为广泛的办公软件，包含多个组件，如编辑文档的 Word、制作电子表格的 Excel 等。

（2）播放器类。主要用于播放电脑和 Internet 中的媒体文件，如播放视频的暴风影音、迅雷看看、PPS 网络电视，播放音乐的千千静听、QQ 音乐等。

（3）下载类。主要用于从 Internet 上下载文件，如迅雷、BT 下载等。

（4）压缩类。主要用于压缩/解压缩文件，如 WinRAR。

（5）翻译类。主要用于帮助用户翻译外文词语，如金山词霸等。

（6）阅读类。主要用于阅读各种电子书，如阅读 PDF 电子书的 Adobe Reader。

（7）杀毒防毒类。主要用于维护电脑的安全，防止病毒入侵，如 360 杀毒、瑞星、卡巴斯基等。

2.9.2 安装应用软件

要安装应用软件，首先要获取该软件，用户除了购买软件安装光盘以外，还可以从软件厂商的官方网站下载。另外，目前国内很多软件下载站点都免费提供各种软件的下载，如天空软件站（http://www.skycn.com）、华军软件园（http://www.onlinedown.net）等。

应用软件必须安装（而不是复制）到 Windows 7 系统中才能使用。一般应用软件都配置了自动安装程序，将软件安装光盘放入光驱后，系统会自动运行它的安装程序。

如果是存放在本地磁盘中的应用软件，则需要在存放软件的文件夹中找到 Setup.exe 或 Install.exe（也可能是软件名称等）安装程序，双击它便可进行应用程序的安装操作。在安装的过程中可根据需要安装相应的选项。

2.9.3 卸载应用软件

当电脑中安装的软件过多时，系统往往会显得迟缓，所以应该将不用的软件卸载，以节省磁盘空间并提高电脑性能。

卸载方法有两种：一种是使用“开始”菜单，另一种是使用“程序和功能”窗口。

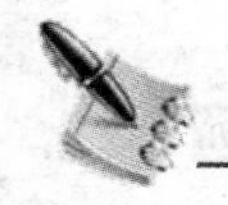

大多数软件会自带卸载命令，安装好软件后，一般可在“开始”菜单中找到该命令，卸载这些软件时，只需执行卸载命令，然后再按照卸载向导的提示操作即可，如图 2.9.1 所示。

有些软件的卸载命令不在“开始”菜单中，如 Office 2010，Photoshop 等，此时可以使用 Windows 7 提供的“程序和功能”窗口进行卸载，操作步骤如下：

（1）打开“控制面板”窗口，单击“程序”图标旁的卸载程序超链接，如图 2.9.2 所示。

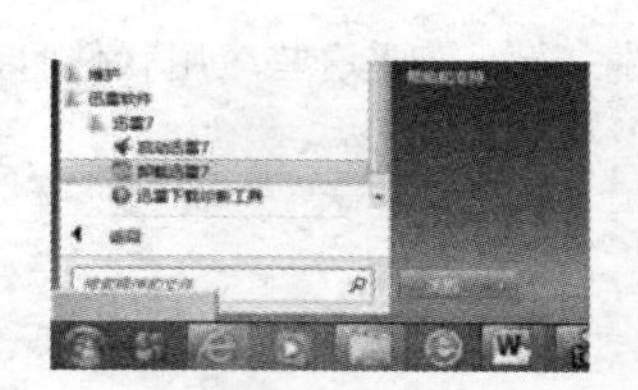

图 2.9.1　从“开始”菜单卸载应用软件

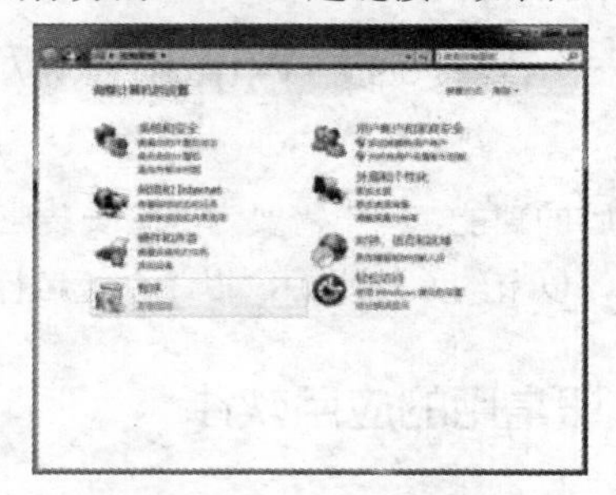

图 2.9.2　选择“卸载程序”超链接

（2）这时打开“程序和功能”窗口，在“名称”下拉列表中选择要删除的程序，如图 2.9.3 所示。

（3）单击卸载按钮，接下来按提示进行操作即可，如图 2.9.4 所示。

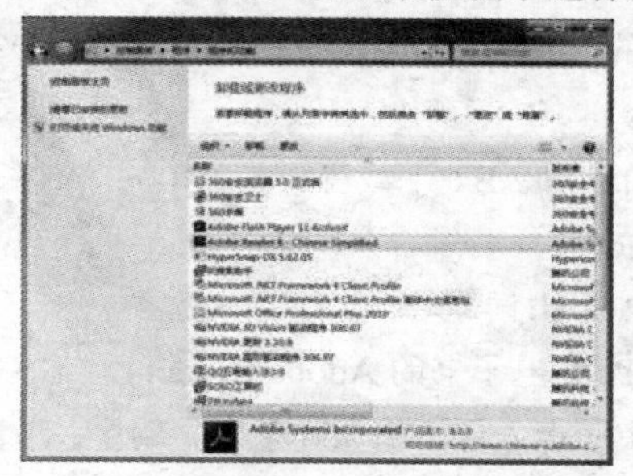

图 2.9.3　“程序和功能”窗口

图 2.9.4　卸载软件

2.10　Windows 7 的常用附件

Windows 7 提供了一些实用的小程序，如便笺、画图、计算器、写字板、放大镜和录音机等，这些程序被统称为附件，用户可使用它们完成相应的工作。

2.10.1　便笺

利用 Windows 7 系统附件中自带的“便笺”功能，可以方便用户在使用电脑的过程中随时记录备忘信息。

1. 新建并书写便笺

新建并书写便笺的具体操作步骤如下：

（1）单击“开始”按钮，选择所有程序→附件文件夹，再单击其中的便笺选项，如图 2.10.1 所示。

（2）此时在桌面的右上角位置将出现一个黄色的便笺纸，然后在便笺中输入相应的内容，如图

2.10.2 所示。单击 + 按钮可新建一个或多个便笺。

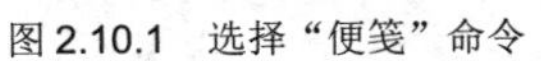

图 2.10.1 选择“便笺”命令

图 2.10.2 在便笺中输入内容

2．修改便笺样式并删除便笺

默认情况下，便笺纸的颜色是黄色的，用户可以根据需要在便笺纸上单击鼠标右键，从弹出的下拉菜单中选择一种颜色改变其底色，如图 2.10.3 所示。

用户也可以通过拖动便笺纸四周的边框线或角点改变其大小，如图 2.10.4 所示。

单击 × 按钮可删除便笺，这时会弹出“删除便笺”信息框，询问是否删除此便笺，单击 是(Y) 按钮，如图 2.10.5 所示。

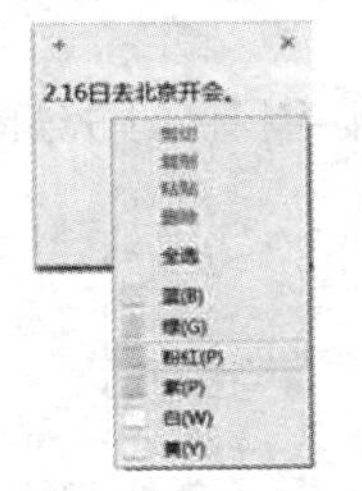

图 2.10.3 更改便笺颜色

图 2.10.4 修改便笺大小

图 2.10.5 “删除便笺”信息框

2.10.2 画图

画图程序是 Windows 自带的一款图像绘制和编辑工具，用户可以使用它绘制简单的图像，或对电脑中的图片进行处理。

1．认识画图程序

要使用画图程序绘制图像，首先要启动它。单击“开始”按钮，选择 所有程序 → 附件 文件夹，再单击其中的 画图 选项，即可启动画图程序，如图 2.10.6 所示。

“画图”窗口中各部分的作用如下：

（1）“画图”按钮：单击该按钮，在展开的列表中选择相应选项，可以执行新建、保存和打印图像文件，以及设置画布属性（包括颜色和大小）等操作。

（2）快速访问工具栏：单击其中的“保存”按钮可保存文件，单击“撤消”按钮可撤销上一步操作，单击“重做”按钮可重做撤销的操作。

（3）功能区：包含 主页 和 查看 两个选项卡，每个选项卡又分为几个组（如 主页 选项卡中包含“图像”“工具”“颜色”等组）。利用功能区中的按钮可以完成画图程序的大部分操作（将鼠标指针移至某按钮上，可显示该按钮的作用）。

（4）画布：相当于真实绘画时的画布，用户可以拖动画布的边角来调整画布的大小。

（5）状态栏：用来显示画图程序的当前工作状态。此外，拖动其右侧的滑块可调整画布的显示比例。

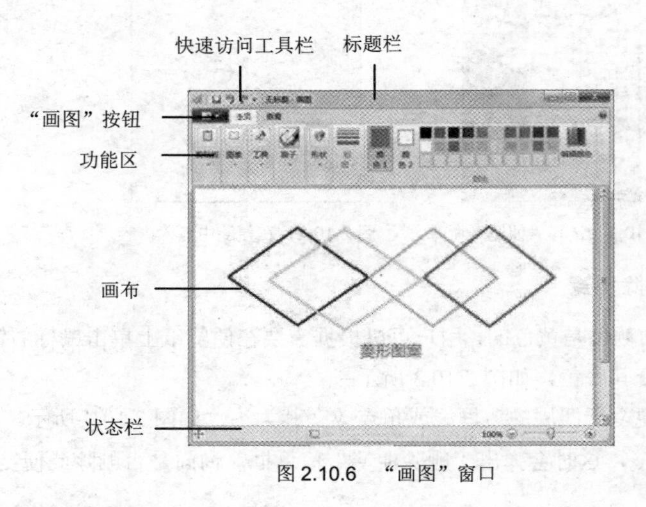

图 2.10.6　“画图”窗口

2．使用画图程序绘图

启动画图程序后，用户可以发挥自己的想象力和创意，使用 主页 选项卡中提供的各绘图工具绘制和编辑图。

2.10.3　计算器

计算器是 Windows 7 中的一个数学计算工具，与我们日常生活中的小型计算器类似。它分为“标准型”“科学型”“程序员”和“统计信息”等模式，用户可以根据需要选择特定的模式进行计算。

要启动计算器，单击“开始”按钮，选择 所有程序 → 附件 文件夹，再单击其中的 计算器 选项即可。

1．使用标准型计算器

默认情况下，第一次打开计算器时，显示的即是标准型计算器界面。在此模式下，用户可以单击相应按钮进行简单的加、减、乘、除运算，如图 2.10.7 所示。

2．使用科学型计算器

科学型计算器是标准型计算器的扩展，提供了方程、函数和几何等计算功能。在标准型计算器界面中，选择 查看(V) → 科学型(S)　Alt+2 命令，可切换到科学型计算器，如图 2.10.8 所示。

图 2.10.7　标准型计算器

图 2.10.8　科学型计算器

2.10.4　写字板

写字板是 Windows 系统自带的一个文档处理程序，利用它可以在文档中输入和编辑文本，插入图片、声音和视频等，还可以对文档进行编辑、设置格式和打印等操作。

1．认识写字板

单击“开始”按钮，选择 所有程序 → 附件 文件夹，再单击其中的 写字板 选项，可启动写字板程序，如图 2.10.9 所示。它与画图程序窗口类似，有些组成元素的功能也一样。

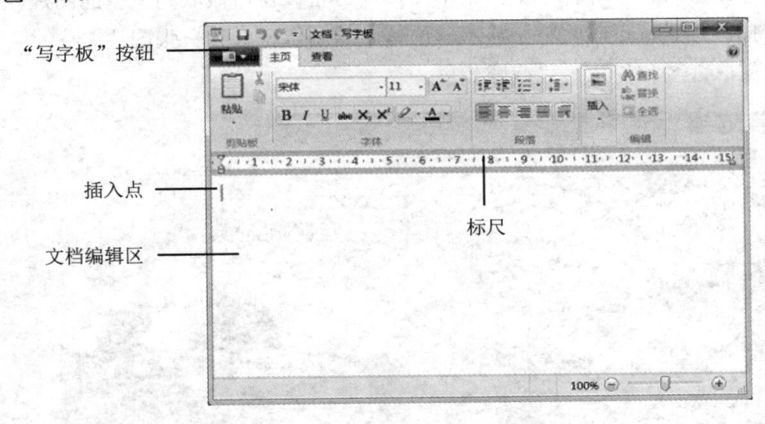

图 2.10.9　“写字板”窗口

（1）标尺：位于功能区的下方，显示了当前页面的尺寸，也可用于设置段落的缩进。

（2）文档编辑区：在此可输入、编辑和修改文档内容。

（3）插入点（符）：在文档的编辑区中有一个不断闪烁的竖线，称为插入符或插入点，表示可以从此处开始输入文本。

2．使用写字板

启动写字板程序后就可以在其中创建文档并编辑，如设置所选文本的字符和段落格式，在文档中插入图片等，以及选择、移动和复制文本等。

2.10.5　截图工具

截图工具是 Windows 7 中自带的一款用于截取屏幕图像的工具，使用它能够将屏幕中显示的内容截取为图片，并保存为文件或复制到其他程序中。

单击“开始”按钮，选择 所有程序 → 附件 文件夹，再单击其中的 截图工具 选项，可启动截图工具。

截图工具提供了 4 种截图方式，单击 新建(N) 按钮右侧的三角按钮，在展开的列表中可以看到这 4 种方式，如图 2.10.10 所示。

（1）任意格式截图：选择该方式，在屏幕中按下鼠标左键并拖动，可以将屏幕上任意形状和大小的区域截取为图片。

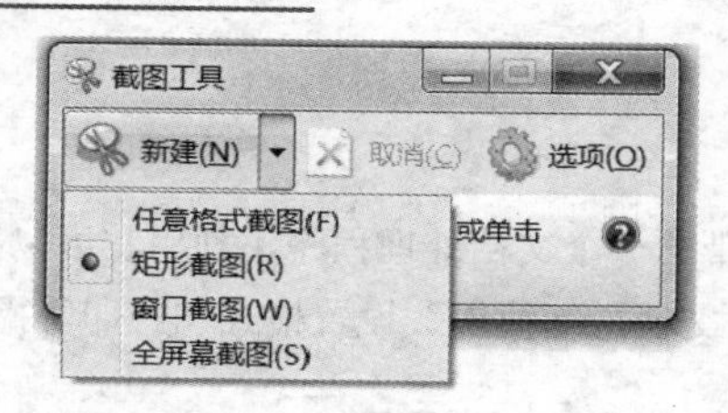

图 2.10.10　“截图工具”窗口

（2）矩形截图：这是程序默认的截图方式。选择该方式，在屏幕中按下鼠标左键并拖动，可以将屏幕中的任意矩形区域截取为图片。

（3）窗口截图：选择该方式，在屏幕中单击某个窗口，可将该窗口截取为完整的图片。

（4）全屏截图：选择该方式，可以将整个显示器屏幕中的图像截取为一张图片。

如图 2.10.11 所示为窗口截图和任意格式截图效果。

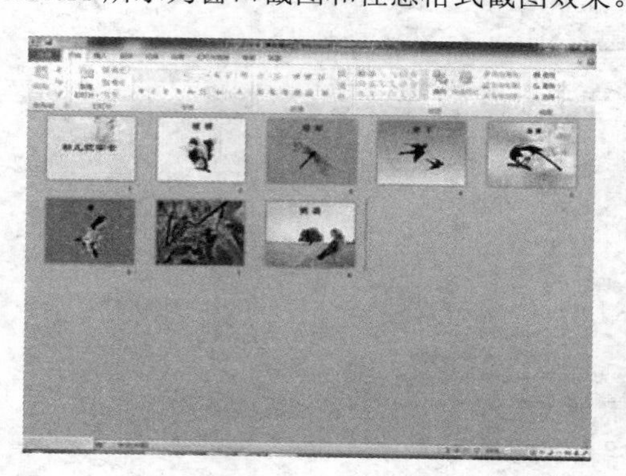

图 2.10.11　窗口截图和任意格式截图

2.11　课堂实战——使用写字板编辑文档

本例利用写字板的编辑功能编辑一篇文档，最终效果如图 2.11.1 所示。

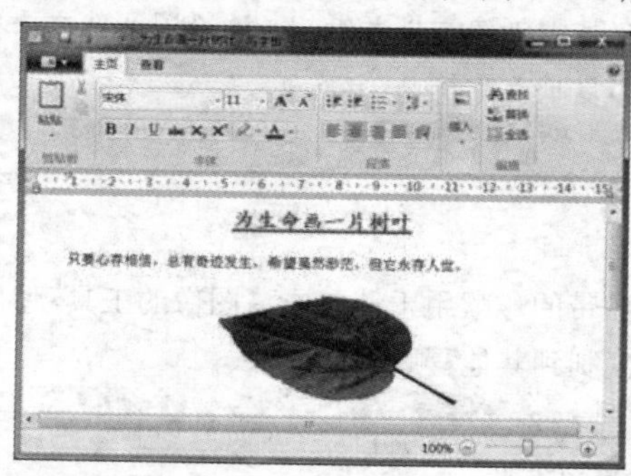

图 2.11.1　最终效果图

操作步骤

（1）单击“开始”按钮，选择 所有程序 → 附件 → 写字板 命令，启动写字板程序。

（2）在文档编辑区中输入文本，如图 2.11.2 所示。

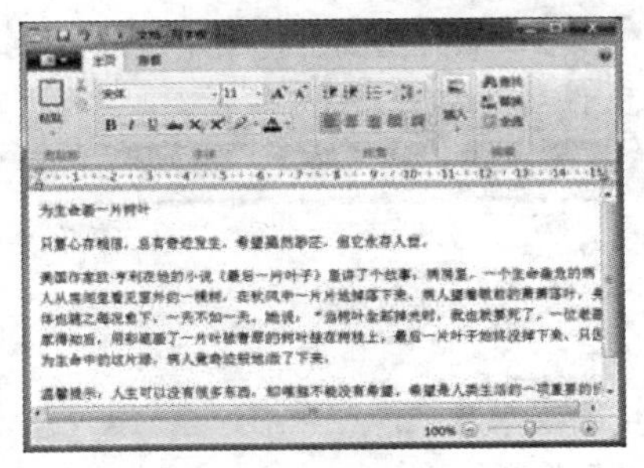

图 2.11.2　输入文本

（3）选中标题文本，设置其字体为“华文楷体”，字号为“16”，字形为“加粗”和“加画线”，字体颜色为“红色”。单击“居中”按钮，设置其段落格式为“居中”，效果如图 2.11.3 所示。

图 2.11.3　设置标题格式

（4）单击“段落”组中的“段落”按钮，弹出段落对话框，设置“首行”为“0.85 厘米”，行距为“1.50”，如图 2.11.4 所示。

（5）单击确定按钮返回写字板中，如图 2.11.5 所示。

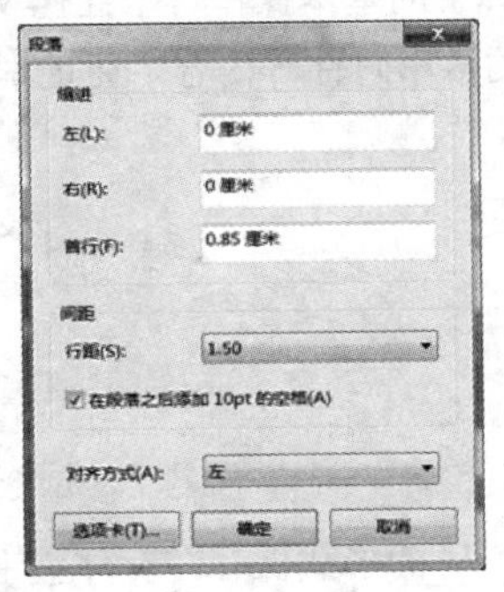

图 2.11.4　“段落”对话框

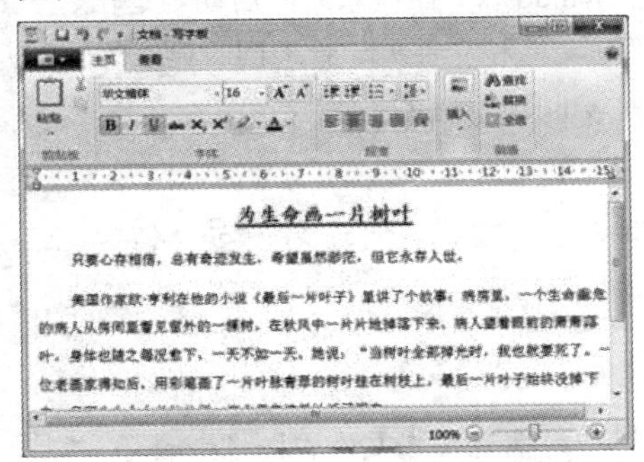

图 2.11.5　设置段落格式

（6）单击插入按钮，从弹出的下拉列表中选择图片→图片(P)选项，弹出选择图片对话框，从中找到所需的图片，如图 2.11.6 所示。

（7）单击打开(O)按钮将图片插入到文档中，调整图片的大小和位置，效果如图 2.11.7 所示。

图 2.11.6　“选择图片”对话框

图 2.11.7　在写字板中插入图片

（8）单击“写字板”按钮，从弹出的下拉菜单中选择命令，弹出对话框，选择文档保存的路径和输入文件名，如图 2.11.8 所示。

图 2.11.8 “保存为”对话框

（9）单击按钮，将该文档保存为默认的 RTF 格式，效果如图 2.11.1 所示。

本章小结

本章介绍了 Windows 7 操作系统的启动与退出、Windows 7 的基本操作、个性化 Windows 7、规划文件系统、管理文件和文件夹、管理回收站、Windows 7 的常用附件等内容。通过本章的学习，读者能够熟练掌握 Windows 7 的基本操作方法。

操作练习

一、填空题

1．在计算机中，信息（如文本、图像或音乐）以________的形式保存在存储盘上。

2．文件名通常由________和________两部分组成，其中________能反映文件的类型。

3．Windows 7 中，有四个默认库，包括________、________、________和________。

4．Windows 7 环境中的一个库中最多可以包含________个文件夹。

5．复制文件的快捷键是________，粘贴文件的快捷键是________。

6．桌面个性化可以通过________、颜色、声音、________、________、字体大小和用户账户图片来向计算机添加个性化设置。

7．手动安装应用程序时，浏览整张光盘打开程序的安装文件，文件名通常为________或________。

8．用户账户可控制用户访问的________和________，以及可以对计算机进行更改的类型。

9. 为了保护一些重要的系统文件不被破坏，系统一般都将这些文件的属性默认设置为________。

二、选择题

1．主题是计算机上的图片、颜色和声音的组合，它包括（ ）。

（A）桌面背景　　（B）屏幕保护程序

（C）窗口边框颜色　　（D）声音方案

2. 能够提供即时信息及可轻松访问常用工具的桌面元素是（ ）。

（A）桌面图标 （B）桌面小工具

（C）任务栏 （D）桌面背景

3. Windows 7 有三种类型的账户，即（ ）。

（A）来宾账户 （B）标准账户

（C）管理员账户 （D）高级用户账户

4. 如果一个文件的名字是“xx.bmp”，则该文件是（ ）。

（A）可执行文件 （B）文本文件

（C）网页文件 （D）位图文件

5. 直接永久删除文件而不是先将其移至回收站的快捷键是（ ）。

（A）Esc+Delete （B）Alt+Delete

（C）Ctrl+Delete （D）Shift+Delete

6. 同时选择某一位置下全部文件或文件夹的快捷键是（ ）。

（A）Ctrl+C （B）Ctrl+V

（C）Ctrl+A （D）Ctrl+S

7. 保存“画图”程序建立的文件时，默认的扩展名为（ ）。

（A）PNG （B）BMP

（C）GIF （D）JPEG

8. 写字板是一个用于（ ）的应用程序。

（A）图形处理 （B）文字处理

（C）程序处理 （D）信息处理

三、简答题

1. 简述 Windows 7 系统的新特色。
2. 鼠标的主要操作有哪些？
3. 任务栏按钮的显示方式有哪几种？
4. 简述在资源管理器中同时选择多个连续文件或文件夹的方法。
5. 试列出至少三种打开资源管理器的方法。
6. 怎样还原回收站的文件。

四、上机操作题

1. 练习启动和退出 Windows 7 的操作。
2. 在 Windows 7 操作系统下，卸载 Office 2007，安装 Office 2010 应用软件。
3. 创建一个名为“笑笑”的来宾账户，并为其设置密码保护。

第 3 章　中文输入法

用户在操作计算机时，经常需要向计算机中输入汉字。中文 Windows 7 为用户提供了强有力的中文环境支持，为用户在中文 Windows 7 环境下输入汉字带来了极大的方便。目前，常用的输入法有多种，如拼音输入法、智能 ABC 输入法、五笔字型输入法等，用户可根据需要，选择一种合适的输入法输入汉字，本章将介绍与输入法有关的一些知识。

知识要点

- 键盘的操作
- 输入法简介
- 拼音输入法
- 五笔字型输入法

3.1　键盘的操作

键盘是计算机的一个重要输入设备。使用键盘可以在计算机中输入汉字、字母、数字或实现某些功能，在使用键盘前应先熟悉键盘的结构、各键位的分布以及正确的输入方法。

3.1.1　认识键盘的布局

目前，大多数用户的键盘为 107 键的标准键盘。按照各键的功能可将键盘分成 5 个区，它们分别是主键盘区、功能键区、数字小键盘区、编辑控制键区和状态指示灯区，如图 3.1.1 所示。

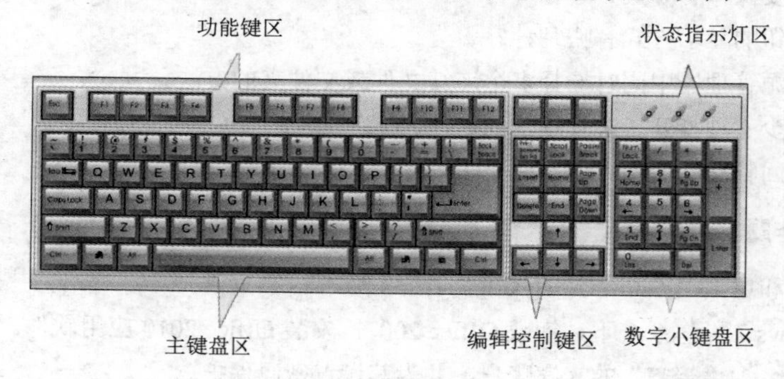

图 3.1.1　键盘的组成

1. 主键盘区

主键盘区又称打字键区。位于键盘的下方，在键盘中占有大块的区域，可实现各种文字和信息的录入。其中包括 26 个英文字母键、10 个数字键、常用的标点符号键、空格键及其他一些常用的控制键，如图 3.1.2 所示。

图 3.1.2　主键盘区

（1）数字键：数字键位于主键盘区的第一排位置，有 10 个数字键，即 0～9，用于输入阿拉伯数字，有时一些汉字编码也用到数字键。数字键由上下两排字符组成，上排为符号，下排为阿拉伯数字。直接按下某个键，输入的是下排的阿拉伯数字。如果在按住“Shift”键的同时，再按某个数字键，输入的则是上排的符号。

（2）符号键：主键盘区有 11 个符号键，每个键位也由上下两排不同的符号组成。每按下一个符号键，输入下排的符号。如果要输入上排的符号，必须在按住“Shift”键的同时，再按符号键。

（3）字母键：用于输入英文字母或汉字编码，从“A”～“Z”共 26 个键位。

（4）空格键：空格键是主键盘区下方最长的键，上面没有符号，主要用于输入空格，有时一些汉字编码也用到该键。每按一次该键，将输入一个空格，同时光标右移。

（5）控制键：主键盘区共有 12 个控制键，分别介绍如下：

1）“Shift”键：又称上档键，在键盘的主键盘区有两个“Shift”键，使用方法相同。按下此键和一字母键，输入的是大写字母；按下此键和一数字键或符号键，输入的是这些键位上面的符号。例如按“Shift+A”，输入的是大写字母“A”；按“Shift+8”，输入的是“*”。

2）“Enter”键：又称执行键，也称回车键或换行键。一般情况下，用户向计算机输入命令后，计算机并不马上执行，在用户按下该键后计算机才开始执行任务，所以称为执行键。在输入信息、资料时，按此键光标就会跳到下一行开头，所以又称回车键或换行键。

3）“Ctrl”键：又称控制键，在键盘的主键盘区有两个，并且使用方法相同。该键需要和其他键组合使用。

4）“Alt”键：又称转换键，在键盘的主键盘区有两个，并且使用方法相同。该键一般也不单独使用，需要和其他键组合使用。

5）“Back Space”键：又称退格键，按此键，将删除光标前的字符。

6）“Caps Lock”键：又称大写锁定键，按此键，输入的字母为大写字母。该键只对字母键起作用，对符号键、数字键等不起作用。

7）“Tab”键：又称定位键，每按一次可移动 8 个字符，它多用于文字处理中的格式对齐操作。

8）开始菜单键：共两个，位于“Alt”键的两侧。按此键，即可弹出开始菜单。

9）快捷菜单键：位于右侧开始菜单键和“Ctrl”键之间。按此键，即可弹出相应的快捷菜单。

2．功能键区

功能键区位于键盘的最上面，如图 3.1.3 所示。这些键的功能一般是由用户所用程序决定的。在不同的操作系统和不同的应用软件中，这些功能键都会有不同的作用。

（1）“Esc”键：通常称为退出键。按此键，将退出当前环境，并返回原菜单。

（2）“F1”～“F12”键：在不同的软件中这些功能键的功能也不相同，一般情况下，“F1”键为帮助。

（3）“Wake Up”“Sleep”和“Power”键：这 3 个键用来控制电源，分别可以使计算机从睡眠状态恢复到正常状态、使计算机处于睡眠状态和关闭计算机电源。

图 3.1.3　功能键区

3．数字小键盘区

数字小键盘区（又称数字键区），如图 3.1.4 所示。主要用于快速输入数字和进行光标移动控制。当要使用数字键区输入数字时，应先按下“Num Lock”（数字锁定）键，将数字键区锁定为数字状态；若需要转换成光标移动状态时，则再按一下此键即可。

4．编辑控制键区

编辑控制键区位于主键盘区和数字小键盘区的中间，如图 3.1.5 所示。它们主要用于文档编辑过程中的光标控制，各键的作用如下：

图 3.1.4　数字小键盘区

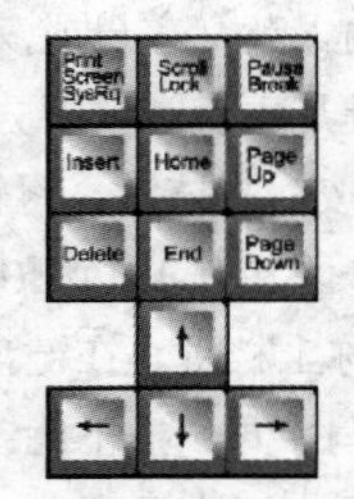

图 3.1.5　编辑控制键区

（1）“Print Screen”键：在 Windows 系统中，该键可用于拷屏操作。

（2）“Scroll Lock”键：为高级操作系统保留的空键。

（3）“Pause Break”键：可以使屏幕暂停显示，按回车键后继续显示。

（4）“Insert”键：插入键，该键为插入/覆盖切换键，当设置为插入状态时，每输入一个字符，该字符就被插入到当前光标所在的位置上，并且原光标上字符和其后的所有字符一起右移一格；当设置为覆盖状态时，每输入一个字符 ，会将光标所在的当前字符覆盖掉。

（5）“Home”键：它的作用是将光标快速移动到屏幕的右上角或光标所在行的行首。

（6）“Delete”键：删除键，删除光标所在位置后的字符或汉字。

（7）“End”键：光标快速移至屏幕的右上角或光标所在行的行尾。

（8）“Page Up”键：常用于文字处理中，它能使屏幕向前翻一屏。

（9）“Page Down”键：与 Page Up 键相反，它能使屏幕向后翻一屏。

（10）↑ ↓ ← →：光标键，每按一次，屏幕上的光标就向箭头方向移动一个字符位。

5．状态指示灯区

状态指示灯区主要用于指示小键盘的工作状态、大小写状态和滚屏锁定状态，它由 Num Lock，Caps Lock，Scroll Lock 3 个指示灯组成。

3.1.2　复合键的使用

在键盘操作中，除进行单键操作外，也可进行两个键或三个键的操作。两键或三键同时操作称为复合键操作，计算机中有很多复合键操作，如表 3.1 所示的就是一些常用的复合键及其功能。

表 3.1　常用复合键及其功能

快捷键	功　能	快捷键	功　能
Alt+F4	关闭当前窗口	Ctrl+Z	撤销
Alt+Tab	选择性地切换打开的应用程序	Ctrl+A	全选
Alt+Esc	依次切换打开的应用程序	Ctrl+O	打开文件
Shift+F10	打开快捷菜单	Ctrl+N	新建文件
Ctrl+C	复制	Ctrl+Home	光标移至首页行首
Ctrl+V	粘贴	Ctrl+End	光标移至末页行尾
Ctrl+X	剪切	Shift+Delete	永久删除文档

3.1.3　操作键盘的正确姿势

使用键盘时，一定要保持正确的姿势，掌握正确的键盘操作姿势可以缓解疲劳，而且还可以提高打字速度，所以在录入文字之前应注意以下几点：

（1）身体应保持笔直，稍偏于键盘右方。

（2）应将全身重量置于椅子上，座椅要调整到便于手指操作的高度，两脚平放。

（3）两肘轻轻贴于腋边，手指轻放于规定的键上，手腕平直。人与键盘的距离可通过调整椅子或键盘的位置来调节，以调节到人能保持正确的击键姿势为准，如图 3.1.6 所示。

（4）显示器宜放在键盘的正后方，放置待输入的原稿前，先将键盘右移 5 cm，再将原稿紧靠键盘左侧放置，以便阅读。

图 3.1.6　打字姿势示意图

3.1.4　键盘指法

键盘指法就是指将人的 10 个手指与键盘上的各键位进行搭配，将键盘上的按键合理地分配给手指，所以在练习指法之前，首先要熟练掌握键盘的基准键位。

1．键盘基准键位

基准键位是指主键盘区的字母键中的 A S D F J K L ; 8 个键。仔细观察键盘，可看到“F”键和“J”键上各有一个凸起的小横线，这是定位键，准备打字时，左、右食指分别放在“F”和“J”两个定位键上，其余 3 指依次放在旁边的键上，击键结束后，手指必须立即回到基准键位上，基准键位与手指的对应关系如图 3.1.7 所示。

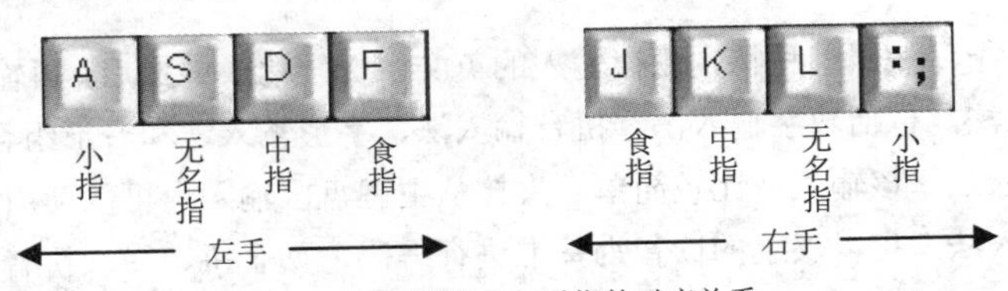

图 3.1.7　基准键位与手指的对应关系

2．手指键位分区

在基准键位的基础上，对于其他字母、数字、符号都采用与 8 个基准键的键位相对应的位置（简

称相对位置）来记忆。例如，用原来击“D”键的左手中指击“E”键，用原来击“K”键的右手中指击“I”键等。键盘的指法分区如图 3.1.8 所示，必须按规定的操作执行，这样既便于操作又便于记忆。

在进行键盘操作时，每只手指只能击打指法图上规定的键，不要击打规定以外的键，不正规的手指分工对后期速度提升是一个很大的障碍。

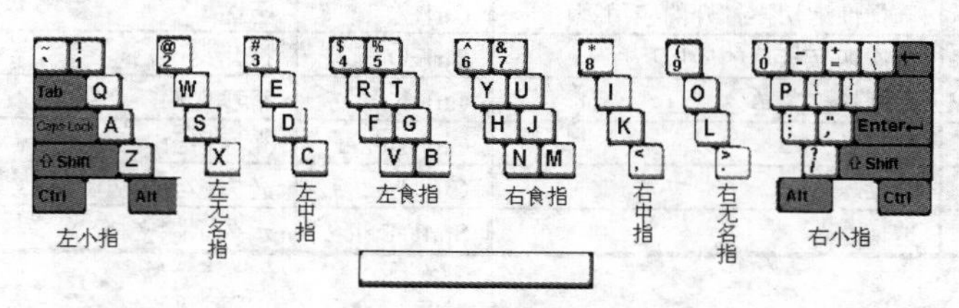

图 3.1.8　键盘指法分区图

3．击键的方法

掌握手指的分工后，在击键过程中，还应掌握几点击键规则，以便准确、快速地输入。

（1）准备击键前，手指要放在基准键位上。

（2）击键时，力度要适中，节奏要均匀，以指尖垂直向键盘使用冲力，要在瞬间发力，并立即反弹。切不可用手指去压键，以免影响击键速度，而且压键会造成一次输入多个相同字符。

（3）各手指必须严格遵守手指指法的规定，分工明确，各守岗位。

（4）在打字过程中，一手击键，另一手必须在基准键位上并保持不动。

（5）每一次击键动作完成后，要迅速返回相应的基准键位。

3.2　输入法简介

在默认情况下，按键盘上的键将输入英文与符号，对于中文用户来说，一般需要输入汉字，因此必须掌握汉字输入法。由于英文、符号及数字可直接通过键盘输入，因而从狭义上来讲，输入法一般指的是汉字输入法。

3.2.1　中文输入法的分类

中文输入法大致可分为两种，一种是使用标准英文键盘进行汉字的输入，另一种是使用人工智能方式对汉字或语音进行识别的非键盘输入法。

1．键盘输入法

键盘输入法是指将按照某种特定规律输入的英文字母转化成中文后，再输入给计算机。它是目前使用最广泛的输入法，包括数字输入法、拼音输入法、字形输入法和音形组合法 4 种。

（1）数字输入法。该输入法比较简单，直接从主键盘区输入也可以使用小键盘输入。

（2）拼音输入法。指以汉字的读音为基准进行编码，如全拼、微软拼音和紫光拼音等。该类输入法的特点是简单、易学，需记忆的编码信息量少，缺点是重码率高，输入的速度相对较低。

（3）字形输入法。根据汉字字形的特点，经分割、分类并定义键盘的表示法后形成的汉字编码方法，如五笔字型输入法。该类输入法的特点是重码率低，且能达到高速的输入效果，缺点是需记忆大量的编码规则、拆字方法和原则，因此学习难度相对较大。

（4）音形结合法：指结合汉字的读音特征和字形特征而进行的编码。该类编码的优点和缺点介于音码和形码之间，需记忆部分输入规则和约定，但也存在部分重码，“自然码”输入法就是比较典型的音形结合输入法。

2．非键盘输入法

随着人工智能的发展，出现了许多更简单、方便快捷的非键盘汉字输入方式。目前比较实用的非键盘输入法包括光电扫描输入法、手写输入法和语音识别输入法 3 种。

3.2.2　选择汉字输入法

单击 Windows 7 操作系统右下角语言栏中的输入法图标，在弹出的输入法列表中查看并选择电脑已安装的输入法，如图 3.2.1 所示。

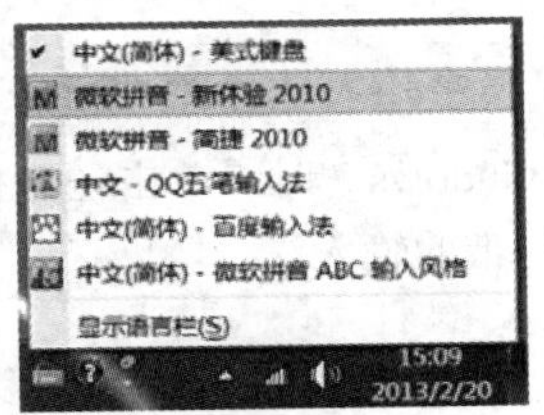

图 3.2.1　选择输入法

3.2.3　认识输入法状态条

选择了汉字输入法后，语言栏上的图标将变为相应的输入法标志，同时在任务栏附近将显示相应的汉字输入法状态条。通过状态条可查看和设置输入法的属性信息。下面以 QQ 五笔输入法状态条为例进行讲解，如图 3.2.2 所示。其中各按钮的作用如下：

图 3.2.2　QQ 五笔输入法状态条

（1）中文/英文切换按钮中：单击该按钮可以在中文/英文输入状态之间进行切换。当按钮转换为中时，表示中文输入状态；当按钮转换为英时，则为英文输入状态。

（2）全角/半角切换按钮：该按钮主要是针对数字、符号而言，当其呈图案时，输入的数字形状较大；当其呈图案时，输入的数字为标准的数字形状。按“Shift+Space”组合键也可以完成同样的功能。

（3）中文/英文标点切换按钮°,：单击此按钮可以进行中文/英文标点切换。当按钮转换为°,时，表示在中文标点输入状态下；当按钮转换为 ' ' 时，按相应的键可输入英文标点符号。

（4）软键盘按钮：软键盘是用于输入各种特殊符号和特殊字符的键盘。用鼠标右键单击该按钮，在弹出的列表中显示了各种符号的类型，如图 3.2.3 所示。选择需要的符号类型，在打开的软键盘中即可看到该符号类型的所有特殊符号，将鼠标光标移到要输入的字母键上，当其变为形状时单击鼠标即可输入该符号，如图 3.2.4 所示。

（5）QQ 账户按钮：单击该按钮，可以让使用 QQ 五笔输入法的用户登录到 QQ。

（6）工具箱按钮：单击该按钮，可以上传、下载用户配置和词库功能。

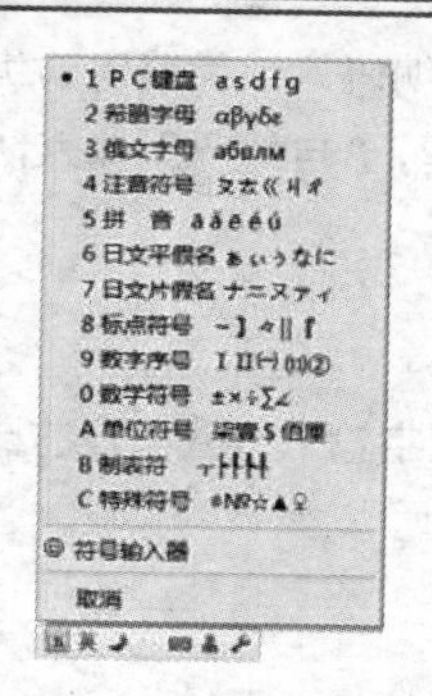

图 3.2.3　弹出的列表

图 3.2.4　用软键盘输入特殊符号

3.2.4　添加与删除输入法

Windows 操作系统中自带了一些汉字输入法：微软拼音输入法、微软 ABC 输入法等。安装 Windows 7 操作系统后，第一次进入 Windows 7 时，单击任务栏右下角的输入法图标，在弹出的输入法菜单中就可以看到 Windows 7 自带的输入法。

1. 添加输入法

添加输入法大致分为两种情况，一是添加系统自带的输入法，二是安装非系统自带的输入法。下面以添加“简体中文全拼（版本 6.0）”输入法为例，介绍如何手动添加系统自带的输入法。

（1）在语言栏上单击鼠标右键，在弹出的快捷菜单中选择 设置(E)... 命令，弹出 文本服务和输入语言 对话框，如图 3.2.5 所示。

（2）单击 添加(D)... 按钮，弹出 添加输入语言 对话框，在中间的列表框中选中“中文（简体，中国）”目录树下需添加的中文输入法前的复选框，如选中“简体中文全拼（版本 6.0）”复选框，如图 3.2.6 所示。

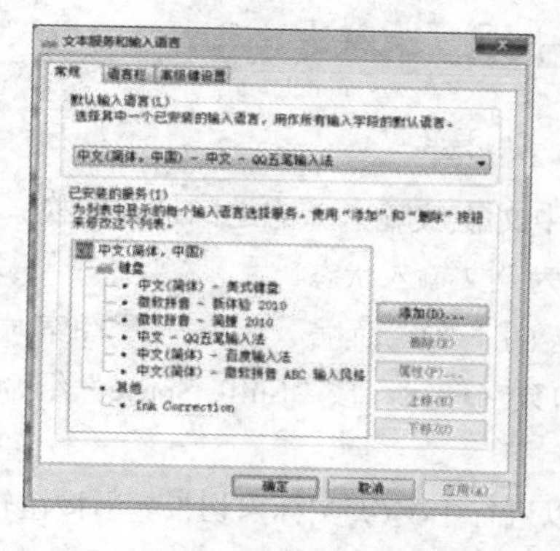

图 3.2.5　“文字服务和输入语言”对话框

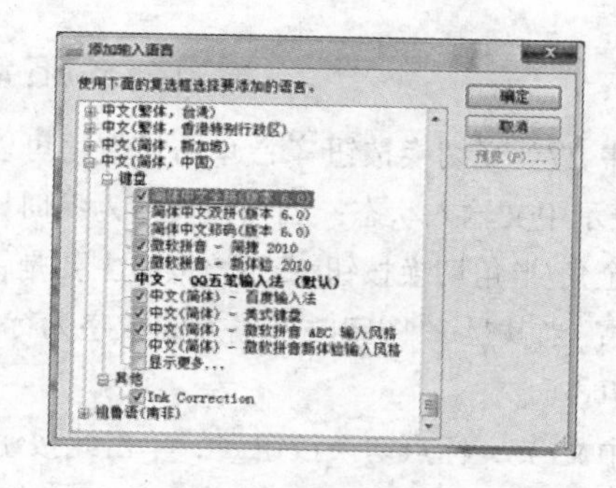

图 3.2.6　“添加输入语言”对话框

（3）单击 确定 按钮返回 文本服务和输入语言 对话框，则可以看到刚才添加的输入法。

（4）单击 确定 按钮关闭对话框，完成设置。

2. 删除输入法

删除输入法的具体操作步骤如下：

（1）在语言栏上单击鼠标右键，在弹出的快捷菜单中选择 设置(E)... 命令，弹出文本服务和输入语言对话框。

（2）在“已安装的服务”列表框中选中要删除的输入法，单击删除(R)按钮，再单击确定按钮完成删除。

3.3　拼音输入法

汉字是以拼音为基础，因此拼音输入法也成为输入汉字最快捷、最方便的方式之一。如今，市面上可供选择的拼音输入法有很多，如搜狗拼音输入法、微软拼音输入法、智能 ABC 输入法等。

拼音输入法均是以汉语拼音为基础，因此输入方式大致相同，一般来说以全拼、简拼和混拼 3 种输入方式为主，下面分别介绍。

（1）全拼。依次敲击要输入汉字的所有声母和韵母，在随即打开的汉字选择框中选择要输入的汉字即可。例如，要输入“春”字，可输入“春”的拼音“chun”，在汉字选择框中选中该字即可。

（2）简拼。只敲击要输入汉字的第 1 位声母，在随即打开的汉字选择框中选择要输入的汉字即可，常用于输入常用词组。例如，要输入“夏季”一词，可直接输入“夏”的声母“x”和“季”的声母“j”，在汉字选择框中选中该词即可，如图 3.3.1 所示。

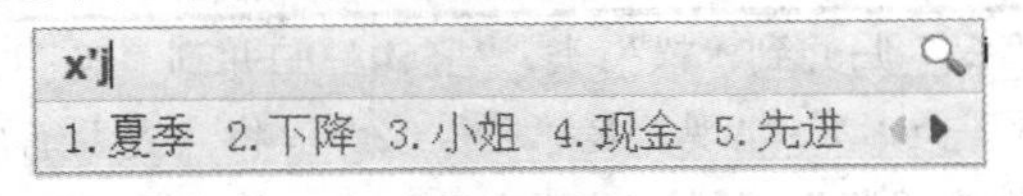

图 3.3.1　简拼输入汉字

（3）混拼。即将全拼和简拼混合输入的方式，在实际输入中应用十分频繁。例如，输入“大家好”，可以输入“djhao”，然后在汉字选择框中选择要输入的汉字，如图 3.3.2 所示。

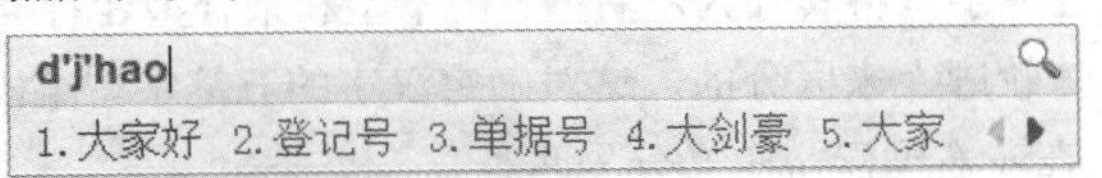

图 3.3.2　混拼输入汉字

3.4　五笔字型输入法

五笔字型输入法是由计算机专家王永明发明的，所以又被称为“王码”输入法。该输入法适合于专业录入人员使用，其主要优点是不需要拼音知识，重码率低，可以进行高速输入。五笔字型输入法词汇量大，是目前输入法中速度最快、效率最高的一种汉字输入法。

3.4.1　汉字字型结构

五笔字型是一种形码，它是按照汉字的字形进行编码的。所以在学习五笔字型输入法前，首先要了解汉字的一些基本结构。

1．汉字的笔画

在对王码五笔 98 版进行编写时，将汉字分成 5 种笔画，因为汉字是形、音、义三位一体的平面图形文字。笔画是构成汉字的最小单位，是一次写成的一个连续的线段。

5种笔画组成字根时，其间的关系可分为4种情况：单、散、连、交。单，即5种笔画的自身；散，是指组成字根的笔画之间有一定的间距，如三、八、心；连，是指组成字根的笔画之间是相连接的，可以是单笔与单笔相连，也可以是笔笔相连，如厂，人，尸，弓；交，是指组成字根的笔画是互相交叉的，如十、力、水、车；还有一种混合的情况，即一个字根的各笔画间既有连又有交或散，如农、禾。汉字在书写时应该注意以下几点：

（1）两笔或两笔以上写成的，如“木”“土”“二”等不叫笔画，而叫笔画结构。

（2）一个笔画不能断开成几段来处理，如“里”，不能分解为“田、土”，而应分解为“日、土”。

五笔字型对笔画只考虑走向，而对笔画的长短和轻重不作要求，它将汉字分成横、竖、撇、捺和折5种基本笔画，分别以1，2，3，4，5作为代号。如表3.2所示列出了5种基本笔画以及其他笔画的归并。

表3.2　五笔字型5种基本笔画

代　号	笔画名称	基本笔画	笔画走向
1	横	一	左→右
2	竖	丨	上→下
3	撇	丿	右上→左下
4	捺	丶	左上→右下
5	折	乙	带转折

（3）在表3.2中，将“提”归并到“横”类，“竖钩”归并到“竖”类，“点”归并到“捺”类，带“转折”的均归并到“折”类，如：“现”是“王”字旁，将“提”笔视为“横”；“利”的右边是“刂”，将末笔的“竖钩”视为“竖”；“村”是“木”字旁，将“点”笔应视为“捺”。

2．字型

在所有的方块字中，五笔字型将其分为左右型、上下型和杂合型3种类型，并以1，2，3为顺序代号。字型是对汉字从整体轮廓上来区分的，这对确定汉字的五笔字型编码十分重要。

（1）1型：左右型，在左右型汉字中又分为两类。

1）整个汉字有着明显的左右结构，如：好、汉、码、轮。

2）整个字的3个部分从左到右并列，或者单独占据一边的一部分与另外两部分呈左右排列，如：撇、侣、别。

（2）2型：上下型，在上下型汉字中又分为两类。

1）整个汉字有着明显的上下结构，如：吴、节、晋、思。

2）汉字的3个部分上下排列，或者单独占据的部分与另外两个部分上下排列，如：掌、算。

（3）3型：杂合型，当汉字的书写顺序没有简单明确左右关系或上下关系时，都将其归为杂合型，如：困、同、这、斗、飞、秉、函、幽、本、天、丹、戌。

3．书写顺序

在五笔字型输入法中，汉字的书写顺序与普通书写顺序是一致的，即先左后右，先上后下，先横后竖，先内后外，先中间后两边，先进门后关门。如：新：（错）立、斤、木；（对）立、木、斤。

3.4.2　五笔字型键盘设计

在五笔字型输入法中，按照字根分区划分原则，将键盘分为5个区，以横起笔的为第一区，以竖起笔的为第二区，以撇起笔的为第三区，以捺（点）起笔的为第四区，以折起笔的为第五区。每个区又分为 5 个位，即 11～15，21～25，31～35，41～45，51～55 共 25 个键位，其字根分布如图 3.4.1 所示。

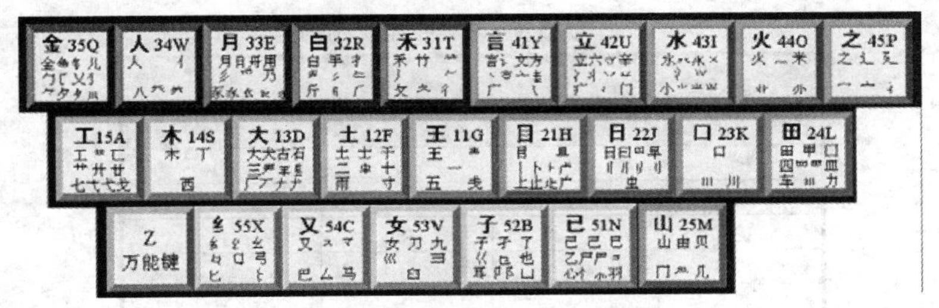

图 3.4.1　五笔字型字根键盘分布

为了帮助人们快速记忆字根，为每一区的字根编写了一首助记口诀，如表 3.3 所示。

表 3.3　字根助记口诀

区　位	按　键	助记口诀
横区（1 区）	G	王旁青头戋（兼）五一
	F	土士二干十寸雨
	D	大犬三羊古石厂
	S	木丁西
	A	工戈草头右框七
竖区（2 区）	H	目具上止卜虎皮
	J	日早两竖与虫依
	K	口与川，字根稀
	L	田甲方框四车力
	M	山由贝，下框几
撇区（3 区）	T	禾竹一撇双人立，反文条头共三一
	R	白手看头三二斤
	E	月彡（衫）乃用家衣底
	W	人和八，三四里
	Q	金勺缺点无尾鱼，犬旁留叉儿一点夕，氏无七（妻）
捺区（4 区）	Y	言文方广在四一，高头一捺谁人去
	U	立辛两点六门病
	I	水旁兴业小倒立
	O	火业头，四点米
	P	之宝盖，摘示衣
折区（5 区）	N	已半巳满不出己，左框折尸心和羽
	B	子耳了也框向上
	V	女刀九臼山朝西
	C	又巴马，丢矢矣
	X	慈母无心弓和匕，幼无力

3.4.3　字根文字的输入

字根文字包括键名字根和一般成字字根两种。输入键名字根时，将对应的字母键连击 4 次，例如：王（GGGG）。输入成字字根时，先输字根所在的键位，然后再输入该字根的第一、第二及最末一个字根，例如：寸（FGHY）。输入单笔画文字时，第一、第二键相同，后面加两个字母 LL，例如丿（TTLL）。

3.4.4　一般汉字的输入

输入一般汉字时，如果该字少于四笔，先输入全部字根，再加一个末笔字型识别码，末笔字型识别码如表 3.4 所示。如果该字多于四笔，则先输入前三笔的字根，再输入最后一笔的字根。拆字要按照书写顺序进行，遵循取大优先、兼顾直观、能连不交、能散不连的规则。

表 3.4 末笔字型识别码

笔画＼类型	左右型	上下型	杂合型
横	G	F	D
竖	H	J	K
撇	T	R	E
捺	Y	U	I
折	N	B	V

3.4.5 简码的输入

简码分为一级简码字、二级简码字和三级简码字。

1. 一级简码

一级简码有汉字 25 个（见图 3.4.2），其输入方法是先击它所在的键，再击一个空格键即可。

图 3.4.2 一级简码

2. 二级简码

二级简码有 625 个汉字，它由汉字全码的前两个字根代码组成。其输入方法是先击它前两个字根所在的键，再击一下空格键。如表 3.5 所示为二级简码表。

表 3.5 五笔字型二级简码表

第一码＼第二码		GFDSA	HJKLM	TREWQ	YUIOP	NBVCX
		11———15	21———25	31———35	41———45	51———55
G	11	五于天末开	下理事画现	玫珠表珍列	玉平不来	与屯妻到互
F	12	二寺城霜载	直进吉协南	才垢圾夫无	坟增示赤过	志地雪支
D	13	三夺大厅左	丰百右历面	帮原胡春克	太磁砂灰达	成顾肆友龙
S	14	本村枯林械	相查可楞机	格析极检构	术样档杰棕	杨李要权楷
A	15	七革基苛式	牙划或功贡	攻匠菜共区	芳燕东 芝	世节切芭药
H	21	睛睦睚盯虎	止旧占卤贞	睡睥肯具餐	眩瞳步眯瞎	卢 眼皮此
J	22	量时晨果虹	早昌蝇曙遇	昨蝗明蛤晚	景暗晃显晕	电最归紧昆
K	23	呈叶顺呆呀	中虽吕另员	呼听吸只史	嘛啼吵 喧	叫啊哪吧哟
L	24	车轩因困轼	四辊加男轴	力斩胃办罗	罚较 辚边	思团轨轻累
M	25	同财央朵曲	由则 崭册	几贩骨内风	凡赠峭赕迪	岂邮 凤嶷
T	31	生行知条长	处得各务向	笔物秀答称	入科秒秋管	秘季委么第
R	32	后持拓打找	年提扣押抽	手折扔失换	扩拉朱搂近	所报扫反批
E	33	且肝须采肛	胩胆肿肋肌	用遥朋脸胸	及胶膛膦爱	甩服妥肥脂
W	34	全会估休代	个介保佃仙	作伯仍从你	信们偿伙	亿他分公化
Q	35	钱针然钉氏	外旬名甸负	儿铁角欠多	久匀乐炙锭	包凶争色
Y	41	主计庆订度	让刘训为高	放诉衣认义	方说就变这	记离良充率
U	42	闰半关亲并	站间部曾商	产瓣前闪交	六立冰普帝	决闻妆冯北
I	43	汪法尖洒江	小浊澡渐没	少泊肖兴光	注洋水淡学	沁池当汉涨
O	44	业灶类灯煤	粘烛炽烟灿	烽煌粗粉炮	米料炒炎迷	断籽娄烃糨

续表

P	45	定守害宁宽	寂审宫军宙	客宾家空宛	社实宵灾之	官字安　它
N	51	怀导居　民	收慢避惭届	必怕　愉懈	心习悄屡忱	忆敢恨怪尼
B	52	卫际承阿陈	耻阳职阵出	降孤阴队隐	防联孙耿辽	也子限取陛
V	53	姨寻姑杂毁	叟旭如舅妯	九　奶　婚	妨嫌录灵巡	刀好妇妈姆
C	54	骊对参骠戏	骒台劝观	矣牟能难允	驻骈　　驼	马邓艰双
X	55	线结顷　红	引旨强细纲	张绵级给约	纺弱纱继综	纪弛绿经比

3．三级简码

三级简码由单字的前 3 个字根码组成，只要一个字的前 3 个字根码在整个编码体系中是唯一的，一般都选作三级简码，共计有 4 000 个左右。此类汉字，只要输入其前 3 个字根码再加空格键即可输入，如毅：全码 UEMC，简码 UEM；唐：全码 YVHK，简码 YVH。

有时，同一个汉字可能有几种简码。例如“经”字，就有一级简码、二级简码、三级简码及全码 4 种输入编码，如经：一级简码 X；二级简码 XC；三级简码 XCA；全码 XCAG。

在这种情况下，应选最简捷的方法输入。

4．词汇编码

（1）双字词：分别取两个字的单字全码中的前两个字根代码，共组成四码。如：机器：木几口口（SMKK）；汉字：氵又宀子（ICPB）。

（2）三字词：前两个字各取其第一码，最后一个字取其前两码，共为四码。如：计算机：讠竹木几（YTSM）。

（3）四字词：每字各取其第一码，共为四码。如：程序设计：禾广讠讠（TYYY）；光明日报：小日日扌（IJJR）。

（4）多字词：按“一、二、三、末”的规则，取第一、二、三及最末一个字的第一码，共为四码。如：电子计算机：日子讠木（JBYS）；中华人民共和国：口亻人口（KWWL）。

3.4.6　重码、容错码和万能学习键“Z”

如果一个编码对应着几个汉字，这几个汉字称为重码字。在输入重码字的编码时，重码字会同时显示在提示行中，较常用的字排在第一个位置上，并用数字指出重码字的序号。如果需要的就是第一个字，可继续输入下一个字，该字会自动跳到当前光标位置，其他重码字要用数字键加以选择。

如果几个编码对应一个汉字，这几个编码称为汉字的容错码。在汉字中，有些字的书写顺序往往因人而异，为了能适应这种情况，允许一个字有多种输入码，这些字就称为容错字。在五笔字型编码输入方案中，容错字有 500 多个。

当对汉字的拆分一时难以确定用哪一个字根时，不管它是第几个字根都可以用 Z 键来代替。借助于软件，把符合条件的汉字都显示在提示行中，再输入相应的数字，则可把相应的汉字选择到当前光标位置处。在提示行中还显示了汉字的五笔字型编码，可以帮助用户学习编码规则。

3.5　课堂实战——制作“留言条”

在便笺纸中，分别运用百度输入法和万能五笔输入法输入“留言条”，效果如图 3.5.1 所示。

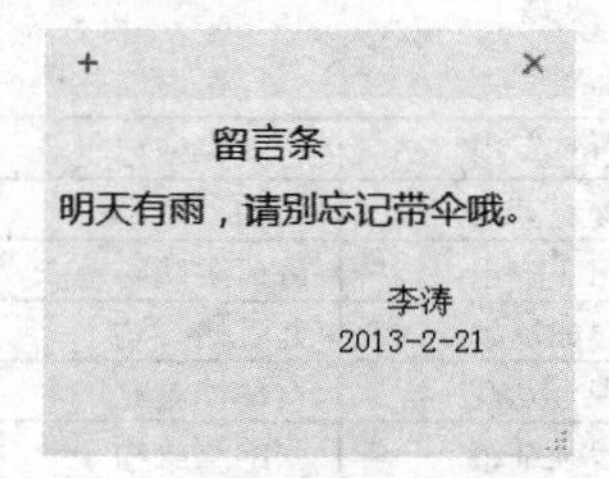

图 3.5.1　效果图

操作步骤

（1）单击“开始”按钮，选择“所有程序”→“附件”文件夹，再单击其中的“便笺”选项，此时在桌面的右上角位置将出现一个黄色的便笺纸。

（2）在语言栏中单击输入法图标，在弹出的列表中选择“中文（简体）-百度输入法”。

（3）在便笺纸中输入“lytiao”，从中选择“3.留言条”，如图 3.5.2 所示。

图 3.5.2　简拼输入

（4）按 Enter 键换行，单击输入法图标，在弹出的列表中选择“万能五笔输入法”。

（5）在便笺纸中输入“明天有雨，请别忘记带伞哦。”其中，“明天”词组的字根是“日、月、一、大”，它们对应的简码是 J，E，G，D，输入时只须击字母键“JEGD”。

（6）“有”属于一级简码，只须击字母键 E，再按空格键即可。

（7）“雨”属于成字字根，输入时先输字根所在的键位，然后再输入该字根的第一、第二及最末一个字根。其中，该字所在键位是 12，第一个字根是“一”，第二个字根是“丨”，最末的一个字根是“、”，所以“雨”的简码是“FGHY”，如图 3.5.3 所示。

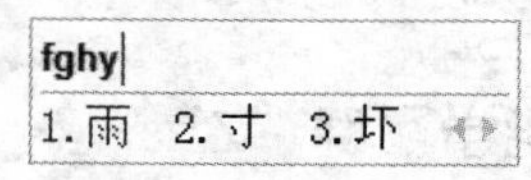

图 3.5.3　输入成字字根

（8）输入三级简码“请”，其字根是“讠、⺹、月”，它们对应的简码是 Y，G，E，输入时只须击字母键“YGE”，再按空格键，如图 3.5.4 所示。

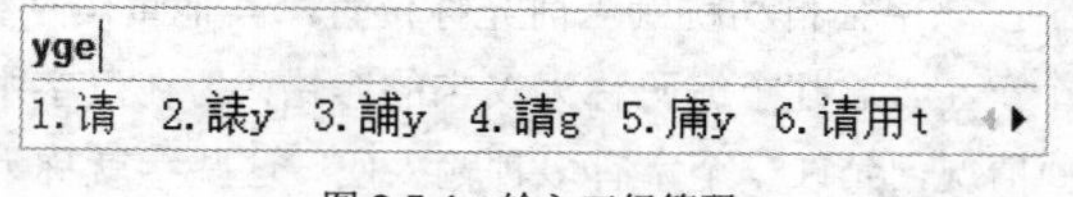

图 3.5.4　输入三级简码

（9）按照同样的方法，输入其他文本，最终效果如图 3.5.1 所示。

本章小结

本章主要介绍了键盘的操作、拼音输入法和五笔字型输入法等内容。通过本章的学习，读者能够掌握拼音输入法和五笔输入法的使用方法，并能在最短的时间内掌握输入汉字的决窍，提高工作效率。

操作练习

一、填空题

1．标准键盘可以划分为 4 个区域，分别是__________、__________、__________和__________。

2．默认情况下，用_________键可以切换中/英文输入法，用_________键可以在各种输入法之间进行切换。

3．在使用输入法输入汉字的过程中，可以按________和_______键来翻页查看更多的候选内容。

4．五笔字型的 5 种笔画为_________、_________、_________、_________和_________。

二、选择题

1．进入系统后，默认使用的输入法是（　）。

（A）没有输入法　（B）英文输入法
（C）五笔输入法　（D）万能输入法

2．以下输入法中（　）是 Windows 7 自带的输入法。

（A）搜狗拼音输入法　（B）QQ 拼音输入法
（C）陈桥五笔输入法　（D）微软拼音输入法

3．使用智能 ABC 输入“西安”时，下面正确的拼音方法是（　）。

（A）xi’an　（B）xian
（C）xia’n　（D）’xian

4．键盘中主要用于打字的区域是（　），它可输入字符、汉字和数字。

（A）功能键区　（B）主键盘区
（C）游标/控制键区　（D）数字键区

5．输入法的编码规则有（　）。

（A）音码　（B）形码
（C）音形码　（D）王码

6．在五笔字型输入法中，（　）是构成汉字的最基本单位。

（A）笔画　（B）字根
（C）单字　（D）偏旁

三、简答题

1．键盘分为哪几个区？每个区的作用是什么，包括哪些键？

2．为什么在打字时需要有正确的坐姿？正确的坐姿包括哪几方面？

3．简述安装与删除输入法的方法。

4．汉字字型有哪几种结构？书写汉字时应遵循哪些原则？

四、上机操作题

1．反复练习一级简码和二级简码的输入。

2．在操作系统中安装极品五笔输入法，并删除百度输入法。

第 4 章　文字处理软件 Word

Word 2010 是 Microsoft 公司开发的 Office 2010 办公组件之一，主要用于文字处理工作。Microsoft Word 2010 提供了世界上最出色的功能，其增强后的功能可创建专业水准的文档，用户可以更加轻松地与他人协同工作并可在任何地点访问您的文件，本章将介绍 Word 2010 的这些基本功能。

知识要点

- Word 2010 的基础知识
- 文档的基本操作
- 文本的基本操作
- 格式化文本
- 表格的使用
- 丰富 Word 文档
- 打印 Word 文档

4.1　Word 2010 的基础知识

Word 2010 是目前流行、功能强大的文字处理软件，它包括文字编辑、表格制作、图文混排以及 Web 文档制作等功能，适合众多的普通计算机用户、办公人员和专业排版人员使用。使用 Word 2010，用户可以更加轻松和方便地完成办公过程中的文字处理工作。

4.1.1　Word 2010 十大功能改进

Word 2010 有十大功能改进，主要表现在以下方面：

（1）改进的搜索与导航体验。在 Word 2010 中，可以更加迅速、轻松地查找所需的信息。利用改进的新“查找”体验，现在可以在单个窗格中查看搜索结果的摘要，并单击以访问任何单独的结果。改进的导航窗格可以提供文档的直观大纲，以便于对所需的内容进行快速浏览、排序和查找。

（2）与他人协同工作，而不必排队等候。Word 2010 重新定义了人们可针对某个文档协同工作的方式。利用共同创作功能，可以在编辑论文的同时，与他人分享自己的观点。也可以查看正与自己一起创作文档的他人的状态，并在不退出 Word 的情况下轻松发起会话。

（3）几乎可从任何位置访问和共享文档。在线发布文档，然后通过任何一台计算机或自己的 Windows 电话对文档进行访问、查看和编辑。借助 Word 2010，可以从多个位置使用多种设备来尽情体会非凡的文档操作过程。

Microsoft Word Web App。当离开办公室、出门在外或离开学校时，可利用 Web 浏览器来编辑文档，同时不影响查看体验的质量。

Microsoft Word Mobile 2010。利用专门适合于自己的 Windows 电话的移动版本的增强型 Word，保持更新并在必要时立即采取行动。

（4）向文本添加视觉效果。利用 Word 2010，您可以像应用粗体和下画线那样，将诸如阴影、凹凸效果、发光、映像等格式效果轻松应用到文档文本中。可以对使用了可视化效果的文本执行拼写检查，并将文本效果添加到段落样式中。现在可将很多用于图像的相同效果同时用于文本和形状中，从而使您能够无缝地协调全部内容。

（5）将文本转换为醒目的图表。Word 2010 为您提供用于使文档增加视觉效果的更多选项。从众多的附加 SmartArt®图形中进行选择，从而只需键入项目符号列表，即可构建精彩的图表。使用 SmartArt 可将基本的要点句文本转换为引人入胜的视觉画面，以更好地阐释您的观点。

（6）为您的文档增加视觉冲击力。利用 Word 2010 中提供的新型图片编辑工具，可在不使用其他照片编辑软件的情况下，添加特殊的图片效果。您可以利用色彩饱和度和色温控件来轻松调整图片。还可以利用所提供的改进工具来更轻松、精确地对图像进行裁剪和更正，从而有助于您将一个简单的文档转化为一件艺术作品。

（7）恢复您认为已丢失的工作。在某个文档上工作片刻之后，您是否在未保存该文档的情况下意外地将其关闭？没关系，利用 Word 2010，您可以像打开任何文件那样轻松恢复最近所编辑文件的草稿版本，即使您从未保存过该文档也是如此。

（8）跨越沟通障碍。Word 2010 有助于您跨不同语言进行有效地工作和交流。比以往更轻松地翻译某个单词、词组或文档。针对屏幕提示、帮助内容和显示，分别对语言进行不同的设置。利用英语文本到语音转换播放功能，为以英语为第二语言的用户提供额外的帮助。

（9）将屏幕截图插入到文档。直接从 Word 2010 中捕获和插入屏幕截图，以快速、轻松地将视觉插图纳入到您的工作中。如果使用已启用 Tablet 的设备（如 Tablet PC 或 Wacom Tablet），则经过改进的工具使设置墨迹格式与设置形状格式一样轻松。

（10）利用增强的用户体验完成更多工作。Word 2010 可简化功能的访问方式。新的 Microsoft Office Backstage™视图将替代传统的“文件”菜单，从而您只需单击几次鼠标即可保存、共享、打印和发布文档。利用改进的功能区，可以更快速地访问您的常用命令，方法为自定义选项卡或创建您自己的选项卡，从而使您的工作风格体现出您的个性化经验。

4.1.2　安装中文 Word 2010

在使用 Word 2010 之前，首先要安装该软件。因为 Word 2010 属于 Microsoft Office2010 自动办公软件的一部分，所以可以通过安装 Office 2010 软件来安装 Word 2010。

（1）找到 Office 2010 的安装程序文件夹，双击安装文件 setup，系统开始安装，选中 ☑ 我接受此协议的条款(A) 复选框，如图 4.1.1 所示。

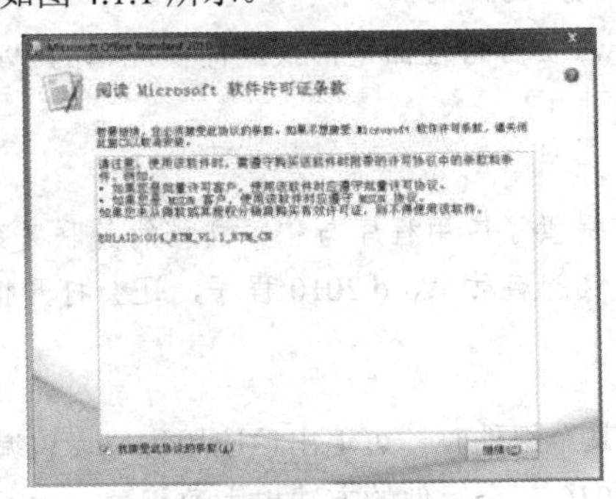

图 4.1.1　“许可协议”界面

（2）单击 继续(C) 按钮，弹出“安装类型”界面，如图 4.1.2 所示。

（3）在此选择 立即安装(I) 类型，则安装路径等均为默认设置，如果您想要进行其他设置，请选择 自定义(U) 类型。

（4）系统显示安装进度，安装完成，单击 关闭(C) 按钮即可，如图 4.1.3 所示。

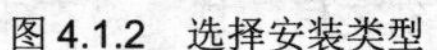

图 4.1.2　选择安装类型　　　　图 4.1.3　安装完成

4.1.3　Word 2010 的启动和退出

Word 2010 的启动与退出是两种最基本的操作。Word 2010 必须在启动后才能使用，使用完毕后应退出，以释放占用的系统资源。

1. Word 2010 的启动

（1）使用“开始”菜单栏启动。单击“开始”按钮，选择 所有程序 → Microsoft Office → Microsoft Word 2010 命令，如图 4.1.4 所示，即可启动 Word 2010。

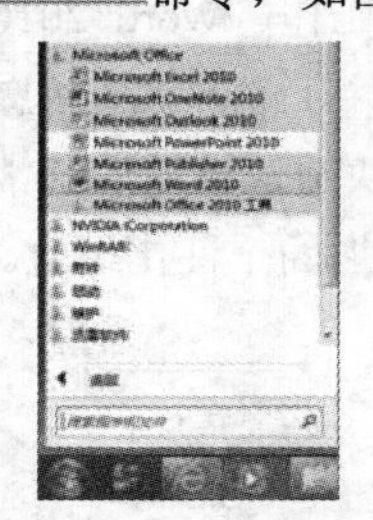

图 4.1.4　从“开始”菜单栏启动 Word 2010

（2）使用桌面快捷方式启动。如果在 Word 2010 桌面中建立了 Word 2010 快捷图标，则用户只须双击该快捷图标，即可启动 Word 2010。

（3）直接启动。在 Windows 资源管理器中，找到需要编辑的 Word 文档，直接双击此文档即可启动 Word 2010。

提示：Windows 系统提供了应用程序与相关文档的关联关系，安装了 Word 2010 以后，双击任何一个 Word 文档图标，不仅能启动 Word 2010 程序，还会打开相应的文档内容。

2. Word 2010 的退出

当不再使用 Office 2010 的某个组件时，可退出该应用程序，以减少对系统内存的占用。与启动 Office 2010 一样，退出 Office 2010 各个组件的方法也大致相同。下面以 Word 2010 为例，讲解程序

的退出方法。退出该程序可以使用下列方法之一：

（1）单击 Word 2010 标题栏右侧的“关闭”按钮 X 。

（2）单击左上角的控制菜单图标 W，在弹出的下拉菜单中选择 × 关闭(C) Alt+F4 命令。

（3）单击 文件 按钮，打开“文件”面板，在左侧窗格中选择 退出 命令。

（4）单击 文件 按钮，打开“文件”面板，在左侧窗格中选择 关闭 命令。

注意：如果用户在退出 Word 2010 之前对文档进行了修改，系统将自动弹出一个信息提示框，如图 4.1.5 所示，询问用户是否保存修改后的文档。单击 保存(S) 按钮，保存对文档进行的修改；单击 不保存(N) 按钮，不保存对文档的修改，直接退出 Word 2010 程序；单击 取消 按钮，取消本次操作，返回到编辑状态。

图 4.1.5　信息提示框

4.1.4　Word 2010 的界面介绍

Word 2010 继承了 Word 2007 的界面，相对于 Word 2003 及以前的版本，有了质的变化。Word 2010 的工作界面包括“文件”按钮、快速访问工具栏、标题栏、功能区、文档编辑区以及状态栏等，如图 4.1.6 所示。下面将对界面中的各个部分分别予以介绍。

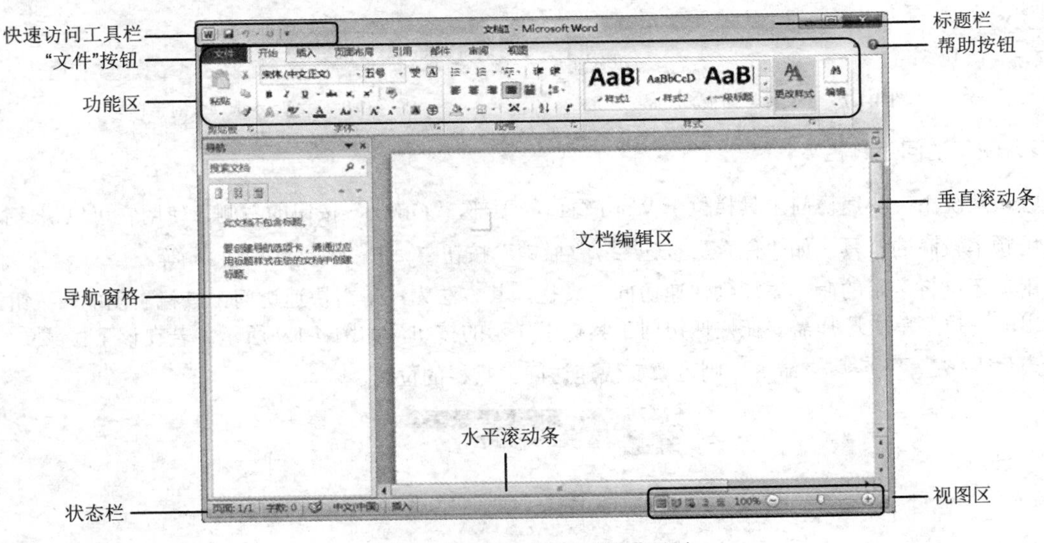

图 4.1.6　Word 2010 的工作界面

1.“文件”按钮

Microsoft Word 从 Word 2007 升级到 Word 2010，其最显著的变化就是使用 文件 按钮代替了 Word 2007 中的 Office 按钮。“文件”按钮位于 Word 2010 窗口左上角。单击 文件 按钮可以打开“文件”面板，包含“信息”“最近”“新建”“打印”“共享”“打开”“关闭”“保存”等常用选项，如图 4.1.7 所示。

（1）信息。在默认打开的“信息”面板中，用户可以进行旧版本格式转换、保护文档（包含设

置 Word 文档密码）、检查问题和管理自动保存的版本。

（2）最近。打开“最近”面板，在面板右侧可以查看最近使用的 Word 文档列表，用户可以通过该面板快速打开使用的 Word 文档。

（3）新建。打开“新建”面板，用户可以看到丰富的 Word 2010 文档类型，包括“空白文档”“博客文章”“书法字帖”等 Word 2010 内置的文档类型。用户还可以通过 Office 网站提供的模板新建诸如“会议日程”“证书”“奖状”“小册子”等实用 Word 文档。

（4）打印。打开“打印”面板，在该面板中可以详细设置多种打印参数，例如双面打印、指定打印页等参数，从而有效控制 Word 2010 文档的打印结果。

（5）共享。打开“共享”面板，用户可以在面板中将 Word 2010 文档发送到博客文章、发送电子邮件或创建 PDF 文档。

（6）选项。选择“文件”面板中的“选项”命令，可以打开 Word 选项 对话框。在该对话框中可以开启或关闭 Word 2010 中的许多功能或设置参数，如图 4.1.8 所示。

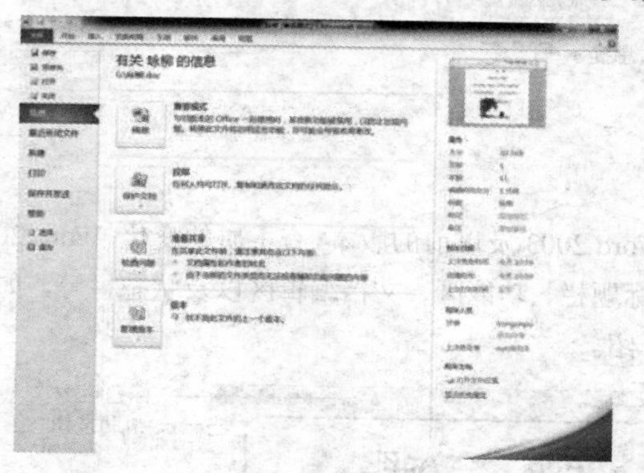

图 4.1.7 “文件”面板

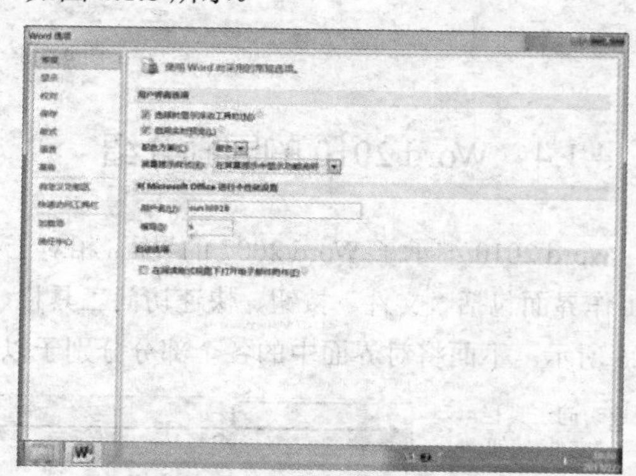

图 4.1.8 “Word 选项”对话框

2．快速访问工具栏

默认情况下，快速访问工具栏位于 Word 窗口的顶部，“Office”按钮的右侧，使用它可以快速访问使用频率较高的工具，如“保存”按钮，“撤销”按钮和“恢复”按钮等。

用户还可将常用的命令添加到快速访问工具栏，其方法为：单击快速访问工具栏右侧的按钮，在弹出的下拉菜单中选择需要在快速访问工具栏中显示的按钮，如图 4.1.9 所示。若在该下拉菜单中选择 在功能区下方显示(S) 命令，则可改变快速访问工具栏的位置。

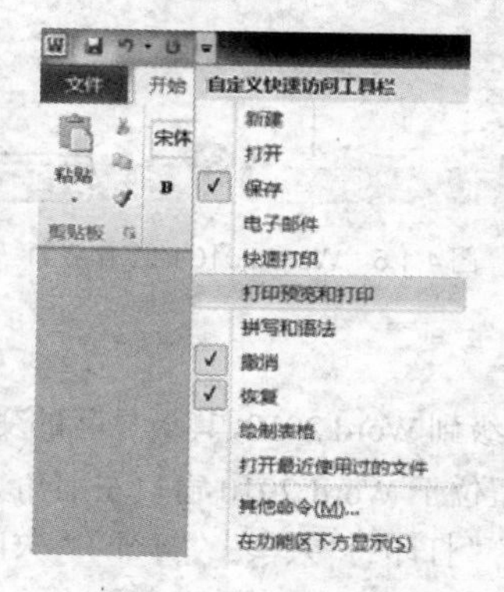

图 4.1.9 添加命令到快速访问工具栏

3．标题栏

标题栏位于“快速访问工具栏”的右侧，界面最上方的蓝色长条区域，用于显示当前正在编辑文档的文档名等信息。标题栏并提供“最小化”按钮、“最大化”按钮/“向下还原”按钮和“关闭”按钮来管理界面。

4．选项卡和功能区

Word 2010 中提供了“开始”“插入”等多个常规选项卡，选择某一选项卡，其下方即可显示与其对应的功能区，单击功能区中的按钮或选择命令即可完成相应的设置，如图 4.1.10 所示。

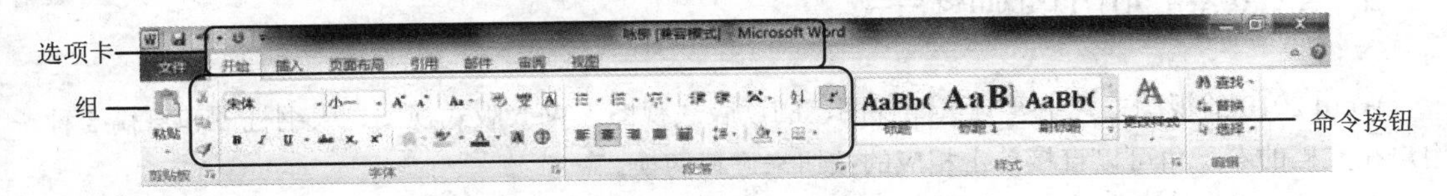

图 4.1.10　“开始”功能区

每个功能区的功能如下：

（1）“开始”功能区。该功能区中包括剪贴板、字体、段落、样式和编辑五个组，该功能区主要用于帮助用户对 Word 2010 文档进行文字编辑和格式设置，是用户最常用的功能区。

（2）“插入”功能区。该功能区包括页、表格、插图、链接、页眉和页脚、文本、符号和特殊符号几个组，主要用于在 Word 2010 文档中插入各种元素。

（3）“页面布局”功能区。该功能区包括主题、页面设置、稿纸、页面背景、段落、排列几个组，用于帮助用户设置 Word 2010 文档页面样式。

（4）“引用”功能区。该功能区包括目录、脚注、引文与书目、题注、索引和引文目录几个组，用于实现在 Word2010 文档中插入目录等比较高级的功能。

（5）“邮件”功能区。该功能区包括创建、开始邮件合并、编写和插入域、预览结果和完成几个组，该功能区的作用比较专一，专门用于在 Word 2010 文档中进行邮件合并方面的操作。

（6）“审阅”功能区。该功能区包括校对、语言、中文简繁转换、批注、修订、更改、比较和保护几个组，主要用于对 Word 2010 文档进行校对和修订等操作，适用于多人协作处理 Word 2010 长文档。

（7）“视图”功能区。该功能区包括文档视图、显示、显示比例、窗口和宏几个组，主要用于帮助用户设置 Word 2010 操作窗口的视图类型，以方便操作。

（8）“加载项”功能区。该功能区包括菜单命令一个分组，加载项是可以为 Word 2010 安装的附加属性，如自定义的工具栏或其他命令扩展。“加载项”功能区则可以在 Word 2010 中添加或删除加载项。

5．文档编辑区

文档编辑区是用户工作的主要区域，用来实现文档、表格、图表和演示文稿等的显示和编辑。Word 2010 的文档编辑区除了可以进行文档的编辑之外，还有水平标尺、垂直标尺、水平滚动条和垂直滚动条等辅助功能。

6．“导航”窗格

“导航”窗格中的上方是搜索框，用于搜索文档中的内容。在下方的列表框中通过单击 、 和 按钮，分别可以浏览文档中的标题、页面和搜索结果，如图 4.1.11 所示。

7．状态栏

状态栏位于工作界面的左下方，显示当前编辑文档的状态，如页数、总页数、字数、当前文档检错结果和语言状态等内容。

8．视图区

视图区位于工作界面的右下方，可以单击其中的按钮完成视图方式切换和调节页面显示比例等操作。

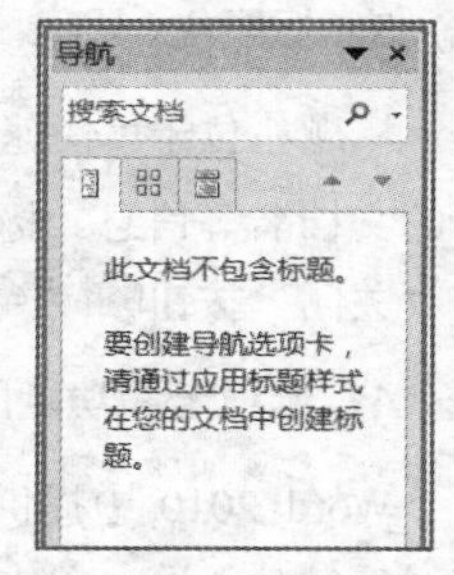

图 4.1.11　“导航”窗格

4.1.5　Word 2010 的视图方式

Word 2010 的视图方式主要有页面视图、阅读版式视图、Web 版式视图、大纲视图和草稿 5 种。用户在文档的右下角可以直接单击相应的按钮来进行切换。

1．页面视图

页面视图是最常用的一种视图方式，其布局可以直接显示页面的实际尺寸，在页面中同时会出现水平标尺和垂直标尺，如图 4.1.12 所示。如果要切换到该视图方式，可以直接单击视图切换按钮中的“页面视图”按钮。

2．阅读版式视图

“阅读版式视图”以图书的分栏样式显示 Word 2010 文档，文件按钮、功能区等窗口元素被隐藏起来。单击视图切换按钮中的“阅读版式视图”按钮，可切换至该视图方式，如图 4.1.13 所示。在阅读版式视图中，用户还可以单击工具按钮选择各种阅读工具，若要停止阅读文档时，单击“阅读版式视图”工具栏上的关闭按钮或按“Esc”键，就可以从阅读版式视图切换到原来的视图方式。

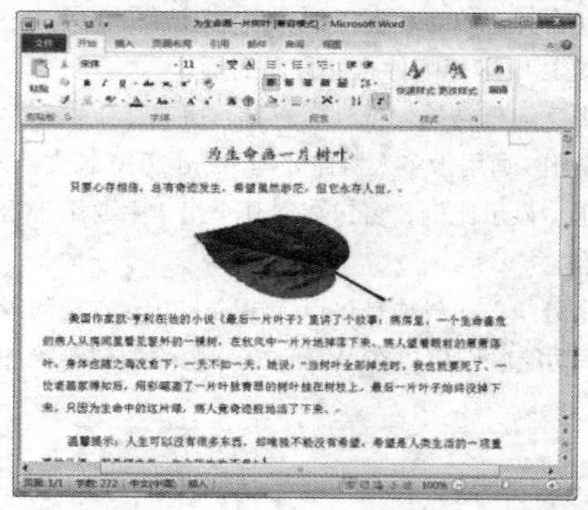

图 4.1.12　页面视图

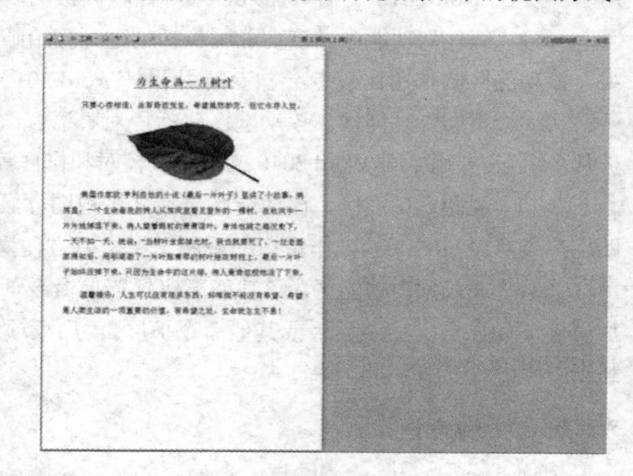

图 4.1.13　阅读版式视图

3．Web 版式视图

Web 版式视图是一种近似于 Web 页显示方式的视图，其编辑的文档可以直接用于 Internet 中，用浏览器可以直接浏览。单击视图切换按钮中的“Web 版式视图”按钮，可以直接切换到该视图方式，如图 4.1.14 所示。

4．大纲视图

单击视图切换按钮中的“大纲视图”按钮，可以切换到大纲视图。大纲视图中文本的正文部分用一个空心的小方块标记，如图 4.1.15 所示。在该视图模式下主要显示了文档的结构，而且通过缩进文本反映文档中不同的标题级别。

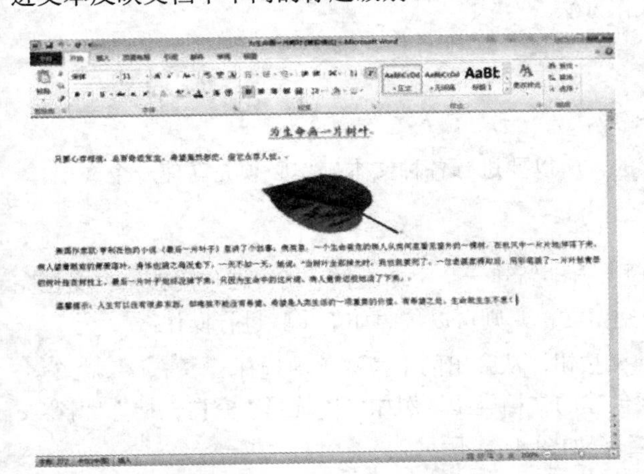

图 4.1.14　Web 版式视图

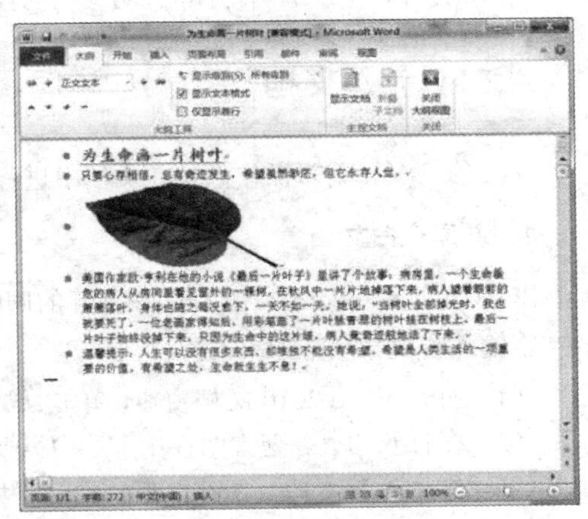

图 4.1.15　大纲视图

提示：在大纲视图中不会显示段落格式，也不能使用段落格式命令。若要浏览或修改段落格式，必须切换到其他视图。

5．草稿

“草稿”视图取消了页面边距、分栏、页眉页脚和图片等元素，仅显示标题和正文，是最节省计算机系统硬件资源的视图方式。当然现在计算机系统的硬件配置都比较高，基本上不存在由于硬件配置偏低而使 Word 2010 运行遇到障碍的问题。单击视图切换按钮中的“草稿”视图按钮，可以切换到“草稿”视图，如图 4.1.16 所示。

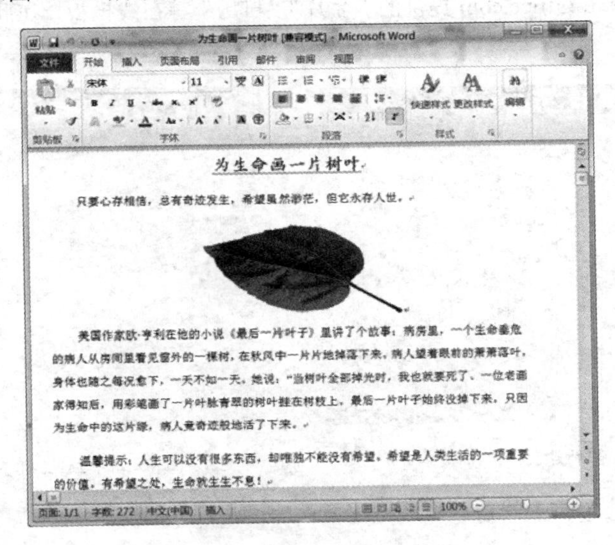

图 4.1.16　“草稿”视图

4.2 文档的基本操作

应用 Word 2010 进行工作的过程中，Word 文档的基本操作是用户使用该程序的基础。本节将介绍新建文档、保存文档、打开和关闭文档的操作方法。

4.2.1 创建文档

文本的输入和编辑操作都是在文档中进行的，所以要进行各种文本操作必须先新建一个文档。

1. 新建空白文档

默认情况下，Word 2010 程序在打开的同时会自动新建一个空白文档。用户在使用该空白文档完成文字输入和编辑后，如果需要再次新建一个空白文档，则可以按照如下步骤进行操作：

（1）打开 Word 2010 文档窗口，单击 文件 按钮，从弹出的下拉菜单中选择 新建 命令。

（2）在打开的“新建”面板中，选中需要创建的文档类型，例如可以选择“空白文档”“博客文章”“书法字帖”等文档，在此选择“空白文档”，如图 4.2.1 所示。

（3）完成选择后单击 创建 按钮，即可创建一个新文档。

2. 使用模板创建文档

在 Word 2010 中使用模板创建文档除了通用型的空白文档模板之外，Word 2010 中还内置了多种文档模板，如博客文章模板、书法字帖模板等等。另外，Office.com 网站还提供了证书、奖状、名片、简历等特定功能模板。借助这些模板，用户可以创建比较专业的 Word 2010 文档。

使用模板创建文档的操作步骤如下：

（1）打开 Word 2010 文档窗口，单击 文件 按钮，从弹出的下拉菜单中选择 新建 命令。

（2）在打开的“新建”面板中，用户可以单击“博客文章”“书法字帖”等 Word 2010 自带的模板创建文档，还可以单击 Office.com 提供的“名片”“日历”等在线模板，在此选择“样本模板”，如图 4.2.2 所示。

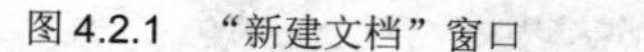
图 4.2.1 “新建文档”窗口

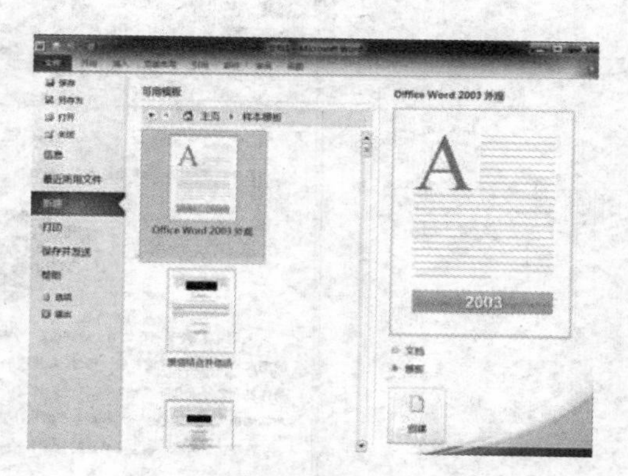

图 4.2.2 选择“样本模板”选项

（3）打开样本模板列表，单击合适的模板后，在“新建”面板右侧单击◎ 文档 或◎ 模板 单选

按钮，在此选择“文档”，然后单击 按钮即可创建一个新文档。

提示：(1) 在 Word 2010 中有三种类型的 Word 模板，分别为：.dot 模板（兼容 Word 97-2003 文档）、.dotx（未启用宏的模板）和.dotm（启用宏的模板）。在“新建文档”窗口中创建的空白文档使的是 Word 2010 的默认模板 Normal.dotm。

(2) 除了使用 Word 2010 已安装的模板，用户还可以使用自己创建的模板和 Office.com 提供的模板。在下载 Office.com 提供的模板时，Word 2010 会进行正版验证，非正版的 Word 2010 版本无法下载 Office Online 提供的模板。

4.2.2　保存文档

新建的文档必须执行保存操作后才能储存在电脑磁盘中，同时在输入文档的过程中也应随时保存文档，以避免因停电或死机造成文档数据丢失。Word 2010 为用户提供了多种保存文档的方法，而且具有自动保存功能，可以最大限度地保护因意外而引起的数据丢失。

1. 保存新建文档

保存新建文档的具体操作步骤如下：

(1) 单击 文件 按钮，从弹出的下拉菜单中选择 保存 选项，弹出 另存为 对话框，如图 4.2.3 所示。

(2) 在该对话框中的“保存位置”下拉列表中选择要保存文件的文件夹位置；在“文件名”下拉列表框中输入文件的名称；在“保存类型”下拉列表中选择保存文件的格式。

(3) 设置完成后，单击 保存(S) 按钮即可。

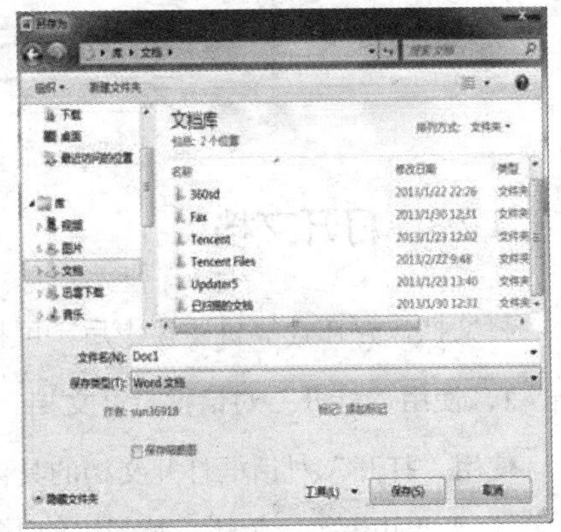

图 4.2.3　“另存为”对话框

2. 保存已有文档

如果文档已存在，用户需要在修改后进行保存，可采用以下两种方法：

(1) 在原有位置保存。在对已有文档修改完成后，单击 文件 按钮，从弹出的下拉菜单中选择 保存 选项，Word 2010 将修改后的文档保存到原来的文件夹中，修改前的内容将被覆盖，并且不再弹出 另存为 对话框。

(2) 另存为。如果需要将已有的文档保存到其他的文件夹中，可在修改完文档之后，单击 文件 按钮，从弹出的下拉菜单中选择 另存为 选项，弹出 另存为 对话框。保存方法与保存新建文档一样。

3. 自动保存文档

Word 2010 可以按照某一固定时间间隔自动对文档进行保存，这样大大减少断电或死机时由于来不及保存文档所造成的损失。设置自动保存文档的具体操作步骤如下：

(1) 单击 文件 按钮，从弹出的下拉菜单中选择 保存 选项，然后在弹出的菜单中选择 选项 选项，弹出 Word 选项 对话框。单击 保存 标签，打开“保存”选项卡，如图 4.2.4

所示。

（2）在该对话框右侧的“保存文档”选区中的“将文件保存为此格式”下拉列表中选择文件保存的类型。

（3）选中☑保存自动恢复信息时间间隔(A)单选按钮，并在其后的微调框中输入文件的保存时间间隔。

（4）在“自动恢复文件位置”文本框中输入文件的保存位置，或者单击浏览(B)...按钮，在弹出的修改位置对话框中设置文件的保存位置。

（5）设置完成后，单击确定按钮即可。

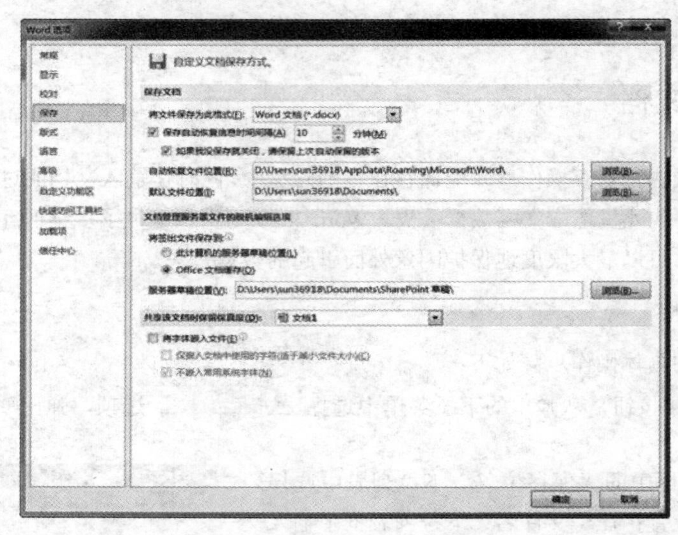

图 4.2.4　“保存”选项卡

4.2.3　打开文档

将文档保存在计算机磁盘中后，可将其打开进行浏览或编辑，这里介绍两种较常用的方法。

1．使用“打开”对话框打开文档

使用“打开”对话框打开文档的具体操作步骤如下：

（1）单击文件按钮，从弹出的下拉菜单中选择打开选项，弹出打开对话框。

（2）在“查找范围”下拉列表中选择文档所在的位置，然后在文件列表中选择需要打开的文档；在“文件类型”下拉列表中选择所需的文件类型，如图 4.2.5 所示。

（3）单击打开(O)按钮打开需要的文档。

2．打开最近使用的文档

在 Word 2010 中默认会显示 20 个最近打开或编辑过的 Word 文档，用户可以通过“最近”面板打开最近使用的文档，具体操作步骤如下：

（1）打开 Word 2010 文档窗口，单击文件按钮，从弹出的下拉菜单中选择最近所用文件选项。

（2）在“文件”面板右侧的“最近使用的文档”列表中单击准备打开的 Word 文档名称即可，如图 4.2.6 所示。

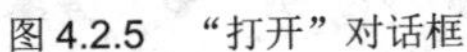

图 4.2.5　“打开”对话框

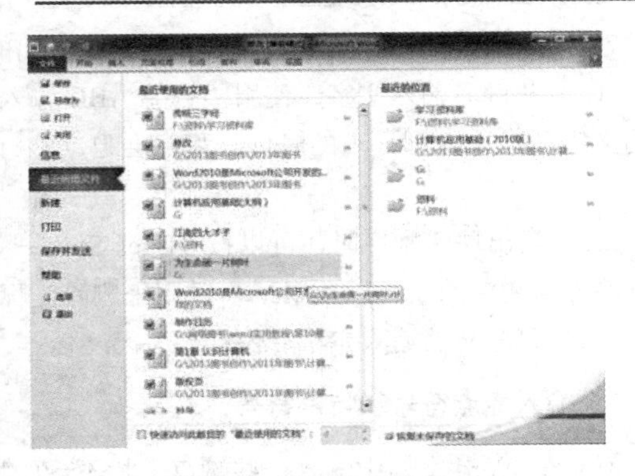

图 4.2.6　最近使用的文档

4.2.4　关闭文档

编辑完一篇文档后应关闭它，以免占用屏幕空间。一般退出 Word 2010 后即可关闭文档，但这将关闭所有 Word 文档，如果需要关闭某个文档，可采用以下方法中的任意一种，可参见 4.1.3 节内容。

4.3　文本的基本操作

新建 Word 文档之后，需要在文档中输入文本使文档更加完整，文本输入之后，还需要对输入的文本进行编辑处理，从而使文本的内容更加完善。

4.3.1　输入文本

创建空白文档后，就可以在文档中输入文本。输入的文本将显示在插入点处，插入点自动向右移动。当输入完一行时，Word 2010 将自动换行。如果用户需要另起一段，按回车键即可。

1．定位文本插入点

在进行文字的输入与编辑操作之前，必须先将文本插入点定位到需要编辑的位置，主要分为两种情况：

（1）在打开一个新建文档或空白文档时，文本插入点位于整篇文档的最前面，可以直接在该位置输入文字。

（2）若文档中已存在文字，而需要在某一具体位置输入文字时，则将鼠标指针移至文档编辑区中，其变为“I”形状后在需定位的目标位置处单击，即可将文本插入点定位在该位置处。

注意：Word 2010 在默认情况下处于插入状态，而按“Insert”键，可使其变为改写状态。要判断此时系统处于什么输入状态，可在状态栏中查看，当状态栏中显示“插入”时即输入状态为插入状态，反之为改写状态。

2．输入普通文本

在 Word 中输入文字的操作步骤如下：

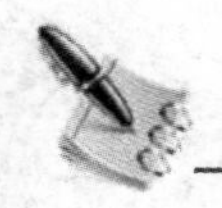

（1）单击桌面右下角的输入法图标，在弹出的输入法菜单中选择所需的输入法。

（2）从键盘输入文字。使用“智能 ABC 输入法”，此时输入法会按照输入的拼音逐步联想要输入的文字，当输入到行末的时候，程序会自动换行，如果按“Enter”键，光标就会跳到下一行的开始处。

（3）当出现错别字时，可以按“Back Space”键或“Delete”键删除错别字。“Back Space”键用来删除光标之前的文字；“Delete”键用来删除光标之后的文字。

（4）整个文档输入完毕后保存并关闭文档。

3．输入标点符号和特殊符号

若需在 Word 文档中输入一些键盘上找不到的特殊符号，如“※”或“◆”等，除可使用中文输入法的软键盘进行输入外，还可以使用 Word 2010 提供的插入符号功能进行输入。

下面以插入数学运算符“Σ”为例，介绍如何插入特殊符号，操作步骤如下：

（1）将光标移动到要插入符号的位置处单击。

（2）打开 插入 选项卡，单击 Ω符号 按钮，在其下拉列表中将会显示出最近使用过的符号，如果要选择其他符号则选择 Ω 其他符号(M)... 命令，弹出 符号 对话框，如图 4.3.1 所示。

（3）在“字体”下拉列表框中选择“普通文本”选项；在“子集”下拉列表框中选择“数学运算符”选项。

（4）选中符号“Σ”，然后单击 插入(I) 按钮即可插入到相应位置。

如果一个符号在输入过程中多次用到，就需要自定义快捷键，操作步骤如下：

（1）在 符号 对话框中选中要使用的符号。

（2）单击 快捷键(K)... 按钮，弹出 自定义键盘 对话框，如图 4.3.2 所示。

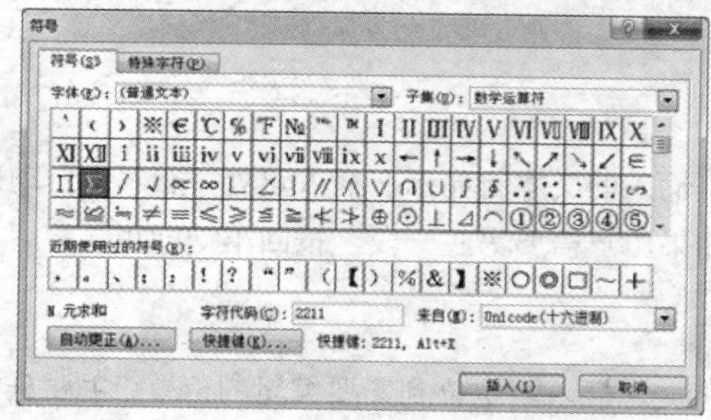

图 4.3.1　“符号”对话框

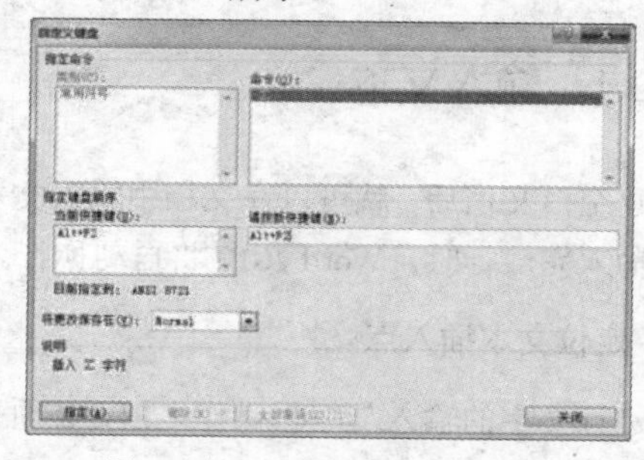

图 4.3.2　“自定义键盘”对话框

（3）在“请按新快捷键”文本框中输入习惯使用的快捷键。

（4）单击 指定(A) 按钮，则在“当前快捷键”文本框中出现刚才自定义的快捷键。

（5）单击 关闭 按钮完成操作。以后插入该符号时，直接使用自定义的快捷键就可以了。

注意： 自定义的快捷键不能与系统指定的快捷键相冲突，否则系统原来的快捷键将不起作用。

4．插入日期和时间

Word 2010 提供了输入当前日期和时间文本的功能，以减少用户的输入量，其具体操作步骤如下：

（1）将光标移动到要插入日期和时间的位置处单击。

（2）打开 插入 选项卡，在“文本”组中单击 日期和时间 按钮，弹出 日期和时间 对话框，如图 4.3.3

所示。

（3）在“可用格式”列表框中选择一种日期和时间格式；在“语言（国家/地区）”下拉列表中选择一种语言。

（4）如果选中☑自动更新(U)复选框，则以域的形式插入当前的日期和时间，该日期和时间是一个可变的数值，它可根据打印的日期和时间的改变而改变；取消选中☐自动更新(U)复选框，则可将插入的日期和时间作为文本永久地保留在文档中。

（5）单击 确定 按钮，即可在文档中插入日期和时间。

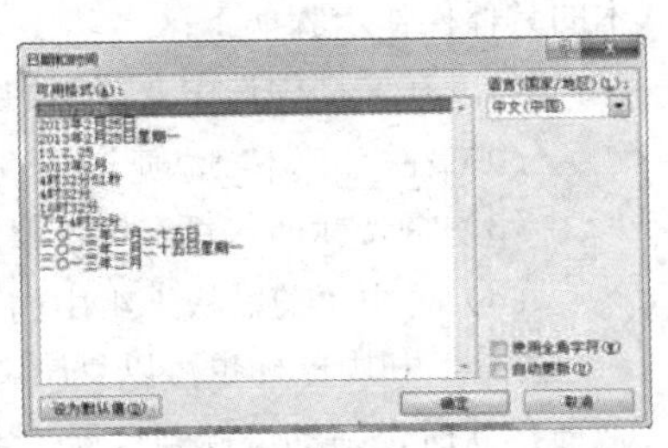

图 4.3.3　“日期和时间”对话框

4.3.2　选定文本

在对文档进行编辑之前，首先必须选定文本，选定文本的方法有两种：一种是利用鼠标选定文本；另一种是利用键盘选定文本。

（1）利用鼠标选定文本。利用鼠标选定文本比较简单，每个 Word 文档的左边为选定栏，鼠标指针在该区域中会变成↗形状，表 4.1 列出了利用鼠标选定文本的方法。

表 4.1　鼠标选定文本

选　择	操　作
任意数量的文本	在要开始选择的位置单击，按住鼠标左键，然后在要选择的文本上拖动指针
一个词	在单词中的任何位置双击
一行文本	将指针移到行的左侧，指针变为右向箭头↗后单击
一个句子	按下“Ctrl”键，然后在句中的任意位置单击
一个段落	在段落中的任意位置连击三次
多个段落	将指针移动到第一段的左侧，指针变为右向箭头后，按住鼠标左键，同时向上或向下拖动指针
较大的文本块	单击要选择的内容的起始处，滚动到要选择的内容的结尾处，然后按住“Shift”键，同时在要结束选择的位置单击
整篇文档	将指针移动到任意文本的左侧，在指针变为右向箭头后连击三次
页眉和页脚	在页面视图中，双击灰色显示的页眉或页脚文本。将指针移到页眉或页脚的左侧，在指针变为右向箭头后单击
脚注和尾注	单击脚注或尾注文本，将指针移到文本的左侧，在指针变为右向箭头后单击
垂直文本块	按住“Alt”键，同时在文本上拖动指针
文本框或图文框	在图文框或文本框的边框上移动指针，指针变为四向箭头后单击

（2）利用键盘选定文本。在某些情况下，使用键盘选定文本也比较方便，例如要选定整个文档，按“Ctrl+A”快捷键即可。表 4.2 列出了键盘选定文本的快捷键。

表 4.2　键盘选定文本

快捷键	键盘操作范围
Shift+↑	选定从当前光标处到上一行文本
Shift+↓	选定从当前光标处到下一行文本
Shift+←	选定当前光标处左边的文本
Shift+→	选定当前光标处右边的文本
Ctrl+A	选定整个文档
Ctrl+Shift+Home	选定从当前光标处到文档开头处的文本
Ctrl+Shift+End	选定从当前光标处到文档结尾处的文本

4.3.3　复制与粘贴文本

对于文档中内容重复部分的输入，可通过复制粘贴操作来完成，从而提高文档编辑效率。复制文本的具体操作步骤如下：

（1）在文档中选中要复制的文本内容。

（2）在“开始”选项卡的“剪贴板”组中单击“复制”按钮。

（3）将光标插入点定位在要输入相同内容的位置。

（4）单击“剪贴板”组中的“粘贴”按钮。

另外，利用鼠标也可以复制文本，具体方法是在选定文本之后，按住“Ctrl”键，当鼠标指针变成形状时，拖动鼠标到目标位置，释放鼠标即可。

提示： 粘贴文本内容时，若单击“粘贴”按钮下方的下拉按钮，在弹出的下拉列表中可以选择粘贴方式，且将鼠标指针指向某个粘贴方式时，可在文档中预览粘贴后的效果。若在下拉列表中选择 选择性粘贴(S)... 命令，可在弹出的 选择性粘贴 对话框中选择其他粘贴方式。

4.3.4 移动文本

在编辑文档的过程中，有时需要移动文本，即将文本从文档中的一个位置移动到另一个位置。可通过“剪切”和“粘贴”命令移动文本，具体操作步骤如下：

（1）选定要移动的文本。

（2）将鼠标指针定位在要移动的文本之上，当指针变成形状时，拖动鼠标到目标位置，释放鼠标即可。

另外，在选定一段文本之后，单击鼠标右键，在弹出的快捷菜单中选择 剪切(T) 命令，然后将鼠标指针定位在目标位置上，单击鼠标右键，在弹出的快捷菜单中选择 粘贴(P) 命令，也可以实现文本的移动。

4.3.5 查找与替换文本

在一篇较长的文档中，如果想找到需要的文本，或要对多个相同的文本进行统一修改，可使用 Word 2010 的查找与替换功能，从而提高编辑文本的效率。

1. 查找文本

在文本编辑的过程中，可能需要在文档中查找指定的文本，此时可用 Word 提供的“查找”功能，具体操作步骤如下：

（1）在要查找内容的文档中切换到 视图 选项卡，选中“显示”组中的 导航窗格 复选框，打开“导航”窗格。

（2）在搜索框中输入要查找的文本的内容，文档中将突出显示要查找的全部内容，如图 4.3.4 所示。

2. 替换文本

当发现某个字或词全部输入错误时，可通过 Word 的“替换”功能进行替换，具体操作步骤如下：

（1）将光标插入点定位在文档的起始处。

（2）在“导航”窗格中单击搜索框右侧的下拉按钮，从弹出的下拉列表中选择 替换(R)... 命令，如图 4.3.5 所示。

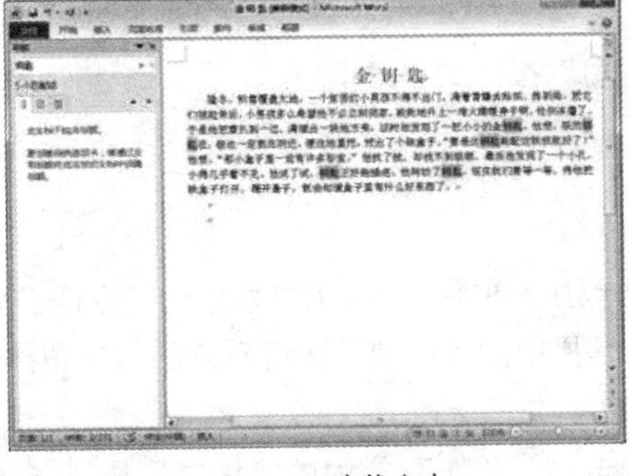

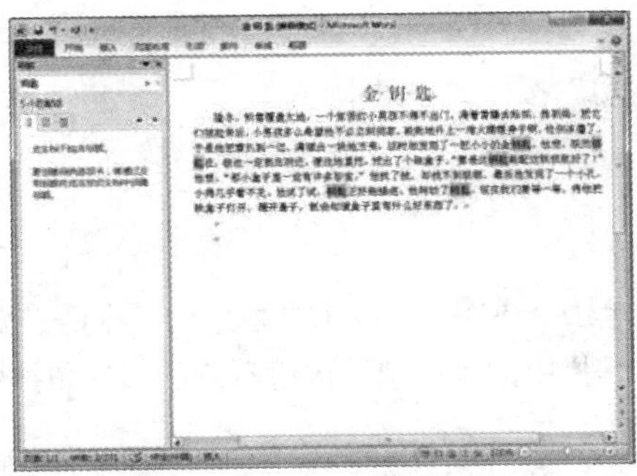

图 4.3.4　查找文本

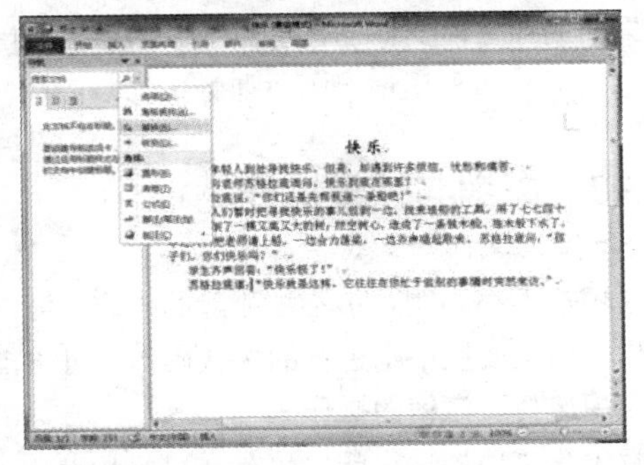

图 4.3.5　选择“替换”命令

（3）这时弹出 查找和替换 对话框，并自动定位在 替换(P) 选项卡，在“查找内容”文本框中输入要查找的内容，在“替换为”文本框中输入要替换的内容，如图 4.3.6 所示。

（4）单击 全部替换(A) 按钮，Word 将按照刚才的设置进行替换操作，弹出“替换完成”的提示框，如图 4.3.7 所示。

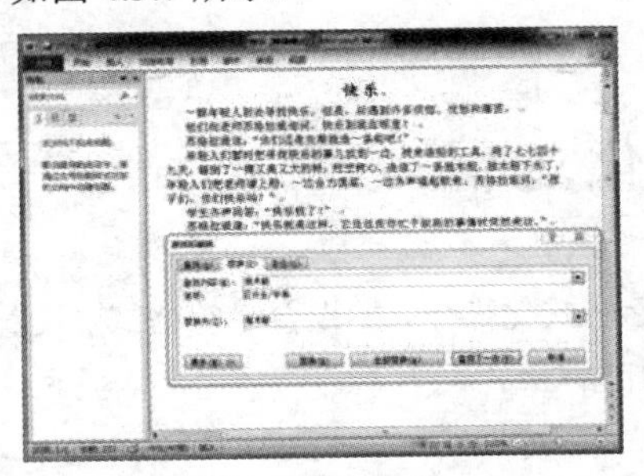

图 4.3.6　设置替换信息

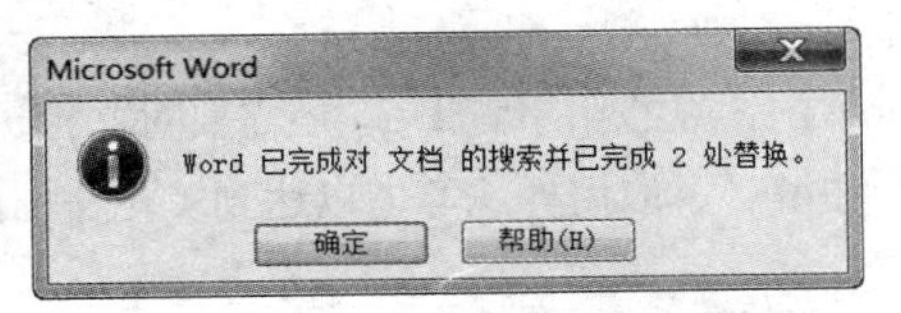

图 4.3.7　“替换完成”提示框

提示：单击 替换(R) 按钮，即可将文档中的内容进行替换。如果要一次性替换文档中的全部对象，可单击 全部替换(A) 按钮，系统将自动替换全部内容。

（5）单击 确定 按钮返回 查找和替换 对话框，单击 关闭 按钮返回文档，即可查看替换后的效果，如图 4.3.8 所示。

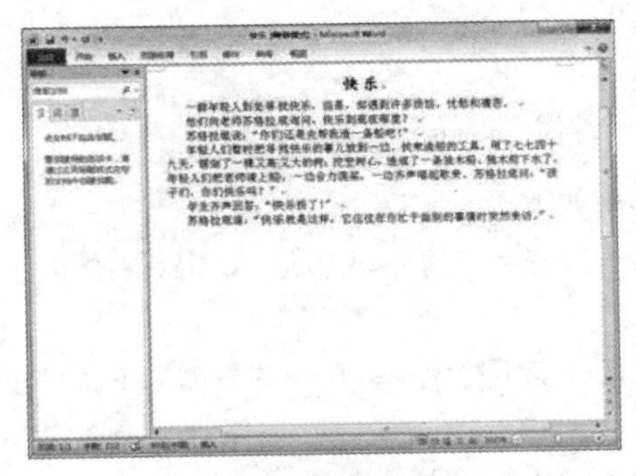

图 4.3.8　查看替换效果

4.3.6　删除文本

如果要删除一个汉字或一个英文单词，选中单词或汉字后直接按键盘上的“Delete”键或“Back Space”

键。如果要删除一段文本，在选定文本内容后，除了可以按“Delete”键或“Back Space”键删除外，还可以单击“开始”选项卡中“剪贴板”组中的“剪切”按钮来删除文本。

4.3.7 撤销与恢复操作

如果用户不小心删除了不该删除的内容，可直接单击“快速访问”工具栏中的“撤销”按钮来撤销操作。如果要撤销刚进行的多次操作，可单击工具栏中的“撤销”按钮右侧的下三角按钮，从下拉列表中选择要撤销的操作。

恢复操作是撤销操作的逆操作，可直接单击“快速访问”工具栏中的“恢复”按钮执行恢复操作。

提示：按下“Ctrl+Z”（或 Alt+BackSpace”）组合键，可撤销上一步操作，继续按下该组合键可撤销多步操作。按下“Ctrl+Y”组合键，可恢复被撤销的上一步操作，继续按下该组合键可恢复被撤销的多步操作。

4.4 格式化文本

在 Word 中完成文档的编辑后，还需要对文档进行格式化操作，如设置字符格式、设置段落格式、加项目符号和编号、应用样式等，以达到美化文档的目的。

4.4.1 设置字符格式

默认情况下，在 Word 中输入的文本为“宋体”“五号”“黑色”。用户可以根据自己的实际需要对字体、字号及字体颜色进行设置。这些格式可通过“开始”选项卡的“字体”组进行设置，如图 4.4.1 所示。

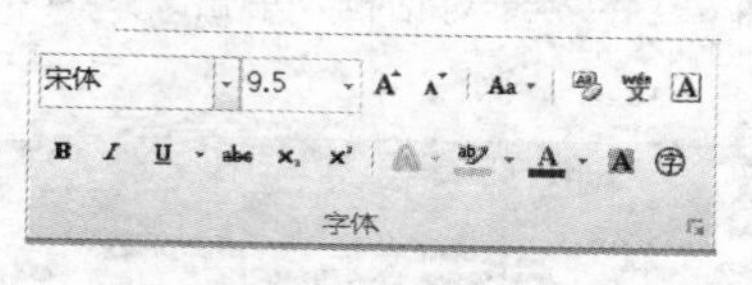

图 4.4.1 “字体”组

“字体”组中各按钮的作用如下：

“字体”下拉列表框：用于改变字符的外观形状，单击其右侧的下拉按钮，在弹出的下拉列表中可选择字体样式。

“字号”下拉列表框：用于改变字符大小，单击其右侧的下拉按钮，在弹出的下拉列表中可选择字符的大小。

“增大字体”和“缩小字体”按钮：单击“增大字体”和“缩小字体”按钮改变所选文本的字号。

“加粗”和“倾斜”按钮：如果要为选中的字符设置加粗或倾斜的效果可单击浮动工具栏中的“加粗”和“倾斜”按钮。

“字体颜色”和“字符底纹”按钮：单击浮动工具栏中的“字体颜色”按钮或“字

符底纹”按钮A，可在弹出的列表框中设置选中字符的颜色和底纹颜色。

“带圈字符”按钮㊫：单击该按钮，可为选中字符添加圆圈。

“下标”按钮x_2和“上标”按钮x^2：单击该按钮，可将选择的文字设置为下标或上标。

“删除线”按钮abc：单击该按钮，将为文字添加删除线效果。

“下画线”按钮U：单击该按钮，将为文字添加下画线，单击右侧的按钮，在弹出的列表框中可设置不同的下画线样式，如图 4.4.2 所示。

“更改大小写”按钮Aa：单击该按钮，在弹出的列表框中选择相应的选项，定义文本大写或小写，如图 4.4.3 所示。

图 4.4.2　选择下画线样式

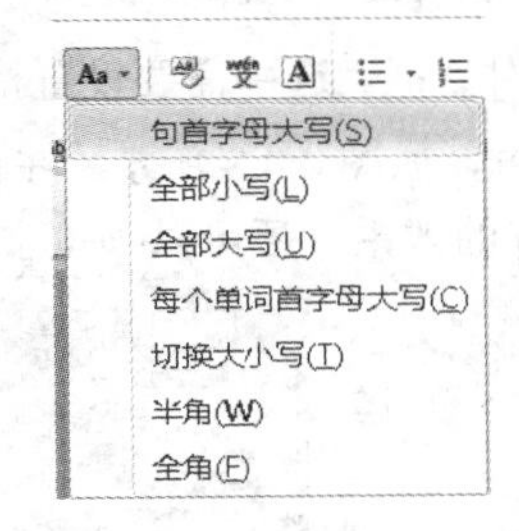

图 4.4.3　“更改大小写”下拉列表

在“字体”组中进行字符格式设置，具体操作步骤如下：

（1）在文档中选中要设置字体的文本。

（2）在开始选项卡的“字体”组中，单击“字体”文本框右侧的下拉按钮，从弹出的下拉列表中选择需要的字体，如图 4.4.4 所示。

（3）保持当前文本的选中状态，单击“字号”文本框右侧的下拉按钮，从弹出的下拉列表中选择需要的字号，如图 4.4.5 所示。

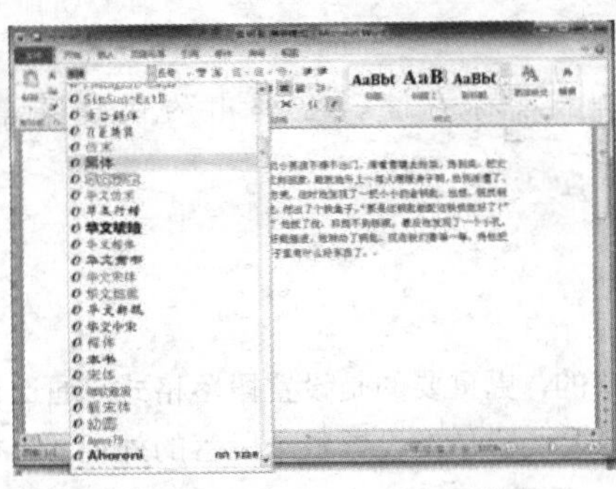

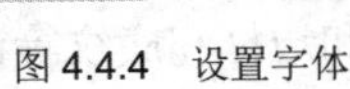

图 4.4.4　设置字体

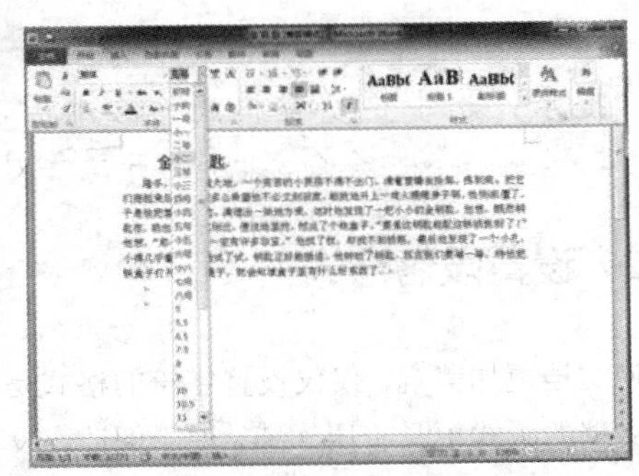

图 4.4.5　设置字号

（4）保持当前文本的选中状态，单击“字体颜色”按钮A右侧的下拉按钮，从弹出的下拉列表中选择需要的字符颜色，如图 4.4.6 所示。

（5）按照前面的操作步骤，对文档中其他文本设置需要的字体、字号即可。

除了上述操作方法之外，还可通过浮动工具栏和“字体”对话框来设置文本格式。

（1）使用浮动工具栏。选中需要设置格式的文本后，会自动显示浮动工具栏，如图 4.4.7 所示。此通过单击相应的按钮，可设置相应的格式。

浮动工具栏中许多按钮与能区“字体”组的按钮的作用是相同的。

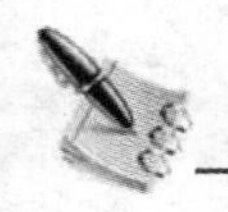

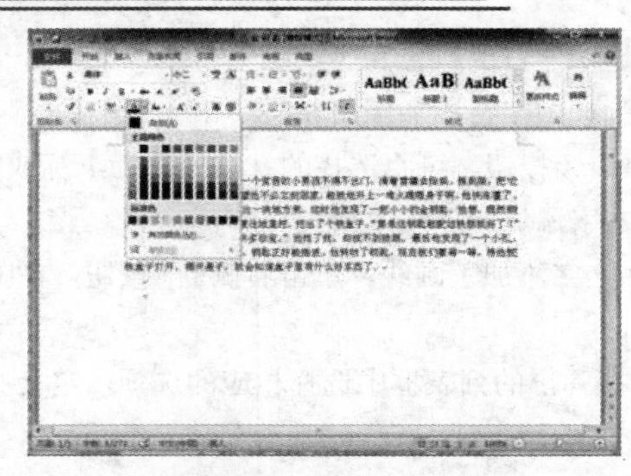

图 4.4.6　设置字符颜色　　　　图 4.4.7　浮动工具栏

（2）使用“字体”对话框。选中需要设置格式的文本后，单击“字体”组中的“对话框启动器”按钮，打开字体对话框，如图 4.4.8 所示。在该对话框中可设置字体、字号等基本格式及空心、阴文、阴影等一些比较特殊的效果，还可以预览字符设置后的效果。

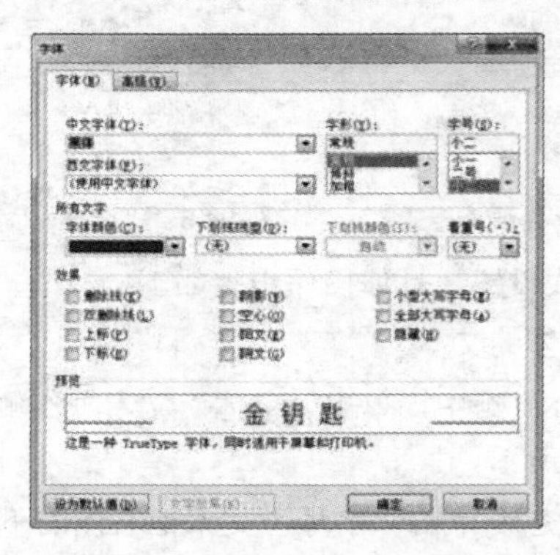

图 4.4.8　“字体”对话框

提示：选中要设置格式的文本后，单击鼠标右键，在弹出的快捷菜单中选择 A 字体(F)... 命令，也可打开字体对话框。

4.4.2　设置段落格式

要想使文档更加美观，仅仅设置字符的格式是不够的，更重要的是设置段落格式。通过设置段落格式可使文档的版式更具有层次感，便于阅读。段落格式设置是指设置整个段落的外观，包括段落对齐、段落缩进、段落间距、行间距、首字下沉、分栏、项目符号和边框和底纹等设置。

1．设置对齐方式

对齐方式是指段落在文档中的相应位置，段落的对齐方式有“文本左对齐”“两端对齐”“居中”“文本右对齐”“分散对齐”等，各按钮的作用如下：

“文本左对齐”按钮：单击该按钮，使段落与页面左边距对齐。

“居中”按钮：单击该按钮，使段落与页面居中对齐。

“文本右对齐”按钮：单击该按钮，使段落与页面右边距对齐。

“两端对齐”按钮：单击该按钮，使段落同时与左边距和右边距对齐并根据需要增加字间距。

"分散对齐"按钮：单击该按钮，使段落同时靠左边距和右边距对齐并根据需要增加字间距。

其中"两端对齐"是系统默认的对齐方式，若要更改为其他对齐方式，可按下面的操作步骤实现：

（1）选中要设置对齐方式的段落。

（2）在 开始 选项卡的"段落"组中单击对齐方式按钮中的某个按钮，可实现对应的对齐方式，如单击"居中"按钮。

（3）此时，所选段落将以"居中"对齐方式进行显示。

2．设置段落缩进

段落缩进是指段落中的文本与页边距之间的距离。Word 中的段落缩进方式包括首行缩进、悬挂缩进、左缩进和右缩进 4 种。

首行缩进：可以设置段落中第一行第一个字的起始位置与页面左边距的缩进量。中文段落普遍采用首行缩进方式，一般缩进两个字符。

悬挂缩进：设置段落中除首行以外的其他行与页面左边距的缩进量。悬挂缩进用于一些较为特殊的场合，如报刊、杂志等。

左缩进：可以设置整个段落左边界与页面左边距的缩进量。

右缩进：可以设置整个段落右边界与页面右边距的缩进量。

使用"段落"对话框可以将段落格式设置得更为精确，具体操作步骤如下：

（1）选中要设置段落缩进的段落。

（2）单击"段落"组中的"对话框启动器"按钮，弹出 段落 对话框，如图 4.4.9 所示。

图 4.4.9　"段落"对话框

（3）在"特殊格式"下拉列表框中选择"首行缩进"选项，在右侧的"磅值"微调框设置缩进量，如"2 字符"。

（4）单击 确定 按钮返回 Word 文档，即可查看设置后的效果，如图 4.4.10 所示。

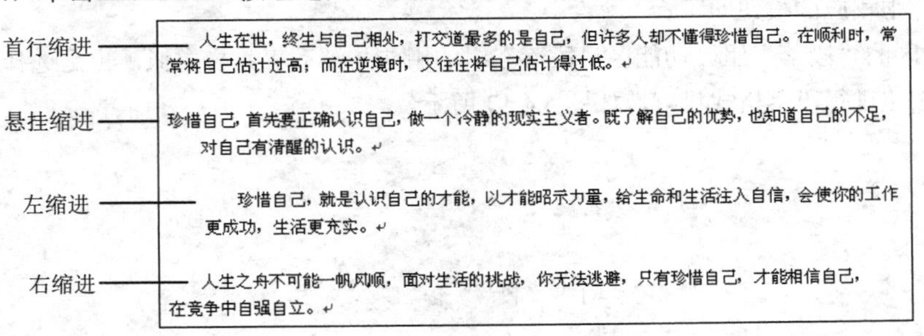

图 4.4.10　各种缩进方式的效果

3．设置段间距和行距

为了使整个文档看起来疏密有致，可对段落设置合适的间距或行距。间距是指相邻两个段落之间的距离，行距是指段落中行与行之间的距离。设置间距与行距的操作方法如下：

（1）选中需要设置段间距和行距的段落。

（2）单击 开始 选项卡"段落"组中的"对话框启动器"按钮，弹出 段落 对话框。

（3）在"间距"栏中通过"段前"微调框可设置段前距离，通过"段后"微调框可设置段后距离，在"行距"下拉列表框中可选择段落的行间距离大小，如图 4.4.11 所示。

“行距”下拉列表框中各选项的含义如下：

单倍、1.5 倍、2 倍行距：指行距是该行最大字高的单倍、1.5 倍、2 倍。

最小值：选中该选项后可以在“设置值”微调框中输入固定的行间距，当该行中的文字或图片超过该值时，Word 自动扩展行间距。

固定值：选中后可以在“设置值”微调框中输入固定的行间距，当该行中的文字或图片超过该值时，Word 不会扩展行间距。

多倍行距：选中后在“设置值”微调框中输入的值为行间距，但此时的单位为行，而不是磅。

（4）单击 确定 按钮返回 Word 文档，即可查看设置后的效果，如图 4.4.12 所示。

图 4.4.11　设置段间距和行距

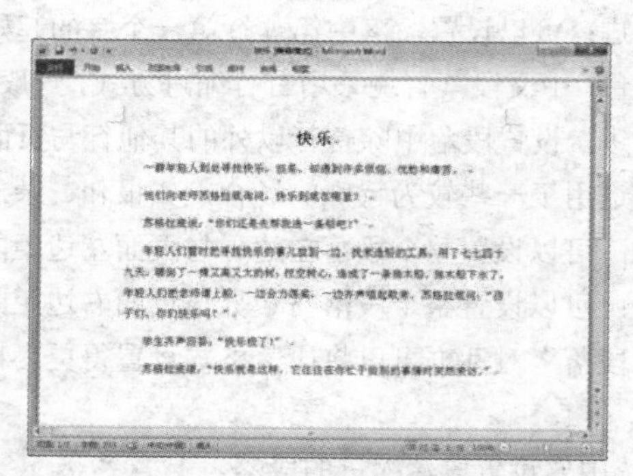

图 4.4.12　设置段间距和行距效果

除了上述操作方法之外，还可通过浮动工具栏和“段落”组来设置段落格式。

（1）使用浮动工具栏。使用浮动工具栏可以快速设置段落格式，在该工具栏中只有“居中”按钮、“减少缩进量”按钮和“增加缩进量”按钮 3 个功能按钮，设置的段落格式比较单一。在浮动工具栏中设置段落格式的方法和在浮动工具栏中设置字符格式的方法一样，选中要设置的文本后，单击浮动工具栏中相应的按钮即可。

（2）使用功能区的“段落”组。功能区“段落”组的用法与浮动工具栏类似，也是选择段落后在其中单击相应的按钮进行段落格式设置，如图 4.4.13 所示。

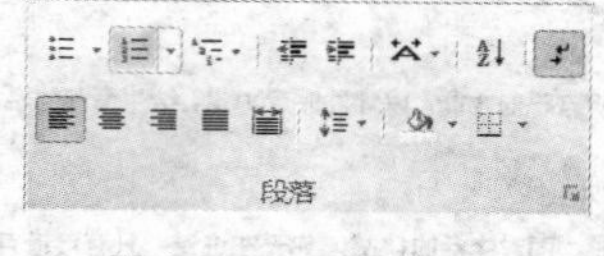

图 4.4.13　“段落”组

4.4.3　添加边框和底纹

在制作一些有特殊用途的 Word 文档时，为了增加文档的生动感和实用性，突出显示这些信息，常常需要为文本、段落添加边框和底纹。

1．在文本中添加边框和底纹

为文本添加边框和底纹可以突出显示某些文字。下面讲解为文本添加边框和底纹的方法。

（1）添加边框。选择文本后，单击 开始 选项卡“字体”组中的“字符边框”按钮。

（2）添加底纹。选择文本后，单击 开始 选项卡“字体”组中的“字符底纹”按钮 A 。

技巧：在“字体”组中单击“添加底纹”按钮 A ，可为文字添加灰色底纹，单击“突出显示”按钮 ab 右侧的下拉按钮，在弹出的下拉菜单中选择一种颜色可为文字添加有色彩的底纹。

2．在段落中添加边框和底纹

添加段落边框可使段落板块化，要给段落添加边框或底纹，具体操作步骤如下：

（1）选择要添加边框或底纹的文本。

（2）单击功能区“段落”组的“添加边框和底纹”按钮 右侧的下拉按钮，从弹出的快捷菜单中选择 边框和底纹(O)... 命令，打开 边框和底纹 对话框。

（3）打开 边框(B) 选项卡，在“设置”选区中选择边框的样式，如“方框”；在“样式”列表框中任意选择一种线型；在“颜色”下拉列表中选择边框的颜色；在“宽度”下拉列表中选择该线型的宽度，如图 4.4.14 所示。

（4）若要给所选的文本添加底纹效果，可打开 底纹(S) 选项卡，如图 4.4.15 所示。在“填充”下拉列表框中选择一种颜色作为填充色；在“样式”下拉列表中选择一种图案样式，在“颜色”下拉列表中可为图案设置相应的颜色；在“应用于”下拉列表中选择设置的底纹应用的是文字还是段落。

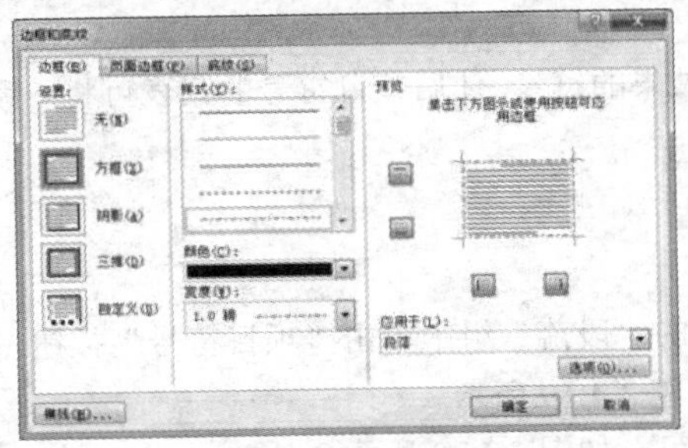

图 4.4.14　“边框”选项卡

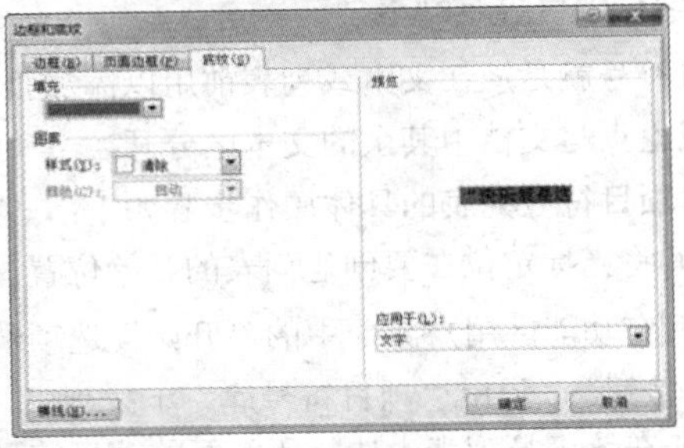

图 4.4.15　“底纹”选项卡

（5）单击 确定 按钮，返回文档中即可看到设置边框或底纹效果，如图 4.4.16 所示。

苏格拉底道：“快乐就是这样，它往往在你忙于做别的事情时突然来访。”

图 4.4.16　为段落设置边框和底纹效果

3．在页面中添加边框和底纹

如果需要为整个页面添加边框或底纹，可在“页面布局”选项卡中进行，具体操作步骤如下：

（1）将光标置于要添加边框或底纹的页面中。

（2）在“页面布局”选项卡中的“页面设置”组中单击 页面边框 按钮，弹出 边框和底纹 对话框，打开 页面边框(P) 选项卡。

（3）该选项卡中的设置与 边框(B) 选项卡中的设置类似，不同的是多了一个“艺术型”下拉列表，在该下拉列表中选择一种边框样式；在“应用于”下拉列表中选择“整篇文档”选项，为其设置页面边框的范围，如图 4.4.17 所示。

（4）单击 确定 按钮返回 Word 文档，即可看到设置整个页面的边框。

（5）单击“页面设置”组中的 页面颜色 按钮，从弹出下拉列表中选择一种颜色，完成后的效果如图 4.4.18 所示。

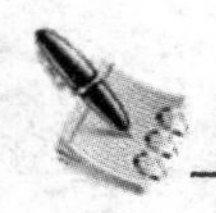

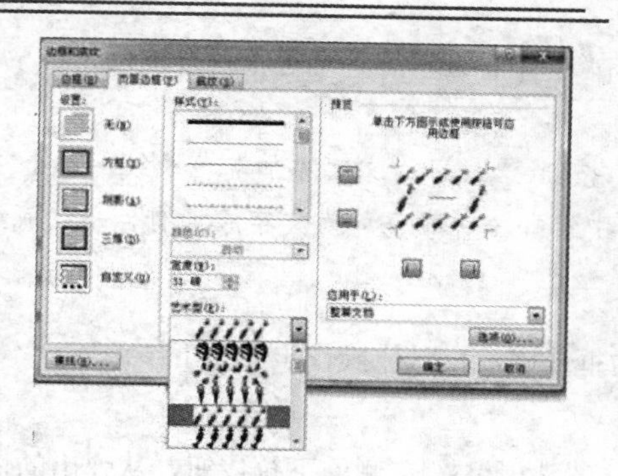

图 4.4.17 “页面边框”选项卡

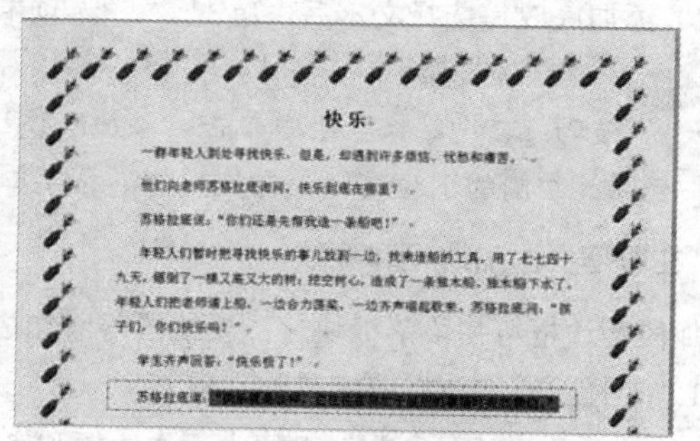

图 4.4.18 设置页面边框和底纹效果

4.4.4 添加项目符号和编号列表

为使文档更加清晰易懂，可以在文本前添加项目符号或编号。Word 2010 为用户提供了自动添加编号和项目符号的功能。在添加项目符号或编号时，用户可以先输入文字内容，再给文字添加项目符号或编号；也可以先创建项目符号或编号，然后输入文字内容，自动实现项目的编号，不必手动编号。

1. 创建项目符号列表

项目符号就是放在文本或列表前用以添加强调效果的符号。使用项目符号的列表可将一系列重要的条目或论点与文档中其余的文本区分开。

创建项目符号列表的具体操作步骤如下：

（1）将光标定位在要创建列表的开始位置。

（2）在功能区用户界面中的“开始”选项卡中的“段落”组中单击“项目符号”按钮 右侧的下三角按钮，弹出“项目符号库”下拉列表，如图 4.4.19 所示。

（3）在该下拉列表中选择所需要的项目符号即可，如图 4.4.20 所示。

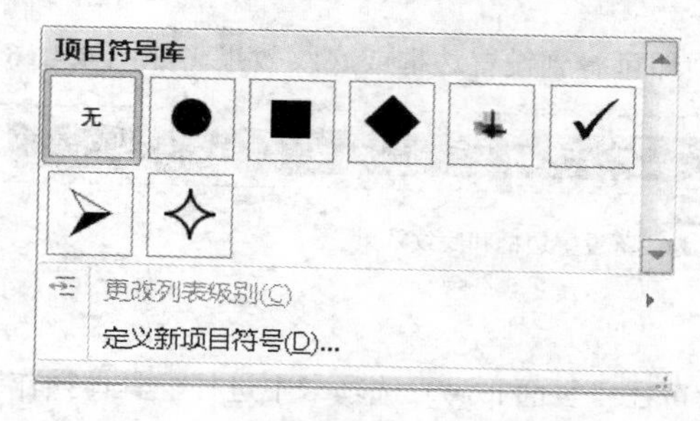

图 4.4.19 “项目符号库”下拉列表

外国文学名著

➤ 《鲁滨逊漂流记》

➤ 《格列佛游记》

➤ 《童年》

➤ 《钢铁是怎样练成的》

图 4.4.20 设置的项目符号

用户也可以设置多种样式的项目符号，具体操作如下：

（1）将光标定位在要创建列表的开始位置。

（2）在功能区用户界面中的“开始”选项卡中的“段落”组中单击“项目符号”按钮 右侧的下三角按钮，弹出“项目符号库”下拉列表选择 定义新项目符号(D)... 选项，弹出 定义新项目符号 对话框，如图 4.4.21 所示。

（3）在“项目符号字符”选区中单击 符号(S)... 按钮，弹出 符号 对话框，用户可以选择需要的符号，如图 4.4.22 所示。

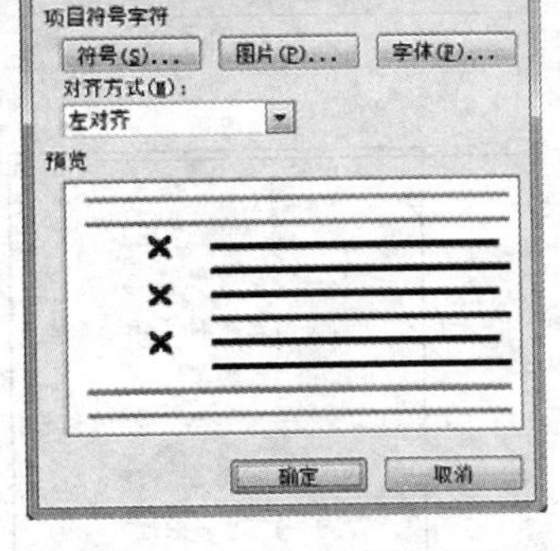

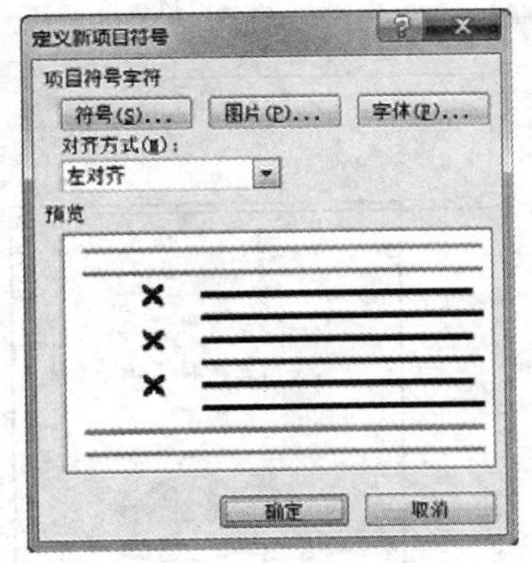

图 4.4.21　“定义新项目符号”对话框

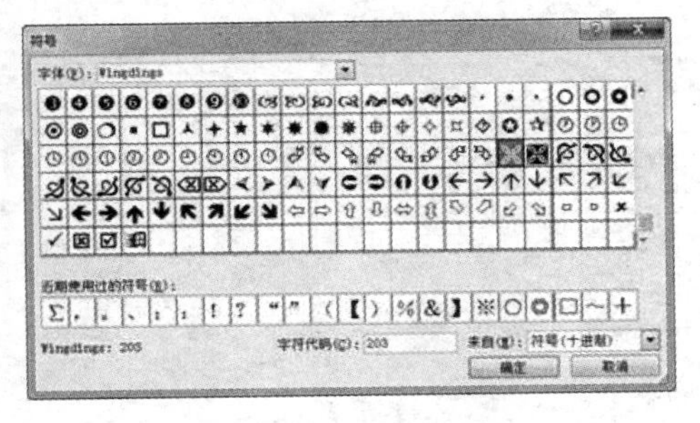

图 4.4.22　“符号”对话框

（4）若需要将图片作为项目符号，可单击 图片(P)... 按钮，弹出 图片项目符号 对话框，从中选择所需的图片即可，如图 4.4.23 所示。

（5）单击 字体(F)... 按钮，在弹出 字体 对话框中可为添加的项目符号设置字体格式。

（6）单击 确定 按钮返回 Word 文档，效果如图 4.4.24 所示。

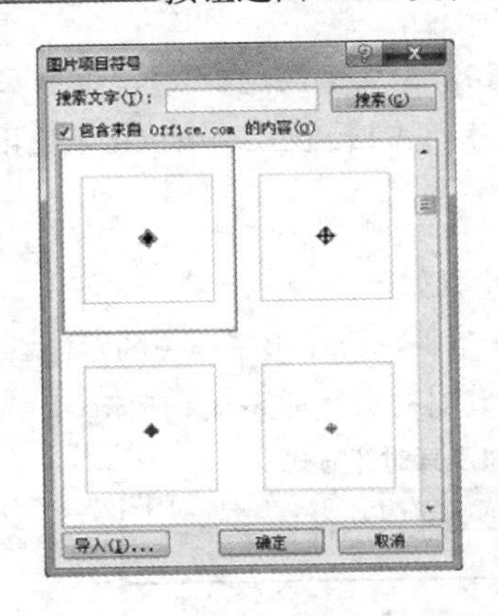

图 4.4.23　“图片项目符号”对话框

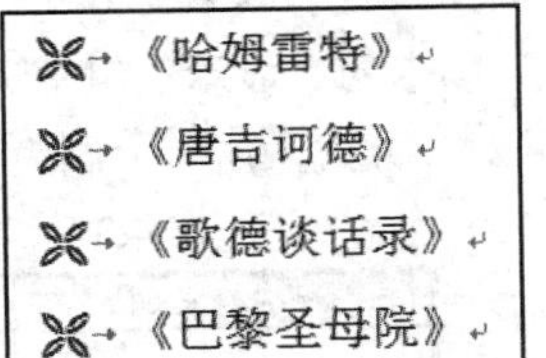

图 4.4.24　用符号作为项目符号

2．添加编号

在日常工作中，制作有关制度时一般都是条文式，这样就要用到像“一”“（1）”“A.”等字符作为编号。添加编号的操作方法与设置项目符号类似，单击“段落”组中的“编号”按钮右侧的下三角按钮，从弹出的下拉列表中选择需要的编号样式即可，如图 4.4.25 所示。

3．设置多级列表

多级列表在展示同级文档内容时，还可展示下一级文档内容。它多用于长文档中，可详细展示文档中的结构，将文章分得更细。在文档中添加多级列表的具体操作步骤如下：

（1）在文档中按输入文本的方法输入编号，或保留自动生成的项目符号和编号。

（2）选择所有文本，单击“多级列表”按钮添加多级列表，或单击“多级列表”按钮右侧的下拉按钮，在弹出列表框中选择系统提供的样式，如图 4.4.26 所示。

（3）用户也可选择 定义新的多级列表(D)... 选项将自定义的多级列表样式添加到文本中，如图 4.4.27 所示。

图 4.4.25 “编号”下拉列表

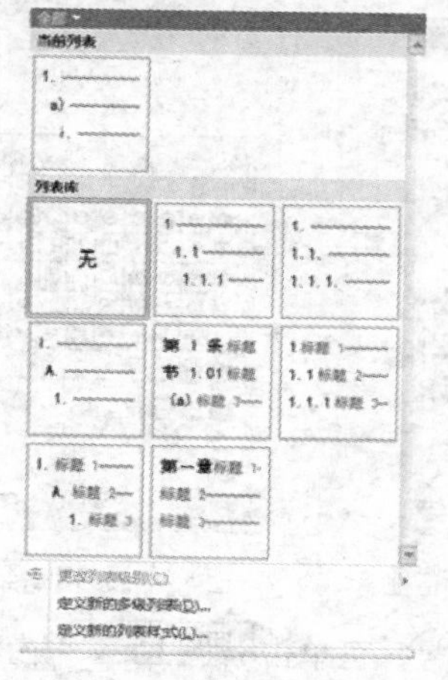
图 4.4.26 选择多级列表样式

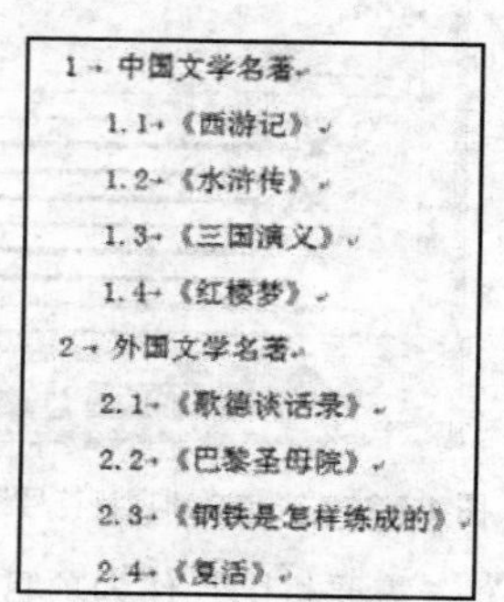

图 4.4.27 添加多级列表

4.4.5 设置段落制表位

在设置段落格式时，为了控制行间或段间文本的对齐，通常要用到制表位。此时只要按一下“Tab”键，则插入点将跳到下一个制表位的位置，间距被制表字符占据。设置制表位可以使用以下 2 种方法。

1．使用“制表符”按钮

用户使用“制表符”按钮设置制表位的具体操作步骤如下：

（1）在 视图 选项卡的“显示”组中选中 ☑ 标尺 复选框，在水平标尺的左侧有一个“制表符”按钮，它有多种对齐方式，所有“制表符”按钮及其对齐方式如表 4.3 所示。

表 4.3 “制表符”按钮及其对齐方式

制表符按钮	对齐方式
	左对齐方式
	居中对齐方式
	右对齐方式
	小数点对齐方式
	竖线对齐方式

（2）根据需要选择对齐方式，在标尺上的目标位置单击鼠标，即可在标尺上留下一个制表符。

（3）将光标定位到目标文档的开始处，输入文本，按“Tab”键将光标移动到相邻的制表符处，输入的文本将按照指定的对齐方式对齐。

（4）按住“Alt”键，然后按住鼠标左键拖动制表符，可以看到移动制表符时的制表位位置的精确数值标度。

2．使用“制表位”对话框

用户还可以使用“制表位”对话框来精确地设置制表位，具体操作步骤如下：

（1）在功能区用户界面中的“开始”选项卡的“段落”组中单击“对话框启动器”按钮，弹出 段落 对话框。

（2）在该对话框中单击 制表位(T)... 按钮，弹出 制表位 对话框，如图 4.4.28 所示。

（3）在该对话框的“制表位位置”文本框中输入具体的数值；在“对齐方式”选区中选择一种制表位对齐方式；在“前导符”选区中选择一种前导符。

（4）单击设置(S)按钮继续设置下一个制表位。

（5）设置完成后，单击确定按钮，效果如图 4.4.29 所示。

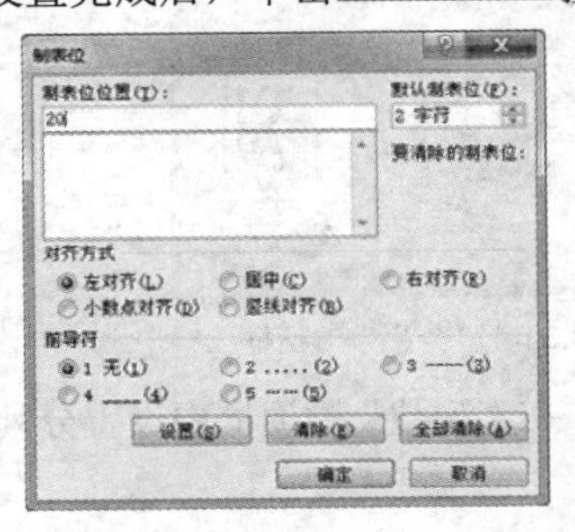

图 4.4.28　“制表位”对话框

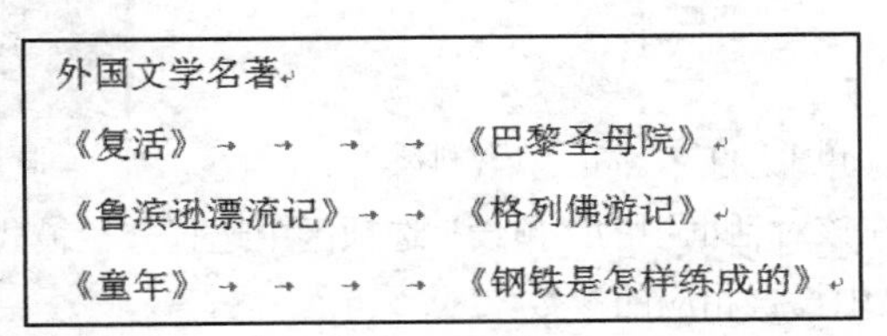
外国文学名著

《复活》→ → → →《巴黎圣母院》

《鲁滨逊漂流记》→ →《格列佛游记》

《童年》→ → → →《钢铁是怎样练成的》

图 4.4.29　应用制表位效果

4.4.6　复制与清除格式

编辑文档时，有时会将文档中的文本或段落设置为相同的格式，可以使用复制格式操作。如果在某些文本中需要取消已设置的格式，则可以使用清除格式操作。

1. 复制格式

“剪贴板”组中有一个“格式刷”按钮，它可以快速将某部分文本中的格式复制给其他文本，其方法如下：

（1）选择已设置格式的文本或段落。

（2）单击“剪贴板”组中的“格式刷”按钮，此时鼠标指针变为形状，用该形状的鼠标指标选择要应用该格式的文本或段落。

2. 清除格式

使用“字体”组中的“清除格式”按钮可清除文本中的格式。清除格式的方法如下：

（1）选择已设置格式的文本或段落。

（2）单击“字体”组中的“清除格式”按钮，可清除选择文本的格式。

4.4.7　特殊排版方式

在报刊、杂志或书籍中，它的一个版面不只显示一篇文章，为了版式的需要常常设置一些带有特殊效果的文档，使用特殊排版方式。Word 2010 提供了多种特殊的排版方式，如分栏排版、首字下沉和改变文字方向等。

1. 设置分栏

分栏可以将一段文本分为并排的几栏显示在一页中。分栏的具体操作步骤如下：

（1）在功能区用户界面中的页面布局选项卡的“页面设置”组中，单击“分栏”按钮分栏，弹出“分栏”下拉列表，用户可从中选择需要的分栏样式，如图 4.4.30 所示。

（2）如果列表中的分栏样式不能满足用户的需要，可在该下拉列表中选择更多分栏(C)...选项，弹出分栏对话框，如图 4.4.31 所示。

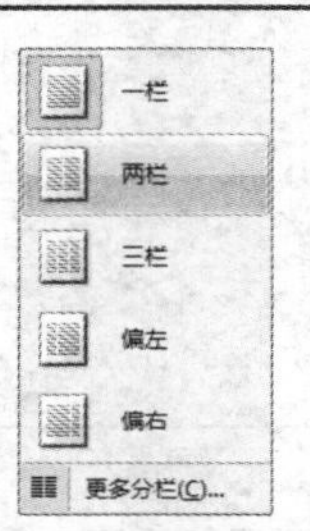

图 4.4.30 “分栏”下拉列表

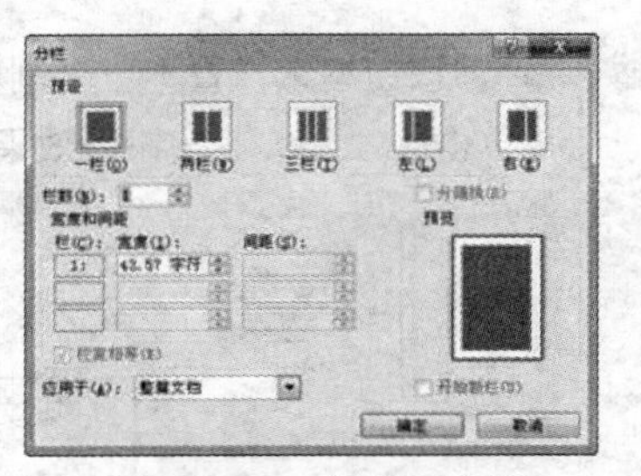

图 4.4.31 “分栏”对话框

（3）在该对话框中的“预设”选项区中选择分栏模式；在“列数”微调框中设置分列数；在“宽度”选项区中设置相应的参数。

（4）设置完成后，单击 确定 按钮，如图 4.4.32 所示为双栏排版效果。

2．设置首字下沉

首字下沉经常出现在一些报刊、杂志上，一般位于段落的首行。要设置首字下沉，其具体操作步骤如下：

（1）将光标置于要设置首字下沉的段落中。

（2）在功能区用户界面中的 插入 选项卡中的“文本”组中选择“首字下沉”选项，弹出“首字下沉”下拉列表，从中选择需要的格式，如图 4.4.33 所示。

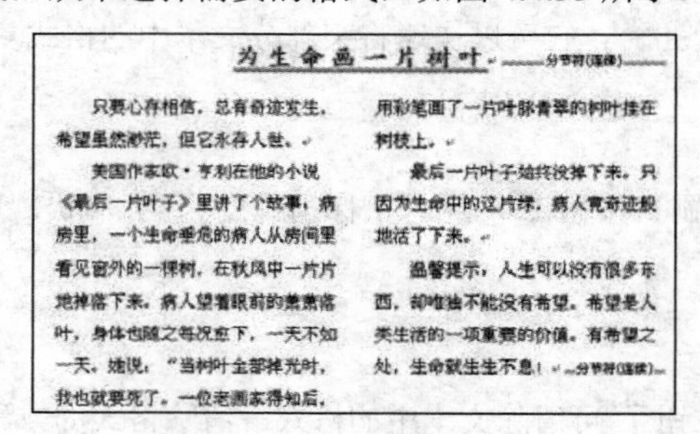

为生命画一片树叶 分节符(连续)

只要心存相信，总有奇迹发生，希望虽然渺茫，但它永存人世。

美国作家欧·亨利在他的小说《最后一片叶子》里讲了个故事，病房里，一个生命垂危的病人从房间里看见窗外的一棵树，在秋风中一片片地掉落下来。病人望着眼前的萧萧落叶，身体也随之每况愈下，一天不如一天。她说：“当树叶全部掉光时，我也就要死了。一位老画家得知后，用彩笔画了一片叶脉青翠的树叶挂在树枝上。

最后一片叶子始终没掉下来。只因为生命中的这片绿，病人竟奇迹般地活了下来。

温馨提示，人生可以没有很多东西，却唯独不能没有希望。希望是人类生活的一项重要的价值。有希望之处，生命就生生不息！分节符(连续)

图 4.4.32 双栏排版效果

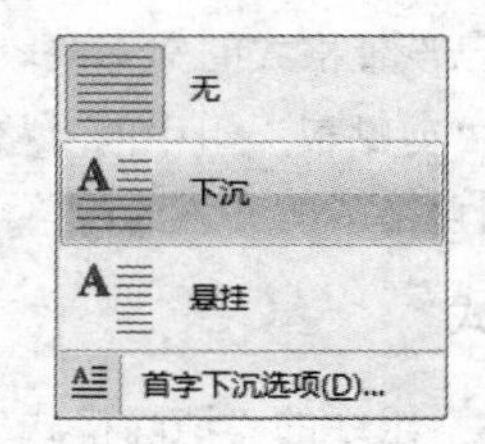

图 4.4.33 首字下沉下拉列表

（3）如果需要设置下沉文字的字体或下沉行数等选项，可在“首字下沉”下拉列表中选择 首字下沉选项(D)... 选项，弹出 首字下沉 对话框，如图 4.4.34 所示。

（4）在“位置”选项组中选择一种首字下沉的样式；在“字体”下拉列表中选择一种所需要的字体；在“下沉行数”微调框中根据需要调整下沉的行数；在“距正文”微调框中根据需要设置距正文的距离。

（5）设置完成后，单击 确定 按钮，效果如图 4.4.35 所示。

图 4.4.34 “首字下沉”对话框

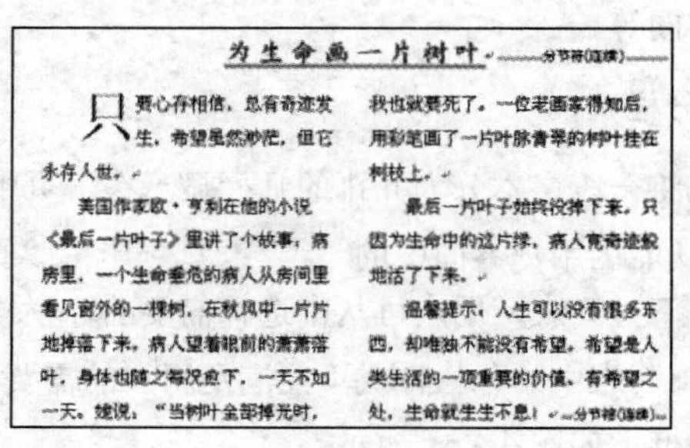

为生命画一片树叶 分节符(连续)

只要心存相信，总有奇迹发生，希望虽然渺茫，但它永存人世。

美国作家欧·亨利在他的小说《最后一片叶子》里讲了个故事，病房里，一个生命垂危的病人从房间里看见窗外的一棵树，在秋风中一片片地掉落下来。病人望着眼前的萧萧落叶，身体也随之每况愈下，一天不如一天。她说：“当树叶全部掉光时，我也就要死了。一位老画家得知后，用彩笔画了一片叶脉青翠的树叶挂在树枝上。

最后一片叶子始终没掉下来。只因为生命中的这片绿，病人竟奇迹般地活了下来。

温馨提示，人生可以没有很多东西，却唯独不能没有希望。希望是人类生活的一项重要的价值。有希望之处，生命就生生不息！分节符(连续)

图 4.4.35 设置首字下沉

3．竖排文档

在默认情况下，一般的排版方式都是水平排版，如果要对文字进行竖直排版，需要对其进行设置。设置竖直排版的具体操作步骤如下：

（1）选定文本中需要竖直排版的文本。

（2）在 页面布局 选项卡的“页面设置”组中单击 文字方向 按钮，在弹出的列表中选择 文字方向选项(X)... 选项。

（3）在打开的 文字方向 - 主文档 对话框的“方向”栏中选择竖排文字的选项，在“应用于”下拉列表中选择应用范围，如图 4.4.36 所示。

（4）单击 确定 按钮，效果如图 4.4.37 所示。

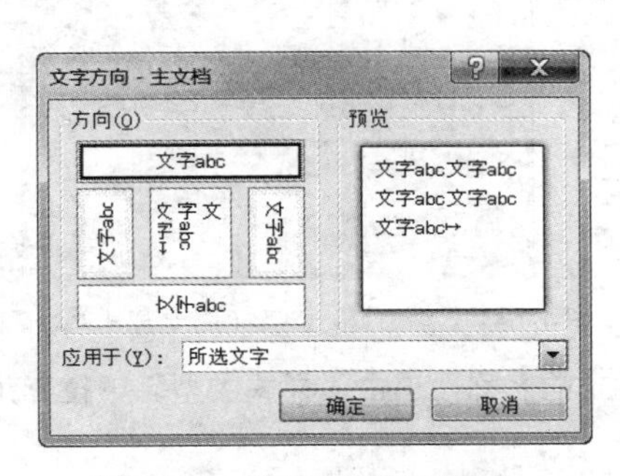

图 4.4.36　“文字方向”对话框

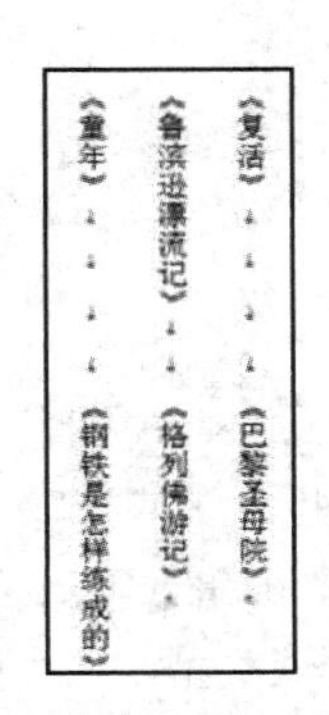

图 4.4.37　竖排文字效果

4.4.8　应用样式

样式就是一组设置好的字符格式或者段落格式，它规定了文档中标题以及正文等各个文本元素的形式。用户可以直接将样式中的所有格式设置应用于一个段落或者段落中选定的字符上，而不需要重新进行具体的设置。

1．使用内建样式

使用内建样式的具体操作步骤如下：

（1）在 开始 选项卡的“样式”组中单击样式列表右侧的“其他”按钮，弹出样式列表，如图 4.4.38 所示。

（2）从该列表中选择一种样式，在此选择“明显强调”选项，效果如图 4.4.39 所示。

图 4.4.38　样式下拉列表

1 中国文学名著

1.1 《西游记》

1.2 《水浒传》

1.3 《三国演义》

1.4 《红楼梦》

图 4.4.39　应用样式

2．自定义样式

在 Word 2010 的空白文档窗口中，用户可以新建一种全新的样式。例如新的表格样式、新的列表样式等，具体操作步骤如下：

（1）在开始选项卡的“样式”组中单击“对话框启动器”按钮，打开“样式”任务窗格，如图 4.4.40 所示。

（2）在“样式”任务窗格中单击“新建样式”按钮，弹出根据格式设置创建新样式对话框，如图 4.4.41 所示。

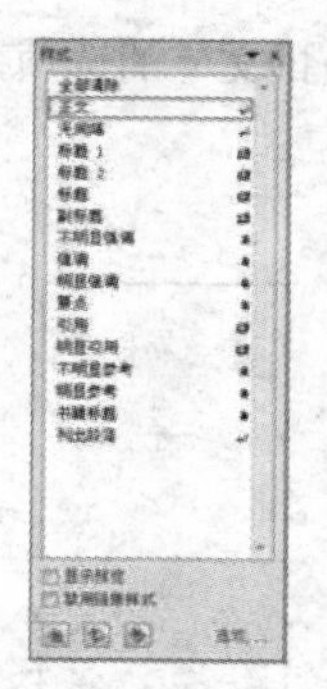

图 4.4.40　“样式”任务窗格

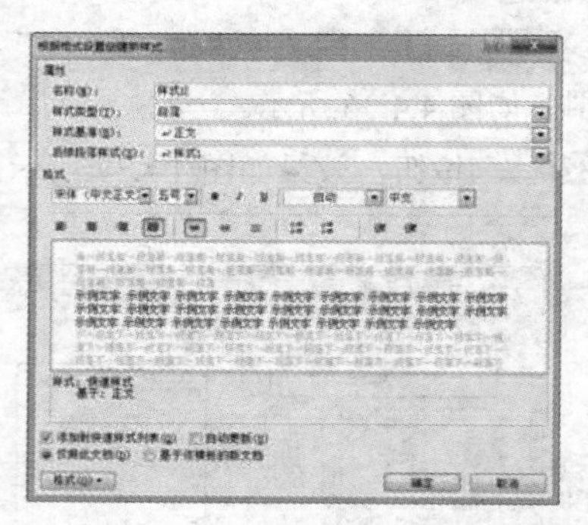

图 4.4.41　“根据格式设置创建新样式”对话框

（3）在“名称”编辑框中输入新建样式的名称，单击“样式类型”下拉三角按钮，从弹出的下拉列表选择一种样式类型，如“段落”。

（4）单击“样式基准”下拉三角按钮，在“样式基准”下拉列表中选择 Word 2010 中的某一种内置样式作为新建样式的基准样式，如“标题”。

（5）单击“后续段落样式”下拉三角按钮，在“后续段落样式”下拉列表中选择新建样式的后续样式，如“正文”。

（6）在“格式”区域，根据实际需要设置字体、字号、颜色、段落间距、对齐方式等段落格式和字符格式。如果希望该样式应用于所有文档，则需要单击◎基于该模板的新文档单选按钮。

（7）设置完成后，单击确定按钮，返回到根据格式设置创建新样式对话框。

（8）选中☑添加到快速样式列表(Q)和☑自动更新(U)复选框，单击确定按钮，完成样式的创建，如图 4.4.42 所示。

3．修改样式

如果对设置好的样式不满意，可以对样式进行修改。修改样式的具体操作步骤如下：

（1）在“样式”任务窗格中，单击创建的样式右侧的下拉按钮，从弹出的下拉列表中选择修改(M)...命令。

（2）这时弹出修改样式对话框，用户可对样式的名称、格式等进行修改，如将样式名称“样式1”改为“一级标题”，将字体重设为“黑体”，字号为“三号”，如图 4.4.43 所示。

（3）修改完成后，选中☑添加到快速样式列表(Q)和☑自动更新(U)复选框，单击确定按钮。

4．删除样式

在开始选项卡的“样式”组中单击样式列表右侧的“其他”按钮，从弹出的下拉列表中选择清除格式(C)选项，可清除当前选择文本的格式。

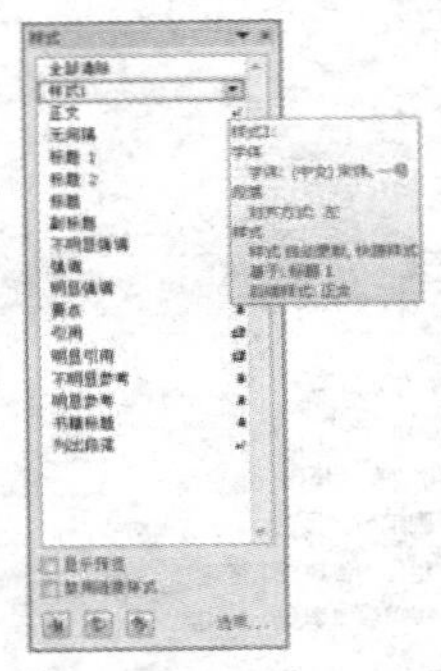

图 4.4.42　创建的样式

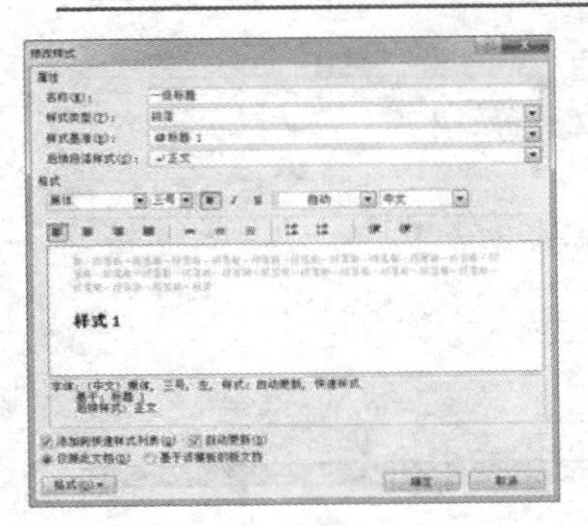

图 4.4.43　“修改样式”对话框

4.5　表格的使用

在 Word 2010 文档中插入表格，可以解决一些用文字无法表达的信息，例如在制作个人简历时，如果只是纯文字的介绍，会显得杂乱无章，但是把相应的文字转换为表格，这样就会显得更加清晰。

4.5.1　创建表格

Word 2010 提供了多种创建表格的方法，最常用的是表格模板、“插入表格”对话框和使用“表格”列表快速创建表格。此外，还可以手动绘制表格。

1．使用表格模板

表格模板是一组预先设定好格式的表格。使用表格模板可以更加方便地在 Word 2010 文档中插入表格。使用表格模板插入表格的具体操作步骤如下：

（1）将光标定位在需要插入表格的位置。

（2）在 插入 选项卡的“表格”组中单击 表格 按钮，从弹出的下拉列表中选择 快速表格(T) 命令。

（3）在弹出的下拉列表中选择合适的表格模板，可以直接插入带格式的表格，如图 4.5.1 所示。

2．使用“插入表格”命令

使用“插入表格”命令插入表格，可以让用户在将表格插入文档之前，先选择表格尺寸和格式。具体操作步骤如下：

（1）将光标定位在需要插入表格的位置。

（2）在 插入 选项卡的“表格”组中单击 表格 按钮，从弹出的下拉列表中选择 插入表格(I)... 命令，弹出 插入表格 对话框，如图 4.5.2 所示。

（3）在“表格尺寸”选区中的“列数”和“行数”微调框中输入具体的数值；在“‘自动调整’操作”选区中选中相应的单选按钮，设置表格的列宽。

（4）设置完成后，单击 确定 按钮，即可插入相应的表格。

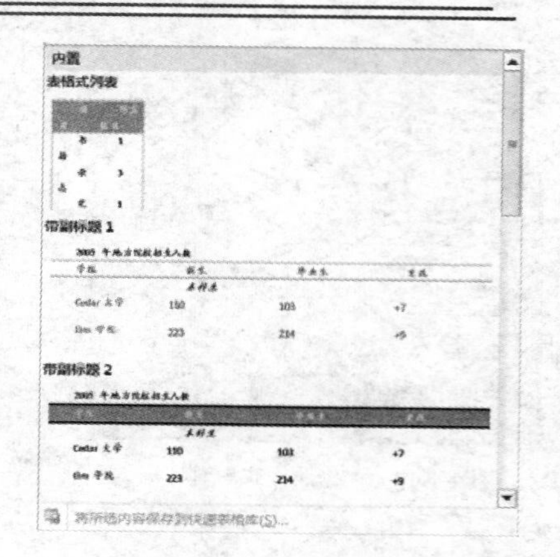

图 4.5.1　内置表格模板

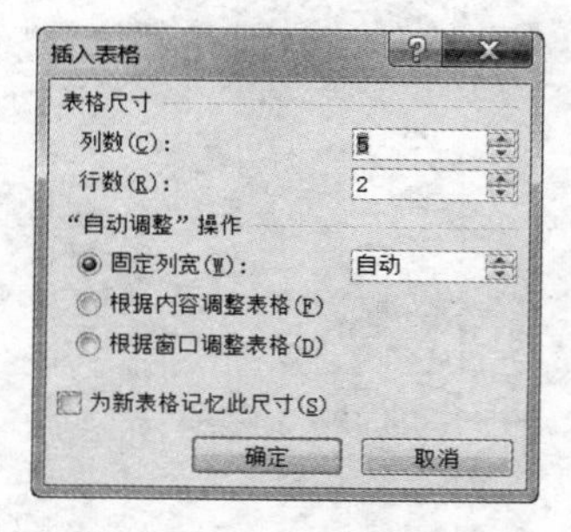

图 4.5.2　"插入表格"对话框

3. 使用"表格"插入表格

使用"表格"插入表格的具体操作步骤如下：

（1）将光标定位在需要插入表格的位置。

（2）在插入选项卡的"表格"组中单击表格按钮，在弹出的"表格"下拉列表中拖动鼠标，选择需要的行数和列数即可，如图 4.5.3 所示。

4. 手动绘制表格

对于比较复杂的表格，用户可以绘制包含不同高度的单元格或每行有不同列数的表格。其具体操作步骤如下：

（1）在要创建表格的位置单击鼠标。

（2）在插入选项卡的"表格"组中单击表格按钮，从弹出的下拉列表中选择绘制表格(D)命令，此时鼠标指针变为铅笔形状。

（3）在要定义表格的外边界绘制一个矩形，然后在矩形内绘制行线和列线，如图 4.5.4 所示。

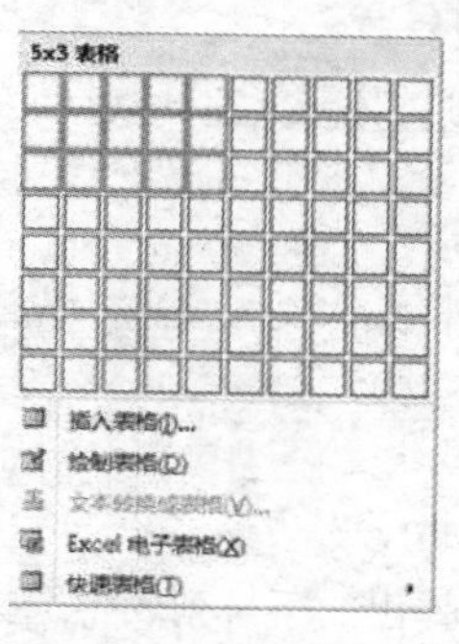

图 4.5.3　选择表格的行数和列数

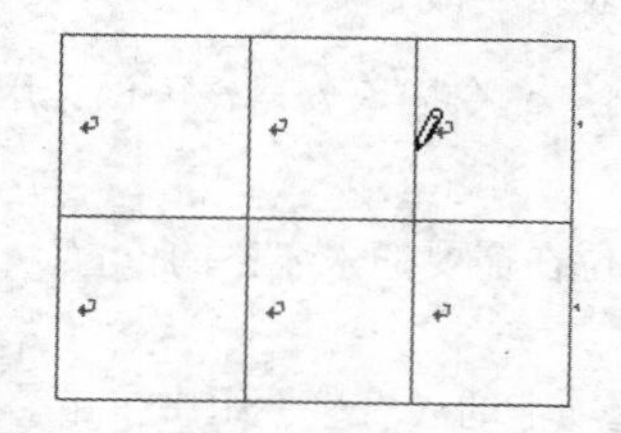

图 4.5.4　绘制表格

（4）若要擦除一条或多条线，在设计选项卡的"绘图边框"组中单击擦除按钮，此时鼠标指针变为橡皮形状，单击要擦除的线条即可。

（5）绘制完表格后，单击单元格内任一位置，可以输入文本或插入图形。

4.5.2　选择表格元素

在对表格中的内容进行编辑之前，常常需要选择编辑的对象。在选择表格的对象时，根据选择的对象不同，其选择方法也不相同，大致有以下几种情况：

（1）选择单元格。将鼠标指针定位在要选定的单元格中，当指针变成↗形状时单击鼠标左键，即可选定所需的单元格。

（2）选择行或列。将鼠标指针定位在要选定行的左侧，当指针变成↗形状时单击鼠标左键，即可选定所需的行；将鼠标指针定位在要选定列的上方，当指针变成⬇形状时单击鼠标左键，即可选定所需的列。

（3）选择整个表格。移动鼠标光标到表格内，表格左上角出现一个移动控制点，当鼠标指针指向该控制点时，指针变成✥形状单击鼠标左键，即可选定整个表格。

提示： 在选定表格时（包括整个表格、行、列或单元格），当鼠标指针变为↗、⬇或↗形状时，单击鼠标左键并且拖动鼠标，可选定表格中的多行、多列或多个连续的单元格；按住“Shift”键可选定连续的行、列或单元格；按住“Ctrl”键可选定不连续的行、列或单元格。

4.5.3　编辑表格

一般情况下不可能一次就创建出完全符合要求的表格，总会有一些不尽人意的地方，这就需要对表的结构进行适当的调整。此外，由于内容等的变更因而也需要对表格进行一定的修改。

1．修改表格内容

在表格中输入的内容根据需要可能会进行修改，其方法如下：

（1）修改文本。修改表格中文本的方法和在 Word 中普通文本的修改方法相同，在此不再赘述。

（2）删除单元格中的内容。如果需要删除某些单元格中的内容，先选中所需单元格，然后按“Delete”键即可。

2．修改表格结构

创建表格后，Word 将激活表格的“布局”选项卡，如图 4.5.5 所示。在其中可对当前表格的版式进行修改，如插入或删除行或列、合并或拆分单元格、拆分表格等。

图 4.5.5　表格的“布局”选项卡

（1）插入行。将插入点定位在表格中，在“布局”选项卡的“行和列”组中，单击在上方插入按钮可在插入点的上方插入一行；单击在下方插入按钮可在插入点的下方插入一行。

（2）插入列。将插入点定位在表格中，单击“行和列”组中的在左侧插入按钮，可在插入点左侧插入一列；单击在右侧插入按钮，可在插入点右侧插入一列。

（3）插入单元格。将插入点定位在表格中，单击“行和列”组中的“对话框启动器”按钮，弹出插入单元格对话框，如图4.5.6所示。选择相应的选项，单击确定按钮即可。

（4）合并单元格。选择要合并的单元格区域，在“布局”选项卡的“合并”组中单击合并单元格按钮，或者单击鼠标右键，在弹出的快捷菜单中选择合并单元格(M)命令即可。

（5）拆分单元格。拆分单元格是指将一个单元格拆分为多个单元格。选择要拆分的单元格，在“布局”选项卡的“合并”组中单击拆分单元格按钮，弹出拆分单元格对话框，如图4.5.7所示。设置拆分的行数和列数，单击确定按钮即可。

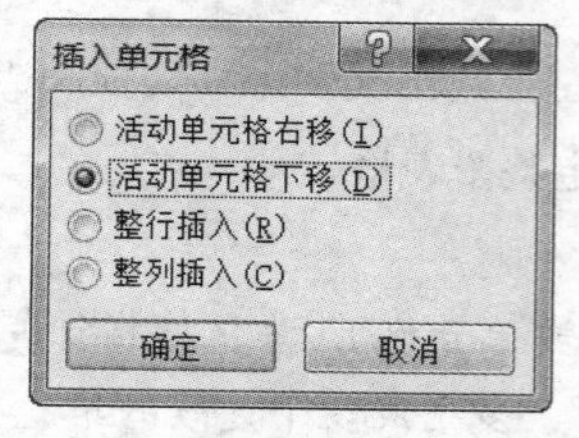

图 4.5.6 “插入单元格”对话框

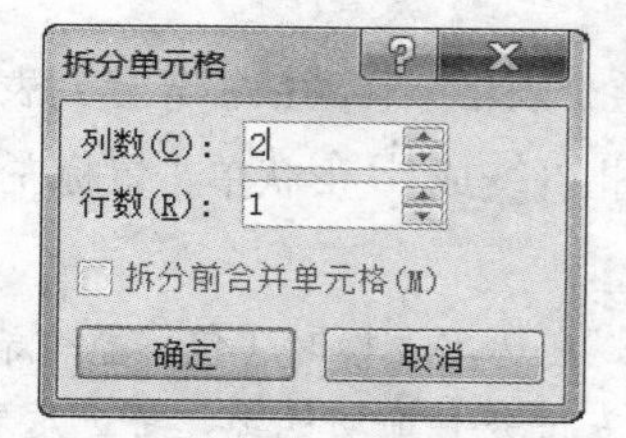

图 4.5.7 “拆分单元格”对话框

（6）拆分表格。将插入点定位在需要拆分的位置，单击“布局”选项卡“合并”组中的拆分表格按钮，将其拆分为两个表格。

（7）删除单元格。选择需要删除的单元格，单击“布局”选项卡“行和列”组中的删除按钮，弹出“删除”下拉列表，从中选择所需要的命令，即可删除单元格、行或列，如图4.5.8所示。

提示：在表格上单击鼠标右键，从弹出的快捷菜单中选择删除单元格(D)...命令，弹出删除单元格对话框，如图4.5.9所示。在该对话框中也可进行表格行和列的删除操作。

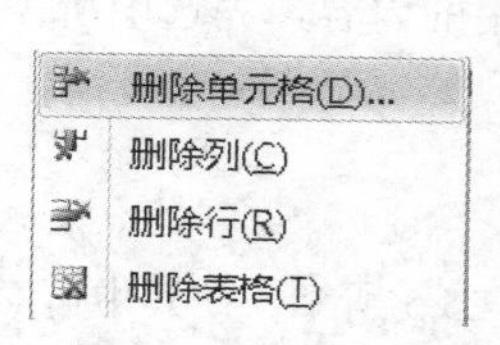

图 4.5.8 “删除”下拉菜单

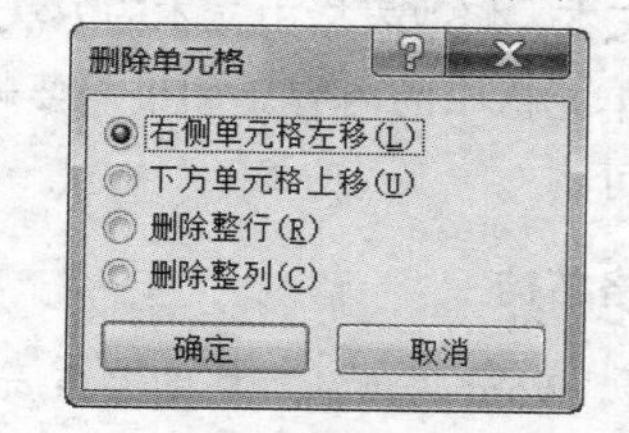

图 4.5.9 “删除单元格”对话框

4.5.4 设置表格格式

表格的格式包括很多内容，如表格的边框样式、底纹的样式和表格的结构等。表格格式直接影响着表格的美观程度。

1. 调整表格的列宽和行高

编辑表格时，可以根据需要调整表格行、列的高度和宽度。将鼠标光标移至表格竖线上，当光标变为⫲形状时，可拖动鼠标调整表格列宽。将鼠标光标移至表格横线上，当光标变为÷形状时，可拖动鼠标调整表格行高。

2. 套用表格样式

Word 2010 提供了多种表格样式，供用户快速设置表格，具体操作步骤如下：

（1）将插入点定位在表格中，并激活 设计 选项卡。

（2）在“表格样式”组中将鼠标指针停留在每个表格样式上，直至找到要使用的样式为止。

（3）如果要查看更多样式，可在“表格样式”组中单击“其他”按钮，弹出“表格样式”下拉列表，如图 4.5.10 所示。

（4）单击选中的样式可将其应用到表格，如图 4.5.11 所示。

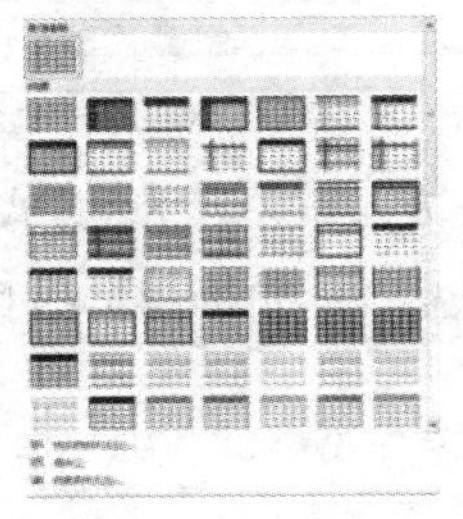

图 4.5.10　“表格样式”下拉列表

产品名称	文具盒	铅笔	钢笔
第一季度销售量	1200	8000	700
第二季度销售量	1700	7500	560
第三季度销售量	1060	6530	510
第四季度销售量	1500	7200	460

图 4.5.11　自动套用格式效果

3. 设置表格边框和底纹

在 Word 2010 中可以根据需要设置表格的边框和底纹，让表格更美观大方，具体操作步骤如下：

（1）选择要设置边框和底纹的表格或表格中的单元格区域。

（2）单击鼠标右键，在弹出的快捷菜单中选择 边框和底纹(B)... 命令，弹出 边框和底纹 对话框，默认打开 边框(B) 选项卡，如图 4.5.12 所示。

（3）在“设置”选区中选择边框形式，如单击“全部”按钮；在“线色”下拉列表中选择“深蓝，文字 2”，在“应用于”下拉列表中选择“表格”。

（4）打开 底纹(S) 选项卡，在“填充”下拉列表中选择一种填充色，如“紫色，强调文字颜色 4，淡色 80%”，在“图案样式”下拉列表中选择一种底纹样式，如“浅色下斜线”；在“图案颜色”下拉列表中选择一种颜色，如“橙色，强调文字颜色 6，淡色 40%”，如图 4.5.13 所示。

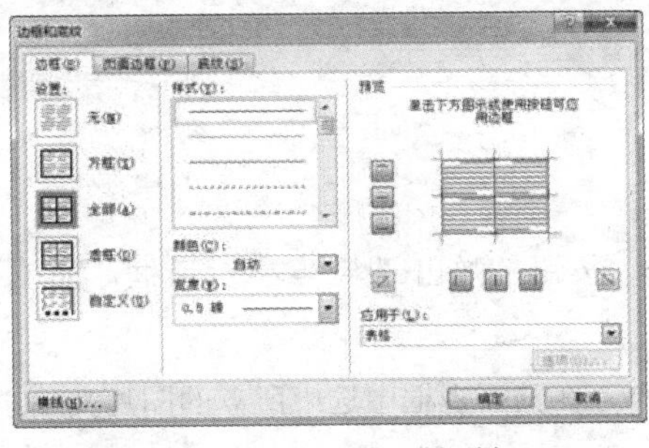

图 4.5.12　“边框”选项卡

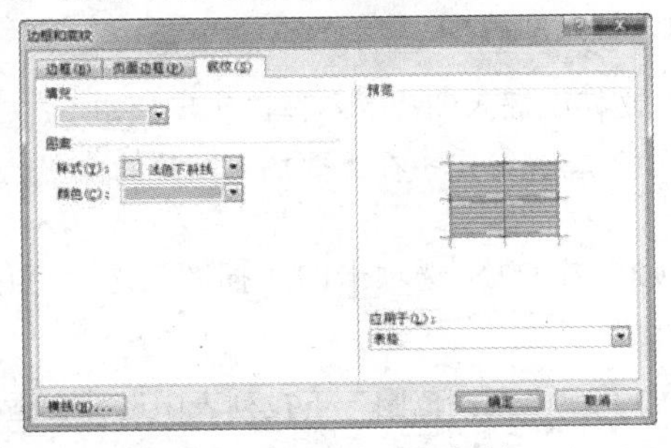

图 4.5.13　“底纹”选项卡

（5）设置完成后，单击 确定 按钮，效果如图 4.5.14 所示。

4. 设置表格属性

通过设置表格的属性可以使文本内容更加突出和醒目，同时还可以美化文档。

（1）选择要设置属性的表格或单元格区域。

（2）单击 布局 选项卡“组”选区中的 属性 按钮，或单击鼠标右键，从弹出的快捷菜单中选择表格属性(R)...命令，弹出表格属性对话框，如图 4.5.15 所示。

项目	所需数目
辅导书	5 本
杂志	2 本
三角板	1 套
钢笔	2 支
铅笔	3 支

图 4.5.14　添加边框和底纹效果

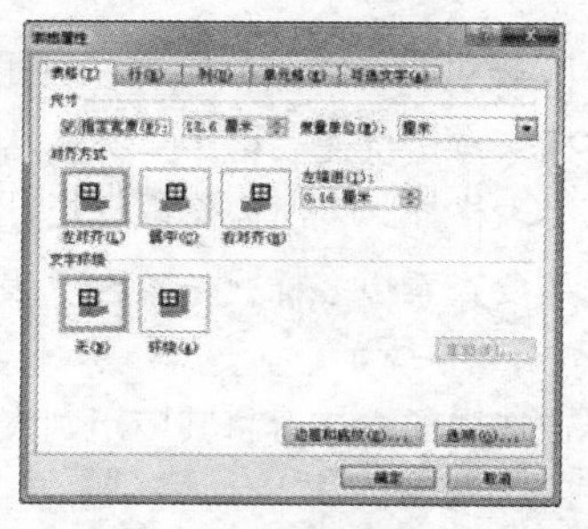

图 4.5.15　“表格属性”对话框

（3）选择表格(T)选项卡，在该选项卡中用户可以对表格的对齐方式和文字环绕方式进行设置。

（4）单击边框和底纹(B)...按钮，弹出边框和底纹对话框，用户可以对表格的边框线和底纹进行设置。

（5）选择单元格(E)选项卡，可以设置单元格中文字的垂直对齐方式。

（6）设置完成后，单击确定按钮。

4.6　丰富 Word 文档

与现实生活中的文档不同的是，Word 文档中除了可以输入文本和数字外，还可以添加多种对象，如图片、图表、表格以及文本框等对象与文档中的文字内容和谐统一，相得益彰，从而使文档的内容更加丰富、更直观。

4.6.1　插入图片和剪贴画

在 Word 2010 中可以插入各种各样的图片，如 Office 自带的剪贴画以及电脑中保存的图片等。

1．插入图片

在文档中插入图片的具体操作步骤如下：

（1）将光标定位在需要插入图片的位置。

（2）在插入选项卡的“插图”选项区中单击图片按钮，弹出插入图片对话框，如图 4.6.1 所示。

（3）在“查找范围”下拉列表中选择合适的文件夹，在其列表框中选中所需的图片文件。

（4）单击插入(S)按钮，即可在文档中插入图片，如图 4.6.2 所示。

提示：打开的插入图片对话框默认打开上次插入图片的保存位置，用户可以根据自己的需要找到电脑中已经保存好的图片，然后再插入。

2．插入剪贴画

Word 2010 的剪贴库提供了大量的剪贴画，这些剪贴画种类繁多，包括地图、人物、建筑、风景

名胜等，用户可根据需要，在文档中插入所需剪贴画，具体操作步骤如下：

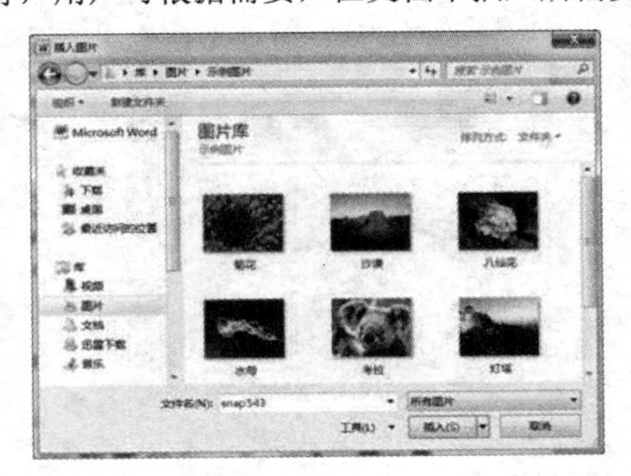

图 4.6.1　“插入图片”对话框

图 4.6.2　插入的图片

（1）将光标定位在需要插入剪贴画的位置。

（2）在选项卡的“插图”选项区中单击剪贴画按钮，打开“剪贴画”任务窗格，如图 4.6.3 所示。

（3）在“搜索文字”文本框中输入剪贴画的相关主题或类别；在“结果类型”下拉列表中选择文件类型。

（4）单击 搜索 按钮，即可在“剪贴画”任务窗格中显示查找到的剪贴画，如图 4.6.4 所示。

（5）选择要使用的剪贴画，单击即可将其插入到文档中，如图 4.6.5 所示。

图 4.6.3　“剪贴画”任务窗格

图 4.6.4　搜索剪贴画图片

图 4.6.5　插入的剪贴画

4.6.2　编辑图片和剪贴画

将图片和剪贴画插入到文档中之后，常常还要根据排版需要，对其大小、版式等进行调整，以使其能符合用户的实际需求。

1. 调整图片大小

在文档中插入图片后，可以缩放其尺寸，也可以对其进行裁剪。其方法如下。

（1）缩放图片尺寸。将鼠标光标移至图片边框的控制点上，当鼠标指针变为双向箭头（↘或↙）形状时，按住鼠标左键并拖动，当达到合适大小时释放鼠标，即可调整图片大小，如图 4.6.6 所示。

（2）裁剪图片。选择图片后，将出现“格式”选项卡，在其中单击裁剪按钮，此时鼠标指针变为

形状，将鼠标指针移至图片边框出现的黑线上，拖动鼠标即可对其进行裁剪，效果如图 4.6.7 所示。

图 4.6.6　缩放图片尺寸

图 4.6.7　裁剪图片

2．设置文字环绕和排列方式

在 Word 2010 编辑文档的过程中，为了制作出比较专业的图文并茂式的文档，往往需要按照版式需求安排图片位置，通常有以下两种方法。

（1）选中需要设置文字环绕的图片，激活 格式 选项卡，单击“排列”组中的按钮，从弹出的下拉列表中选择符合需要的文字环绕方式。其中该列表共有 9 种四周型文字环绕方式，如图 4.6.8 所示。

（2）选中需要设置文字环绕的图片，单击“排列”组中的按钮，从弹出的下拉列表中选择适合的文字环绕方式，如图 4.6.9 所示。

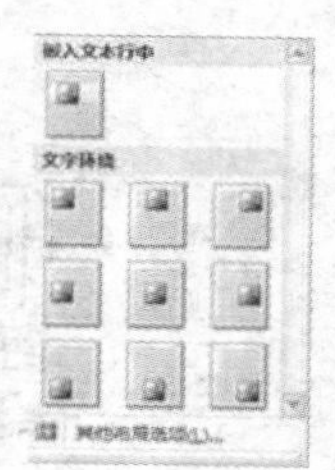

图 4.6.8　四周型文字环绕列表

图 4.6.9　文字环绕列表

在文字环绕列表中，每种环绕的含义如下：

四周型环绕：不管图片是否为矩形图片，文字以矩形方式环绕在图片四周。

紧密型环绕：如果图片是矩形，则文字以矩形方式环绕在图片周围，如果图片是不规则图形，则文字将紧密环绕在图片四周。

衬于文字下方：图片在下、文字在上分为两层，文字将覆盖图片。

浮于文字上方：图片在上、文字在下分为两层，图片将覆盖文字。

上下型环绕：文字环绕在图片上方和下方。

穿越型环绕：文字可以穿越不规则图片的空白区域环绕图片。

编辑环绕顶点：用户可以编辑文字环绕区域的顶点，实现更个性化的环绕效果。

3．设置图片样式

Word 2010 新增了大量的图片样式，应用这些样式可快速更改图片的外观，还可以对该样式的形状、边框以及效果进行调整。应用图片样式的具体操作步骤如下：

（1）选中要应用图片样式的图片。

（2）打开 格式 选项卡，单击“图片样式”组中的“其他”按钮，弹出其下拉列表，如图 4.6.10 所示。

（3）在该列表中选择要应用的样式，即可将其应用到当前所选图片中，如图 4.6.11 所示。

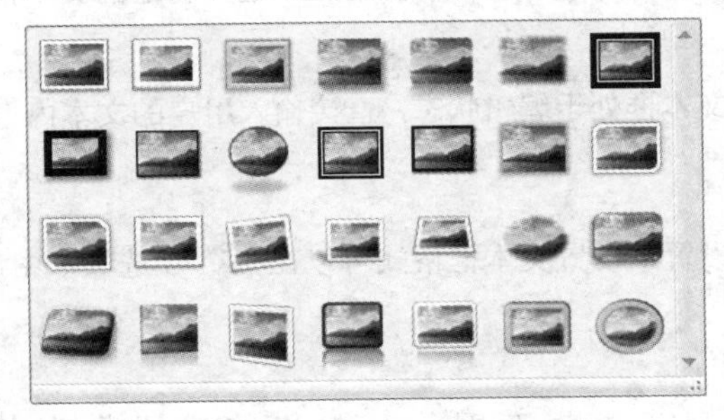

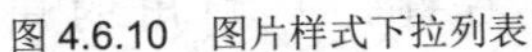

图 4.6.10　图片样式下拉列表

图 4.6.11　应用图片样式后的效果

（4）在“图片样式”选项区中单击 图片边框 按钮，在弹出的下拉菜单中可设置图片边框的颜色、粗细和形状；单击 图片效果 按钮，在弹出的下拉菜单中设置图片的预设、阴影、映像、发光、柔化边缘、棱台、三维旋转等三维效果；单击 图片版式 按钮，可以将所选的图片转换为 SmartArt 图形，可以轻松地排列、添加标题并调整图片的大小。

4.6.3　添加文本框

文本框是 Word 排版的好工具，在文本框中可以添加图片、文字等对象，或者将某些文字排列在其他文字或图形周围等。根据文本框中文字不同的排列方向，文本框可分为横排文本框和竖排文本框，下面以插入横排文本框为例，讲解插入文本框的方法。

1．插入文本框

插入文本框的具体操作步骤如下：

（1）在 插入 选项卡的“文本”组中单击 文本框 按钮，在弹出的下拉列表中选择 绘制文本框(D) 选项，此时光标变为十形状。

（2）将鼠标指针移至需要插入文本框的位置，单击鼠标左键并拖动到合适大小，松开鼠标左键，即可在文档中插入文本框，默认情况下为白色背景。

（3）将光标定位在文本框内，就可以在文本框中输入文字。

（4）输入完毕，单击文本框以外的任意地方即可，效果如图 4.6.12 所示。

生活是一种态度

图 4.6.12　插入文本框

提示： 在 插入 选项卡的“文本”组中单击 文本框 按钮，在弹出的下拉列表中选择 绘制竖排文本框(V) 选项，可以在文档中插入竖排文本框。

2．使用内置文本框

在 Word 2010 中，不但可以自己绘制文本框，还可使用 Word 中内置的文本框样式。

（1）在插入选项卡的“文本”组中单击文本框按钮，从弹出的下拉列表中选择合适的文本框类型，如图 4.6.13 所示。

（2）返回 Word 2010 文档窗口，所插入的文本框处于编辑状态，直接输入用户的文本内容即可。

3．编辑文本框

在文档中插入文本框后，可对其格式进行设置。设置文本框格式可以在格式选项卡中进行，也可以使用设置文本框格式对话框来完成。

使用对话框设置文本框的具体操作步骤如下：

（1）选定要设置格式的文本框，单击鼠标右键，从弹出的快捷菜单中选择设置文本框格式(O)...命令，弹出设置文本框格式对话框，如图 4.6.14 所示。

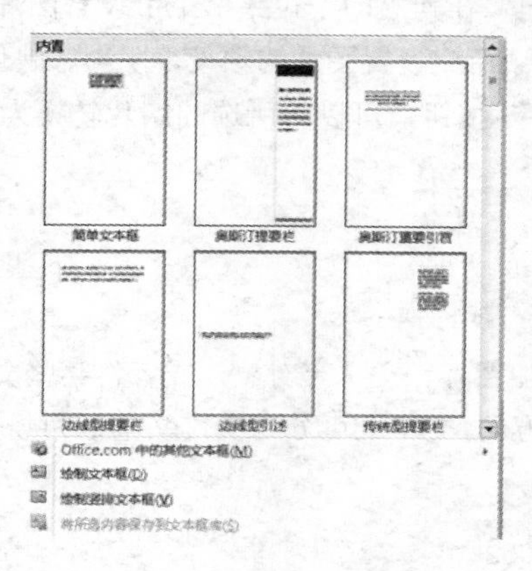

图 4.6.13　内置文本框列表

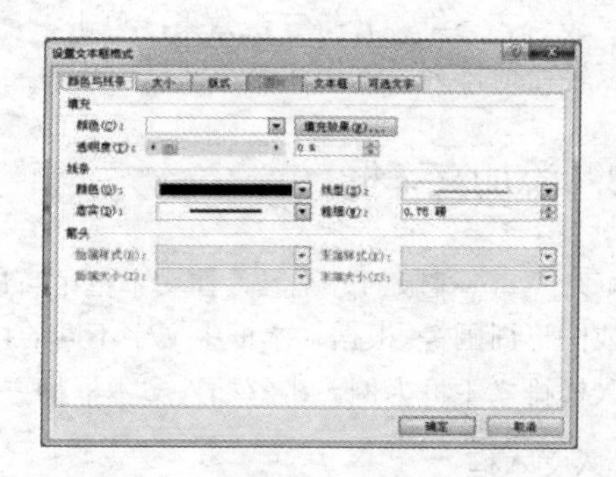

图 4.6.14　“设置文本框格式”对话框

（2）默认情况下打开大小选项卡，在该选项卡中可对文本框的大小进行设置；在颜色与线条选项卡，可对文本框的颜色与线条样式进行设置。

（3）在版式选项卡中，可对文本框的环绕方式进行设置；在文本框选项卡中，可对文本框的内部边距和垂直对齐方式进行设置。

4.6.4　添加自选图形

Word 2010 中自带了很多图形，使用这些图形能快速地美化文档。

1．绘制自选图形

在文档中插入形状的方法如下：

（1）在“插入”选项卡的“插图”选项区中单击形状按钮，弹出其下拉列表，如图 4.6.15 所示，在该列表中选择所需插入的形状。

（2）在文档中单击鼠标左键并拖动，到达合适位置后释放鼠标左键，形状就会显示在文档中，如图 4.6.16 所示。

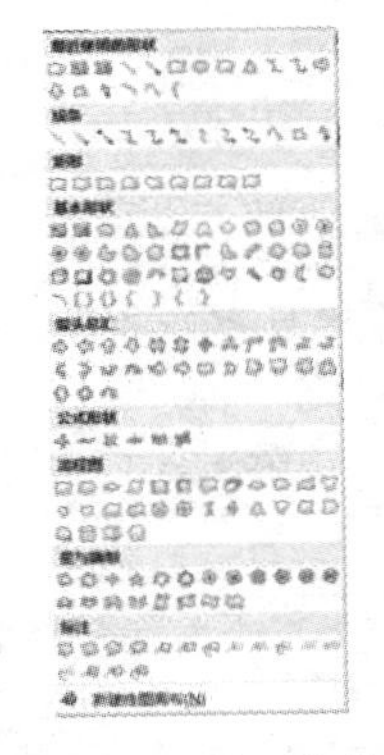

图 4.6.15 形状下拉列表

图 4.6.16 绘制的图形

2．为图形添加文本

在 格式 选项卡中的“插入形状”组中单击“添加文字”按钮，或者在插入的自选图形上单击鼠标右键，从弹出的快捷菜单中选择 添加文字(X) 命令，即可输入要添加的文字。

3．组合图形

对于绘制的图形，用户还可以对其进行组合。组合可以将不同的部分合成为一个整体，便于图形的移动和其他操作。选中需要组合的全部图形，单击鼠标右键，从弹出的快捷菜单中选择 组合(G) → 组合(G) 命令，即可将图形组合成一个整体。

4．设置填充效果

默认情况下，用白色填充所绘制的图形对象。用户还可以用颜色过渡、纹理、图案以及图片等对自选图形进行填充，具体操作步骤如下：

（1）选定需要进行填充的自选图形。

（2）单击鼠标右键，从弹出的快捷菜单中选择 设置自选图形格式(O)... 命令，弹出 设置自选图形格式 对话框，打开 颜色与线条 选项卡，如图 4.6.17 所示。

（3）在“填充”选区中的“颜色”下拉列表中选择一种颜色。若没有需要的颜色，可在颜色下拉列表中选择 其他颜色(M)... 选项，可在弹出的 颜色 对话框中设置其他填充颜色。

（4）单击 填充效果(F)... 按钮，在弹出的如图 4.6.18 所示的 填充效果 对话框中可设置图形的其他填充效果。

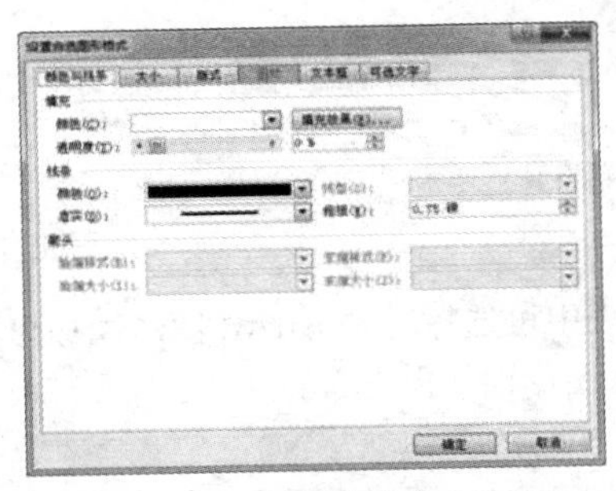

图 4.6.17 “颜色与线条”选项卡

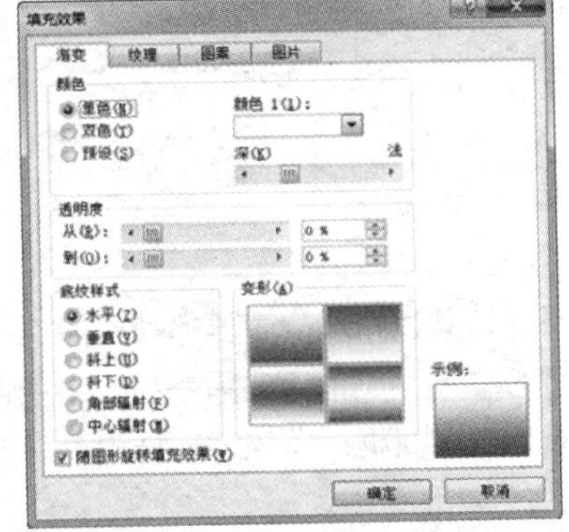

图 4.6.18 “填充效果”对话框

4.6.5 创建 SmartArt 图形

为了使文字之间的关联表示得更加清晰，人们常常使用配有文字的插图。对于普通的文档，只需绘制形状，然后在其中输入文字即可满足需要，但如果想制作出具有专业设计师水准的插图，则需要借助 SmartArt。

1. 插入 SmartArt 图形

在文档中插入 SmartArt 图形的具体操作步骤如下：

（1）将光标定位在需要插入 SmartArt 图形的位置。

（2）在“插入”选项卡的“插图”组中单击 SmartArt 按钮，弹出 选择 SmartArt 图形 对话框，如图 4.6.19 所示。

（3）在该对话框左侧的列表框中选择 SmartArt 图形的类型；在中间的“列表”列表框中选择子类型；在右侧将显示 SmartArt 图形的预览效果。

（4）设置完成后，单击 确定 按钮，即可在文档中插入 SmartArt 图形，如果需要输入文字，可在写有“文本”字样处单击鼠标左键，即可输入文字，如图 4.6.20 所示。

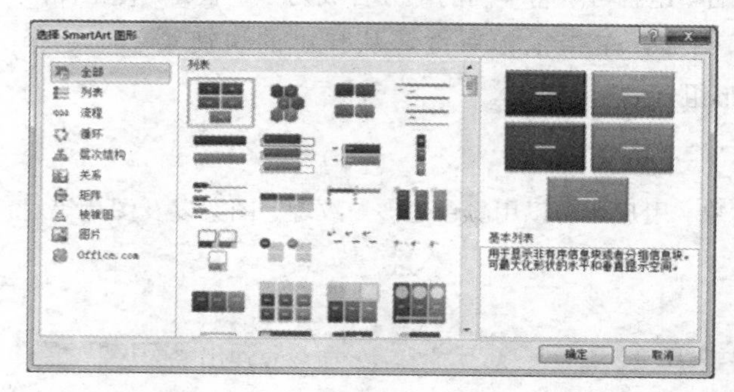

图 4.6.19 “选择 SmartArt 图形”对话框

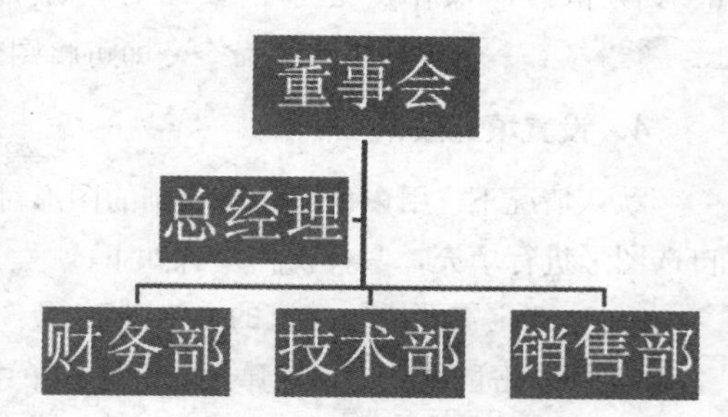

图 4.6.20 插入 SmartArt 图形

2. 编辑 SmartArt 图形

创建好 SmartArt 图形后，将激活 SmartArt 工具的“设计”和“格式”选项卡，如图 4.6.21 所示。通过这两个选项卡中的按钮或列表框可对 SmartArt 图形的布局、颜色和样式等进行编辑调整，以使其符合用户的实际需要。

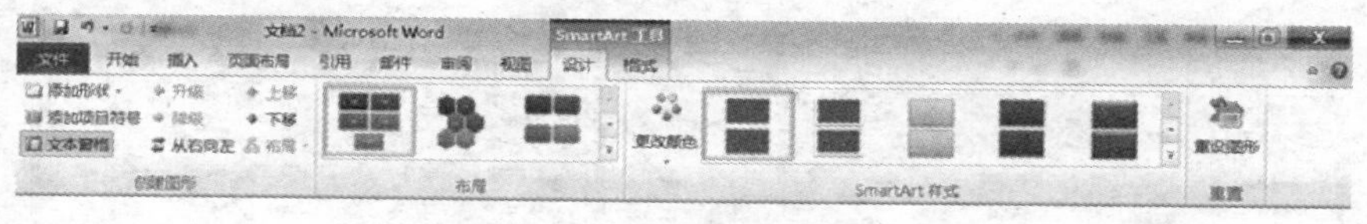

图 4.6.21 SmartArt 的工具栏

下面主要介绍其按钮或列表框的功能如下：

（1）添加形状 按钮：单击该按钮，在弹出的列表中可选择为 SmartArt 图形添加形状的位置。

（2）“布局”列表框：在该列表框中可为 SmartArt 图形重新定义布局样式。

（3）更改颜色 按钮：单击该按钮，在弹出的列表中可为 SmartArt 图形设置颜色。

（4）“SmartArt 样式”列表框：在该列表框中可选择 SmartArt 图形样式。

（5）[重设图形]按钮：单击该按钮，将取消对 SmartArt 图形的任何操作，恢复插入时状态。

（6）[添加项目符号]按钮：单击该按钮，可在 SmartArt 图形中添加文本项目符号。

（7）[文本窗格]按钮：单击该按钮，可显示或隐藏文本窗格。

4.6.6　艺术字的应用

艺术字比普通文本更美观，Word 2010 提供了多种艺术字样式供用户选择。

1．插入艺术字

在 Word 2010 中，可以方便、快捷地插入艺术字。插入艺术字的具体操作步骤如下：

（1）将光标定位在要插入艺术字的文档中。

（2）在[插入]选项卡的“文本”组中单击[艺术字]按钮，弹出如图 4.6.22 所示的艺术字样式列表。

（3）在“艺术字样式”列表中选择一种艺术字样式，弹出[编辑艺术字文字]对话框，在“文本”文本框中输入艺术字文本，并设置文本的字体和字号，如图 4.6.23 所示。

图 4.6.22　艺术字样式列表

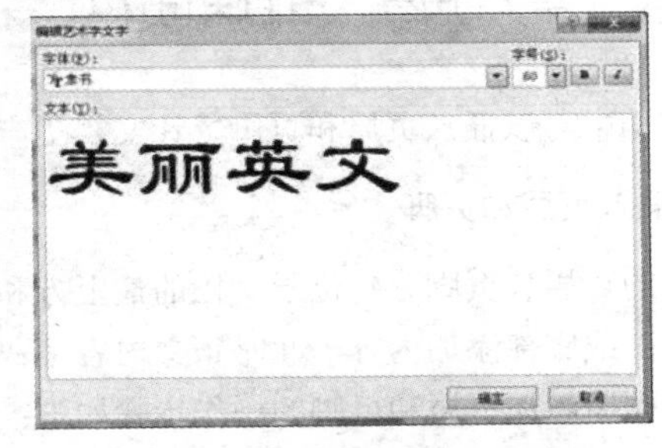

图 4.6.23　“编辑艺术字文字”对话框

（4）单击[确定]按钮，在文档中即可插入艺术字，如图 4.6.24 所示。

美丽英文

图 4.6.24　插入艺术字效果

2．编辑艺术字

艺术字其实也是图片，调整尺寸大小、设置文字环绕等的方法与图片相同，这里不再赘述。

选择艺术字后，会激活[格式]选项卡，在“文字”组中单击[编辑文字]按钮，将弹出[编辑艺术字文字]对话框，在其中可以重新对字体格式、显示的文本内容等进行相关的设置。

4.6.7　制作文档封面

利用 Word 2010 提供的封面功能，能够快速地为 Word 文档制作一个封面。Word 2010 提供了丰富的封面模板库可以应用，用户可以设计自己的封面模板并保存到文档库，以便将来使用。

如果要在 Word 2010 中插入封面，可按照以下操作步骤进行：

（1）在 插入 选项卡的“页”选项区中单击 封面 按钮，弹出其下拉列表，如图 4.6.25 所示。

（2）该下拉列表中提供了系统预置的多种封面格式，在其中选择要使用的封面，单击即可将其作为当前文档的封面，如图 4.6.26 所示。

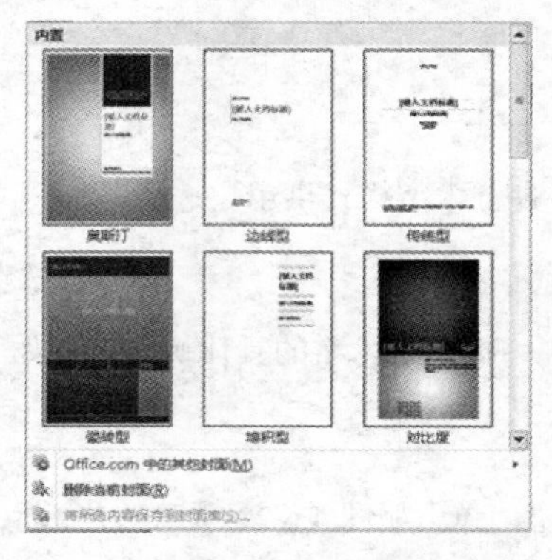

图 4.6.25　封面下拉列表

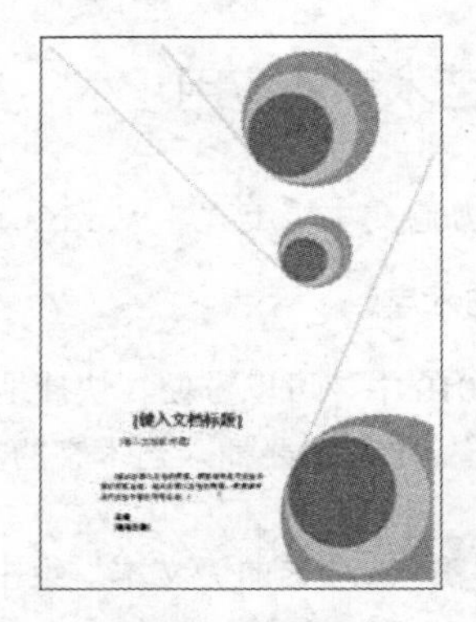

图 4.6.26　创建的封面

4.6.8　插入页眉、页脚和页码

在文档中可以插入页眉和页脚，让文档更丰富生动；还可以为文档插入页码，方便阅读。

1．插入页眉和页脚

文档的页眉和页脚分别位于文档的最上方和最下方。通过 Word 的页眉和页脚功能，可以在文档每页的顶部或底部添加内容，此时正文内容呈灰色显示，处于不可编辑状态。

在页面中添加页眉和页脚的操作步骤如下：

（1）在打开的文档中，选择 插入 选项卡。单击“页眉和页脚”组中的 页眉 按钮，在弹出的菜单中选择 编辑页眉(E) 命令，激活 设计 选项卡，如图 4.6.27 所示。

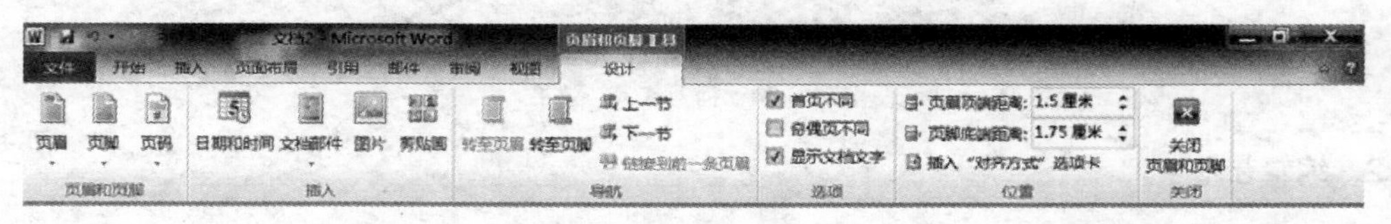

图 4.6.27　“页眉和页脚”工具栏

（2）此时，页面顶部和底部各出现一个虚线框，如图 4.6.28 所示。单击虚线框即可在页眉或页脚中输入文本或插入图形。

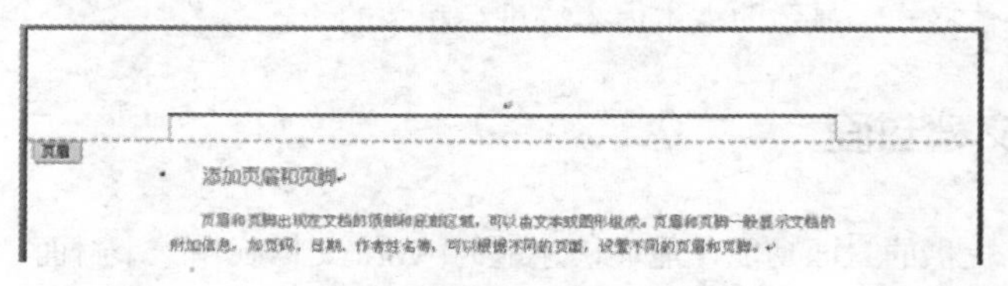

图 4.6.28　设置页眉和页脚

（3）页眉和页脚设计好后，单击 设计 选项卡中的 关闭页眉和页脚 按钮，或双击变灰的正文，返回 Word 文档编辑状态。

2．插入页码

有时需要为文档插入页码，这样当要查看某一页内容时就非常方便了。默认情况下，页码一般位于页眉或页脚位置。在 Word 文档页脚中插入页码的具体操作步骤如下：

（1）在 Word 2010 中，选择 插入 选项卡。

（2）单击“页眉和页脚”组中的 页码 按钮，在弹出的下拉列表中选择 页面底端(B) 选项，在弹出的下拉列表中根据需要选择合适的页码格式。

（3）插入页码后，将鼠标移动到文本输入区中，双击鼠标左键即可返回到输入界面中。

3．编辑页眉和页脚

双击页眉和页脚，进入页眉和页脚编辑状态，此时将出现“设计”选项卡，在其中可对页眉和页脚的属性进行设置。

（1）奇偶页不同。在“选项”组中选中 奇偶页不同 复选框，可为奇数页和偶数页设置不同的页眉和页脚。

（2）插入日期和时间。在“插入”组中单击 日期和时间 按钮，在弹出的 日期和时间 对话框中可选择添加的日期、时间格式。

（3）设置页边距。在“位置”组的 页眉顶端距离: 和 页脚底端距离: 数值框中可设置页边距。

（4）退出页眉和页脚编辑状态。在“关闭”组中单击 关闭页眉和页脚 按钮，可退出页眉或页脚的编辑状态。

4.7　打印 Word 文档

有时需要将电脑中的各种办公文档打印出来，这时就会用到 Word 2010 的打印功能。该功能不仅能在打印前预览打印效果，还能对打印时所用的纸张、打印范围和打印数量进行设置。

4.7.1　页面设置

在 Word 文档中，页面设置指对文档的页边距、纸张类型、版式和文档网格等进行的设置。

1．设置页边距

页边距是指页面的正文区域与纸张的边界之间的空白距离。设置页边距的具体操作步骤如下：

（1）打开 页面布局 选项卡，在“页面设置”组中单击 页边距 按钮。

（2）在弹出的列表中选择所需的页边距类型，整个文档将会自动更改为用户选择的页边距类型。

（3）用户也可以自定义页边距。选择 自定义边距(A)... 命令，弹出 页面设置 对话框，在“页边距”选项卡的输入框中输入新的页边距值，如图 4.7.1 所示。

2．设置纸张类型

Word 2010 默认的打印纸张为“A4”，其宽度为“210 毫米”，高度为“297 毫米”，且页面方向为“纵向”。如果实际需要的纸张类型与默认设置不一致，就会造成分页错误，此时就必须重新设置纸张类型。设置纸张类型的具体操作步骤如下：

（1）打开 页面布局 选项卡，在“页面设置”组中单击 纸张大小 按钮，在下拉列表中选择 其他页面大小(A)... 选项，弹出 页面设置 对话框，打开 纸张 选项卡，如图 4.7.2 所示。

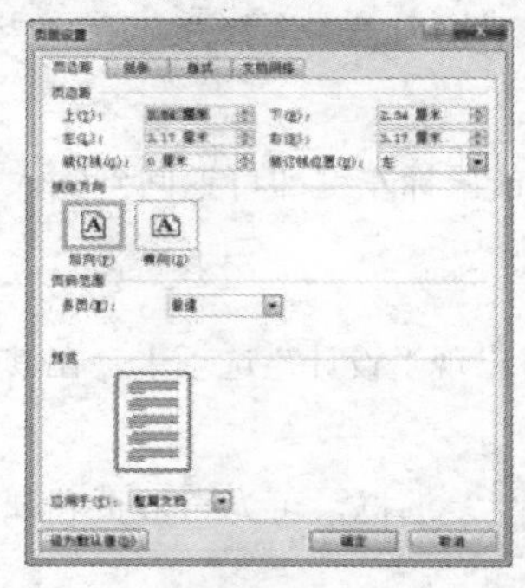

图 4.7.1 “页面设置”对话框

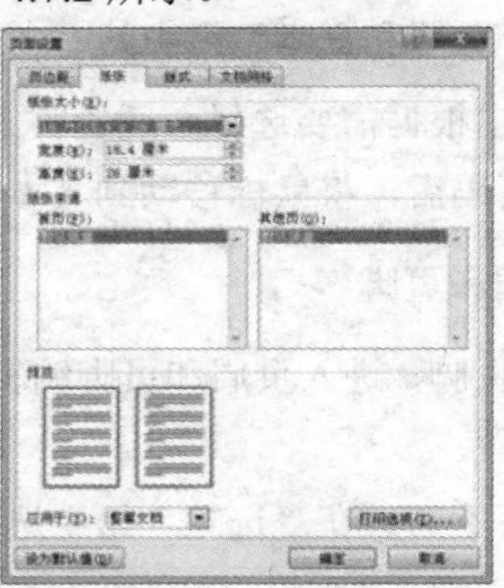

图 4.7.2 “纸张”选项卡

（2）在该选项卡中单击“纸张大小”下拉列表右侧的下三角按钮，在打开的下拉列表中选择一种纸张类型。用户还可在“宽度”和“高度”微调框中设置具体的数值，自定义纸张的大小。

（3）在“纸张来源”选区中设置打印机的送纸方式：在“首页”列表框中选择首页的送纸方式；在“其他页”列表框中设置其他页的送纸方式。

（4）在“应用于”下拉列表中选择当前设置的应用范围。

（5）单击 打印选项(T)... 按钮，可在弹出的 Word 选项 对话框中的“打印选项”选区中进一步设置打印属性。

（6）设置完成后，单击 确定 按钮即可。

3．设置版式

Word 2010 提供了设置版式的功能，可以设置有关页眉和页脚、页面垂直对齐方式以及行号等特殊的版式选项。

设置版式的具体操作步骤如下：

（1）在“页面布局”选项卡中的“页面设置”组中单击“对话框启动器”按钮，弹出 页面设置 对话框，打开 版式 选项卡，如图 4.7.3 所示。

（2）在该选项卡中的“节的起始位置”下拉列表中选择节的起始位置，用于对文档分节。

（3）在“页眉和页脚”选区中可确定页眉和页脚的显示方式。如果要使奇数页和偶数页不同，可选中 ☑ 奇偶页不同(O) 复选框；如果需要首页不同，可选中 ☑ 首页不同(P) 复选框。在“页眉”和“页脚”微调框中可设置页眉和页脚距边界的具体数值。

（4）在“垂直对齐方式”下拉列表中可设置页面的对齐方式。

（5）在“预览”选区中单击 行号(N)... 按钮，弹出 行号 对话框，选中 ☑ 添加行号(L) 复选框，如图 4.7.4 所示。

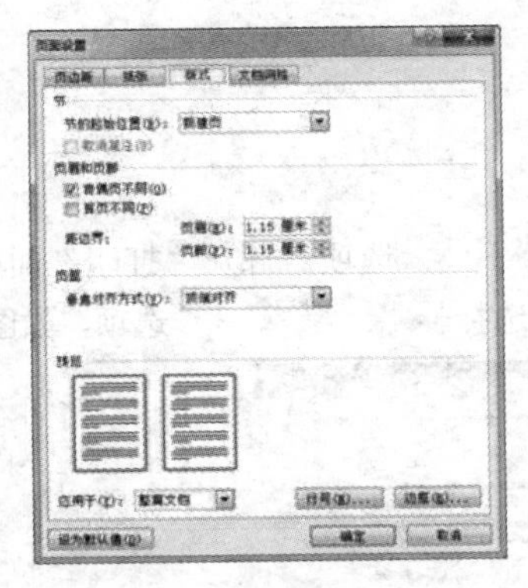

图 4.7.3　“版式”选项卡

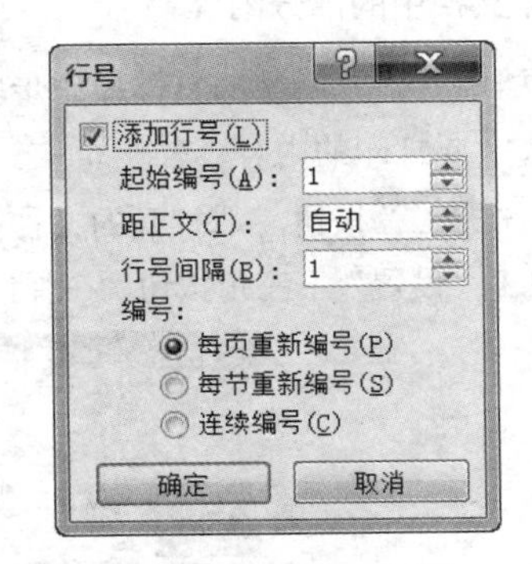

图 4.7.4　“行号”对话框

（6）在“起始编号”“距正文”和“行号间隔”微调框中选择或输入相应的数值；在“编号”选区中根据需要选择一种编号方式。单击 确定 按钮返回 页面设置 对话框。

（7）单击 边框(B)... 按钮，弹出 边框和底纹 对话框，根据需要设置边框和底纹。单击 确定 按钮完成版式设置。

4.7.2　打印预览

在打印之前需要进行打印预览，方便用户对文档进行修改和调整，然后对打印文档的页面范围、打印份数和纸张大小等进行设置，然后才能将文档打印出来，避免浪费时间和纸张。

（1）打开 Word 2010 文档窗口，单击 文件 按钮，从打开的文件面板中选择 打印 命令。

（2）在打开的“打印”窗口右侧预览区域可以查看文档打印预览效果，用户所做的纸张方向、页面边距等设置都可以通过预览区域查看效果。并且用户还可以通过调整预览区下面的滑块改变预览视图的大小，如图 4.7.5 所示。

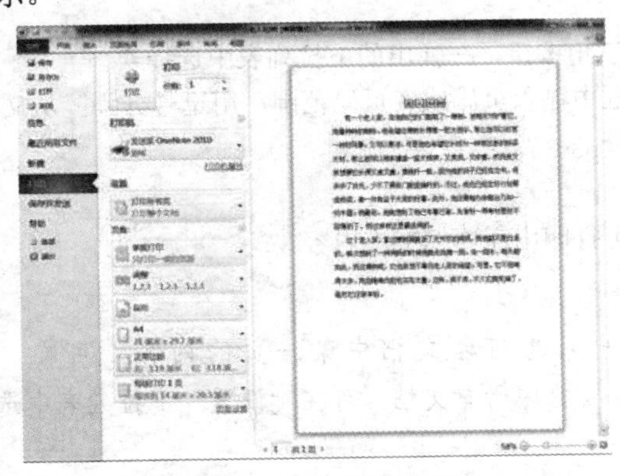

图 4.7.5　查看打印预览效果

4.7.3　打印文档

在 Word 2010 中有多种打印的方式，不仅可以按指定的范围打印文档，而且可以打印多份、多篇文档以及双面打印等。有的时候用户可能只想打印文档中的某一个图或表格的内容，或者只想打印某一页或某几页的内容而不想打印整篇文档，这时就可以通过“打印”选项来设置打印的内容。

1. 打印文档中的部分内容

打印文档中的部分内容的具体操作步骤如下：

（1）选中要打印的内容。

（2）单击 文件 按钮，从打开的文件面板中选择 打印 选项，打开“打印”面板。

（3）单击“设置”下三角按钮，在弹出的下拉列表中选择 打印所选内容 仅打印所选内容 选项，如图 4.7.6 所示。

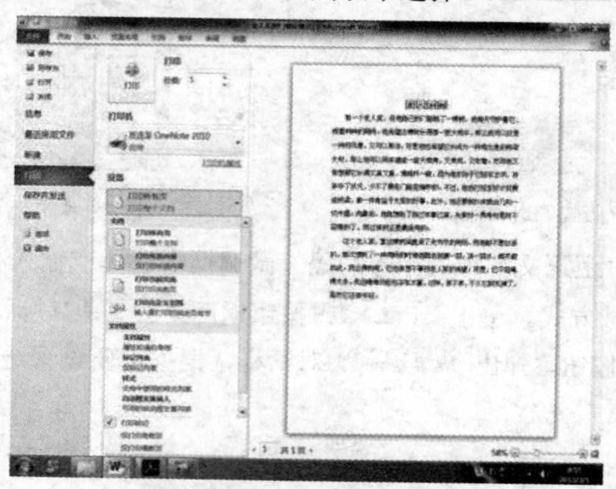

图 4.7.6　设置打印范围

（4）单击 打印 按钮即可打印出所选的文本内容。

2. 打印指定页面

如果用户想打印文档中的某几页连续或不连续的内容，具体操作步骤如下：

（1）打开 Word 2010 文档窗口，单击 文件 按钮，从打开的文件面板中选择 打印 选项，打开“打印”面板。

（2）单击“设置”下三角按钮，在弹出的下拉列表中选择 打印自定义范围 输入要打印的特定页或节 选项。

（3）在“页数”文本框中输入页码或者页码范围，用逗号分隔，从文档的开头算起。如“1，4，6-9”或“p1s1，p1s2，p1s3- p8s3”。

（4）单击 打印 按钮即可打印出需要的文本内容。

提示：如果用户只想打印文档中某一页的内容，可在“设置”下拉列表中选择 打印当前页面 仅打印当前页 选项；如果要打印所有文档，可在“设置”下拉列表中选择 打印所有页 打印整个文档 选项，再单击 打印 按钮。

打印当前页或打印指定的某几页的操作是非常有用的，因为在打印的过程中经常会出现卡纸而未打印出某页或者某几页的内容，或者原稿上出现了错误而需要重新打印某些页的情况，这些情况下都需要用上述的方法打印。

3. 设置打印文档的份数

用户除了设置打印文档的内容外，还可以通过“打印”选项设置打印文档的份数，具体操作步骤如下：

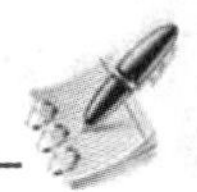

（1）打开需要打印的文档。

（2）单击 文件 按钮，从打开的文件面板中选择 打印 选项，打开“打印”面板。

（3）单击“份数”调节按钮来调节打印份数或者在“份数”文本框中输入需要打印的份数，系统默认为“逐份打印”。

（4）设置完成后，单击 打印 按钮即可打印出所需要的文档份数。

当要打印的文档不止一页时，单击“调整”选项组中的 调整 1,2,3 1,2,3 1,2,3 按钮，可以在打印多份文档时，保证在打印了完整一份文档后才开始打印下一份。如果单击 取消排序 1,1,1 2,2,2 3,3,3 按钮，那么在打印时会先将文档的第 1 页按照指定的要求打印多份后，再接着打印第 2 页、第 3 页等文档。

4．打印文档的属性信息

使用 Word 2010 不仅可以打印文档，而且可以打印文档的属性和其他信息，例如标记列表、样式和自动图文集输入等信息。文档的属性信息包括文档的标题、作者、类型以及页数等。如果打印文档时需要打印属性信息或其他信息，可按下面的操作方法：

（1）打开需要打印的文档。

（2）单击 文件 按钮，从打开的文件面板中选择 打印 选项，打开“打印”面板。

（3）单击“设置”下三角按钮，从弹出的下拉列表中选择需要打印的文档信息，例如 文档属性 属性和值的表格 信息。

（4）单击 打印 按钮，在打印时就会只打印当前文档的属性信息，而不打印文档的其他内容。

4.8　课堂实战——制作贺卡

本例制作一张生日贺卡，在制作的过程中，主要用到新建文档、页面设置、添加背景、插入图片和艺术字、插入文本框等操作，效果如图 4.8.1 所示。

图 4.8.1　效果图

操作步骤

（1）在打开 Word 2010 文档窗口中，单击 文件 按钮，从弹出的下拉菜单中选择 新建 命令，打开“新建”面板。

（2）在“可用模板”选区中选择“空白文档”，然后单击 创建 按钮创建一个新文档。

（3）打开 页面布局 选项卡，在“页面设置”组中单击“对话框启动器”按钮，弹出 页面设置 对话框。在 页边距 选项卡中设置纸张方向为“纵向”，“上、下、左、右”页边框均设置为“1”；打开 纸张 选项卡，在“纸张大小”下拉列表中选择“自定义大小”选项，设置“宽度”为“15”，“高度”为“8”，如图 4.8.2 所示。

（4）单击 确定 按钮，完成页面设置，效果如图 4.8.3 所示。

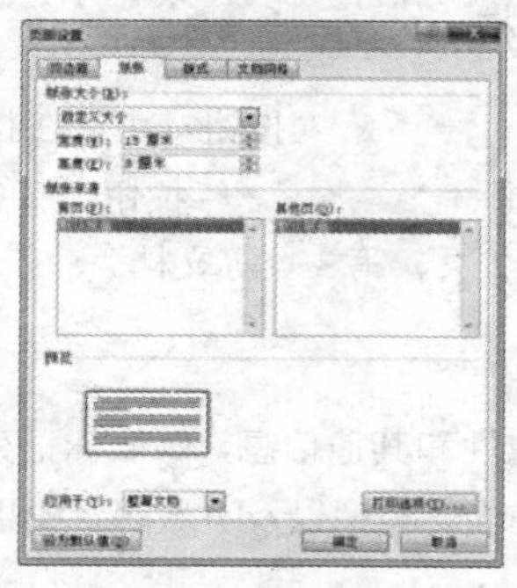

图 4.8.2 “页面设置”对话框

图 4.8.3 设置的页面

（5）打开 页面布局 选项卡，单击“页面背景”组中的 页面颜色 按钮，从弹出的下拉列表中选择 填充效果(F)... 命令，弹出 填充效果 对话框，选择 图片 选项卡，如图 4.8.4 所示。

（6）在该对话框中单击 选择图片(L)... 按钮，弹出 插入图片 对话框，在“查找范围”下拉列表中选择合适的文件夹，在其列表框中选中所需的背景图片，如图 4.8.5 所示。

图 4.8.4 “图片”选项卡

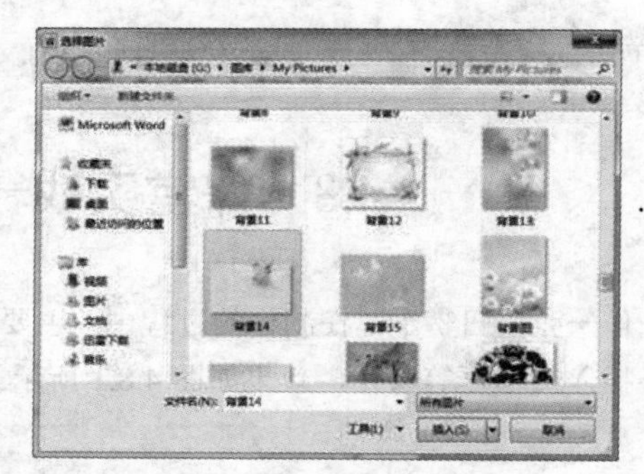

图 4.8.5 “插入图片”对话框

（7）单击 插入(S) 按钮返回 填充效果 对话框，再单击 确定 按钮，效果如图 4.8.6 所示。

（8）打开 插入 选项卡，在“插图”选项区中单击 图片 按钮，弹出 插入图片 对话框，在“查找范围”下拉列表中找到图片所在的文件夹，在其列表框中选择所需的图片文件后，单击 插入(S) 按钮，效果如图 4.8.7 所示。

图 4.8.6 设置页面背景

图 4.8.7 插入图片

（9）单击格式选项卡“图片样式”组中的“其他”按钮，从弹出的下拉列表中选择“柔化边缘椭圆”样式，效果如图 4.8.8 所示。

（10）在插入选项卡的“文本”组中单击艺术字按钮，从弹出的下拉列表中选择一种艺术字样式，如最后一行第三种样式，如图 4.8.9 所示。

图 4.8.8　设置图片样式

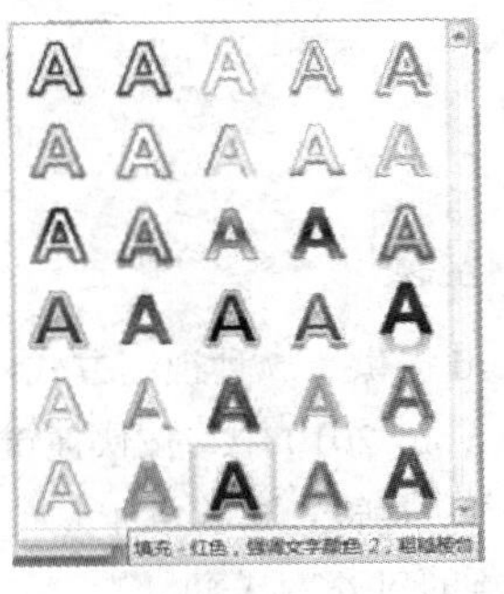

图 4.8.9　艺术字样式列表

（11）在插入的艺术字文本框中输入“生日快乐”文本，效果如图 4.8.10 所示。

（12）在插入选项卡的“文本”组中单击文本框按钮，在弹出的下拉列表中选择绘制竖排文本框(V)选项，在文档中插入一个竖排文本框，并在其中输入文本，如图 4.8.11 所示。

图 4.8.10　插入的艺术字

图 4.8.11　插入的文本框

（13）选中文本框中的文本，在“字体”组中设置其字体为“微软雅黑”，字号为“四号”，字体颜色为“浅绿”，再单击“段落”组中的“水平居中”按钮，效果如图 4.8.12 所示。

（14）单击格式选项卡“形状样式”组中的形状填充按钮，从弹出的下拉列表中选择无填充颜色(N)选项；单击形状轮廓按钮，从弹出的下拉列表中选择无轮廓(N)选项，效果如图 4.8.13 所示。

图 4.8.12　设置字体和段落格式

图 4.8.13　设置文本框格式

（15）调整图片、艺术字和文本框的位置，最终效果如图 4.8.1 所示。

本章小结

本章主要介绍了文档的基本操作、文本的基本操作、格式化文本、表格的使用、丰富 Word 文档等内容。通过本章的学习，读者可以熟练掌握 Word 2010 的操作方法与技巧，制作出各种办公文档。

操作练习

一、填空题

1．Word 提供了 5 种视图方式，当新建一个文档时，自动进入________视图方式。

2．在 Word 2010 中，按快捷键________可新建一个文档；按________快捷键，可关闭文档；按________快捷键，可以选中整个文档。

3．段落的对齐方式有________、________、________、________、________等。其中________是系统默认的对齐方式。

4．在选定行和列时，按住________键可以选定连续的行、列和单元格；按住________键可以选定不连续的行、列和单元格。

5．在 Word 文档中，艺术字是作为一种________插入的，所以用户可以像编辑图形对象那样编辑艺术字。

6．文本框是 Word 2010 提供的一种________。使用文本框可以将________和________组织在一起，或者将某些文字排列在其他文字或图形周围等。根据文本框中文字不同的排列方向，文本框可分为________和________。

7．Word 2010 默认的页面方向为________，默认的纸张类型为________。

二、选择题

1．如果先把鼠标定位在文档中的某处，然后按住左键移动，移动到另一位置后放开，该操作实际上是（　）。

（A）复制文字　　（B）删除文字
（C）移动文字　　（D）选定文字

2．在 Word 中进行文字编辑时，键入的文字将（　）。

（A）加入在插入点位置
（B）替换插入点右侧的字符
（C）依据是插入状态还是改写状态，增加在插入点或替换插入点右侧的字符
（D）依据在键入之前是否击“Ins”键，增加在插入点或替换插入点右侧的字符

3．如果要将光标移至下一个单元格，应按快捷键（　）。

（A）Shift+Tab　　（B）Tab
（C）Alt+Home　　（D）Alt+End

4．按住（　）键并拖动图片控制点时，将从图片的中心向外垂直、水平或沿对角线缩放图片。

（A）Ctrl+Shift　　（B）Ctrl
（C）Shift　　（D）Alt

5．在 Word 编辑状态下，执行 开始 选项卡中的复制命令后（　）。

（A）被选中的内容被复制到插入点处

（B）被选中的内容被复制到剪贴板

（C）插入点所在的段落内容被复制到剪贴板

（D）光标所在的段落内容被复制到剪贴板

6．输入打印页码【31-43,53,70-】表示打印的是（　）。

（A）第 31 页，第 43 页，第 53 页，第 70 页

（B）第 31 页，第 43 页，第 52 至 70 页

（C）第 31 至 43 页，第 53 页，第 70 页

（D）第 31 至 43 页，第 53 页，第 70 页至最后一页

三、简答题

1．创建文档有哪几种方法？

2．简述创建项目符号列表、编号列表和多级符号列表的具体方法。

3．怎样设置边框和底纹？

4．简述设置文字方向和首字下沉的具体方法。

5．怎样进行页面设置？

四、上机操作题

1．利用 Word 2010 中的模板创建一篇“简历”模板文档。要求选择“平衡简历”模板并以“个人简历”为名保存在“我的文档”文件夹中，最后将其关闭。

2．将题图 4.1 所示的素材进行如下操作：

星期一	星期二	星期三	星期四	星期五
数学	英语	数学	语文	英语
英语	数学	英语	数学	语文
手工	体育	地理	历史	体育
语文	常识	语文	英语	数学

题图 4.1

（1）将其转换成一个 5 行 5 列的表格。

（2）将单元格文字垂直对齐方式设置为底端对齐、水平对齐方式为居中对齐。

（3）将整个表格居中对齐。

（4）将表格第一行添加蓝色底纹效果。

（5）在表格最后插入一行，合并这行中的单元格，在新行中输入“午休”，并使其居中。

第 5 章　表格处理软件 Excel

Excel 2010 是微软公司的办公软件 Microsoft Office 2010 的组件之一，是由 Microsoft 为 Windows 和 Apple Macintosh 操作系统的电脑而编写和运行的一款试算表软件。使用 Excel 2010 可以进行各种数据的处理、统计分析和辅助决策操作，广泛地应用于管理、统计财经、金融等众多领域。本章将介绍 Excel 2010 的基本使用方法，使读者学会制作电子表格，分析表格数据。

知识要点

- Excel 2010 的基础知识
- 操作工作簿
- 操作工作表
- 操作单元格
- 输入与编辑数据
- 美化 Excel 表格
- 使用公式和函数
- 管理数据
- 使用图表分析数据
- 打印输出工作表

5.1　Excel 2010 的基础知识

Excel 2010 是一个操作简单、使用方便、功能强大的电子表格软件。在学习 Excel 2010 之前，必须先学习 Excel 2010 的基本概念、新增功能以及工作界面等基础知识。

5.1.1　Excel 2010 的工作窗口

Excel 2010 的工作窗口主要由快速访问工具栏、选项卡、公式编辑栏、工作区、状态栏等组成，其工作界面与 Word 2010 类似，只有少数组成部分是 Excel 2010 独有的，如图 5.1.1 所示。

1．数据编辑栏

在 Excel 2010 工作窗口中，功能区下方添加了用于显示和编辑当前单元格地址和内容的区域——Excel 数据编辑栏。它由地址栏、按钮栏和编辑栏 3 个部分组成，如图 5.1.2 所示。

（1）地址栏。地址栏中将显示鼠标选中的当前单元格地址。

（2）按钮栏。单击“输入”按钮✓确认公式的输入；单击“取消”按钮×取消公式编辑；单击“插入函数”按钮f_x可打开插入函数对话框，完成输入函数进行计算的操作。

（3）编辑栏。编辑栏中可以显示当前选中的单元格中的内容，并能在其中进行编辑。

2. 表格编辑区

表格编辑区是 Excel 2010 工作窗口中面积最大的区域，主要由单元格、工作表栏、行号和列标等组成。

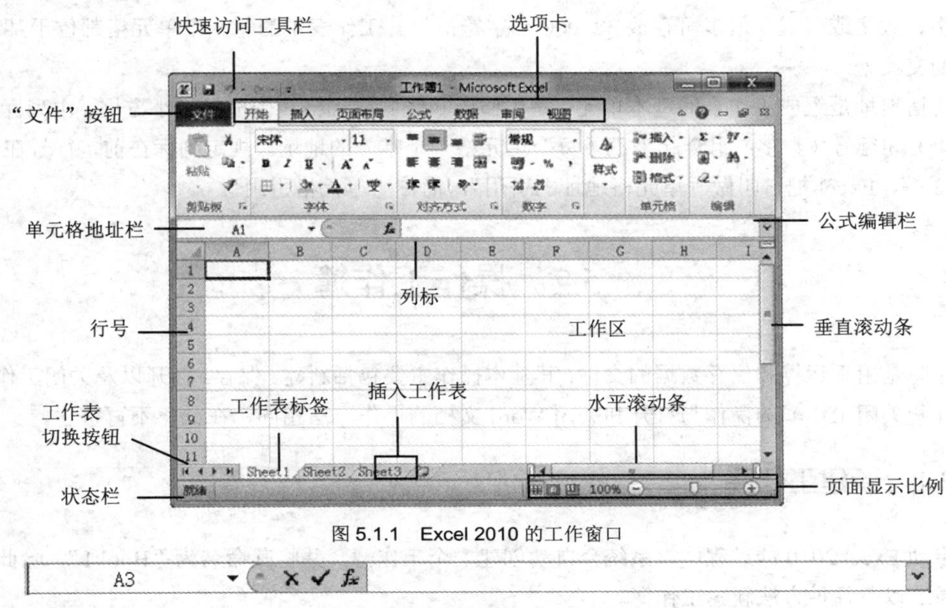

图 5.1.1　Excel 2010 的工作窗口

A3

图 5.1.2　数据编辑栏

（1）单元格。单元格即表格编辑区中的矩形方块，是输入和编辑数据的最基本单位。

（2）工作表栏。工作表栏包括常用的工作表切换按钮和工作表标签栏。在其中单击相应的按钮可以查看相应的表格；而工作表标签栏中默认有 3 个工作表标签，单击标签即可打开相应的工作表，查看其中的内容。

（3）行号、列标。行号是指表格编辑区左侧的数字（如 1，2，3 等），列标是指表格编辑区上方的字母（如 A，B，C 等），用户可以通过它们的组合来定位每个单元格在表格中的位置，如单元格 A8 表示 A 列的第 8 行单元格。

5.1.2　Excel 2010 的相关概念

工作簿、工作表、单元格与单元格地址是 Excel 2010 的基本组成元素，在对工作簿和工作表进行管理和操作之前，首先学习一些相关的基本概念。

1. 工作簿

工作簿是一种 Excel 文件，扩展名为 XLS，一个工作簿文件可以包括若干张工作表。新建的工作簿默认包括 3 张工作表，标签依次为 Sheet1，Sheet2 和 Sheet3。

2. 工作表

工作表是指在 Excel 中用于存储和处理数据的主要文档，也称为电子表格。工作表由排列成行或列的单元格组成，存储在工作簿中。每插入一个工作表，系统会自动加一个标签 Sheet X，其后的序号 X 依次递增 1。当前被选中的工作表称为当前工作表或活动工作表，活动工作表的标签名显示为白色。一个工作表最多可以包含 65 536×256 个单元格。

3．单元格与单元格地址

工作表区域中每一个小方格叫做一个单元格，它是 Excel 处理信息的最小单位。在单元格内可以存放文字、数字或公式，最多可存放 32 000 个字符信息。工作表中的每一个单元格都位于某一行与某一列的交叉处。

单元格地址是组成工作表的基本单元，是由横向和竖向的表格线围成的最小方框。由列标（大写英文字母）和行号（数字）组合起来赋予每个单元格一个唯一的地址。规定列标在前，行号在后，如 A5，B12 等，Excel 把它叫做“单元格地址的引用”，简称“单元格引用”。

5.2　操作工作簿

工作簿是用于运算和保存数据的文件，其基本操作主要包括新建、保存、打开以及关闭工作簿等。其中打开和关闭工作簿的操作与打开和关闭 Word 文档的操作方法相同，在此将不再赘述。

5.2.1　新建工作簿

在启动 Excel 2010 的过程中，系统会自动创建一个工作簿，并将其命名为“Book1”，除此之外，还可以通过以下几种方法新建工作簿。

1．直接新建

（1）单击“快速访问”工具栏中的“新建”按钮，可快速新建一个空白工作簿。

（2）单击文件按钮，从弹出的下拉菜单中选择新建命令，打开“新建”面板，在中间的列表框中选中空白工作簿选项，单击右下角的创建按钮即可，如图 5.2.1 所示。

（3）按快捷键“Ctrl+N”。

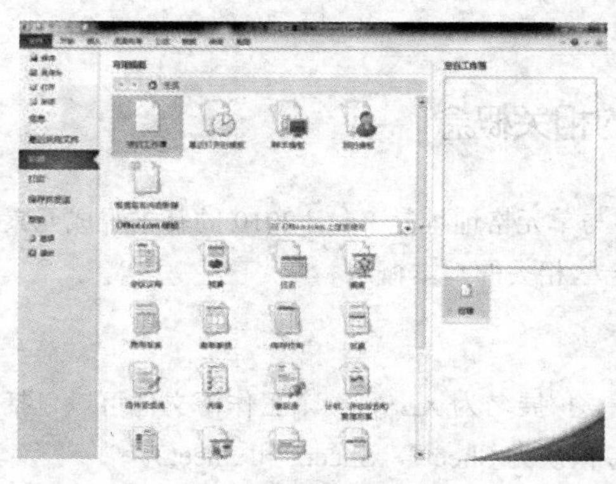

图 5.2.1　直接新建

2．模板新建

利用模板新建具有一定格式的工作簿，具体操作步骤如下：

（1）单击文件按钮，从弹出的下拉菜单中选择新建命令，打开“新建”面板，在中间

的“Office.com 模板”列表框选择合适的模板，这里选择 预算 选项。

（2）在打开的“预算”面板中选择 → 选项。

（3）单击右下角的 下载 按钮即可，如图 5.2.2 所示。

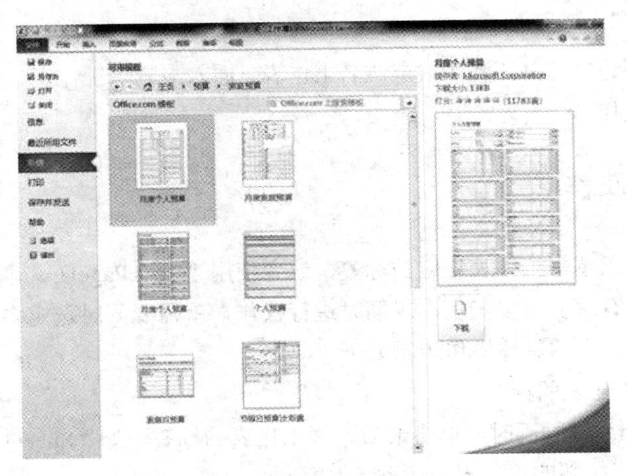

图 5.2.2　根据模板新建

5.2.2　保存工作簿

Excel 中的工作簿无论包括多少张工作表，都可将这些工作表一起保存在工作簿中。通常来说，保存工作簿分为首次保存和再次保存两种情况，下面分别介绍。

1．首次保存

若是新建的工作簿第一次执行保存操作，可按以下步骤进行：

（1）单击“快速访问”工具栏中的“保存”按钮或者单击 文件 按钮，从弹出的下拉菜单中选择 保存 命令，弹出 另存为 对话框，如图 5.2.3 所示。

（2）用户可在该对话框中设置工作簿的保存位置，在“文件名”下拉列表框中输入工作簿的名称，在“保存类型”下拉列表中选择文件的格式，然后单击 保存(S) 按钮即可。

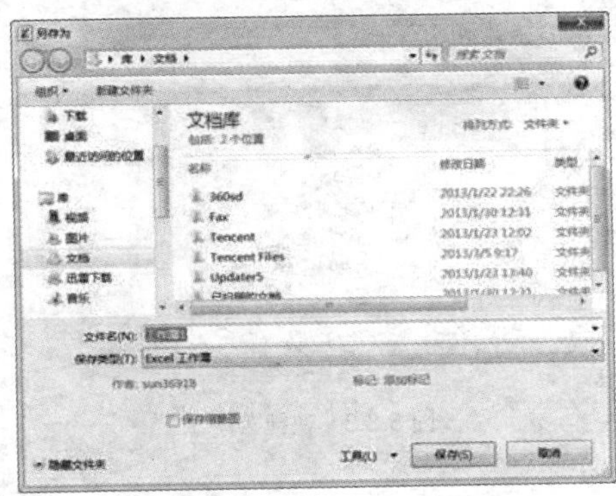

图 5.2.3　“另存为”对话框

2. 再次保存

若要对已保存在电脑中的工作簿执行保存操作，可以单击“快速访问”工具栏中的“保存”按钮，此时将不再打开另存为对话框，直接在原位置的基础上覆盖保存。

5.3 操作工作表

工作表的操作主要包括选择工作表、重命名工作表、插入与删除工作表、复制与移动工作表以及隐藏与显示工作表等操作。

5.3.1 选择工作表

选中单张工作表可以单击工作表相应的标签，或者使用“Ctrl+PageUp”和“Ctrl+PageDown”快捷键，这里不再赘述。有时要对多张工作表同时进行操作，就需要同时选定多张工作表。

选中相邻的多张工作表的具体操作步骤如下：

（1）选中第一张工作表的标签。

（2）在按住“Shift”键的同时，单击最后一张工作表的标签，如“Sheet4”，即可选中“Sheet2”“Sheet3”“Sheet4”3 张相邻的工作表，如图 5.3.1 所示。

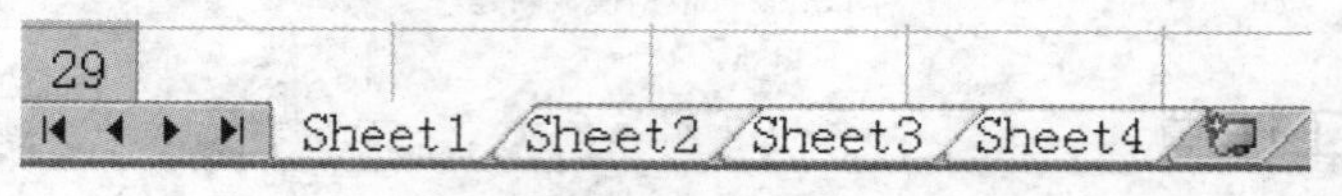

图 5.3.1 选中相邻的多张工作表

（3）按住“Shift”键再次单击可取消选中相邻的多张工作表。

选中不相邻的多张工作表的具体操作步骤如下：

（1）单击任意一张工作表的标签。

（2）在按住“Ctrl”键的同时单击其他工作表标签，如图 5.3.2 所示。

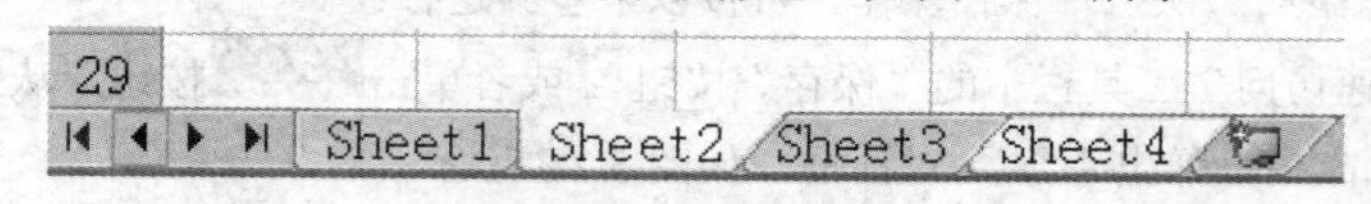

图 5.3.2 选中不相邻的多张工作表

如果要选定工作簿中的所有工作表，可用鼠标右键单击工作表标签，弹出如图 5.3.3 所示的快捷菜单，选择选定全部工作表(S)命令即可。

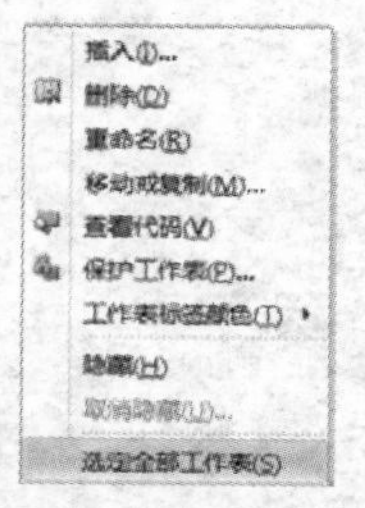

图 5.3.3 快捷菜单

提示：（1）如果工作表标签用颜色作了标记，则当选中该工作表标签时其名称将按用户指

定的颜色加下画线。如果工作表标签显示时具有背景色，则未选中该工作表。

（2）当选中相邻、不相邻或工作簿中全部工作表时，在 Excel 标题栏中都会出现[工作组]字样。用户对工作组中的任意一张工作表进行的操作，都会反映到其他工作表中。

5.3.2　重命名工作表

Excel 2010 默认将工作表依次命名为“Sheet1”“Sheet2”…这样既不直观又不便于记忆，根据需要用户可为工作表取一个直观而且容易记的名称，即重命名。用户可以使用以下两种方法进行重命名。

1．使用鼠标

（1）双击工作表标签，此时标签名呈黑色背景显示，如图 5.3.4 所示。

（2）直接输入新工作表名，如“销售表”，如图 5.3.5 所示。

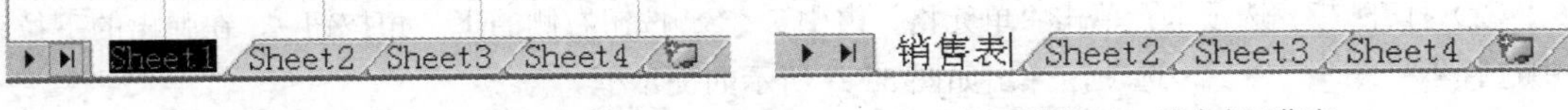

图 5.3.4　选中工作表名　　　　图 5.3.5　重命名工作表

（3）输入完成后按回车键或单击标签外的任何位置，完成重新命名工作表操作。

2．使用菜单项

（1）选中要重命名的工作表标签。

（2）单击鼠标右键，从弹出的快捷菜单中选择 重命名(R) 命令，此时标签名呈黑色背景显示，在标签中输入新的工作表名称即可。

5.3.3　插入与删除工作表

在默认情况下，一个工作簿包含有 3 张工作表，在实际应用中，用户可根据需要来插入工作表。

1．插入工作表

在工作簿中插入工作表的具体操作步骤如下：

（1）使用鼠标右键单击需要插入工作表后面的工作表标签（如要在“Sheet3”前插入工作表，则使用鼠标右键单击该标签），在弹出的快捷菜单中选择 插入(I)... 命令，弹出 插入 对话框，如图 5.3.6 所示。

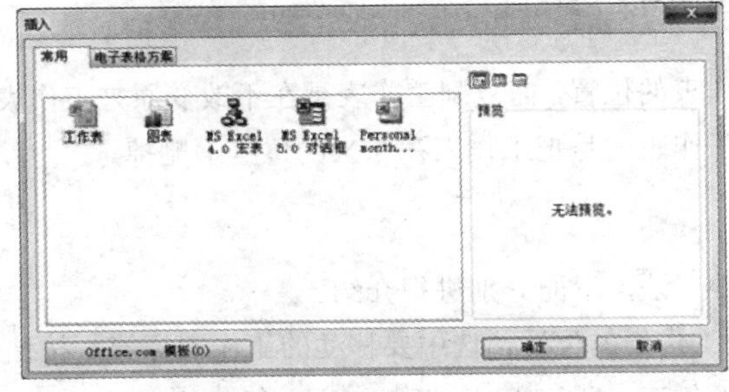

图 5.3.6　“插入”对话框

（2）在该对话框中选择需要的工作表模板，然后单击 确定 按钮，即可基于该模板创建

一个工作表。

技巧：此外，还可通过以下几种方式插入工作表。

（1）用鼠标单击工作表标签右侧的“插入工作表”按钮，可在最后一个工作表的后面插入空白工作表。

（2）按下“Shift+F11”快捷键，即可快速插入一个空白工作表。

（3）在开始选项卡中，单击“单元格”选项组中的插入按钮右侧的下三角按钮，在弹出的下拉列表中选择插入工作表(S)选项。

2．删除工作表

如果要删除工作簿中不需要的工作表，其具体操作步骤如下：

（1）选中要删除的一张或多张工作表。

（2）打开开始选项卡，单击“单元格”组中删除按钮右侧的下三角按钮，在弹出的下拉列表中选择删除工作表(S)选项，弹出如图 5.3.7 所示的提示框。

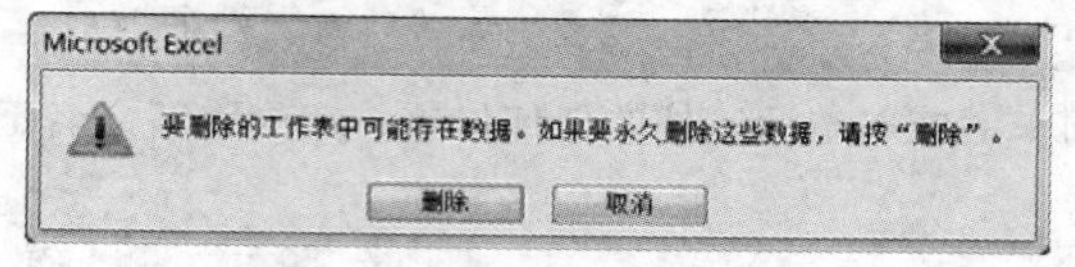

图 5.3.7　提示是否要删除工作表

（3）如果不需要保存此表中的数据，单击删除按钮，即可删除此工作表。

提示：（1）用鼠标右键单击需要删除的工作表标签，在弹出的快捷菜单中选择删除(D)命令，可快速删除一张工作表。

（2）删除工作表是不可撤销的操作，若删除错误，可关闭相应的工作簿，即可弹出如图 5.3.8 所示的提示框。询问是否要保存，然后单击不保存(N)按钮即可。

图 5.3.8　提示是否要保存工作簿

5.3.4　移动与复制工作表

移动工作表即改变工作表的位置，而复制工作表是在不改变原来工作表位置的基础上，将该工作表复制到其他位置，删除工作表就是把工作表在原来的位置上删掉。

1．移动工作表

移动工作表有以下两种方法，下面分别进行介绍。

（1）在工作簿中改变工作表的位置。选中要移动的工作表标签，按住鼠标左键并拖动，此时工作表标签上方会出现一个黑色下三角箭头▼，提示工作表插入的位置，当鼠标指针变成形状时，将指针拖动至该黑色下三角箭头位置，即可移动工作表，如图 5.3.9 所示。

（2）将工作表移动到其他工作簿。操作的结果是将工作表从当前工作簿剪切掉，再粘贴到目标

工作簿中，具体操作步骤如下：

1）打开源工作簿和目标工作簿，将源工作簿文件设置为当前状态。单击要移动的工作表标签，使其成为当前工作表。

2）单击鼠标右键，在弹出的快捷菜单中选择 移动或复制(M)... 命令，弹出 移动或复制工作表 对话框，如图 5.3.10 所示。

图 5.3.9　移动工作表

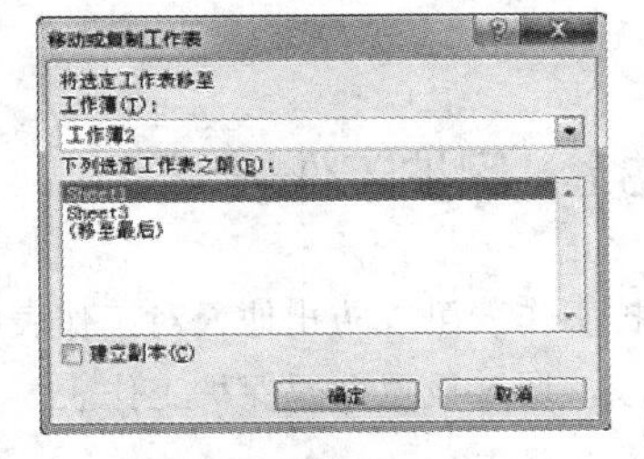

图 5.3.10　“移动或复制工作表”对话框

3）单击移动的目标工作簿文件名，或者单击“新工作簿”(选择该项将自动新建一个工作簿并打开)。

4）在“下列选定工作表之前”列表框中选择将指定工作表移至需进行移动操作的工作表前面，单击 确定 按钮完成移动操作。

2. 复制工作表

复制工作表也有两种情况，即复制到当前工作簿和复制到其他工作簿。

（1）复制到当前工作簿。这种操作将在当前工作簿中插入一张工作表。选定要复制的工作表标签，按住“Ctrl”键，用鼠标拖动选中的工作表，拖到目标位置后释放鼠标即可，如图 5.3.11 所示。

图 5.3.11　在当前工作簿复制 1 张工作表后的标签栏

提示： 如果原工作表中有数据，则同时将数据复制到新生成的工作表中。

（2）复制到其他工作簿。将工作表复制到其他工作簿中，用鼠标右键单击要复制的工作表标签，在弹出的快捷菜单中选择 移动或复制(M)... 命令，弹出 移动或复制工作表 对话框。在“工作簿”下拉列表框中选择目标工作簿，在“下列选定工作表之前”列表框中选择指定工作表复制的位置，选中 ☑建立副本(C) 复选框，单击 确定 按钮完成复制工作。

5.3.5　隐藏与显示工作表

当用户打开的窗口和工作表的数量太多时，屏幕会较乱，为了避免错误的操作，可以将暂时不使用的工作簿和工作表隐藏起来，需要对其操作时，再将它们显示出来。

（1）在 视图 选项卡中的“窗口”选项组中单击 隐藏 按钮或者在工作表标签上单击鼠标右键，从弹出的快捷菜单中选择 隐藏(H) 命令即可隐藏当前工作。

（2）如果要重新显示该工作表，在 视图 选项卡中的“窗口”选项组中单击 取消隐藏 按钮，或者在工作表标签上单击鼠标右键，从弹出的快捷菜单中选择 取消隐藏(U)... 命令，弹出 取消隐藏 对话框，如

图 5.3.12 所示。在该对话框中选择要显示的工作表，再单击 确定 按钮。

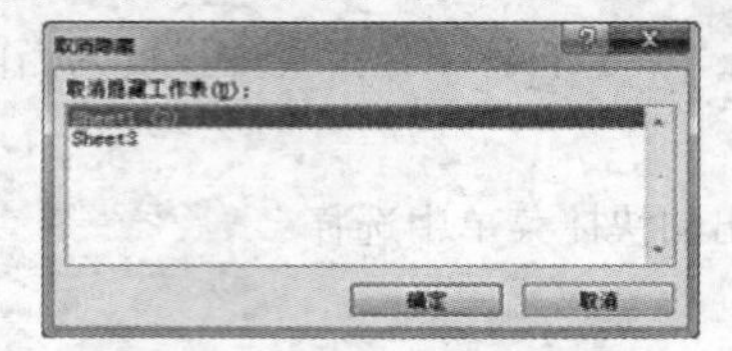

图 5.3.12 “取消隐藏”对话框

5.3.6 保护工作表

保护工作表可以防止他人对工作表中的数据、图表项、对话框编辑项、Excel 宏表、图形对象等进行修改，通过设置密码保护工作表，具体操作方法如下：

（1）在 审阅 选项卡中的“更改”选区中单击 保护工作表 按钮，弹出 保护工作表 对话框，如图 5.3.13 所示。

（2）选中 ☑ 保护工作表及锁定的单元格内容(C) 复选框，在“取消工作表保护时使用的密码”文本框中输入保护密码，密码的长度不能超过 255 个字符。

（3）在“允许此工作表的所有用户进行”列表框中，只选中 ☑ 选定未锁定的单元格 复选框，即允许用户对工作表中的未锁定单元格进行修改。

（4）设置完成后，单击 确定 按钮，弹出 确认密码 对话框，在“重新输入密码”文本框中再次输入保护密码进行确认，如图 5.3.14 所示。

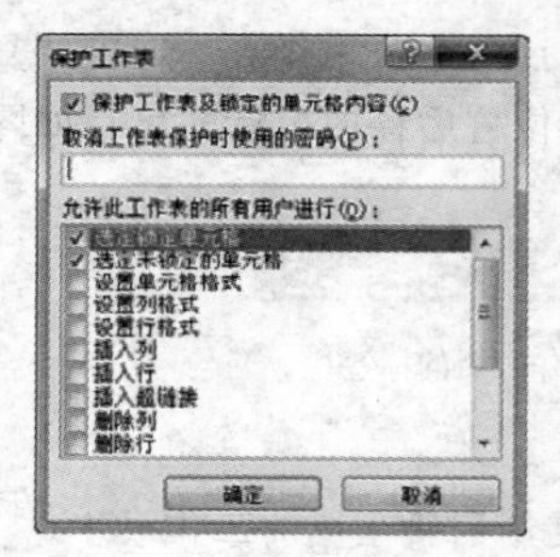

图 5.3.13 “保护工作表”对话框

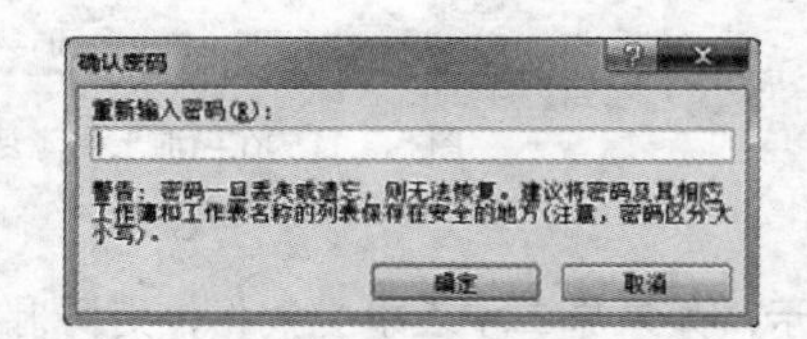

图 5.3.14 “确认密码”对话框

（5）单击 确定 按钮关闭对话框，返回工作表。

提示：若要取消工作表的保护，可在“审阅”选项卡中的“更改”选区中单击 撤消工作表保护 按钮，输入正确的密码后用户就可以重新编辑工作表了。

5.3.7 拆分与冻结工作表

Excel 2010 为用户提供了拆分和冻结工作表窗口的功能，有了这些功能可以更加合理地利用屏幕空间。

1．拆分工作表

拆分工作表就是将工作表当前的活动窗口拆分成窗格，在每个被拆分的窗格中都可以通过滚动条来显示或查看工作表的各个部分。

（1）选定要拆分分隔处的单元格，该单元格的左上角就是拆分的分隔点。

（2）在 视图 选项卡中的“窗口”选项组中单击 拆分 按钮即可，如图 5.3.15 所示。

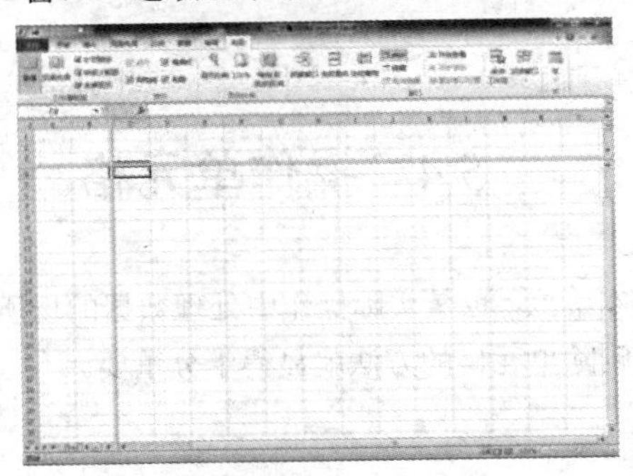

图 5.3.15　拆分工作表窗口

如果要对已经拆分好的窗口进行更改，具体操作步骤如下：

（1）将鼠标移动到垂直拆分框或水平拆分框上。

（2）按下鼠标左键，拖动鼠标指针到工作表要进行拆分的单元格，释放鼠标。

若要取消拆分有以下两种方法：

（1）在 视图 选项卡中的窗口选项组中再次单击 拆分 按钮，即可取消拆分。

（2）在分隔条的交点处双击鼠标左键，可取消拆分。如果要删除一条分隔条，则在该分隔条上方双击即可。

2．冻结工作表

在 Excel 2010 中提供了“冻结窗格”的能力，可以使需要始终保留在屏幕上的信息不随滚动条移动，冻结的对象可以是一行、一列或者是一个单元格。当然，用户也可以根据需要对工作表中特定的行或列进行冻结操作，这样被冻结的行或列就会在浏览记录时始终显示在屏幕中。

如果要冻结拆分后的窗口，可按照以下操作步骤进行：

（1）选定一个单元格作为冻结点，即冻结点以上和左边的所有单元格都将被冻结，并保留在屏幕上。

（2）在 视图 选项卡中的窗口选项组中单击 冻结窗格 按钮，从弹出的下拉菜单中选择 冻结拆分窗格(F) 命令，即可将工作窗口拆分，并将选定单元格以上和左边的所有单元格冻结，如图 5.3.16 所示。

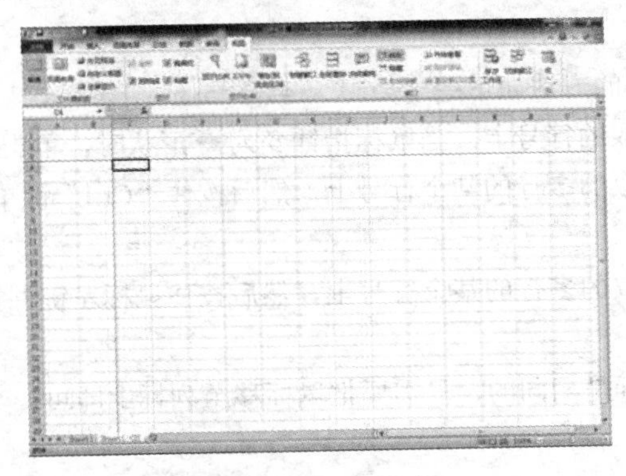

图 5.3.16　冻结拆分窗口

技巧：在被冻结的工作表中，按“Ctrl+Home”快捷键，活动单元格指针将返回到冻结点所在的单元格。

5.4 操作单元格

单元格是组成工作表的基本单位，也是实际操作中处理数据的场所，因此掌握选择单元格、插入单元格、合并和拆分单元格、删除单元格的方法就显得十分重要。

5.4.1 选择单元格

在对某个单元格或多个单元格进行操作前，必须先选中单元格，根据实际情况可进行不同的选择。

1. 选取单个单元格

选取单个单元格常用的方法有两种：

（1）用鼠标直接单击单元格，其方法是当鼠标变成形状时，单击某个单元格，此时该单元格的外侧出现黑色边框，同时在名称框内显示该单元格的名称，这时该单元格被选中。

（2）在工作表左上方的名称框内直接输入需要选取的单元格名称，按回车键即可选中该单元格。

2. 选取单元格区域

单元格区域是指工作表中两个或多个单元格。单元格区域中的单元格可以是相邻的，也可以是不相邻的。选取单元格区域有以下几种方法：

（1）单击并选定工作表中矩形区域左上角的一个单元格，然后按住鼠标左键并拖动鼠标到工作表右下角的一个单元格，释放鼠标即可选取一个矩形区域。

（2）按住“Shift”键的同时移动键盘上的方向键，选取开始和最终的单元格之间的矩形区域。

（3）按住“Shift”键的同时用鼠标单击单元格，选取活动单元格和最终单击的单元格之间的矩形区域。

（4）选取一个单元格，按住“Ctrl”键的同时单击其他要选取的单元格，可选取多个不连续的单元格区域。

3. 选取行和列

在工作表中选取行和列的方法如下：

（1）将鼠标移至要选取的行号上，当鼠标指针变为形状时，单击鼠标即可选定该行。

（2）将鼠标移至要选取的多行的某个行号上，然后按住“Ctrl”键单击其他需要选取行的行号，即可选取多个不连续的行。

（3）将鼠标移至要选取的多行的某个行号上，然后按住鼠标左键并拖动到合适的位置，释放鼠标即可选取多个连续的行。

（4）选取列的方法和行是相同的，只需要把鼠标移至列标上即可。

4. 选取整个工作表

如果要选取整个工作表，可以采用以下方法：

（1）将鼠标移到工作表左上角的“全选”按钮上，当鼠标指针变为✚时，单击该按钮。

（2）按快捷键“Ctrl+A”可选取整个工作表。

5.4.2　插入单元格

在 Excel 2010 中编辑工作表时，为了避免覆盖原有单元格中的数据，常常需要在工作表中插入单元格对其进行补充。插入单元格的具体操作步骤如下：

（1）在插入位置选中一个单元格。

（2）在 开始 选项卡的“单元格”选项组中单击 插入 按钮，在弹出的下拉菜单中选择 插入单元格(I)... 命令，或在选中的单元格上单击鼠标右键，在弹出的快捷菜单中选择 插入(I)... 命令，弹出 插入 对话框，如图 5.4.1 所示。

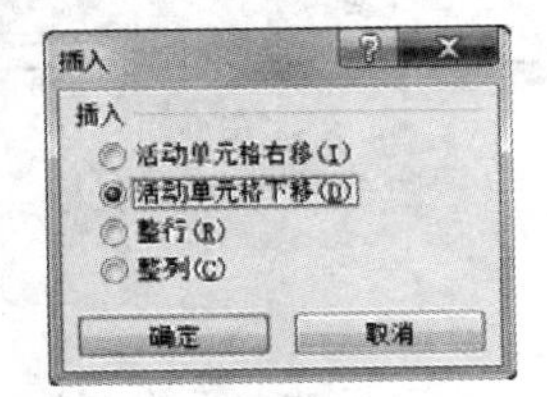

图 5.4.1　“插入”对话框

（3）在 插入 对话框中选择一种插入方式。选中 活动单元格右移(I) 单选按钮，插入的单元格将处于原来所选的位置，原来的单元格将向右移动；选中 活动单元格下移(D) 单选按钮，插入的单元格将处于原来的位置，原来的单元格将向下移动；选中 整行(R) 单选按钮，插入的行数与选定的单元格的行数相同；选中 整列(C) 单选按钮，插入的列数与选定的单元格的列数相同。

（4）选中一种插入方式后，单击 确定 按钮即可。

5.4.3　删除单元格

对于工作表中多余的单元格就应该将其删除，以免影响工作表中的其他数据。删除单元格的具体操作步骤如下：

（1）选中要删除的单元格或单元格区域，也可以选中整行或整列。

（2）在 开始 选项卡的“单元格”选项组中单击 删除 按钮，在弹出的下拉菜单中选择 删除单元格(D)... 命令，弹出 删除 对话框，如图 5.4.2 所示。

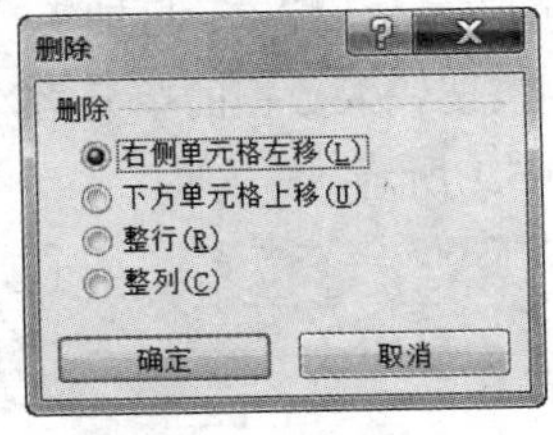

图 5.4.2　“删除”对话框

（3）在“删除”对话框中选择一种删除方式。选中 右侧单元格左移(L) 单选按钮，将选中的单元格删除，其右侧的单元格将向左移动；选中 下方单元格上移(U) 单选按钮，将选中的单元格删除，其下方的单元格向上移动；选中 整行(R) 单选按钮，将选中单元格所在的行删除，其下方的行向上移动；选中 整列(C) 单选按钮，将选中的单元格所在的列删除，其右侧的列向左移动。

（4）选中一种删除方式后，单击 确定 按钮即可。

5.4.4 合并和拆分单元格

合并单元格是指将几个单元格组合成一个单元格，拆分单元格则是将合并后的单元格还原。

1．合并单元格

合并单元格常用于表格标题的制作，应用十分广泛，具体操作如下：

（1）选中要进行合并的单元格区域。

（2）单击 开始 选项卡“对齐方式”组中的“合并后居中”按钮，即可完成合并，如图 5.4.3 所示。

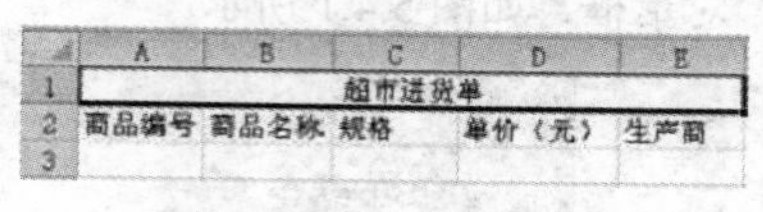

图 5.4.3　合并单元格

2．拆分单元格

在 Excel 2010 中，拆分单元格只对合并后的单元格有效。选择需要拆分的单元格，在 开始 选项卡的“对齐方式”组中单击“合并后居中”按钮右侧的按钮，从弹出的下拉菜单中选择 取消单元格合并(U) 命令即可。

5.5　输入与编辑数据

要利用 Excel 2010 强大的数据处理功能，用户首先要完成的就是输入数据操作。完成数据输入后，还需要进一步编辑数据，如修改数据、移动或复制数据等。

5.5.1　输入数据

在实际工作中，除了要输入普通数据，还要求用户掌握输入特殊数据和填充数据的方法。

1．输入普通数据

在 Excel 2010 中输入的数据主要包括文本、数字、日期等，其输入方法与在 Word 2010 的表格中输入数据的方法类似，用户只需要选中需要输入数据的单元格，即可在其中进行输入。也可选择单元格后单击编辑栏，再输入文本，如图 5.5.1 所示。

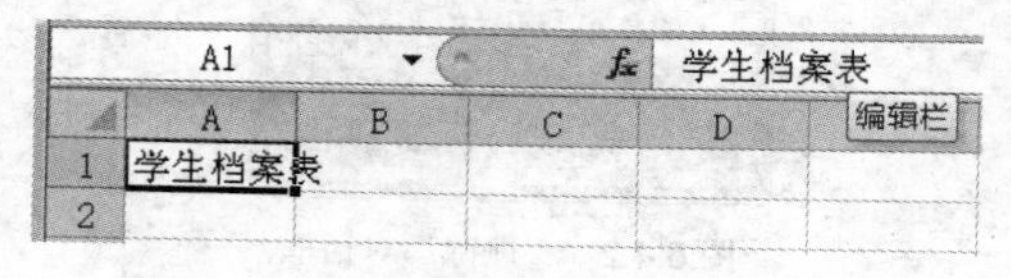

图 5.5.1　输入普通数据

2．输入特殊类型数据

有过工作经验的用户都清楚，在实际操作中遇到的数据类型十分繁杂。为此 Excel 2010 提供了输

入特殊类型数据的功能，可快速输入一些专业的数据。具体操作步骤如下：

（1）在单元格中输入数据后，选择要设置的单元格。

（2）选择 开始 选项卡，在“数字”组中单击“常规”下拉列表框右侧的 按钮，从弹出的下拉列表中选择相应的类型，如“会计专用”，即可完成操作，如图 5.5.2 所示。

	A	B	C	D
1	序号	姓名	职位	月薪
2	1	张楠	销售	¥ 2,000.00
3	2	吴启明	经理	¥ 3,200.00
4	3	姚启明	会计	¥ 2,500.00
5	4	王圆圆	销售	¥ 2,000.00
6	5	杨阳	前台	¥ 1,500.00
7	6	刘刚强	销售	¥ 2,000.00

图 5.5.2　输入特殊类型数据

3．填充数据

输入数据是一件烦琐且需要极细心的工作，为了便于用户操作，Excel 2010 提供了填充相同数据和填充有规律的数据等功能来帮助用户快速完成工作。

（1）填充相同的数据。在第一个单元格中输入数据后，将鼠标光标移至该单元格右下角，当鼠标指针变成＋形状时，按下鼠标左键不放并拖动至最后一个单元格释放，即可将拖动区域中的单元格全部填充为相同的数据，如图 5.5.3 所示。

（2）填充有规律的数据。将鼠标光标移至要填充数据的单元格右下角，当鼠标指针变成＋形状时，按下鼠标左键不放并拖动至最后一个单元格释放，单击单元格右下角的 按钮，从弹出的下拉列表中选中 填充序列(S) 单选按钮，如图 5.5.4 所示。

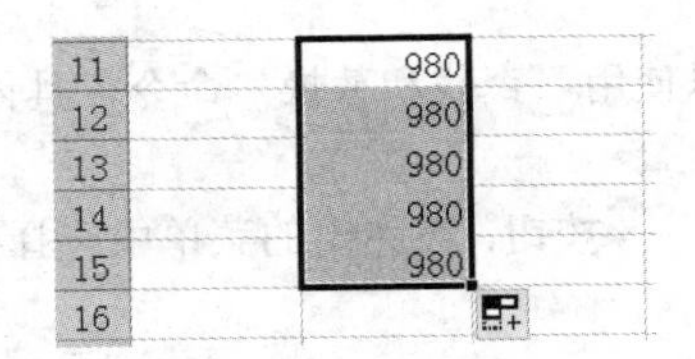

图 5.5.3　填充相同数据

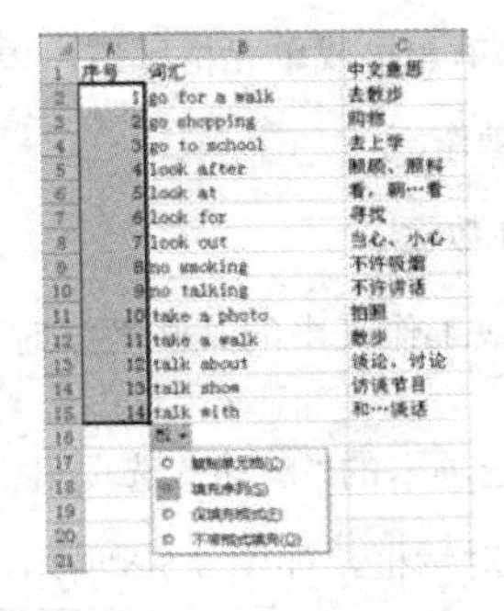

图 5.5.4　填充有规律的数据

5.5.2　编辑数据

编辑数据主要包括修改数据、复制和移动单元格数据、查找和替换数据等操作。

1．修改数据

当输入的数据出现错误时，用户就需要对其进行修改。在工作表中修改数据的方法很简单，单击要修改的单元格，将鼠标定位在编辑栏，删除错误的内容，再输入正确的数据即可。

2．复制和移动单元格数据

复制数据就是将工作表中的一个单元格或单元格区域中的数据复制到另一个单元格或单元格区

域中。数据复制到目标位置后，原来区域的数据仍然存在。如果目标区域已存在数据，系统直接将目标区域的数据覆盖。复制单元格数据可减少用户的键盘输入量，是提高表格制作效率的有效方法。复制单元格数据的操作步骤如下：

（1）选中要进行复制的单元格或单元格区域中的数据。

（2）在 开始 选项卡的“剪贴板”组中单击“复制”按钮。

（3）选中目标单元格或单元格区域，单击 粘贴 按钮，从弹出的下拉列表中选择一种粘贴方式，可完成数据的复制操作，如图 5.5.5 所示。

图 5.5.5 “粘贴”下拉列表

移动数据是将工作表中的一个单元格或单元格区域中的数据移动到另一个单元格或单元格区域中。数据移动到目标位置后，原来区域的数据将被清除。移动单元格数据的操作步骤如下：

（1）选中要进行移动的单元格或单元格区域中的数据。

（2）在 开始 选项卡的“剪贴板”组中单击“剪切”按钮。

（3）选中目标单元格或单元格区域，单击 粘贴 按钮，从弹出的下拉列表中选择一种粘贴方式，即可完成移动数据的操作。

3．查找和替换数据

当要查找或修改工作表中的某些数据时，可以使用“查找和替换”命令，具体操作步骤如下：

（1）在 开始 选项卡的“编辑”选项组中单击 查找和选择 按钮，在弹出的菜单中选择 查找(F)... 命令，弹出 查找和替换 对话框，如图 5.5.6 所示。

图 5.5.6 “查找和替换”对话框

（2）在“查找内容”下拉列表框中输入查找的内容，例如输入“散步”。

（3）单击 查找全部(I) 按钮可以查找该工作中符合要求的全部数据；单击 查找下一个(F) 按钮，可从当前单元格查找符合要求的下一个单元格，如图 5.5.7 所示。

如果用户要将查找到的内容用其他内容替换掉，打开 查找和替换 对话框中的 替换(P) 选项卡，在“查找内容”下拉列表框中输入查找的内容，在“替换为”下拉列表框中输入要替换的内容，单击 全部替换(A) 按钮，在打开提示框中可以查看替换的详情，单击 确定 按钮完成替换操作，如图

5.5.8 所示。

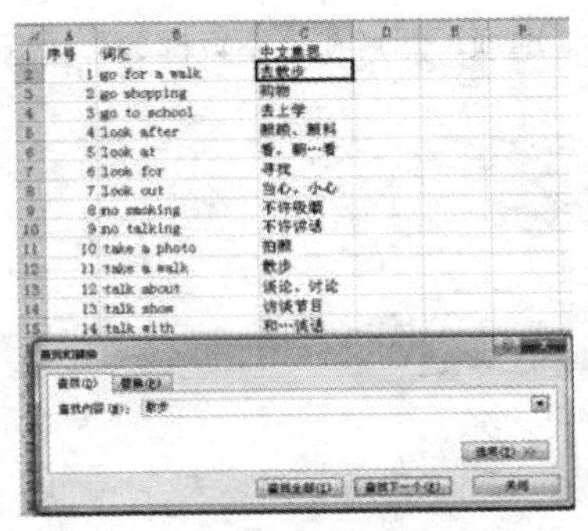

图 5.5.7　查找数据

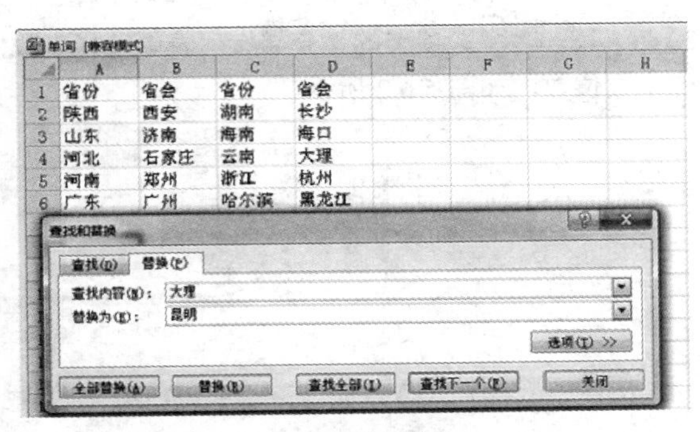

图 5.5.8　替换数据

5.6　美化 Excel 表格

编辑完工作表后，为了让工作表更加美观，就需要对工作表进行格式化。格式设置一般包括字符格式、数字格式、边框底纹、对齐方式等。

5.6.1　设置字符格式

在 Excel 工作表中，可以通过“开始”选项卡的“字体”组对数据的字体样式进行设置，如设置字号、字体、颜色等，让内容的层次更加分明，表格更加美观大方，如图 5.6.1 所示。

图 5.6.1　“字体”组

下面将其中各主要部分的作用分别介绍如下：

“字体”下拉列表框宋体：选择要设置的数据，然后在“字体”下拉列表中选择所需字体。

“字号”下拉列表框9.5：在“字号”下拉列表中选择所需字体的大小。

“字体颜色”按钮A：选择要设置的数据，单击该按钮从弹出的下拉列表中选择字体的颜色。

“填充颜色”按钮：选择要设置的数据，单击该按钮从弹出的下拉列表中选择单元格的背景颜色。

单击“加粗”按钮B，定义粗体字；单击“倾斜”按钮I，定义斜体字；单击“下画线”按钮U，可在数据下添加下画线。

5.6.2　设置数字格式

设置数字格式是指设置日期、时间、货币等各种数据在工作表中的显示方式，这里以设置小数位数为例讲解设置数字格式的方法。具体操作步骤如下：

（1）选定需要设置相同数字格式的单元格或单元格区域。

（2）在开始选项卡中的“单元格”选区中单击格式按钮，在弹出的下拉菜单中选择

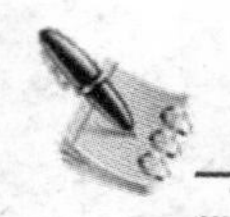

设置单元格格式(E)... 命令，弹出 设置单元格格式 对话框。

（3）在 数字 选项卡的“分类”列表中选择“数值”选项，然后在“小数位数”微调框中设置需要的小数位数，如图 5.6.2 所示。

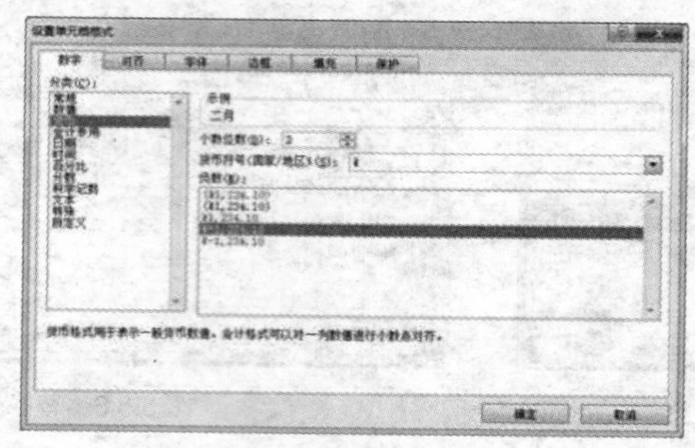

图 5.6.2 “数字”选项卡

提示： 若需要在数字中使用千位分隔符号，则选中 ☑使用千位分隔符(,)(U) 复选框即可。

5.6.3 设置数据的对齐方式

为了版面的美观，需要统一某些单元格区域中文字的对齐方式。设置文本的对齐方式可使用“对齐方式”选项组和“设置单元格格式”对话框。

1. 使用“对齐方式”选项组

使用“对齐方式”选项组设置单元格文本对齐方式的具体步骤如下：

（1）选择需要设置对齐方式的单元格或单元格区域。

（2）在“对齐方式”选项组中单击相应的按钮可设置对齐方式，如图 5.6.3 所示。

如果需要在单元格中换行，可单击“自动换行”按钮，使单元格中不能完全显示的内容通过多行显示出来，也可按组合键“Alt+Enter”。

2. 使用“设置单元格格式”对话框

使用“设置单元格格式”对话框设置文本方式的具体步骤如下：

（1）选择需要设置对齐方式的单元格或单元格区域。

（2）单击“字体”选项组中的按钮，弹出 设置单元格格式 对话框，打开 对齐 选项卡，如图 5.6.4 所示。

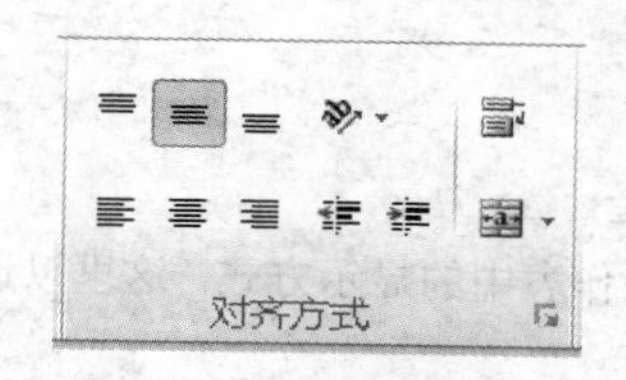

图 5.6.3 “对齐方式”选项组

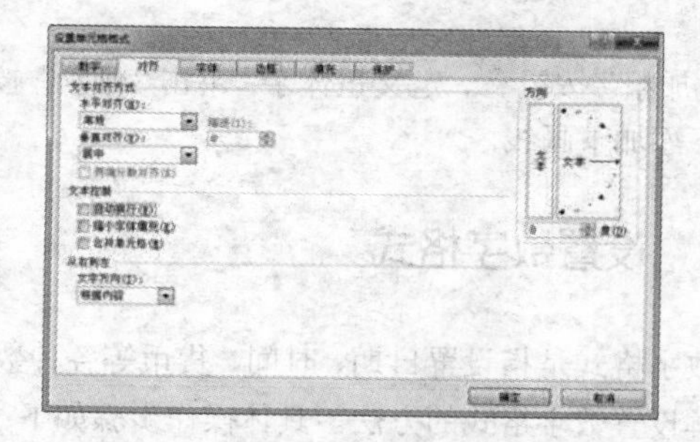

图 5.6.4 “对齐”选项卡

（3）在“文本对齐方式”栏中，可设置文本在水平和垂直方向的对齐方式。

（4）在“文本控制”栏中，选中☑自动换行(W)复选框可设置单元格中的文本自动换行；选中☑合并单元格(M)复选框可将单元格合并。

（5）在“方向”栏的微调框中输入度数，可设置文字按一定角度旋转。

（6）设置完成后，单击 确定 按钮。

5.6.4　设置行列格式

工作表默认的行高为 13.5，列宽为 8.38，根据需要可适当调整行高和列宽，用户可以使用鼠标直接在工作表中调整，也可利用菜单命令对行高和列宽进行精确调整。

1．使用鼠标调整

使用鼠标调整行高和列宽的具体操作步骤如下：

（1）将鼠标移动到要调整的行标题和列标题边界线上。

（2）当鼠标指针变为✛形状时，按住鼠标左键并拖动到合适的位置。在拖动鼠标过程中，显示当前列或行的尺寸，调整好后释放鼠标即可。

2．使用菜单命令调整

使用鼠标只能粗略地调整行高和列宽，如果要精确调整，就需要使用菜单命令进行调整，具体操作步骤如下：

（1）选择要调整的行或列。如果要调整单一的行或列，只须选中该行或该列中任意一个单元格即可。

（2）在 开始 选项卡中的“单元格”选项组中单击 格式 按钮，弹出其下拉菜单。

（3）选择 行高(H)... 命令，弹出 行高 对话框，用户可以在“行高”文本框中输入数值，如图 5.6.5 所示。

（4）选择 列宽(W)... 命令，弹出 列宽 对话框，用户可以在“列宽”文本框中输入数值，如图 5.6.6 所示。

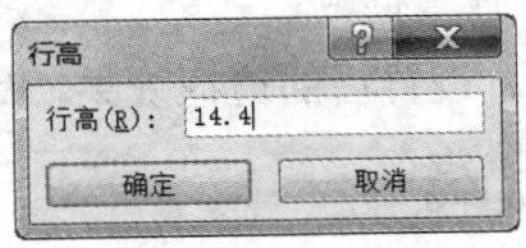

图 5.6.5　“行高”对话框

图 5.6.6　“列宽”对话框

3．批量调整列宽

对于相邻的多列，在其列标处用鼠标选中整列，并将鼠标指针移至选中区域内，单击右键弹出快捷菜单，在该菜单中选择相应命令进行多列的插入和删除操作；将鼠标指针移至选中区域内任何一列的列标边缘，当鼠标指针变成左右带箭头的✛时，按下左键并拖动，则将选中所有列的宽度调成相同的尺寸，此时双击鼠标，则将选中的所有列的宽度调成最合适的尺寸，以和每列中输入最多的单元格相匹配。

对于不相邻的多列，按下“Ctrl”键并单击选中须调整的列，并将鼠标移至选中的区域内任何一列的列标处，当鼠标变成✛时，按下左键并拖动，则将选中的所有列的宽度调成相同尺寸，而此时双击鼠标，则将选中的所有列的宽度调成最合适的尺寸。

以上介绍的都是列的操作，行的操作与上述操作基本相同。

4．隐藏行或列

要快速隐藏活动单元格所在的行，可以按快捷键“Ctrl+9”（不是小键盘上的数字键，下同）；要隐藏活动单元格所在列，可以按快捷键“Ctrl+0”。

隐藏或显示行或列时，先选中需要隐藏的工作表的行或列，在“开始”选项卡的“单元格”选项组中单击 格式 按钮，在弹出的下拉列表中选择 隐藏和取消隐藏(U) 选项，即可隐藏或显示行或列。

5.6.5 添加边框和底纹

实际上在 Excel 工作区中的单元格与单元格之间并没有分隔线，所以为使制作的工作表能够清晰明了，一般需要设置单元格的边框。具体操作步骤如下：

（1）选中需要添加边框的单元格或单元格区域。

（2）在 开始 选项卡中的“单元格”选区中单击 格式 按钮，在弹出的下拉菜单中选择 设置单元格格式(E)... 命令，弹出 设置单元格格式 对话框，选择 边框 选项卡，如图 5.6.7 所示。

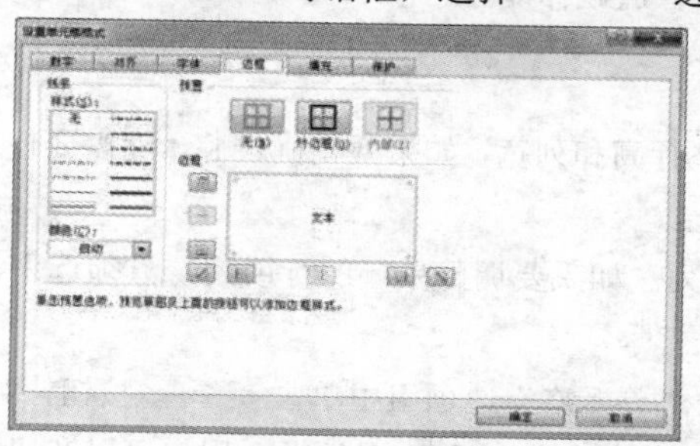

图 5.6.7 “边框”选项卡

（3）在“预置”选区中选择相应的选项，设置单元格的内边框和外边框；在“边框”选区中选择相应的单元格应用边框，也可以在“边框”选区的预览框内需要添加边框处单击鼠标；在“线条”选区中选择一种边框；在“颜色”下拉列表中选择一种边框颜色。

（4）单击 确定 按钮返回工作表，即可查看设置后的边框效果，如图 5.6.8 所示。

商场销售统计表

单位：万元

	1月	2月	3月	4月	5月	6月	合计	平均值
食品	23	28	35	27	19	26	158	26.33
鞋类	56	58	65	53	48	48	328	54.67
家具	85	92	102	99	79	83	540	90.00
服装	102	150	98	92	85	84	611	101.83
办公文品	185	178	170	183	192	190	1098	183.00
厨卫用品	218	269	195	203	194	185	1264	210.67
数码产品	205	215	234	228	237	239	1358	226.33
珠宝饰品	308	325	280	265	281	279	1738	289.67

图 5.6.8 设置边框效果

如果要为单元格区域添加底纹，可单击 填充 选项卡。在“背景色”列表框中选择一种颜色作为工作表底纹，也可在“图案颜色”下拉列表中选择一种图案作为底纹。

5.6.6 套用表格样式

Excel 2010 提供了多种表格样式，使用这些样式可以快速地为满足条件的单元格设置样式。使用

自动套用格式的具体操作步骤如下：

（1）打开要应用表格样式的工作表，用鼠标选中应用表格样式的单元格区域。

（2）打开 开始 选项卡，单击“样式”组中的 套用表格格式 按钮，弹出其下拉列表，如图 5.6.9 所示。

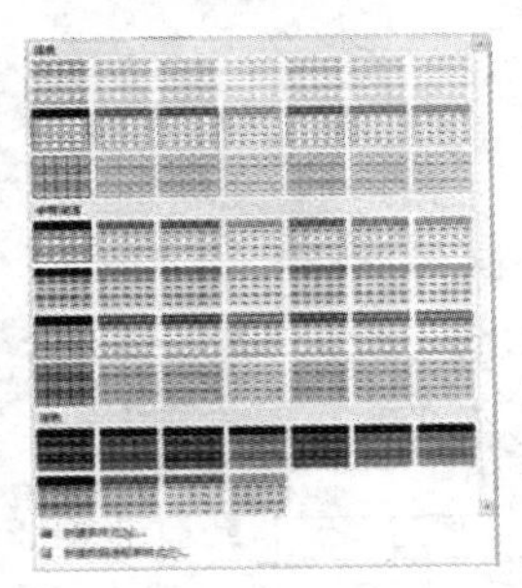

图 5.6.9　“套用表格样式”下拉列表

（3）在该列表中选择“表样式浅色 9”，打开 套用表格式 对话框，系统默认“表数据的来源”下拉列表中设置，并选中 ☑表包含标题(M) 复选框，如图 5.6.10 所示。

（4）单击 确定 按钮，返回即可查看到表格应用样式后的效果，如图 5.6.11 所示。

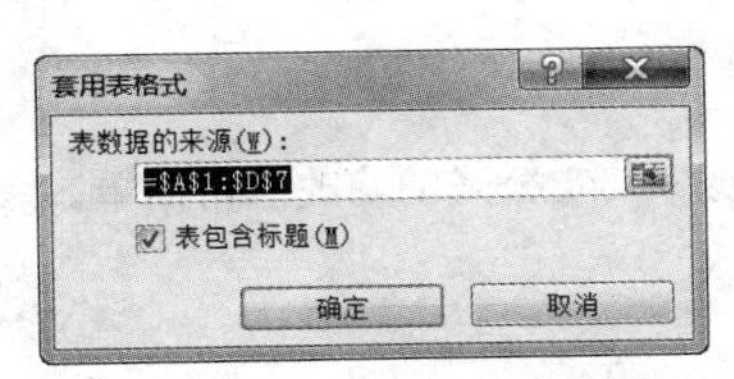

图 5.6.10　“套用表格式”对话框

	A	B	C	D
1	序号	姓名	职位	月薪
2	1	张楠	销售	¥ 2,000.00
3	2	吴启明	经理	¥ 3,200.00
4	3	姚启明	会计	¥ 2,500.00
5	4	王圆圆	销售	¥ 2,000.00
6	5	杨阳	前台	¥ 1,500.00
7	6	刘刚强	销售	¥ 2,000.00

图 5.6.11　“套用表格格式”效果

5.7　使用公式和函数

分析和处理 Excel 工作表中的数据离不开公式和函数。公式是工作表中对数据进行分析和运算的等式，是工作表的数据计算中不可缺少的部分。函数是 Excel 提供的一些特殊的内置公式，可以进行数学运算和逻辑运算等。与直接使用公式进行计算相比较，使用函数进行计算的速度更快，并且可以减少错误的发生。

5.7.1　创建公式

1．使用键盘

使用键盘创建公式的具体操作步骤如下：

（1）选中要添加公式的单元格。

（2）因为所有公式都是以等号开始的，所以首先在编辑栏中输入等号“=”，然后输入计算表达式。如果使用的是“函数向导”向单元格输入公式，Excel 会自动在公式前面插入等号。

（3）单击编辑栏中的“输入”按钮✓或按“Enter”键完成公式的输入，计算结果显示在选中的单元格中，如图 5.7.1 所示。

2．使用“公式”选项卡

除了在编辑栏或单元格内手动输入公式之外，如果在公式中要用到Excel提供的函数，更方便的方法是使用“插入函数”。如果创建含有函数的公式，那么“公式”选项卡有助于输入工作表函数和公式。“公式”选项卡如图5.7.2所示。

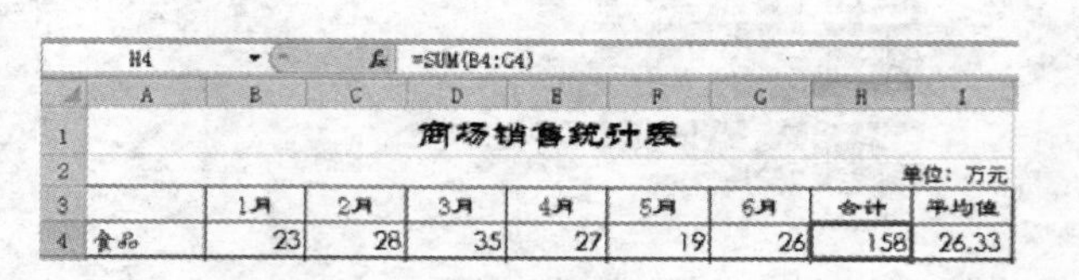

H4 =SUM(B4:G4)

	A	B	C	D	E	F	G	H	I
1	商场销售统计表								
2									单位：万元
3		1月	2月	3月	4月	5月	6月	合计	平均值
4	食品	23	28	35	27	19	26	158	26.33

图5.7.1　使用键盘创建公式

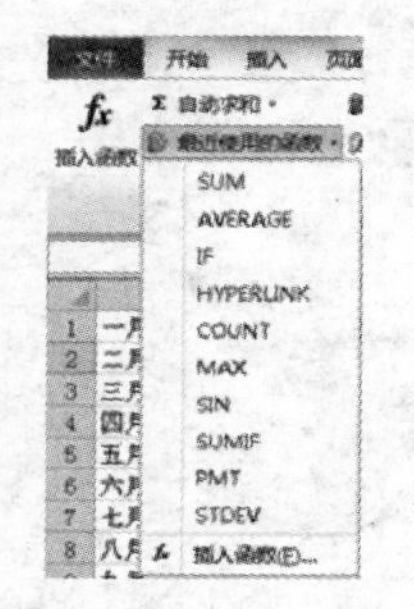

图5.7.2　“公式”选项卡

5.7.2　编辑公式

编辑公式包括修改公式、复制公式和移动公式等操作。

1．修改公式

如果发现某处的公式有错误，就必须对该公式进行修改，其实公式的修改非常简单。修改公式的具体操作步骤如下：

（1）单击包含要修改公式的单元格。

（2）在编辑栏中对公式进行修改，如果要修改公式中的函数，则更换或修改函数的参数。

（3）单击编辑栏中的“输入”按钮或按“Enter”键完成修改。

2．复制公式

在Excel中编辑好一个公式后，如果在其他单元格中需要编辑的公式与此单元格中编辑的公式相同，可以复制公式。在复制公式时，单元格中的绝对引用不会改变，而相对引用则会改变。例如将“H4”单元格的公式复制到“H5”单元格，具体操作步骤如下：

（1）选中“H4”单元格，单击鼠标右键，在弹出的快捷菜单中选择 复制(C) 命令。

（2）单击“H5”单元格，单击 粘贴 按钮，复制公式的结果如图5.7.3所示。

	A	B	C	D	E	F	G	H	I
1	商场销售统计表								
2									单位：万元
3		1月	2月	3月	4月	5月	6月	合计	平均值
4	食品	23	28	35	27	19	26	158	26.33
5	粮类	56	58	65	53	48	48	328	
6	家具	85	92	102	99	79	83		(Ctrl)
7	服装	102	150	98	92	85	84		
8	办公文品	185	178	170	183	192	190		
9	厨卫用品	218	269	195	203	194	185		
10	数码产品	205	215	234	228	237	239		
11	珠宝饰品	308	325	280	265	281	279		

图5.7.3　复制公式

在图中可以看到，在复制带有公式的单元格时，只是将单元格的公式进行复制和粘贴，而不是复制和粘贴单元格的结果，即不复制单元格中的数值。

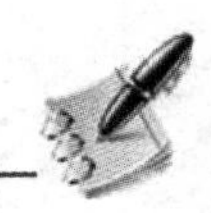

3. 移动公式

创建公式后，还可以将其移动到其他单元格中。移动公式后，改变公式中元素的大小，此单元格的内容也会随着元素的改变而改变。在移动公式时，单元格中的绝对引用不会改变，而相对引用则会改变。移动公式的具体操作步骤如下：

（1）选中“I4”单元格，将鼠标指针移动到“I4”单元格边框上，此时指针变为✛形状。

（2）按住鼠标左键不放，拖动鼠标到“I11”单元格，释放鼠标左键，将公式移动到了“I11”单元格，如图 5.7.4 所示。

I11　fx =AVERAGE(B11:G11)

商场销售统计表

单位：万元

	1月	2月	3月	4月	5月	6月	合计	平均值
食品	23	28	35	27	19	26	158	26.33
鞋类	56	58	65	53	48	48	328	54.67
家具	85	92	102	99	79	83	540	90.00
服装	102	150	98	92	85	84	611	101.83
办公文具	185	178	170	183	192	190	1098	183.00
厨卫用品	218	269	195	203	194	185	1264	210.67
数码产品	205	215	234	228	237	239	1358	226.33
珠宝饰品	308	325	280	265	281	279	1738	289.67

图 5.7.4　移动公式

5.7.3　相对引用和绝对引用

使用公式时经常会引用单元格，而 Excel 中的引用分为相对引用、绝对引用和混合引用，因此必须理解相对引用和绝对引用的含义。

（1）相对引用。在默认情况下填充复制公式时，公式中的引用会随存放计算结果的单元格位置的不同而相应改变，但引用的单元格与包含公式的单元格的相对位置不变，这就是相对引用。

（2）绝对引用。将公式复制到新位置时，公式中的单元格地址始终保持固定不变，结果与包含公式的单元格位置无关，这即是绝对引用。在相对引用的单元格的列标和行号之前分别添加$符号便可成为绝对引用，如“=$C$3+$G$3”。

（3）混合引用。在同一个公式中可以对部分单元格采用相对引用，对另一部分采用绝对引用，这就是混合引用。

如果要将公式中的相对引用更改为绝对引用，可以直接修改。对于手动输入的公式，可以选中要改变引用方式的单元格地址，然后按“F4”键进行改变，按“F4”键可以依次在相对引用、绝对引用、仅对行号使用绝对引用、仅对列标使用绝对引用之间进行切换。

5.7.4　使用函数

为了使数据计算更为简便，Excel 引入了函数，包括统计函数、财务函数、数学与三角函数、逻辑函数和信息函数等。使用函数可以方便地对工作表中的数据进行求和、求平均值等的计算，从而提高工作效率。

1. 认识常用函数

函数实际上就是系统预先定义好的公式，它由等号、函数和参数三部分组成。函数及其参数可以手动输入，以下列出了几种常用函数的作用。

（1）SUM 函数。用于计算单元格区域中所有数值的和。其参数可以是数值常量，如 SUM(5,4)

表示计算 5+4 的和，也可以是单元格的引用或单元格区域的引用，如 SUM(A2,B3)表示将计算 A2 和 B3 单元格中数值的和，而 SUM(A6:E7)表示求 A6:E7 单元格区域内各单元格中数值的和。它常用于“销售表”“收支表”“成绩表”等计算。

（2）AVERAGE 函数。用于计算参数中所有数值的平均值，它常用于“销售表”“收支表”等计算。

（3）MAX 函数。当要对多个单元格的数据进行比较，显示其最大值所在的单元格时，可以选择该函数，它常用于“成绩表”“销售表”等计算。

（4）MIN 函数。当要对多个单元格的数据进行比较，显示其最小值所在的单元格时，可以选择该函数，它常用于“成绩表”“销售表”等计算。

函数由函数名和参数组成，具体格式为：

函数名（参数 1，参数 2，……），其中，函数的参数可以是表达式、单元格地址、区域、区域名称等。如果函数没有参数，也必须加上括号。

（5）条件函数 IF。当要对多个单元格中的数值进行筛选操作时，可以通过该函数求得符合要求的单元格运算结果，它常用于“考核表”“统计表”等计算。

2．插入函数

在使用函数时，对于简单的函数可以采用手动输入；对于较复杂的函数，为了避免在输入过程中产生错误，可以通过向导来插入。

下面在“家庭收支管理”工作簿中输入函数完成计算，具体操作步骤如下：

（1）打开“期中考试成绩.xlsx”，选择要输入函数的单元格，这里选择 H3 单元格，在编辑栏中单击“插入函数”按钮 f_x。

（2）弹出 插入函数 对话框，在“或选择类别”下拉列表中选择所需函数类型，在“选择函数”列表框中可以选择所需的函数，如“SUM”求和函数，如图 5.7.5 所示。

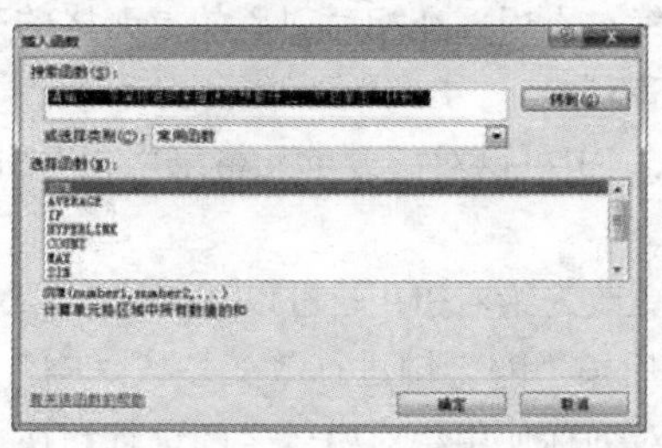

图 5.7.5 “插入函数”对话框

（3）单击 确定 按钮，弹出 函数参数 对话框，在“Number1”文本框中输入要进行计算的参数，这里输入“C3:G3”，如图 5.7.6 所示。

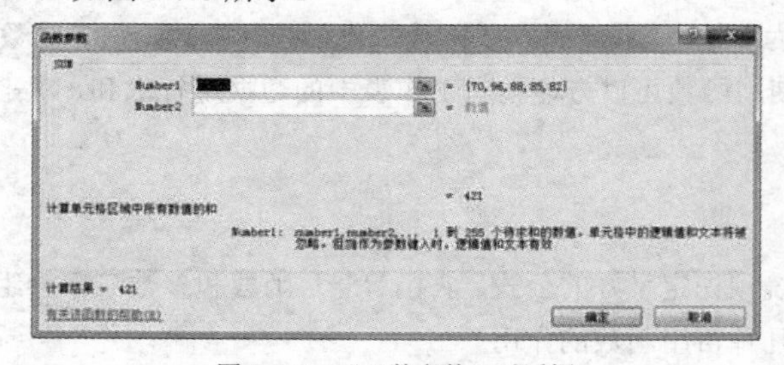

图 5.7.6 “函数参数”对话框

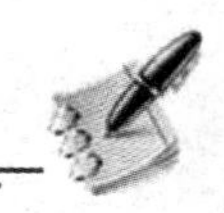

提示：单击“Number1”文本框右侧的按钮，折叠“函数参数”对话框后，用鼠标在表格中选择需要使用函数的单元格区域。

（4）单击“确定”按钮返回工作表，在 H3 单元格即可看到运用函数计算出的结果，如图 5.7.7 所示。

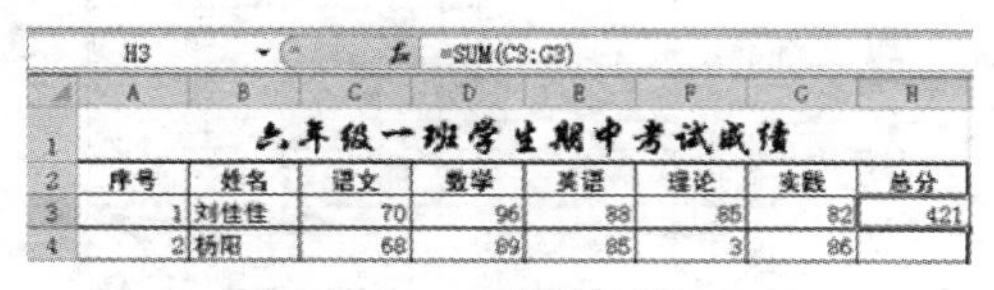

H3 =SUM(C3:G3)

	A	B	C	D	E	F	G	H
1	六年级一班学生期中考试成绩							
2	序号	姓名	语文	数学	英语	理论	实践	总分
3	1	刘佳佳	70	96	88	85	82	421
4	2	杨阳	68	89	85	3	86	

图 5.7.7　函数计算结果

5.8　管 理 数 据

Excel 的数据管理功能包括数据的排序、筛选、分类汇总等，这些功能不仅可以提高用户对数据进行运算比较的工作效率，还可以使表格内容更加详尽。

5.8.1　数据排序

数据排序就是按一定的规则对数据进行整理，Excel 2010 提供了多种排序方法，可以按常规的升序或降序排序，也可以自定义排序。

1．常规排序

按常规排序可以将数据清单中的列标记作为关键字进行排序，具体操作步骤如下：

（1）选中要进行排序的列中的任意一个单元格，打开“开始”选项卡，单击“编辑”选项组中的“排序和筛选”按钮。

（2）在弹出的菜单中选择“升序(S)”或“降序(O)”命令，可将该列自动按升序或降序进行排序。

2．自定义排序

在 Excel 中，用户还可以按自己定义的顺序进行排序。Excel 2010 提供内置的星期、日期和年月自定义序列，用户还可以创建自己的自定义序列。

（1）选择要排序的单元格区域。

（2）在“数据”选项卡的“排序和筛选”组中单击“排序”按钮，弹出“排序”对话框，如图 5.8.1 所示。

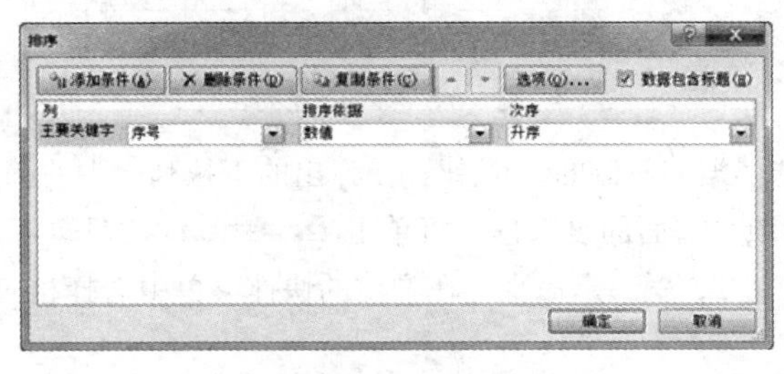

图 5.8.1　“排序”对话框

（3）在“主要关键字”下拉列表中选择排序的条件，即排序的标准，这里选择“总分”；在“次序”下拉列表框中选择排序的方式，在此选择“降序”。

（4）设置完成后，单击 确定 按钮，完成自定义排序，如图 5.8.2 所示。

六年级一班学生期中考试成绩

序号	姓名	语文	数学	英语	理论	实践	总分
1	刘佳佳	70	96	88	85	82	421
14	梁文广	97	100	69	81	70	417
16	杨康	82	96	77	88	72	415
12	王鑫	90	95	84	70	75	414
3	刘艳丽	85	92	58	83	85	403
15	张雪映	86	78	82	84	73	403
4	吴格格	81	93	66	78	78	396
13	张琳琳	98	82	63	82	71	396
7	王明军	69	89	84	78	72	392
6	张格格	70	67	85	90	76	388
5	刘佳玲	75	78	76	79	79	387
18	马明	88	89	65	81	58	381
11	陈晓明	59	90	82	71	67	369
17	李乐乐	71	84	71	83	55	364
8	翟燕	52	66	83	76	86	363
9	张民	63	57	81	72	68	341
10	李鹏成	55	71	70	74	65	335
2	杨阳	68	89	85	3	86	331

图 5.8.2　排序结果

5.8.2　数据筛选

筛选数据可显示满足指定条件的行，并隐藏不希望显示的行。筛选数据之后，对于筛选过的数据子集，不用重新排列或移动就可以复制、查找、编辑、设置格式、制作图表或打印。Excel 2010 提供了两种筛选数据的方法，即自动筛选和高级筛选。使用自动筛选可以创建按列表值、格式和条件筛选 3 种类型。

1. 自动筛选

自动筛选是一种简单而又快速的筛选方法。自动筛选的具体操作步骤如下：

（1）选中要筛选的数据清单中的任意一个单元格，打开 数据 选项卡，在“排序和筛选”选项组中单击 筛选 按钮，即可看到每列右侧有一个下三角按钮，如图 5.8.3 所示。

六年级一班学生期中考试成绩

序号	姓名	语文	数学	英语	理论	实践	总分
1	刘佳佳	70	96	88	85	82	421
14	梁文广	97	100	69	81	70	417
16	杨康	82	96	77	88	72	415
12	王鑫	90	95	84	70	75	414
3	刘艳丽	85	92	58	83	85	403
15	张雪映	86	78	82	84	73	403
4	吴格格	81	93	66	78	78	396
13	张琳琳	98	82	63	82	71	396
7	王明军	69	89	84	78	72	392
6	张格格	70	67	85	90	76	388
5	刘佳玲	75	78	76	79	79	387
18	马明	88	89	65	81	58	381
11	陈晓明	59	90	82	71	67	369
17	李乐乐	71	84	71	83	55	364
8	翟燕	52	66	83	76	86	363
9	张民	63	57	81	72	68	341
10	李鹏成	55	71	70	74	65	335
2	杨阳	68	89	85	3	86	331

图 5.8.3　显示下拉列表框

（2）单击要作为筛选依据列右侧的按钮，在弹出的下拉列表中的筛选器（数据列不同，选项也不同）中选中要显示的项目前面的复选框，再单击 确定 按钮即可只显示符合条件的数据记录，或者选择 数字筛选(F) 命令，在弹出的快捷菜单中选择相应命令，如图 5.8.4 所示，选择 D 列为筛选依据列。

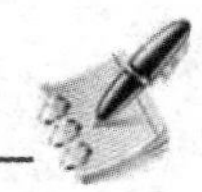

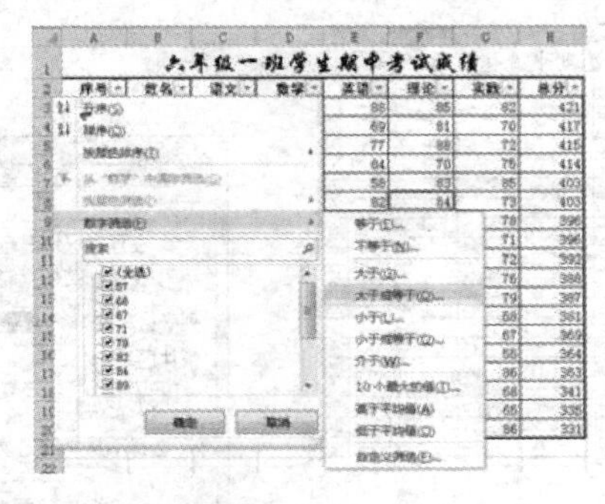

图 5.8.4　选择命令

（3）如果在筛选器中选择 自定义筛选(F)... 命令，弹出 自定义自动筛选方式 对话框，在对话框中设置更多的筛选条件，如图 5.8.5 所示。

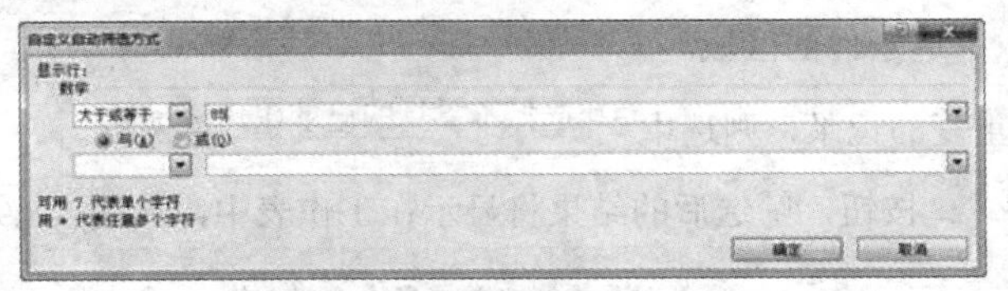

图 5.8.5　“自定义自动筛选方式”对话框

（4）设置完毕后，单击 确定 按钮即可完成操作，只在工作表中显示符合条件的数据记录，如图 5.8.6 所示。

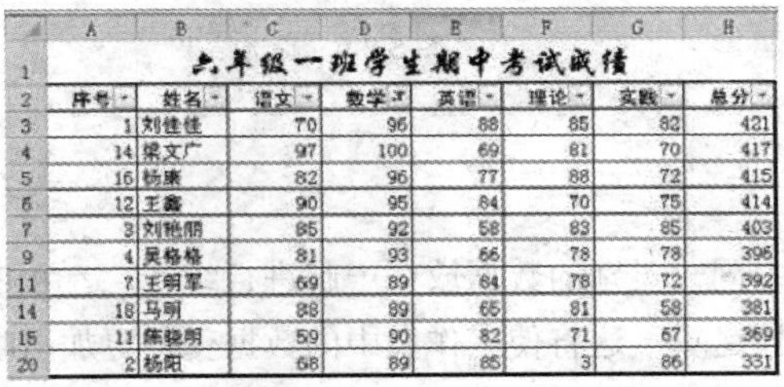

	A	B	C	D	E	F	G	H
1	六年级一班学生期中考试成绩							
2	序号	姓名	语文	数学	英语	理论	实践	总分
3	1	刘佳佳	70	96	88	85	82	421
4	14	梁文广	97	100	69	81	70	417
5	16	杨康	82	96	77	88	72	415
6	12	王鑫	90	95	84	70	75	414
7	3	刘艳朋	85	92	58	83	85	403
9	4	吴格格	81	93	66	78	78	396
11	7	王明军	69	89	84	78	72	392
14	18	马明	88	89	65	81	58	381
15	11	陈晓明	59	90	82	71	67	369
20	2	杨阳	68	89	85	3	86	331

图 5.8.6　筛选结果

如果要取消对某列的筛选，单击该列中的“筛选”按钮，在弹出的菜单中选择 从“数学”中清除筛选(C) 命令，或者单击“排序和筛选”选项组中的 清除 按钮即可。

2. 高级筛选

如果要通过复杂的条件来筛选单元格区域，就要使用高级筛选命令。高级筛选的具体操作步骤如下：

（1）在可用做条件区域的区域上方或下方插入空白行，条件区域必须具有列标签，确保在条件值与区域之间至少留有空白行。

（2）在列标签下面的行中键入要筛选的条件，如图 5.8.7 所示。

（3）打开 数据 选项卡，在“排序和筛选”选项组中单击 高级 按钮，弹出 高级筛选 对话框，如图 5.8.8 所示。

（4）在“方式”选区中选择筛选结果显示的位置。如果选中 在原有区域显示筛选结果(F) 单选按钮，结果将在原数据清单位置显示；如果选中 将筛选结果复制到其他位置(O) 单选按钮，并在“复制到”文本框中选定要复制到的区域，筛选后的结果将显示在其他区域，其结果与原工作表并存。

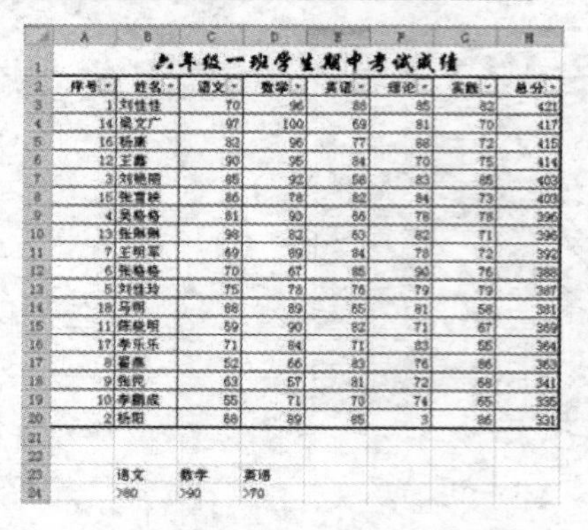

	A	B	C	D	E	F	G	H
1	六年级一班学生期中考试成绩							
2	序号	姓名	语文	数学	英语	理论	实践	总分
3	1	刘佳佳	70	96	88	85	82	421
4	14	侯文广	97	100	69	81	70	417
5	16	杨康	82	96	77	88	72	415
6	12	王鑫	90	95	84	70	75	414
7	3	刘艳丽	85	92	58	83	85	403
8	15	张晋峰	86	78	82	84	73	403
9	4	吴晓梅	81	90	66	78	78	396
10	13	张琳琳	98	82	63	82	71	396
11	7	王明军	69	89	84	78	72	392
12	6	张晓梅	70	67	85	90	76	388
13	5	刘佳玲	75	78	76	79	79	387
14	18	马明	88	89	65	81	58	381
15	11	薛晓明	59	90	82	71	67	369
16	17	李乐乐	71	84	71	83	55	364
17	8	翟燕	52	66	83	76	86	363
18	9	张民	63	57	81	72	68	341
19	10	李鹏成	55	71	70	74	65	335
20	2	杨阳	88	89	65	3	86	331
21								
22								
23		语文	数学	英语				
24		>80	>90	>70				

图 5.8.7　输入筛选条件

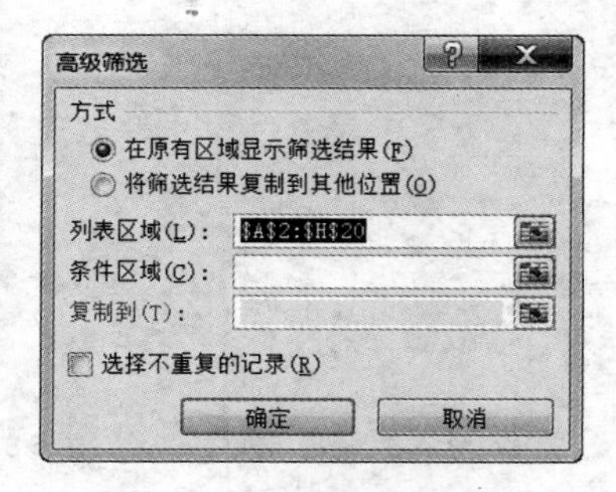

图 5.8.8　“高级筛选”对话框

（5）在“列表区域”文本框中输入要筛选的区域，也可以用鼠标直接在工作表中选定。在“条件区域”文本框中输入筛选条件的区域。

（6）如果要筛选重复的记录，则选中☑选择不重复的记录(R)复选框。

（7）单击 确定 按钮，筛选后的结果将显示在工作表中，如图 5.8.9 所示。

	A	B	C	D	E	F	G	H
1	六年级一班学生期中考试成绩							
2	序号	姓名	语文	数学	英语	理论	实践	总分
5	16	杨康	82	96	77	88	72	415
6	12	王鑫	90	95	84	70	75	414
21								
22								
23		语文	数学	英语				
24		>80	>90	>70				

图 5.8.9　筛选结果

5.8.3　分类汇总

分类汇总是指将表格中同一类别的数据放在一起进行统计。运用 Excel 的分类汇总功能可对表格中的同一类的数据进行统计运算，这将使工作表中的数据变得更加清晰直观。如果要插入分类汇总，就必须先对要分类汇总的数据字段进行排序。

下面以“客户生日管理”为例，讲解分类汇总的具体操作。

（1）在打开的工作表中，选择其中任意一个有数据的单元格，如图 5.8.10 所示。

（2）在 数据 选项卡的“排序和筛选”选项区中单击 排序 按钮，弹出 排序 对话框，在“主要关键字”下拉列表中选择“客户级别”，在“次要关键字”下拉列表中选择“客户姓名”，如图 5.8.11 所示。

	A	B	C	E	F
1	客户姓名	出生年月	客户级别	年龄	生日月份
2	郑婉彤	1981/1/20	钻石	32	1
3	郑宇明	1972/3/29	钻石	41	3
4	苑洁茂	1971/3/9	钻石	42	3
5	王琳倩	1973/4/3	钻石	40	4
6	徐玉莹	1973/5/8	黄金	40	5
7	王润涵	1976/5/5	白银	37	5
8	车丽颖	1979/6/27	钻石	34	6
9	明雪莹	1976/6/6	白银	37	6
10	王雯杉	1970/6/25	白银	43	6
11	张文樵	1960/7/5	黄金	53	7
12	文彤欣	1980/8/9	钻石	33	8
13	李亦骏	1969/8/25	钻石	44	8
14	张雨佳	1981/8/5	白银	32	8
15	郑俊钰	1978/8/23	白银	35	8
16	高昱	1969/9/9	钻石	44	9
17	张嘉琳	1977/9/21	黄金	36	9
18	邱雨鑫	1976/9/2	黄金	37	9
19	姚子涵	1975/10/5	黄金	38	10

图 5.8.10　选定任意单元格

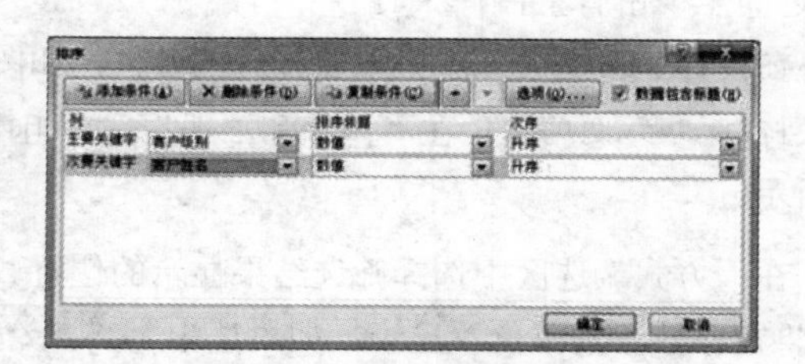

图 5.8.11　设置排序条件

（3）单击 确定 按钮，完成排序，结果如图 5.8.12 所示。

（4）在 数据 选项卡的“排序和筛选”选项区中单击 分类汇总 按钮，弹出 分类汇总 对话框。

（5）在“分类字段”下拉列表中选择分类的依据，这里选择“客户级别”；在“汇总方式”下拉列表中选择汇总的方式，在此选择“计数”；在“选定汇总项”列表框中选择要计数的项目，这时选中“客户姓名”，如图 5.8.13 所示。

	A	B	C	E	F
1	客户姓名	出生年月	客户级别	年龄	生日月份
2	明雪莹	1976/6/6	白银	37	6
3	王润涵	1976/5/5	白银	37	5
4	王雯杉	1970/6/25	白银	43	6
5	张雨佳	1981/8/5	白银	32	8
6	郑俊钰	1978/8/23	白银	35	8
7	邱雨童	1976/9/2	黄金	37	9
8	熊子洁	1975/10/5	黄金	38	10
9	徐玉玺	1973/5/8	黄金	40	5
10	张嘉琳	1977/9/21	黄金	36	9
11	张文楠	1960/7/5	黄金	53	7
12	车丽颖	1979/6/27	钻石	34	6
13	高昱	1969/9/9	钻石	44	9
14	李亦骏	1969/8/25	钻石	44	8
15	王琳嫣	1973/4/3	钻石	40	4
16	苑洁滢	1971/3/9	钻石	42	3
17	郑婉彤	1981/1/20	钻石	32	1
18	郑宇明	1972/3/29	钻石	41	3
19	支彤欣	1980/8/9	钻石	33	8

图 5.8.12　排序结果

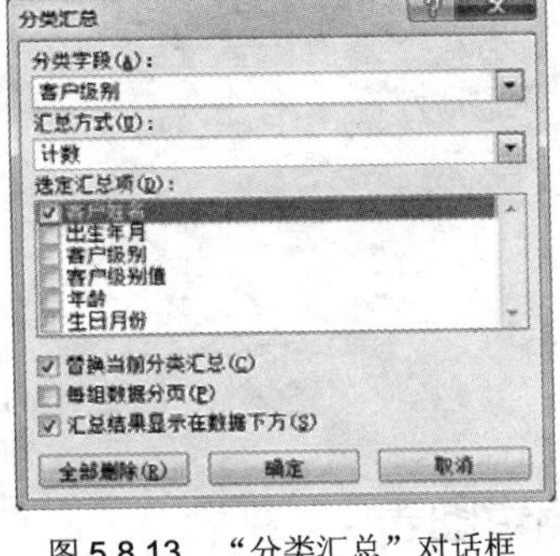

图 5.8.13　“分类汇总”对话框

（6）单击 确定 按钮返回工作表，即可查看完成分类汇总后的效果，如图 5.8.14 所示。

	A	B	C	E	F
1	客户姓名	出生年月	客户级别	年龄	生日月份
2	明雪莹	1976/6/6	白银	37	6
3	王润涵	1976/5/5	白银	37	5
4	王雯杉	1970/6/25	白银	43	6
5	张雨佳	1981/8/5	白银	32	8
6	郑俊钰	1978/8/23	白银	35	8
7	5		白银 计数		
8	邱雨童	1976/9/2	黄金	37	9
9	熊子洁	1975/10/5	黄金	38	10
10	徐玉玺	1973/5/8	黄金	40	5
11	张嘉琳	1977/9/21	黄金	36	9
12	张文楠	1960/7/5	黄金	53	7
13	5		黄金 计数		
14	车丽颖	1979/6/27	钻石	34	6
15	高昱	1969/9/9	钻石	44	9
16	李亦骏	1969/8/25	钻石	44	8
17	王琳嫣	1973/4/3	钻石	40	4
18	苑洁滢	1971/3/9	钻石	42	3
19	郑婉彤	1981/1/20	钻石	32	1
20	郑宇明	1972/3/29	钻石	41	3
21	支彤欣	1980/8/9	钻石	33	8
22	8		钻石 计数		
23	18		总计数		

图 5.8.14　分类汇总后的结果

在行号前方单击 1 按钮，可关闭汇总的明细项只查看结果。查看完毕后，在 分类汇总 对话框中单击 全部删除(R) 按钮，即可返回工作表的正常状态。

5.9　使用图表分析数据

图表可以将 Excel 表格中的数据以柱形图、饼图、散点图等形式生动地表现出来，便于用户对数据进行更加直观的分析，而且图表与生成它们的工作表数据相链接，当更改数据时，图表中的相关内容会自动更新。

5.9.1　创建图表

Excel 2010 提供了图表向导功能，利用它可以快速、方便地创建一个标准类型或自定义类型的图表。插入图表的方法很简单，具体操作如下：

（1）选中要创建数据图表的数据区域。

（2）在 插入 选项卡中的“图表”选项组中单击要插入的图表样式按钮，如“柱形图”，从弹出的下拉列表中选择合适的样式选项，如“簇状柱形图”，如图 5.9.1 所示。

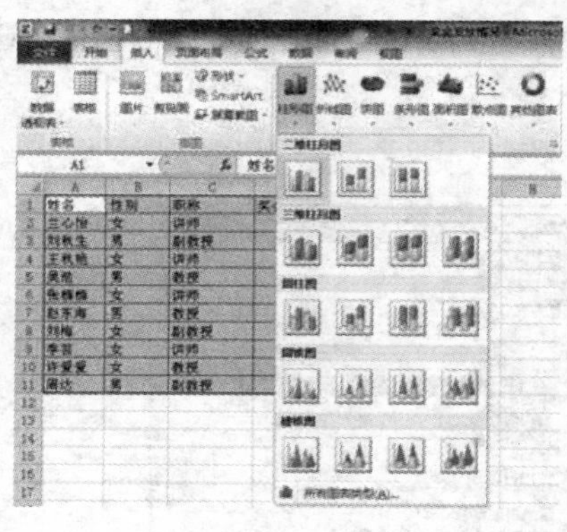

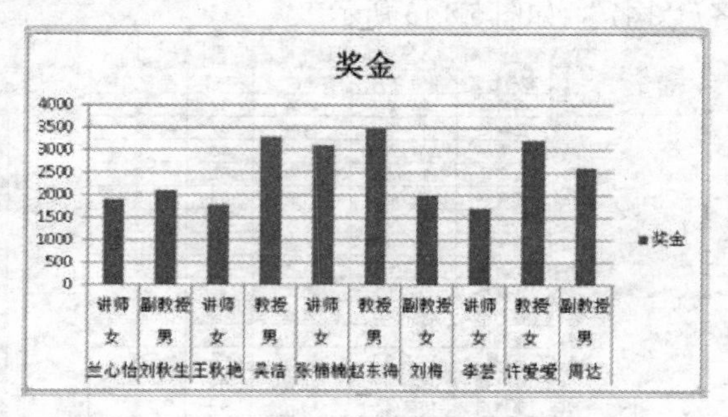

图 5.9.1 插入图表

5.9.2 编辑图表

与在文档中插入图片一样，对于工作表中插入的图表，用户同样需要编辑才能使其符合要求，美观大方。下面就以“奖金发放情况”表中编辑图表，具体操作步骤如下：

（1）选中已插入的图表，在 设计 选项卡的“类型”组中单击 更改图表类型 按钮，弹出 更改图表类型 对话框，如图 5.9.2 所示。

图 5.9.2 “更改图形样式”对话框

（2）在左侧的列表框中选择要更改的图表样式，这里选择“条形图”，在右侧的列表框中选择“簇状条形图”选项。

（3）单击 确定 按钮返回工作表，即可查看更改样式后的图表，如图 5.9.3 所示。

（4）将鼠标光标移至图表的空白处，当其变为 形状时拖动鼠标至工作表空白处释放，即可完成图形的移动。

（5）选中插入的图表，将鼠标移至图表四周的控制点上，即可拖动调整图表的大小。

（6）选择图表的图例区，即最右边的内容，单击鼠标右键，从弹出的快捷菜单中选择 设置图例格式(F)... 命令，弹出 设置图例格式 对话框，默认打开 图例选项 选项卡，如图 5.9.4 所示。

（7）在“图例位置”栏中单击 ◉ 底部(B) 单选按钮，单击 关闭 按钮返回工作表。

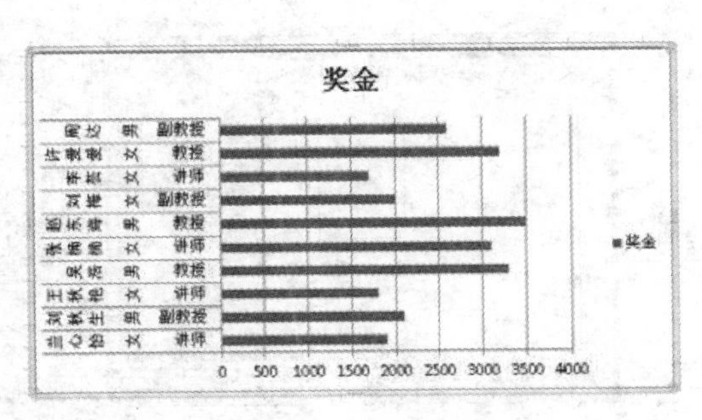

图 5.9.3　更改图表样式效果

图 5.9.4　“设置图例格式”对话框

（8）将光标置于图表标题框中，将标题修改为“奖金发放情况”，如图 5.9.5 所示。

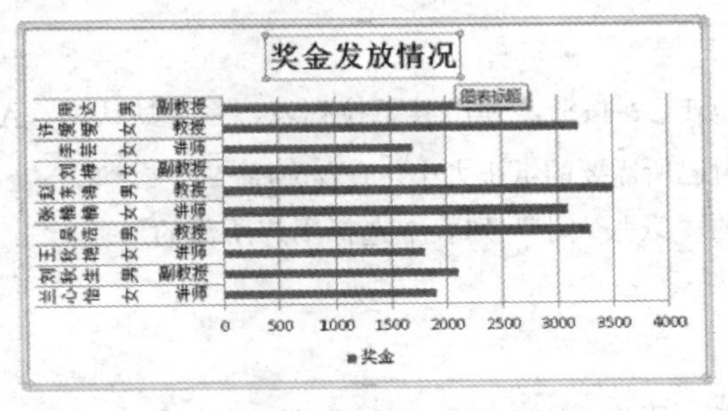

图 5.9.5　编辑图表标题

5.10　打印输出工作表

打印是使用电子表格软件的一个关键步骤。事实上，用户在计算机上编辑好工作表后，就要将其打印出来。但是，不同行业用户需要的报告样式是不同的，每个用户都会有自己的特殊要求。为了方便用户，Excel 提供了页面设置、打印预览等命令来设置或调整打印效果。

5.10.1　页面设置

打开 页面布局 选项卡，在“页面设置”组中单击相应的按钮对页面进行设置，如图 5.10.1 所示。

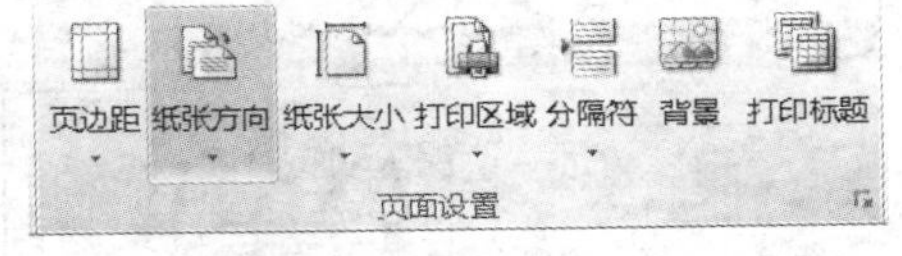

图 5.10.1　“页面设置”组

1. 设置页边距

在“页面设置”组中单击 页边距 按钮，弹出其下拉列表，如图 5.10.2 所示，该列表提供了普通、宽、窄 3 种页边距供用户选择。

用户也可以选择 自定义边距(A)... 命令，弹出 页面设置 对话框，如图 5.10.3 所示，在 页边距 选项卡中的“上”“下”“左”“右”“页眉”和“页脚”微调框中设置文件与打印纸边缘之

间的距离。

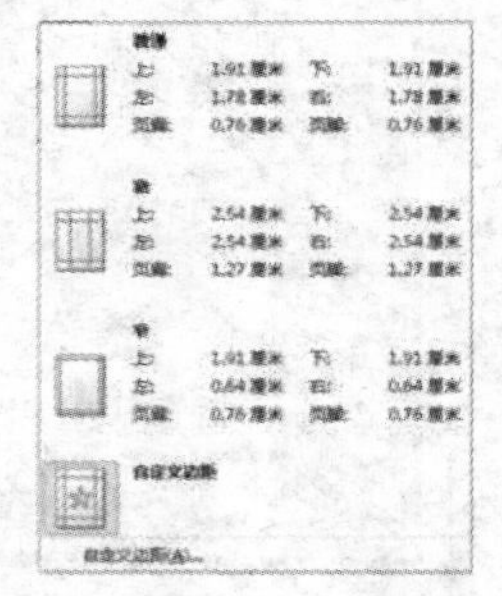

图 5.10.2 “页边距”下拉列表

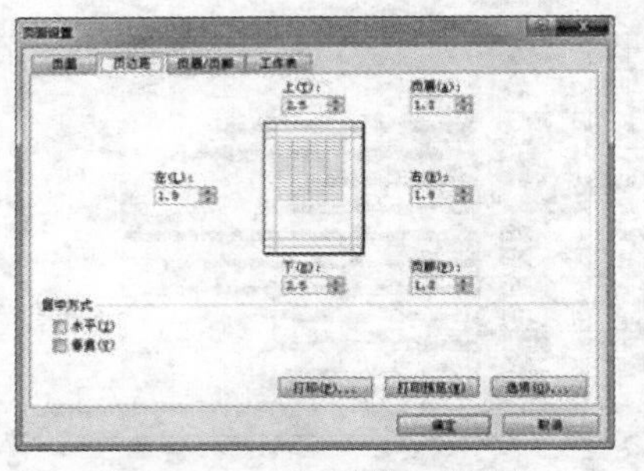

图 5.10.3 “页面设置”对话框

2．设置纸张大小

在“页面设置”组中单击纸张大小按钮，弹出其下拉列表，系统默认为“A4”纸，如图 5.10.4 所示。用户在该列表中可以选择自己所需要的纸张大小，或者选择其他纸张大小(M)...命令，弹出页面设置对话框，在页面选项卡的“纸张大小”列表中选择用户所需的纸张大小。

图 5.10.4 “纸张大小”下拉列表

3．设置打印区域

如果只打印部分工作表，须单击该工作表，选择要打印的数据区域，单击打印区域按钮，在弹出的下拉列表中选择设置打印区域(S)命令。

5.10.2 打印表格

在打印之前，通常需要预览打印效果，打印预览可显示工作表打印出来的真正效果，使用打印预览可以清楚地看出页面设置是否合理。完成预览后，就可以将表格打印出来了。

（1）打开 Excel 2010 文档窗口，单击文件按钮，从打开的文件面板中选择打印命令。

（2）在打开的“打印”窗口右侧预览区域可以查看文档打印预览效果。在预览中，可以配置所有类型的打印设置，例如，打印份数、页面范围、单面/双面打印等。“打印”窗口如图 5.10.5 所示。

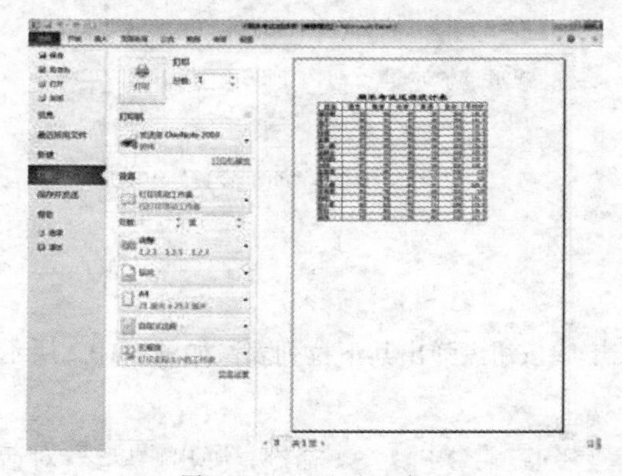

图 5.10.5 “打印”窗口

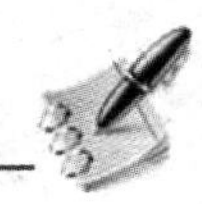

（3）对预览效果满意后，单击 [打印] 按钮即可开始打印。

5.11　课堂实战——计算和管理数据

本例将打开“期末考试成绩统计表”，在其中分别运用公式和函数完成计算任务，再按“总分”进行降序排列，最后再添加表格边框和插入图表，最终效果如图 5.11.1 所示。

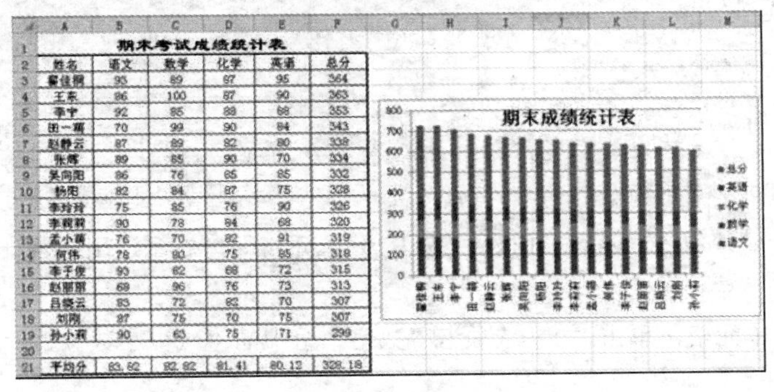

期末考试成绩统计表

姓名	语文	数学	化学	英语	总分
窦佳桐	93	89	87	95	364
王东	86	100	87	90	363
李宁	92	85	88	88	353
田一萌	70	99	90	84	343
赵静云	87	89	82	80	338
张辉	89	85	90	70	334
吴向阳	86	76	85	85	332
杨阳	82	84	87	75	328
李玲玲	75	85	76	90	326
李莉莉	90	78	84	68	320
孟小萌	76	70	82	91	319
何伟	78	80	75	85	318
李子俊	93	82	68	72	315
赵丽丽	68	96	76	73	313
吕晓云	83	72	82	70	307
刘刚	87	75	70	75	307
孙小莉	90	63	75	71	299
平均分	83.82	82.82	81.41	80.12	328.18

图 5.11.1　效果图

操作步骤

（1）打开“期末考试成绩统计表”，如图 5.11.2 所示。

（2）选中 F3 单元格，单击 开始 选项卡“编辑”组中的“求和”按钮 Σ，在单元格中会显示计算公式，如图 5.11.3 所示。按回车键，即可计算出结果。

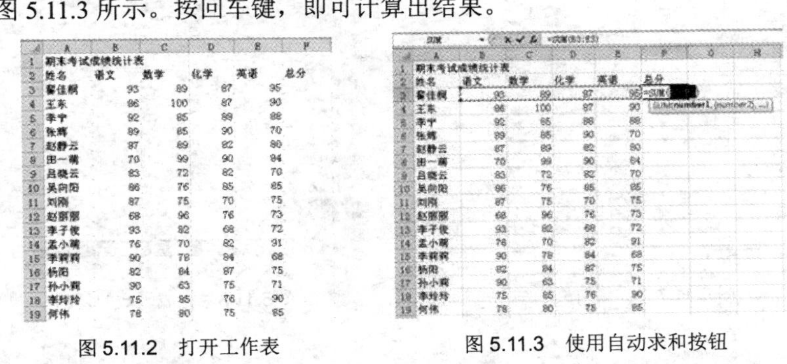

图 5.11.2　打开工作表　　　图 5.11.3　使用自动求和按钮

（3）将鼠标移至 F3 单元格的右下角，当其变为 **+** 形状时，拖动鼠标至 F19 单元格后释放，完成公式的复制操作，如图 5.11.4 所示。

图 5.11.4　复制公式

（4）选择 B21 单元格，在公式编辑栏中单击“插入函数”按钮 *fx*，弹出“插入函数”对话框。在“选择函数”列表框中选择求平均值函数“AVERAGE”，如图 5.11.5 所示。

（5）单击“确定”按钮，打开“函数参数”对话框。单击“Number1”文本框右侧的折叠按钮，折叠“函数参数”对话框后，用鼠标在表格中选择 B3:B19 单元格区域，如图 5.11.6 所示。

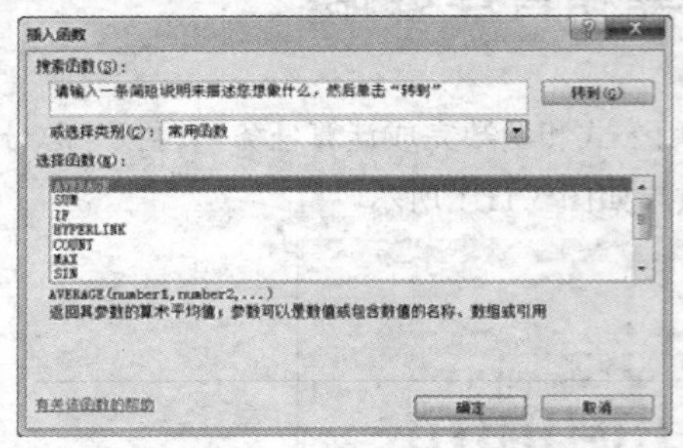

图 5.11.5　选择函数

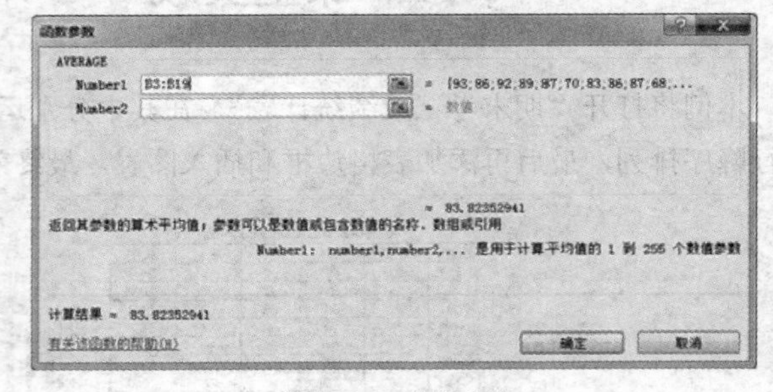

图 5.11.6　设置参数

（6）单击“确定”按钮返回工作表，在 B19 单元格即可看到运用函数计算出的结果，如图 5.7.7 所示。

（7）选中 B19 单元格，单击“开始”选项卡“数字”组中的“减少小数位数”按钮，使其保留两位小数。

（8）将鼠标移至 B19 单元格的右下角，当其变为**＋**形状时，拖动鼠标至 F21 单元格后释放，完成函数的复制操作，如图 5.11.8 所示。

B21　=AVERAGE(B3:B19)

期末考试成绩统计表

	姓名	语文	数学	化学	英语	总分
3	翟佳桐	93	89	87	95	364
4	王东	86	100	87	90	363
5	李宁	92	85	88	88	353
6	张辉	89	85	90	70	334
7	赵静云	87	89	82	80	338
8	田一萌	70	99	90	84	343
9	吕晓云	83	72	82	70	307
10	吴向阳	86	76	85	85	332
11	刘刚	87	75	70	75	307
12	赵丽丽	68	96	76	73	313
13	李子俊	93	82	68	72	315
14	孟小萌	76	70	82	91	319
15	李莉莉	90	78	84	68	320
16	杨阳	82	84	87	75	328
17	孙小莉	90	63	75	71	299
18	李玲玲	75	85	76	90	326
19	何伟	78	80	75	85	318
20						
21	平均分	83.82353				

图 5.11.7　计算结果

B21　=AVERAGE(B3:B19)

期末考试成绩统计表

	姓名	语文	数学	化学	英语	总分
3	翟佳桐	93	89	87	95	364
4	王东	86	100	87	90	363
5	李宁	92	85	88	88	353
6	张辉	89	85	90	70	334
7	赵静云	87	89	82	80	338
8	田一萌	70	99	90	84	343
9	吕晓云	83	72	82	70	307
10	吴向阳	86	76	85	85	332
11	刘刚	87	75	70	75	307
12	赵丽丽	68	96	76	73	313
13	李子俊	93	82	68	72	315
14	孟小萌	76	70	82	91	319
15	李莉莉	90	78	84	68	320
16	杨阳	82	84	87	75	328
17	孙小莉	90	63	75	71	299
18	李玲玲	75	85	76	90	326
19	何伟	78	80	75	85	318
20						
21	平均分	83.82	82.82	81.41	80.12	328.18

图 5.11.8　完成函数的复制

（9）选择 A2:F19 单元格区域，在“数据”选项卡的“排序和筛选”组中单击“排序”按钮，打开“排序”对话框，在“主要关键字”下拉列表框中选择“总分”项，在“次序”下拉列表中选择“降序”，如图 5.11.9 所示。

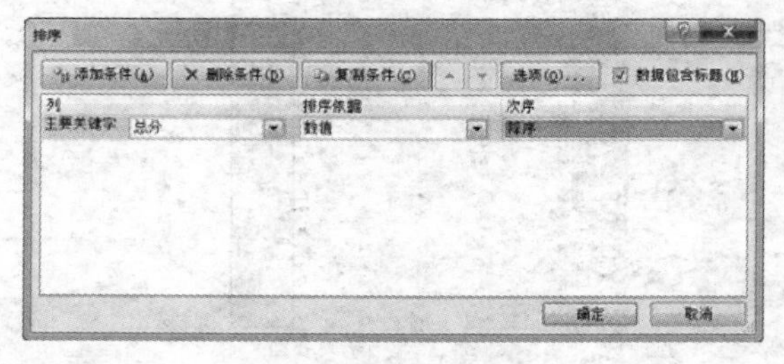

图 5.11.9　“排序”对话框

(10) 单击[确定]按钮返回工作表，可以看到数据按"总计"项降序排列的效果，如图 5.11.10 所示。

(11) 选中 A2:F21 单元格区域，单击鼠标右键，从弹出的快捷菜单中选择[设置单元格格式(F)...]命令，弹出[设置单元格格式]对话框。选择[边框]选项卡，在"线条"样式下拉列表中选择一种粗线，在"预置"选区中选择外边框[田]，然后在"线条"样式下拉列表中选择一种细线，在"预置"选区中选择内边框[田]，如图 5.11.11 所示。

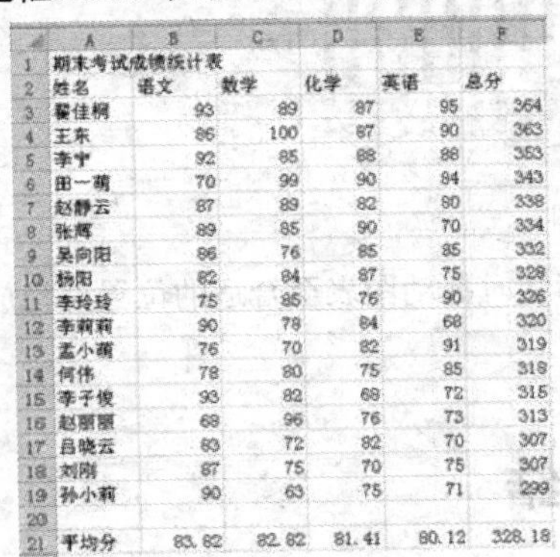

	A	B	C	D	E	F
1	期末考试成绩统计表					
2	姓名	语文	数学	化学	英语	总分
3	黎佳桐	93	89	87	95	364
4	王东	86	100	87	90	363
5	李宁	92	85	88	88	353
6	田一萌	70	99	90	84	343
7	赵静云	87	89	82	80	338
8	张辉	89	85	90	70	334
9	吴向阳	86	76	85	85	332
10	杨阳	82	84	87	75	328
11	李玲玲	75	85	76	90	326
12	李莉莉	90	78	84	68	320
13	孟小萌	76	70	82	91	319
14	何伟	78	80	75	85	318
15	李子俊	93	82	68	72	315
16	赵丽丽	68	96	76	73	313
17	吕晓云	83	72	82	70	307
18	刘刚	87	75	70	75	307
19	孙小莉	90	63	75	71	299
20						
21	平均分	83.82	82.82	81.41	80.12	328.18

图 5.11.10　对"总计"项进行排序

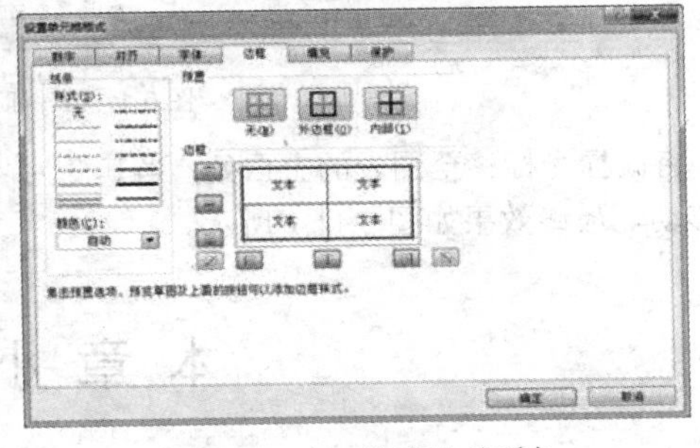

图 5.11.11　"边框"选项卡

(12) 设置完成后，单击[确定]按钮返回工作表，即可查看设置后的边框效果，如图 5.11.12 所示。

(13) 选择 A1:F1 单元格区域，单击[开始]选项卡"对齐方式"组中的"合并后居中"按钮[合并后居中]，将标题居中，并设置其字体为"隶书"，字号为"18"。以同样的方法，将 A20:F20 单元格单元格合并。

(14) 选择 A2:F21 单元格区域，单击[开始]选项卡"对齐方式"组中的"居中"按钮[居中]，使文字居中对齐，如图 5.11.13 所示。

	A	B	C	D	E	F
1	期末考试成绩统计表					
2	姓名	语文	数学	化学	英语	总分
3	黎佳桐	93	89	87	95	364
4	王东	86	100	87	90	363
5	李宁	92	85	88	88	353
6	田一萌	70	99	90	84	343
7	赵静云	87	89	82	80	338
8	张辉	89	85	90	70	334
9	吴向阳	86	76	85	85	332
10	杨阳	82	84	87	75	328
11	李玲玲	75	85	76	90	326
12	李莉莉	90	78	84	68	320
13	孟小萌	76	70	82	91	319
14	何伟	78	80	75	85	318
15	李子俊	93	82	68	72	315
16	赵丽丽	68	96	76	73	313
17	吕晓云	83	72	82	70	307
18	刘刚	87	75	70	75	307
19	孙小莉	90	63	75	71	299
20						
21	平均分	83.82	82.82	81.41	80.12	328.18

图 5.11.12　添加边框

	A	B	C	D	E	F
1	期末考试成绩统计表					
2	姓名	语文	数学	化学	英语	总分
3	黎佳桐	93	89	87	95	364
4	王东	86	100	87	90	363
5	李宁	92	85	88	88	353
6	田一萌	70	99	90	84	343
7	赵静云	87	89	82	80	338
8	张辉	89	85	90	70	334
9	吴向阳	86	76	85	85	332
10	杨阳	82	84	87	75	328
11	李玲玲	75	85	76	90	326
12	李莉莉	90	78	84	68	320
13	孟小萌	76	70	82	91	319
14	何伟	78	80	75	85	318
15	李子俊	93	82	68	72	315
16	赵丽丽	68	96	76	73	313
17	吕晓云	83	72	82	70	307
18	刘刚	87	75	70	75	307
19	孙小莉	90	63	75	71	299
20						
21	平均分	83.82	82.82	81.41	80.12	328.18

图 5.11.13　设置文字格式

(15) 选择 A2:F19 单元格区域，单击[插入]选项卡中的"图表"选项组中[柱形图]按钮，从弹出的下拉列表中选择"堆积柱形图"选项，即可在工作表中插入图表，如图 5.11.14 所示。

(16) 选择插入的图表，在激活的"图表工具"中单击[布局]选项卡"标签"组中的[图表标题]按钮，从弹出的下拉列表中选择[图表上方]选项，在"图表标题"文本框中输入"期末成绩统计表"。

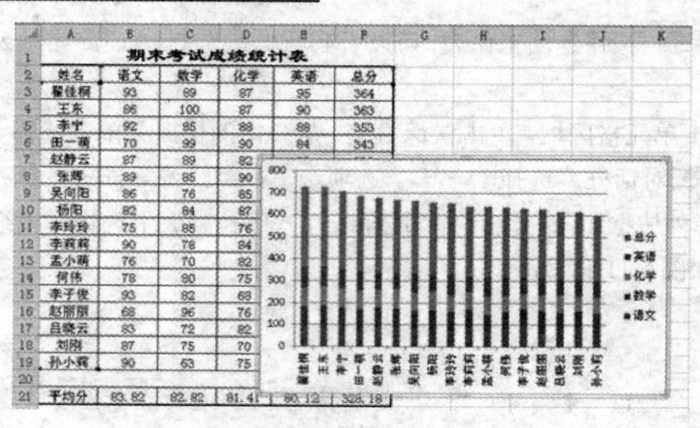

图 5.11.14　插入图表

（17）将鼠标光标移至图表的空白处，当其变为形状时拖动图表至合适的位置处释放，即可完成图表的移动，最终效果如图 5.11.1 所示。

本 章 小 结

本章主要介绍了 Excel 2010 的基础知识、操作工作簿、操作工作表、操作单元格、输入和编辑数据、美化 Excel 表格、公式和函数的使用、管理数据和使用图表分析数据等内容。通过本章的学习，读者可以掌握 Excel 2010 的基本操作方法，会运用公式和函数对工作表中的数据进行计算，同时能轻松地完成排序、筛选等数据管理工作，并能使用图表清晰、准确地分析数据。

操 作 练 习

一、填空题

1．Excel 2010 的数据编辑栏由_________、_________和_________3 个部分组成。

2．一个工作簿最多包含__________张工作表，工作表的基本单元是由_________组成的。

3．如果要选择不连续的多张工作表，按住__________键，分别单击要选择的工作表标签即可。

4．在 Excel 2010 工作表中，单元格引用的 3 种类型是_________、_________、和_________。

5．在创建公式之前，必须先输入_________号。

6．若要在工作表中进行分类汇总操作，必须先将数据_________。

二、选择题

1．在编辑栏中输入公式，然后按（　）键进行确认。

（A）Enter　　（B）Alt+ Enter

（C）Ctrl+ Enter　　（D）Ctrl+Alt+ Enter

2．在 Excel 2010 中，（　）是单元格的绝对引用。

（A）B8　　（B）$B$8

（C）B$8　　（D）以上都不是

3．图表是与生成它的工作表数据相连接的，因此，工作表数据发生变化时，图表会（　）。

（A）自动更新　　（B）断开连接

（C）保持不变　　（D）随机变化

4．如果要设置纸张大小，可以在（　）选项卡中进行设置。

（A）设置页面　　（B）设置页边距

（C）设置页眉和页脚　　（D）设置工作表

5．筛选数据的目的是为了（　）。

（A）排序数据　　（B）汇总数据

（C）显示符合条件的数据　　（D）分类数据

三、简答题

1．简述单元格的3种引用方式。

2．简述几种常用的Excel函数。

3．怎样设置Excel表格的边框和底纹？

4．如何进行数据的排序操作？

5．怎样在工作中插入图表？

四、上机操作题

1．如题图5.1所示是某年级学生的成绩表（只给出了部分工作表数据），如果想按照学生成绩分成两个班，1，4，5，8分到一班，2，3，6，7分到二班，请使用Excel提供的排序和筛选功能来完成。

姓名	语文	数学	英语	体育	美术	总分	名次
刘成	95	98	80	86	88	447	1
杨阳	89	95	87	82	88	441	2
王楠	86	100	84	83	87	440	3
王鹏辉	78	85	90	79	95	427	4
张英杰	82	91	82	89	80	424	5
朱晓宇	89	98	70	82	79	418	6
高月梅	96	83	75	87	76	417	7
周新明	76	82	91	81	85	415	8
平均分	86.38	91.50	82.38	83.63	84.75		

题图 5.1

2．制作一张课程表，要求：

（1）序列填充数据：星期一、星期二、星期三、……

（2）调整各个单元格的行高与列宽。

（3）为表格套用样式。

3．打开如题图5.2所示的工作表，要求：

（1）计算每个职工的最终工资，并从高到低进行排序。

（2）在当前工作表中创建簇状柱形图图表，图表标题为“公司职工工资表”。

	A	B	C	D	E	F	G	H	I	J
1	某公司职工工资一览表									
2	姓名	部门	职务	基本工资	加班金额	应发金额	病假扣款	事假扣款	失业保险	最终工资
3	李晖	技术部	经理	5000.00	200.00	5200.00	0.00	50.00	50.00	
4	郝艳艳	网络部	工程师	3000.00	160.00	3160.00	0.00	70.00	30.00	
5	鲁强	工程部	工程师	3000.00	100.00	3100.00	0.00	0.00	30.00	
6	李日源	集成部	工程师	3000.00	100.00	3100.00	0.00	0.00	30.00	
7	王刚	技术部	工程师	3000.00	100.00	3100.00	0.00	0.00	30.00	
8	赵敏	工程部	工程师	3000.00	100.00	3100.00	0.00	0.00	30.00	
9	李月	网络部	工程师	3000.00	160.00	3160.00	0.00	0.00	30.00	
10	王丽丽	网络部	工程师	3000.00	160.00	3160.00	0.00	0.00	30.00	
11	马建	集成部	工程师	3000.00	100.00	3100.00	0.00	0.00	30.00	

题图 5.2

第 6 章　演示文稿制作软件 PowerPoint

PowerPoint 2010 是 Microsoft 公司推出的 Office 系列产品之一，是目前最常用的演示文档制作软件。它主要用于设计制作广告宣传、产品演示、会议报告的电子版幻灯片，也是进行多媒体教学的有效工具。本章主要介绍 PowerPoint 2010 的基本操作方法与技巧。

知识要点

- PowerPoint 2010 基础知识
- 制作与设置幻灯片
- 丰富幻灯片
- 设计演示文稿的外观
- 设置动画效果
- 放映演示文稿
- 打包与打印演示文稿

6.1　PowerPoint 2010 基础知识

PowerPoint 2010 的基本操作是从认识它的工作界面及视图方式开始的，本节将主要讲解这两个方面的内容。

6.1.1　PowerPoint 2010 的工作界面

启动 PowerPoint 2010 后，将进入其工作界面，该工作界面与 Office 2010 办公自动化套件中的 Word，Excel 等类似，如图 6.1.1 所示。

1．幻灯片编辑区

幻灯片编辑区用于显示和编辑幻灯片，并可以直观地看到幻灯片的外观效果，是整个演示文稿的核心。在幻灯片编辑区中可以编辑文本，添加图形、动画或声音等文件。

2．幻灯片/大纲窗格

幻灯片/大纲窗格用于显示演示文稿的幻灯片数量、位置及结构，单击不同的选项卡标签，即可在幻灯片和大纲窗格之间切换。其中，在“幻灯片”窗格中可以预览要编辑的幻灯片。在“大纲”窗格中可以查看幻灯片中的文本内容。

3．备注窗格

备注窗格位于幻灯片编辑窗口的下方，用于添加幻灯片的说明信息，如提供幻灯片展示内容的背景、细节等，使放映者能够更好地掌握和了解幻灯片展示的内容。

4．视图切换按钮

视图切换按钮包括"普通视图"按钮、"幻灯片浏览视图"按钮和"从当前幻灯片开始幻灯片放映"按钮。单击不同的按钮，用户可以方便地切换到相应的视图方式中。

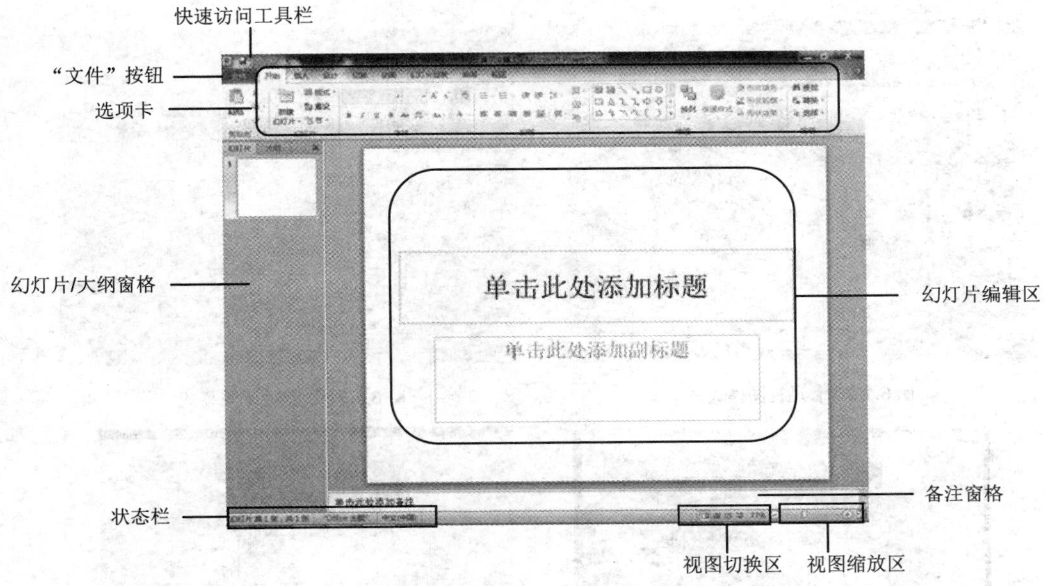

图 6.1.1　PowerPoint 2010 的工作界面

6.1.2　幻灯片视图方式

PowerPoint 2010 的幻灯片视图切换区位于其工作界面的最下方，即状态栏和视图栏之间。其中提供了"普通视图""幻灯片浏览""阅读视图"和"幻灯片放映"4 个按钮供用户选择，单击相应的按钮即可将幻灯片切换到对应的浏览模式进行操作。

1．普通视图

单击"普通视图"按钮，即可进入普通视图。普通视图是 PowerPoint 2010 默认的视图方式，可用于撰写或设计演示文稿，主要用于调整幻灯片的总体结构，或编辑单张幻灯片中的内容等。在"普通视图"下可以非常方便地编辑幻灯片中的文本、图片等，如图 6.1.2 所示。

2．幻灯片浏览视图

单击"幻灯片浏览"按钮，即可进入幻灯片浏览模式。幻灯片浏览视图在幻灯片浏览视图中以缩略图的形式显示演示文稿中的多张幻灯片。在该视图方式下，可以整体上浏览所有的幻灯片效果，并且可以方便地进行幻灯片的复制、移动、删除等操作，如图 6.1.3 所示。

3．阅读视图

单击"阅读视图"按钮，即可进入幻灯片阅读视图模式。阅读视图可以将演示文稿作为适应窗口大小的幻灯片放映查看，在页面上单击，即可翻到下一页，如图 6.1.4 所示。

4．幻灯片放映视图

单击“幻灯片放映”按钮，即可进入幻灯片放映视图中。幻灯片放映视图占据整个电脑屏幕，在该视图方式下，用户可以浏览每张幻灯片的动画效果及切换效果，如果不满意，可按“Esc”键退出幻灯片放映并进行修改，如图 6.1.5 所示。

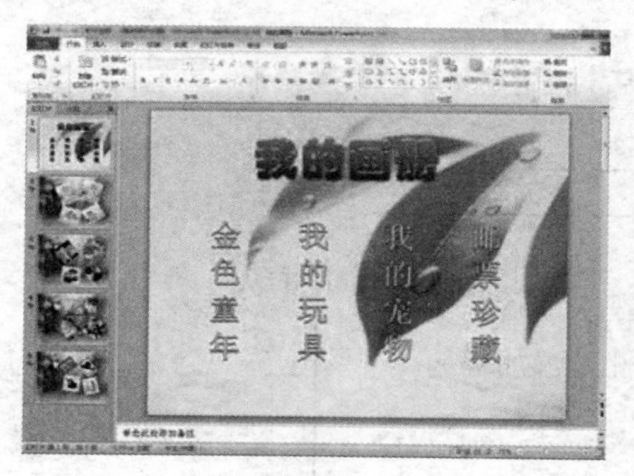

图 6.1.2　普通视图模式

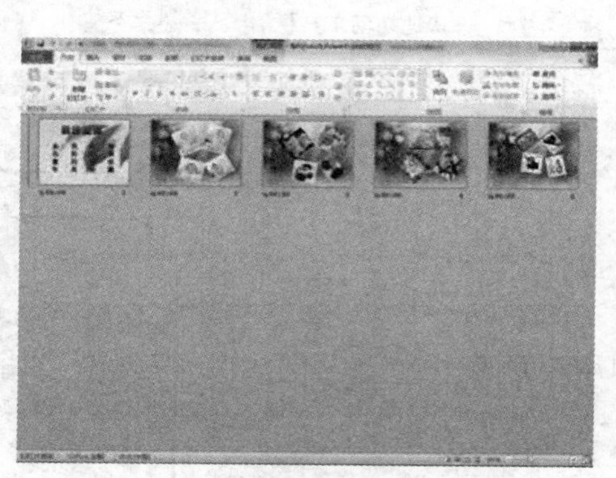
图 6.1.3　幻灯片浏览模式

图 6.1.4　阅读视图模式

图 6.1.5　幻灯片放映模式

6.2　制作与设置幻灯片

PowerPoint 建立的文件一般称为演示文稿，演示文稿由一系列幻灯片组成，演示文稿与幻灯片的关系如同 Excel 中工作簿与工作表的关系。根据不同的方法创建的演示文稿中包含的幻灯片数量也不同，当其中的幻灯片数量不能满足实际需要的时候，可增加幻灯片的数量，并且可组织与编辑幻灯片。

6.2.1　新建演示文稿

在制作演示文稿之前，首先需要创建一个新的演示文稿。新建演示文稿主要有以下几种方式：

（1）启动 PowerPoint 2010 后，软件将自动新建一个样式文稿。

（2）单击 文件 按钮，在窗口左侧选择 新建 命令，打开“新建”面板，如图 6.2.1 所示。单击按钮，再单击右侧的按钮，即可得到新建的样式文稿。

提示：在“新建”面板的中间区域可以选择多个模板类型，创建不同类型的演示文稿。

（3）打开文件夹，在空白处单击鼠标右键，从弹出的快捷菜单中选择 新建(W) → Microsoft PowerPoint 演示文稿 命令（见图 6.2.2），即可新建一个演示文稿。

图 6.2.1　新建演示文稿

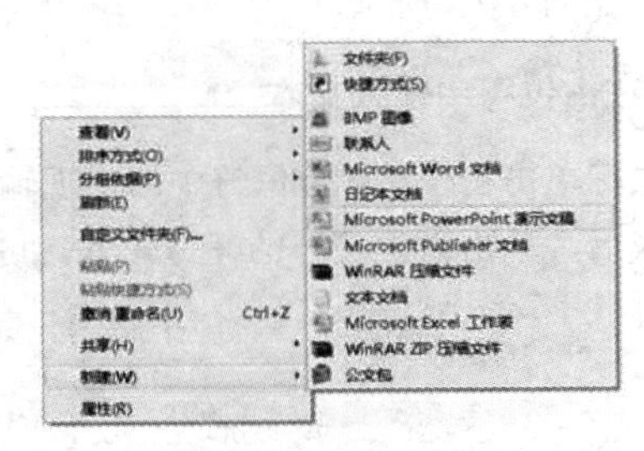

图 6.2.2　右键快捷菜单

6.2.2　选择幻灯片版式

在幻灯片编辑窗格中显示的幻灯片为当前幻灯片，用户可根据需要选择不同的版式，并在相应的占位符中输入文本或插入图片等对象。

选择幻灯片版式的具体操作步骤如下：

（1）启动 PowerPoint 2010，打开 开始 选项卡。

（2）在“幻灯片”组中单击 版式 按钮，弹出幻灯片版式列表，如图 6.2.3 所示。

（3）在该列表中选择用户所需的版式，例如选择“标题和内容”版式，幻灯片效果如图 6.2.4 所示。

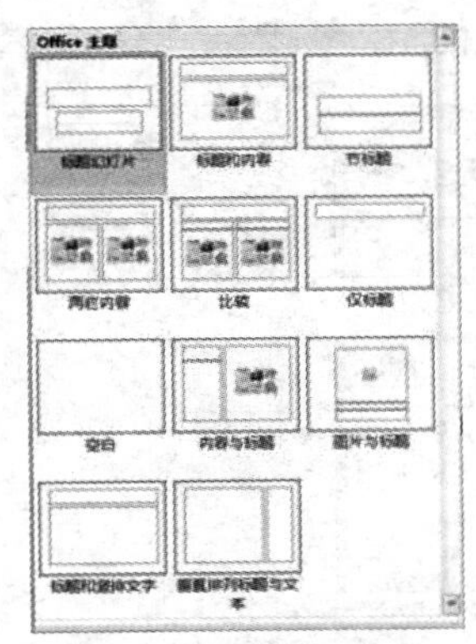

图 6.2.3　“幻灯片版式”列表

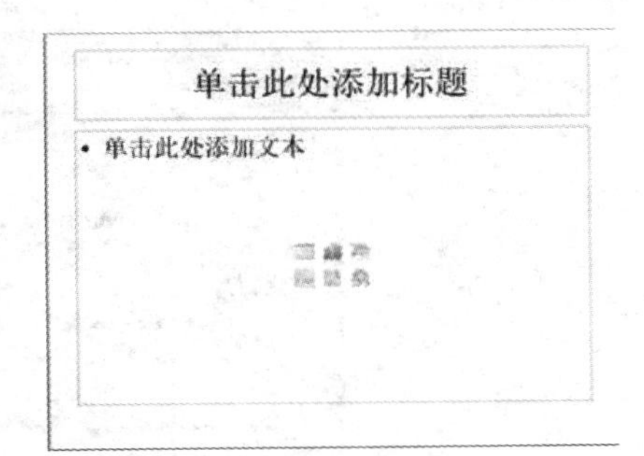

图 6.2.4　“标题和内容”版式

6.2.3　输入与设置文本

在 PowerPoint 2010 中，有文本占位符与项目占位符两种占位符。文本占位符用于输入文本内容，它是一种带有虚线标记的边框；项目占位符用于容纳图片、图表、图示、表格和媒体剪辑等对象。

1．在文本框中输入文本

在文本框中输入文本的具体操作步骤如下：

（1）打开 插入 选项卡，在“文本”组中单击 文本框 按钮，从弹出的菜单中选择 横排文本框(H) 或 垂直文本框(V) 命令。

（2）单击幻灯片上要输入文本的位置，出现一个可供输入的文本框。文本框中显示文本的输入提示符，如图 6.2.5 所示。

2．在占位符中输入文本

用鼠标单击占位符，占位符中即出现输入光标，此时直接在占位符中输入文本，如图 6.2.6 所示。输入完成后，单击占位符外的任意位置，可使占位符的边框消失。

图 6.2.5　输入文本

图 6.2.6　在占位符中输入文本

在占位符中输入文本有两种方法：一种是在幻灯片编辑区中输入；另一种是在大纲窗格中输入。

3．设置文本字体格式

为了使整个幻灯片美观，根据文本内容的不同，用户可以使用不同的字体、字号，使演示文稿变得生动活泼。设置文本字体格式的具体操作步骤如下：

（1）用鼠标选定要设置的文本，使之反白显示。

（2）在选定的文本上单击鼠标右键，在弹出的快捷菜单中选择 字体(F)... 命令，弹出 字体 对话框，如图 6.2.7 所示。

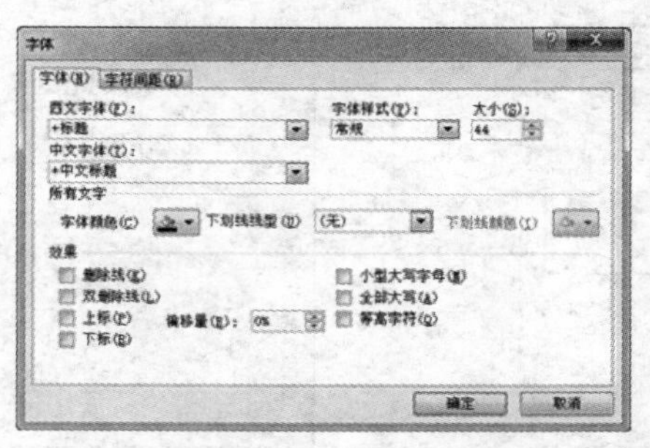

图 6.2.7　“字体”对话框

（3）在该对话框中选择需要的文本格式，单击 确定 按钮，关闭 字体 对话框，并将已设定好的结果应用于选定的文本。

6.2.4　编辑幻灯片

编辑幻灯片包括在演示文稿中选择、插入、复制或移动、删除幻灯片等，下面分别进行介绍。

1．选择幻灯片

选择幻灯片包括选择单张幻灯片和选择多张幻灯片，下面分别加以介绍。

（1）选择单张幻灯片。选择单张幻灯片的方法很简单，单击幻灯片浏览视图中任意一张幻灯片的缩略图即可选中该幻灯片。被选中的幻灯片边框线条将被加粗，此时用户可以对幻灯片进行编辑。

（2）选择多张幻灯片。选择多张幻灯片的方法很多，下面介绍 4 种选择多张幻灯片的方法。

1）在普通视图的大纲窗格中选中一张幻灯片，然后按住“Shift”键，再按键盘中的“↑”或“↓”方向键，可以选中相邻的多张幻灯片。

2）在普通视图的大纲窗格中选中一张幻灯片，然后按住“Shift”键，再单击另一张幻灯片，可以同时选中两张幻灯片之间的所有幻灯片。

3）在普通视图的大纲窗格中选中一张幻灯片，然后按住“Ctrl”键，再单击其他幻灯片，可以同时选中不连续的多张幻灯片。

4）在幻灯片浏览视图方式下，选中第一张幻灯片，然后按住“Shift”键，再选中最后一张幻灯片，即可选中所有的幻灯片。

2．插入幻灯片

在修改和管理演示文稿的过程中，常常要插入幻灯片，插入幻灯片操作可以在幻灯片窗格或幻灯片浏览视图中进行。

在幻灯片窗格中插入新幻灯片的具体操作步骤如下：

（1）打开 视图 选项卡，单击“演示文稿视图”组中的 普通视图 按钮，切换到普通视图模式。

（2）在幻灯片窗格中，选定要插入新幻灯片的位置，如果要在一张幻灯片的后面插入新的幻灯片，则选中该幻灯片，单击鼠标右键，从弹出的快捷菜单中选择 新建幻灯片(N) 命令，插入新幻灯片。

在幻灯片浏览视图中插入新幻灯片的操作步骤与在幻灯片窗格中插入的具体操作步骤相似，在此不再赘述。

3．复制或移动幻灯片

复制或移动幻灯片的具体操作步骤如下：

（1）选中一张或多张幻灯片。

（2）打开 开始 选项卡，在“剪贴板”组中单击“复制”按钮，或按快捷键“Ctrl+C”，将幻灯片复制到剪贴板中；如果要移动幻灯片，单击“剪切”按钮，或者按快捷键“Ctrl+X”，将幻灯片移动到剪贴板中。

（3）单击要插入幻灯片的位置，单击 粘贴 按钮，或按快捷键“Ctrl+V”，粘贴幻灯片，即可完成幻灯片的复制或移动操作。

技巧： 在普通视图和幻灯片浏览视图中，也可以用鼠标拖动的方式来复制和移动幻灯片。如果想在移动的过程中复制该幻灯片，则选中该幻灯片后按住“Ctrl”键并拖动鼠标；如果只是移动幻灯片，则在选中幻灯片后直接拖动鼠标即可。

4．删除幻灯片

如果要在大纲窗格或幻灯片浏览视图中删除某张幻灯片，其具体操作步骤如下：

（1）在大纲窗格或幻灯片浏览视图中选中要删除的幻灯片。

（2）单击“剪贴板”组中的“剪切”按钮，或者按“Delete”键，删除幻灯片。

6.3　丰富幻灯片

PowerPoint 2010 的主要功能是制作集文字、图形、图像、声音、视频于一身的演示文稿。因此，用户可以在幻灯片中插入图片及多媒体文件。

6.3.1　插入图片对象

图片是幻灯片中不可缺少的组成元素，它可以形象、生动地表达作者的意图。在 PowerPoint 中不仅可以插入剪贴画，还可以插入来自文件的图片。

1．插入剪贴画

在幻灯片中插入剪贴画的具体操作步骤如下：

（1）打开要插入剪贴画的幻灯片。

（2）单击 插入 选项卡“插图”组中的 剪贴画 按钮，打开“剪贴画”任务窗格，如图 6.3.1 所示。

（3）在“搜索文字”文本框中输入要搜索图片的关键字，例如输入“植物”，单击 搜索 按钮，系统自动搜索所需的图片，如图 6.3.2 所示。

（4）单击搜索到的图片，即可将其插入到幻灯片中。

图 6.3.1　“剪贴画”任务窗格

图 6.3.2　搜索到的相关图片

2．插入来自文件的图片

插入来自文件的图片，其具体操作步骤如下：

（1）打开要插入图片的幻灯片。

（2）单击 插入 选项卡“插图”组中的 图片 按钮，弹出 插入图片 对话框，如图 6.3.3 所示。

（3）在该对话框中选择要插入的图片，单击 插入(S) 按钮，返回 PowerPoint 工作界面，即可看到插入图片后的幻灯片效果，如图 6.3.4 所示。

图 6.3.3　“插入图片”对话框

图 6.3.4　插入图片效果

插入图片对象后，用户还往往需要对图片进行编辑。图片的编辑方法与在 Word 2010 中类似，选中要编辑的图片，在随即打开的“格式”选项卡中即可完成图片大小、位置、样式等设置。

6.3.2　插入表格和图表

为了使幻灯片中的内容更加简单明了，用户还可以在幻灯片中插入表格和图表。

1．插入表格

在幻灯片中插入表格是一些企业制作产品推广提案或者策划方案时经常使用的一种数据表达方法。在幻灯片中插入表格的具体操作如下：

（1）选择需要插入表格的幻灯片。

（2）在 插入 选项卡中单击“表格”组中的 表格 按钮，在弹出的下拉列表中选择相应的选项，如图 6.3.5 所示。

（3）在幻灯片中可生成相应的表格，在其中输入数据后，效果如图 6.3.6 所示。

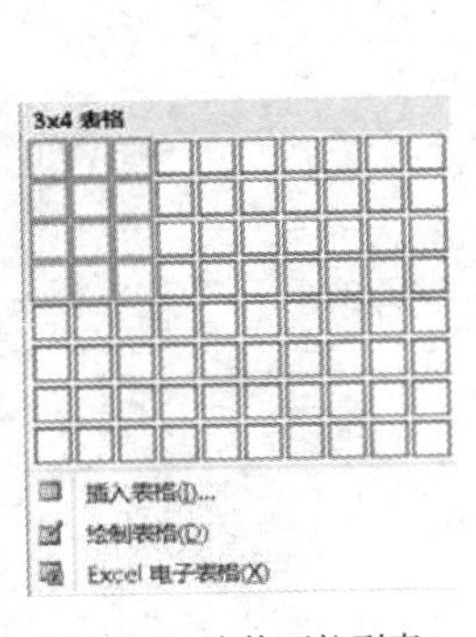

图 6.3.5　表格下拉列表

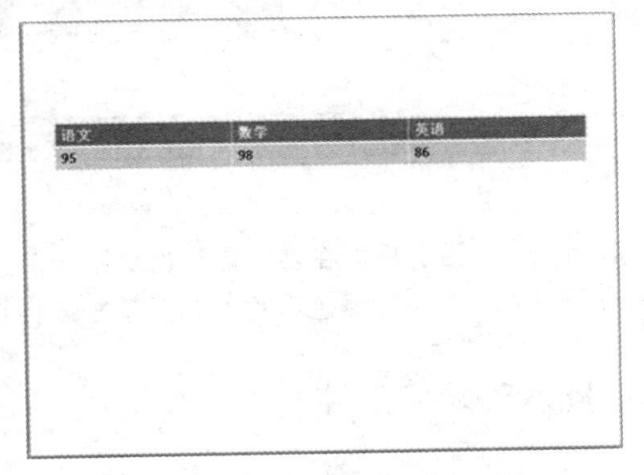

语文	数学	英语
95	98	86

图 6.3.6　应用表格示例

技巧：单击项目占位符中的“插入表格”按钮，在弹出的插入表格对话框中输入行数和列数，再单击确定按钮也可在幻灯片中插入表格。

选择表格后，在功能区将出现表格工具的“设计”选项卡和“布局”选项卡，在其中可对表格的样式、边框、行和列、单元格大小、对齐方式、表格尺寸及排列等进行具体的设置。

2. 插入图表

在幻灯片中插入图表是一些企业制作投标书时经常使用的一种数据表达方法。在幻灯片中插入图表的具体操作如下：

（1）选择需要插入图表的幻灯片，在插入选项卡的“插图”组中单击图表按钮，弹出插入图表对话框，如图 6.3.7 所示。

（2）在其中选择需要的图表类型，单击确定按钮将自动打开 Excel 程序进行数据的输入，在其中的相应单元格中输入需要的数据可生成相应的图表，如图 6.3.8 所示。

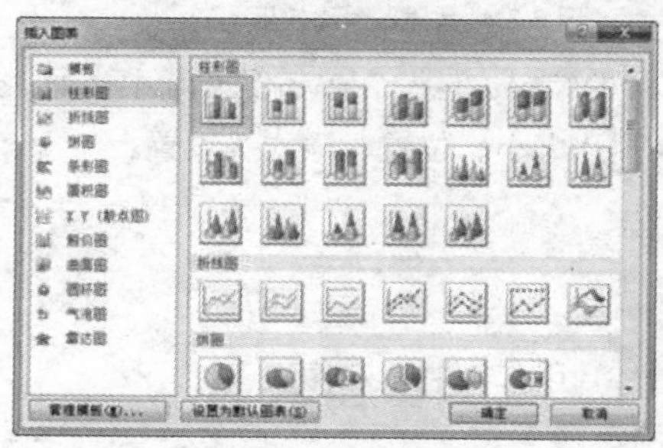

图 6.3.7 “插入图表”对话框

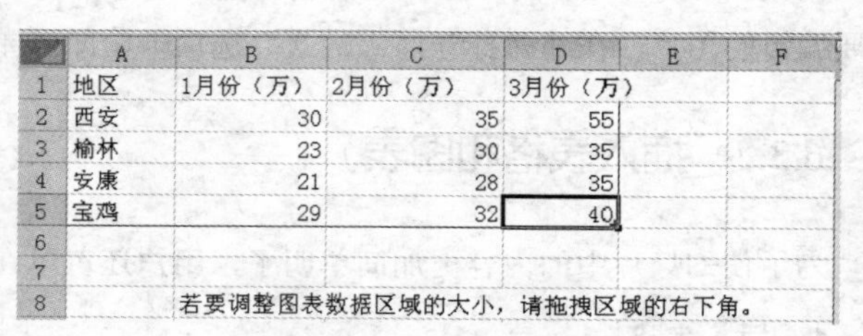

	A	B	C	D	E	F
1	地区	1月份（万）	2月份（万）	3月份（万）		
2	西安	30	35	55		
3	榆林	23	30	35		
4	安康	21	28	35		
5	宝鸡	29	32	40		
6						
7						
8		若要调整图表数据区域的大小，请拖拽区域的右下角。				

图 6.3.8 应用图表示例

（3）关闭数据表后自动在幻灯片中插入图表，如图 6.3.9 所示。

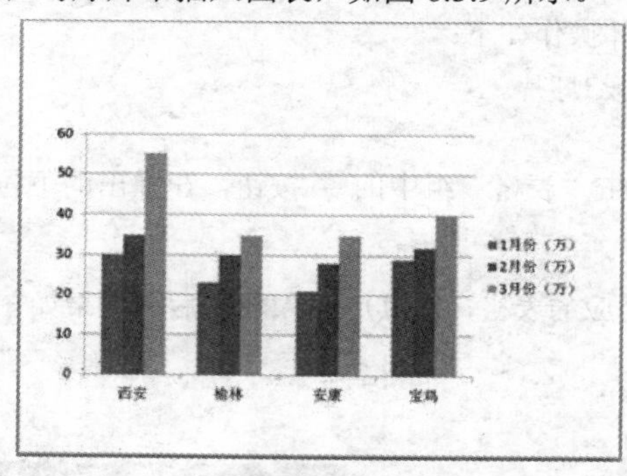

图 6.3.9 插入的图表

提示：选择图表后，在功能区将出现图表工具的“设计”“布局”和“格式”选项卡，在其中可对图表的样式、类型、颜色、标签、背景等进行具体设置。

6.3.3 插入多媒体文件

在 PowerPoint 2010 中，可供插入的媒体文件类型分别为文件中的视频、来自网站的视频、剪辑

画视频、文件中的音频、剪贴画音频、录制音频等。

1．插入视频

PowerPoint 2010 里面直接支持的视频格式有 avi，mpg，wmv，ASF 等。在幻灯片中插入视频文件，其具体操作步骤如下：

（1）打开要插入视频的幻灯片。

（2）打开 插入 选项卡，单击“媒体”组中的 按钮，在弹出的菜单中选择 文件中的视频(F)... 命令，弹出 插入视频文件 对话框，选择视频文件所在的路径，然后选中该视频，如图 6.3.10 所示。

（3）单击 插入(S) 按钮即可在幻灯片中插入视频，如图 6.3.11 所示。

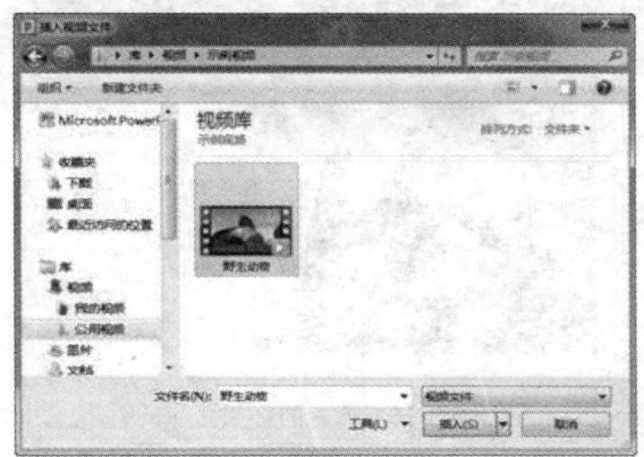

图 6.3.10　“插入视频文件”对话框

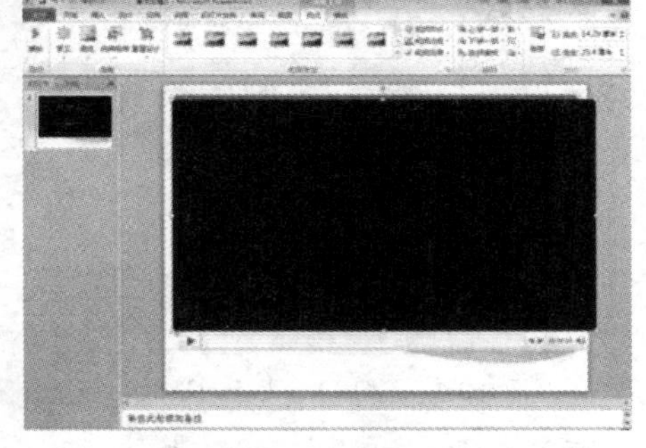

图 6.3.11　插入的视频文件

（4）插入视频文件后，同时激活 播放 选项卡，在“视频选项”组的“开始”下拉列表中可以选择文件播放的方式：“自动”或者“单击时”，如图 6.3.12 所示。

如果要在幻灯片中自动播放视频，则选择“自动”；如果要在单击鼠标时才播放视频，则选择“单击时”，用户可以根据需要进行选择。

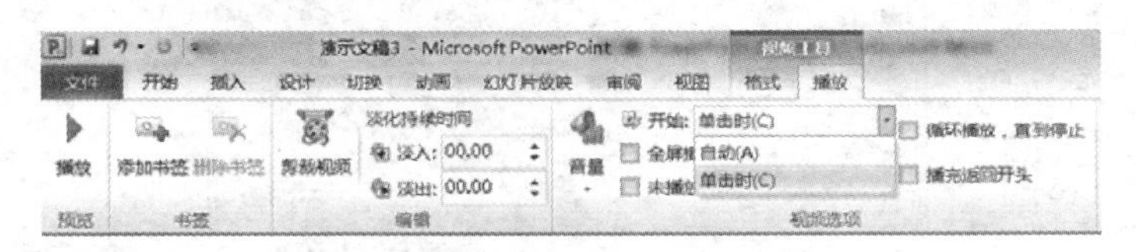

图 6.3.12　“播放”选项卡

（5）单击视频播放窗口中的“播放/暂停”按钮，就能播放或暂停播放视频，如图 6.3.13 所示。通过单击或按钮，可以调节前后视频画面，也可以单击按钮，调节视频音量。

图 6.3.13　播放视频

2．插入音频

在幻灯片中插入音频文件，其具体操作步骤如下：

（1）打开要插入声音的幻灯片。

（2）打开 插入 选项卡，单击“媒体”组中的 音频 按钮，在弹出的菜单中选择 文件中的音频(F)... 命令，弹出 插入音频 对话框，选择音频文件所在的路径，然后选中该音频，如图 6.3.14 所示。

（3）单击 插入(S) 按钮，在幻灯片的界面中间出现一个灰色的“喇叭”，这就是插入的音乐文件，在“喇叭”的下面携带着试听播放器，可以点击播放以及控制音量，如图 6.3.15 所示。

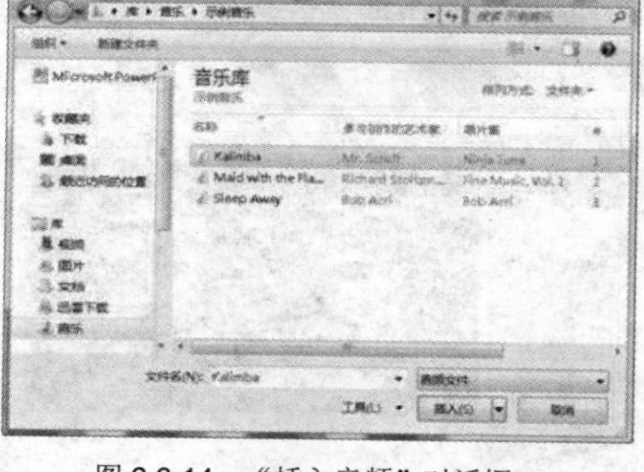
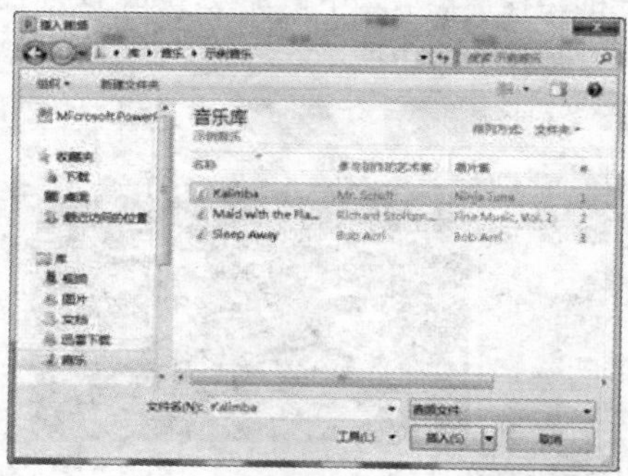

图 6.3.14 “插入音频”对话框

图 6.3.15 插入的音频文件

（4）插入音频文件后，激活了 播放 选项卡，在“音频选项”组的“开始”下拉列表中选择音频文件播放的方式。选中 ☑ 放映时隐藏 复选框，可以在放映幻灯片时隐藏喇叭图标。

（5）单击“编辑”组中的 剪裁音频 按钮，弹出 剪裁音频 对话框，这是 PowerPoint 2010 独有的功能，用户可以截取加入的音频文件，如图 6.3.16 所示。

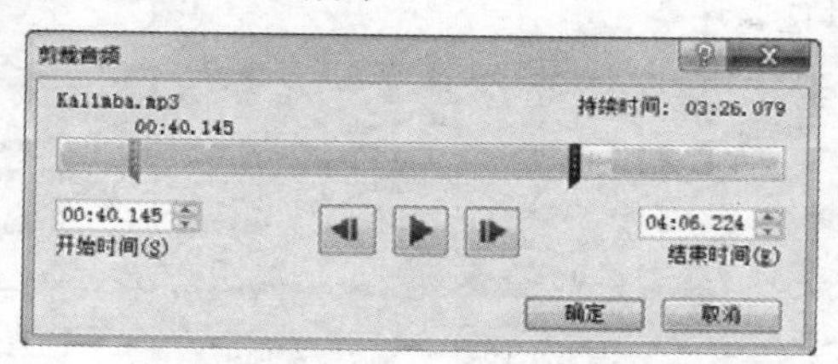

图 6.3.16 “剪裁音频”对话框

6.3.4 创建相册

PowerPoint 2010 相册是可以创建用来显示个人或公司照片的演示文稿，还可以设置引人注目的幻灯片切换方式、彩色背景以及主题、特定版式等。将图片添加到相册中后，可以添加标题、调整顺序和版式、在图片周围添加相框，甚至可以应用主题，以便进一步自定义相册的外观。

创建相册的具体操作步骤如下：

（1）打开 PowerPoint 2010 新建空白演示文稿。在“插入”选项卡的“插图”组中单击 相册 按钮，从弹出的下拉列表中选择 新建相册(A)... 命令，弹出 相册 对话框，如图 6.3.17 所示。

（2）单击 文件/磁盘(F)... 按钮，弹出 插入新图片 对话框，找到包含要插入的图片的文件夹，

选择要插入的图片，如图 6.3.18 所示。

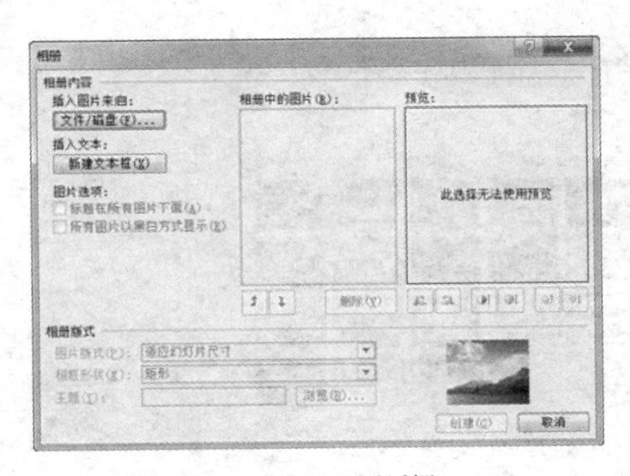

图 6.3.17　“相册”对话框

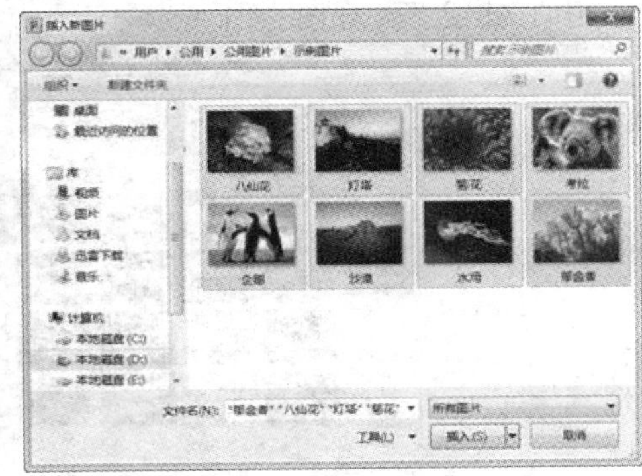

图 6.3.18　“插入新图片”对话框

（3）单击 插入(S) 按钮返回到 相册 对话框，单击 创建(C) 按钮，即可创建一个相册，如图 6.3.19 所示。

（4）选中第二张幻灯片中的图片，在 格式 选项卡的“图片样式”组中单击“其他”按钮，在弹出的下拉列表中选择图片样式为图片添加相框，同样为其他幻灯片中的图片进行处理，效果如图 6.3.20 所示。

图 6.3.19　创建的相册

图 6.3.20　添加相框

6.4　设计演示文稿的外观

为了制作出一个精美的演示文稿，还必须对演示文稿的外观进行美化和编辑，也就是修改演示文稿的主题样式、背景样式等。

6.4.1　应用设计主题

主题是一组统一的设计元素，使用颜色、字体和图形设置文档的外观。通过应用主题样式可以快速而轻松地设置整个文档的格式，并赋予它专业、时尚的外观。

1．应用文档主题

应用文档主题的具体操作步骤如下：

（1）打开 设计 选项卡，在“主题”组中单击用户想要的文档主题，或者单击“更多”按钮查看所有可用的文档主题，如图 6.4.1 所示。

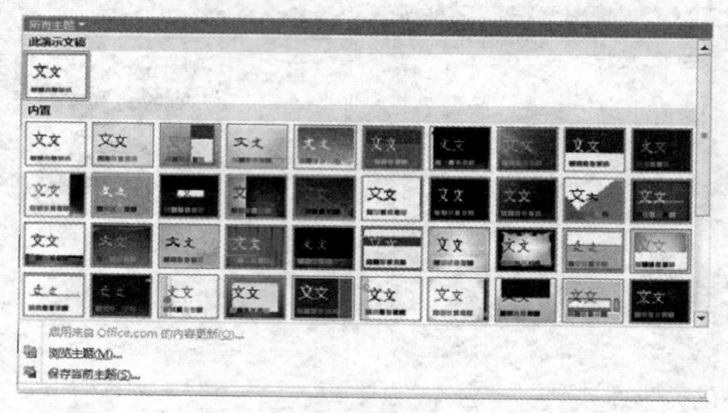

图 6.4.1　内置主题

（2）在“内置”选区中选择用户要使用的文档主题。

（3）如果用户要使用的文档主题未列出，可选择 浏览主题(M)... 命令，在弹出的 选择主题或主题文档 对话框中选择所需的主题样式。

2．自定义文档主题

自定义文档主题可以从更改已使用的颜色、字体、线条和填充效果开始。对一个或多个主题组件所作的更改将立即影响活动文档中已经应用的样式。如果要将这些更改应用到新文档，用户可以将它们另存为自定义文档主题。

自定义主题颜色的具体操作步骤如下：

（1）打开 设计 选项卡，单击“主题”组中的 颜色 按钮，弹出“颜色”下拉列表，如图 6.4.2 所示。

（2）选择 新建主题颜色(C)... 命令，弹出 新建主题颜色 对话框，如图 6.4.3 所示。

（3）在该对话框中可为幻灯片中文字、背景、超链接等一一定义颜色，并将新建的主题取名保存下来应用到当前演示文稿中。

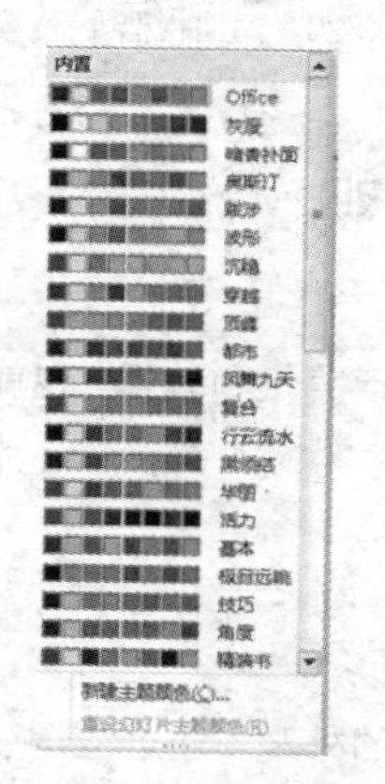

图 6.4.2　“颜色”下拉列表

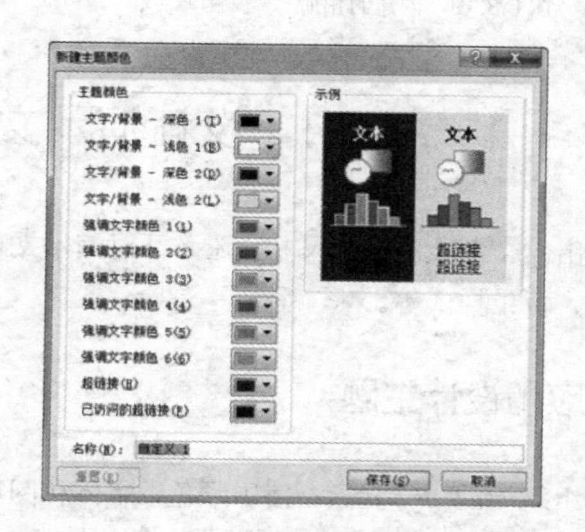

图 6.4.3　“新建主题颜色”对话框

（4）在“主题”组中单击 字体 按钮，在弹出的列表框中选择一种字体类型，如图 6.4.4 所示。或从中选择 新建主题字体(C)... 命令，弹出 新建主题字体 对话框，如图 6.4.5 所示。在该对话框中可定义

幻灯片中文字的字体，并将新建的主题取名保存下来应用到当前演示文稿中。

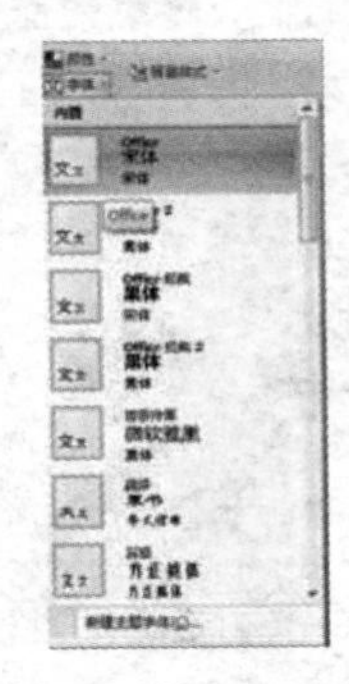

图 6.4.4　“字体”下拉列表

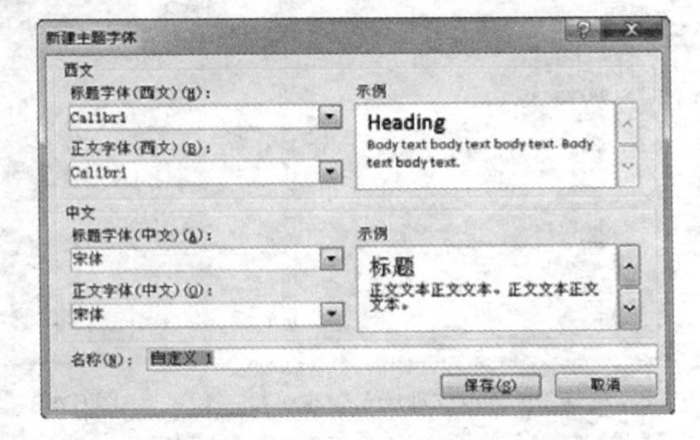

图 6.4.5　“新建主题字体”对话框

6.4.2　设置幻灯片背景

要使幻灯片的效果更加精美，可以更改幻灯片、备注及讲义的背景颜色。PowerPoint 应用程序默认幻灯片背景为白色，可以使用内置背景样式，也可利用“设置背景格式”对话框设置背景，其具体操作步骤如下：

（1）打开要设置背景的幻灯片。

（2）打开 设计 选项卡，单击“主题”组中的 背景样式 按钮，在弹出的如图 6.4.6 所示的“背景样式”下拉列表中选择合适的幻灯片背景样式。

（3）也可在该下拉列表中选择 设置背景格式(B)... 命令，弹出 设置背景格式 对话框，如图 6.4.7 所示。

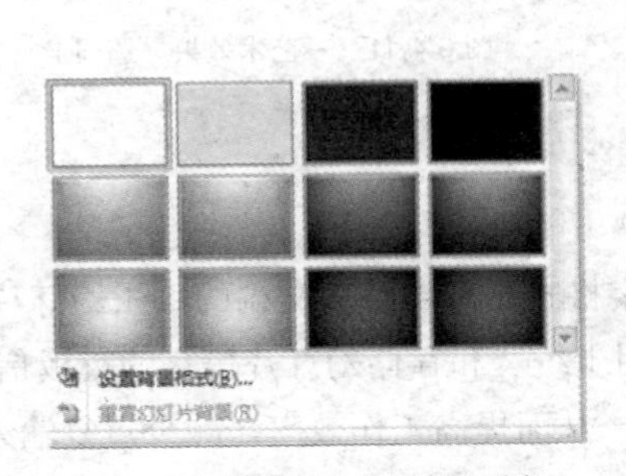

图 6.4.6　“背景样式”下拉列表

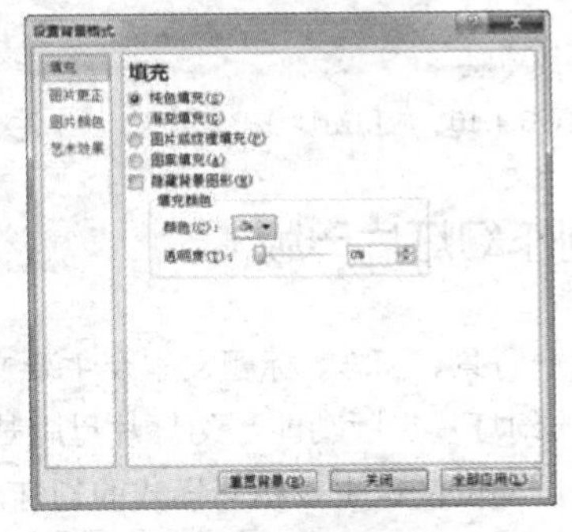

图 6.4.7　“设置背景格式”对话框

（4）选择 填充 选项卡，就可以看到有“纯色填充”“渐变填充”“图片或纹理填充”“图案填充”四种填充模式，在幻灯片中不仅可以插入自己喜爱的图片背景，而且还可以将幻灯片背景设为纯色或渐变色。

（5）在此选中 ◉ 图片或纹理填充(P) 单选按钮，在“插入自”有两个按钮：一个是“文件”，可选择来自电脑储存的幻灯片背景图片；一个是“剪切画”，可搜索来自“office.com”提供的背景图片，但需联网，如图 6.4.8 所示。

（6）单击 文件(F)... 按钮，弹出 插入图片 对话框，选择图片的存放路径，选择需要的图片后，单击 插入(S) 按钮即可在幻灯片编辑区看到其效果，如图 6.4.9 所示。

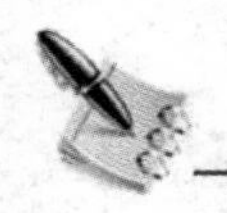

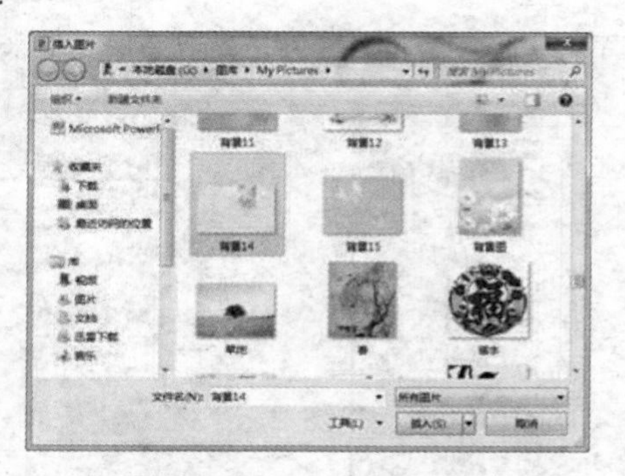

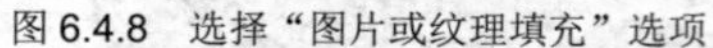

图 6.4.8　选择“图片或纹理填充”选项　　　　图 6.4.9　“插入图片”对话框

（7）在返回的设置背景格式对话框中单击关闭按钮就可为该张幻灯片设置背景。如果想将设置的背景应用于同一演示文稿中的所有幻灯片，单击全部应用(L)按钮，效果如图 6.4.10 所示。

如果对插入的图片不满意，在设置背景格式对话框中选择图片更正选项卡，可重置图片同时对插入图片的亮度和对比度进行设置；选择图片颜色选项卡，可对图片的颜色进行设置；选择艺术效果选项卡，可以对图片应用不同的艺术效果，使其看起来更像素描、绘图或油画，如图 6.4.11 所示。

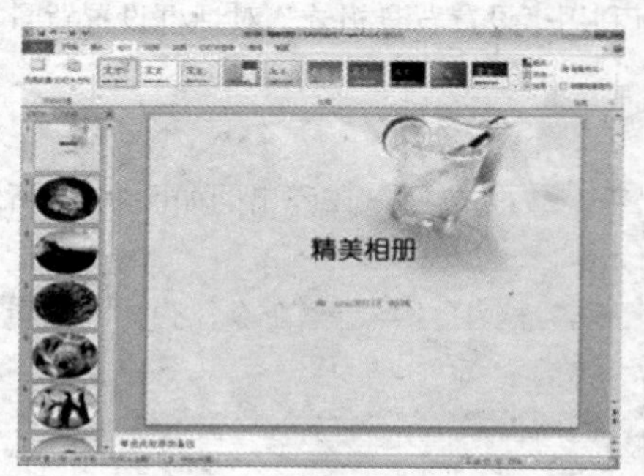

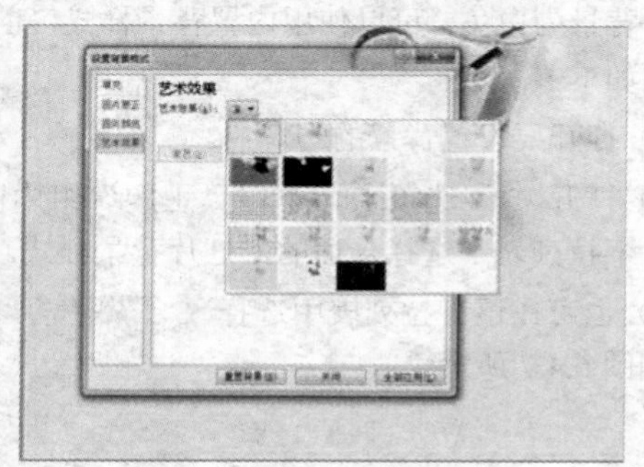

图 6.4.10　应用幻灯片背景效果　　　　图 6.4.11　“艺术效果”选项卡

6.4.3　制作幻灯片母版

如果要将同一背景、标志、标题文本及主要文字格式运用到整篇文稿的每张幻灯片中，就可以使用 PowerPoint 的幻灯片母版功能。幻灯片母版是用于统一和存储幻灯片信息的模板信息，在对模板信息进行加工之后，可快速生成相同样式的幻灯片，从而提高工作效率，减少重复输入。

1．查看母版类型

在 PowerPoint 2010 中，幻灯片母版分为 3 种，分别为幻灯片母版、讲义母版和备注母版。而它们的作用和视图都不相同。经过运用幻灯片母版进行设计后的幻灯片样式将出现在“幻灯片”组中的新建幻灯片按钮的下拉列表框中，需要使用该样式的幻灯片时，可直接在其中进行选择。

（1）幻灯片母版。

选择视图选项卡，在“母版视图”组中单击幻灯片母版按钮，便可查看幻灯片母版。在标题及文本的版面配置区中包含了标题、文本对象、日期、页脚和数字 5 种占位符，在母版中更改和设置的内容将应用于同一演示文稿的所有幻灯片中，如图 6.4.12 所示。

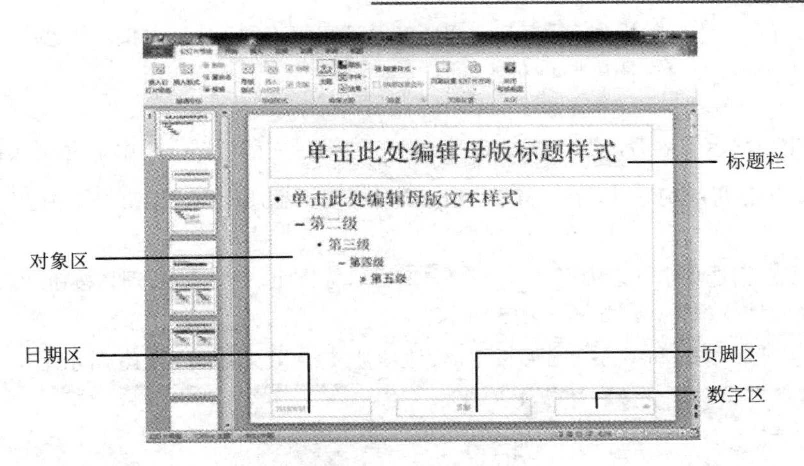

图 6.4.12　幻灯片母版视图

幻灯片母版中各部分的功能如下：

标题栏：设置演示文稿中所有幻灯片标题文字的格式、位置和大小。

对象区：设置幻灯片所有对象的文字格式、位置和大小，以及项目符号的风格。

日期区：为演示文稿中的每一张幻灯片自动添加日期，并决定日期的位置、文字的大小和字体。

页脚区：给演示文稿中的每一张幻灯片添加页脚，并决定页脚文字的位置、大小和字体。

数字区：给演示文稿中的每一张幻灯片自动添加序号，并决定序号的位置、文字的大小和字体。

（2）讲义母版。选择“视图”选项卡，在“演示文稿视图”栏中单击讲义母版按钮，就可进入讲义母版视图。在讲义母版中可查看一页纸张里显示的多张幻灯片，也可设置页眉和页脚的内容并调整其位置，以及改变幻灯片的放置方向等。当需要将幻灯片作为讲义稿打印装订成册时，就可以使用讲义母版形式将其打印出来，如图 6.4.13 所示。

（3）备注母版。如果查看幻灯片内容时，需要将幻灯片和备注显示在同一页面中，就可以在备注母版视图中进行查看。在“演示文稿视图”栏中单击备注母版按钮，就可进入备注母版视图，如图 6.4.14 所示。

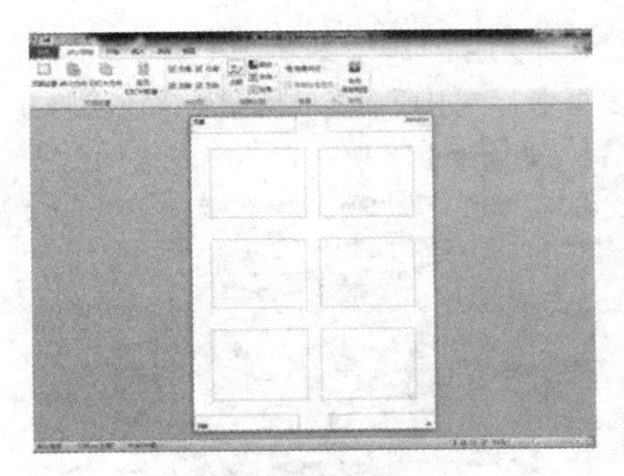

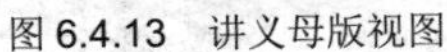

图 6.4.13　讲义母版视图

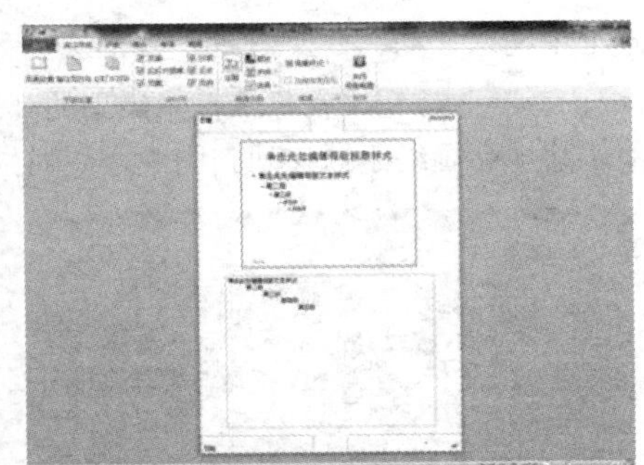

图 6.4.14　备注母版视图

2．设计母版

设计母版样式包括在母版中设置幻灯片的背景、文本样式、插入图形以及添加页眉和页脚等都是为了统一幻灯片样式所进行的操作。由于讲义母版和备注母版不常用，而且操作方法较为简单，下面将详细讲解在幻灯片母版中设计母版的方法。

（1）新建空白演示文稿后，选择 视图 选项卡，在“演示文稿视图”栏中单击 幻灯片母版 按钮。

（2）选择第一张母版幻灯片，在“背景”组中单击“对话框启动器”按钮，弹出 设置背景格式 对话框。

（3）选择 填充 选项卡，选中 图片或纹理填充(P) 单选按钮，单击“纹理”按钮，在弹出的下拉列表中选择一种纹理样式，如图 6.4.15 所示。

（4）单击 全部应用(L) 和 关闭 按钮，返回幻灯片，效果如图 6.4.16 所示。

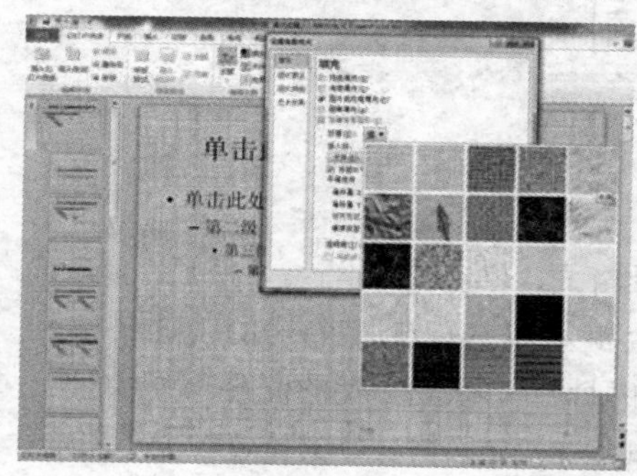
图 6.4.15　选择纹理样式

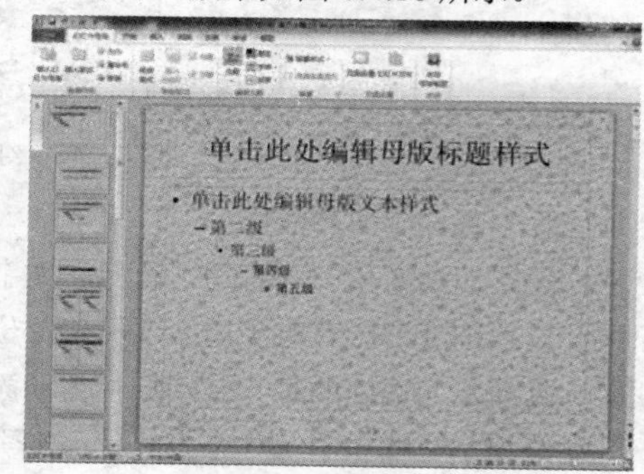

图 6.4.16　应用纹理

提示：对第一张母版幻灯片的编辑将会应用到该组其他含有该编辑内容的母版幻灯片中。

（5）选中“单击此处编辑母版标题样式”文本，选择 开始 选项卡，在“字体”栏中将“字体”设置为“隶书”，字号为“48”，单击“文字阴影”按钮 S，在“字体颜色”下拉列表框中选择“深红”。

（6）选中中间文本框中的所有文本，设置字体为“楷书”，字号为“28”，设置文本格式后效果，如图 6.4.17 所示。

（7）选择 插入 选项卡，单击“插图”组中的 剪贴画 按钮，在打开的“剪贴画”任务窗格的“搜索文字”文本框中输入“动物”文本。

（8）单击 搜索 按钮，在显示搜索结果的列表框中，单击所需要的剪贴画，就可将其插入到母版幻灯片中。将剪贴画缩小后移动到图中合适的位置，如图 6.4.18 所示。

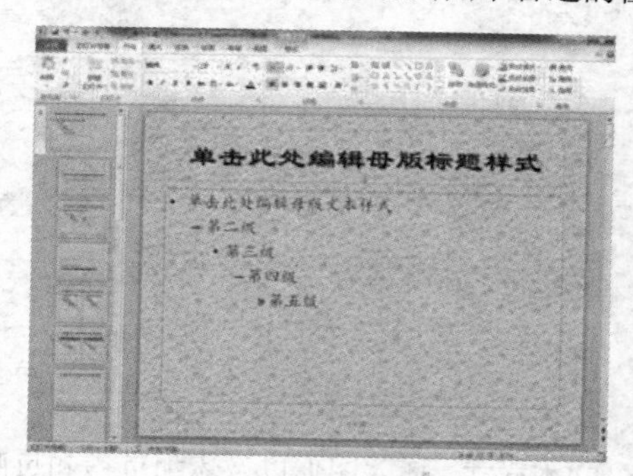

图 6.4.17　设置文本格式

图 6.4.18　插入剪贴画

（9）单击插入的图片，在 格式 选项卡的“调整”组中单击 删除背景 按钮，然后在幻灯片的空白处单击，可以看到幻灯片的背景被去掉，如图 6.4.19 所示。

（10）设置完成后，单击视图栏中的“普通视图”按钮，切换至普通视图中。单击“幻灯片”组中的 新建幻灯片 按钮，在弹出的下拉列表框中将显示用母版进行设计后幻灯片样式，效果如图 6.4.20 所示。

图 6.4.19　设置图片格式

图 6.4.20　设置好的幻灯片母版

6.4.4　添加页眉与页脚

在 PowerPoint 2010 中还可以为幻灯片添加页眉与页脚，使幻灯片的内容更加充实、规范。添加页眉与页脚的方法如下：

（1）在演示文稿中的 插入 选项卡的“文本”选区中单击 页眉和页脚 按钮，弹出 页眉和页脚 对话框，如图 6.4.21 所示。

（2）在该对话框中可设置在页眉和页脚位置需要显示的内容，单击 全部应用(Y) 按钮应用到整个演示文稿，单击 应用(A) 按钮则只应用到当前幻灯片。

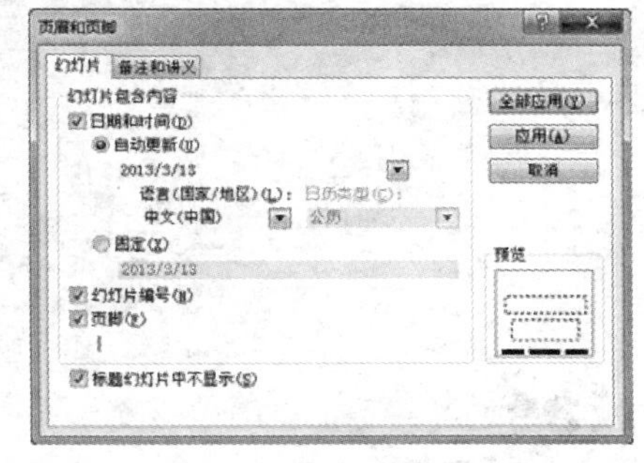

图 6.4.21　“页眉和页脚”对话框

“页眉和页脚”对话框中的各复选框的功能介绍如下：

（1）☑日期和时间(D) 复选框：选中该复选框将显示日期和时间，并激活下方的选项，可以选择自动更新日期和时间或是显示固定的某一日期和时间。

（2）☑幻灯片编号(N) 复选框：选中该复选框，显示出幻灯片编号。

（3）☑页脚(F) 复选框：选中该复选框可在其下方的文本框中输入需要在页脚显示的文字。

（4）☑标题幻灯片中不显示(S) 复选框：选中该复选框，标题页中将不显示页眉和页脚。

提示： 在 PowerPoint 中可以像在 Word 中一样为幻灯片添加页眉和页脚，不过在 PowerPoint 中添加页眉和页脚只需通过对话框就可完成。

6.4.5 添加超链接

PowerPoint 2010 中提供了功能强大的超链接功能，使用它可以实现跳转到某张幻灯片，另一个演示文稿或某个网址。创建超链接的对象可以是任何对象，如文本、图形等。

在演示文稿中创建超链接的具体操作步骤如下：

（1）选中要创建超链接的文本或图形对象。

（2）打开 插入 选项卡，单击“链接”选项组中的 超链接 按钮，弹出 插入超链接 对话框，如图 6.4.22 所示。

（3）在“链接到”选区中选择链接的类型，可供选择的类型包括原有文件或网页、本文档中的位置、新建文档以及电子邮件地址，在此选择 本文档中的位置(A) 选项。在“请选择文档中的位置”栏中选择要链接的对象，如图 6.4.23 所示。

图 6.4.22 “插入超链接”对话框

图 6.4.23 设置超链接对象

（4）单击 确定 按钮即可为文本添加超链接，如图 6.4.24 所示。

图 6.4.24 插入超链接效果

提示：在要创建超链接的文本或图形对象上单击鼠标右键，从弹出的快捷菜单中选择 超链接(H)... 命令，也可弹出 插入超链接 对话框。

6.5 设置动画效果

PowerPoint 的动画效果主要有两种：一种是幻灯片切换动画，又称翻页动画，是指为幻灯片之间的切换设置动态效果；另一种是自定义动画，是指为幻灯片中各种对象的出现设置动态效果。

6.5.1　幻灯片间的切换效果

幻灯片的切换效果是指幻灯片进入和离开屏幕时产生的视觉效果。在演示文稿中添加切换效果，可以使幻灯片过渡衔接得更加自然与贴切，更能吸引观众的注意。用户既可以为一组幻灯片设置同一种切换方式，也可以为每张幻灯片设置不同的切换方式。

要为幻灯片添加切换效果，可按以下操作步骤进行：

（1）选择要应用切换效果的幻灯片，打开 切换 选项卡，如图 6.5.1 所示。

图 6.5.1　“切换”选项卡

（2）在“切换到此幻灯片”组中单击“其他”按钮，弹出“切换效果”下拉列表，如图 6.5.2 所示。

（3）在切换方案中有“细微型”“华丽型”以及“动态内容”三种动画效果。单击要应用于该幻灯片的切换效果即可。

（4）在“计时”组中的“声音”下拉列表选择一种声音，会在上一张幻灯片切换到当前幻灯片时播放该声音。在“持续时间”微调框中指定切换的长度。

（5）在“换片方式”选区中，如果希望单击鼠标时或经过指定时间后都能出现下一张幻灯片，就要选中 ☑ 单击鼠标时 复选框，并在 ☑ 设置自动换片时间: 微调框中输入换片的时间。

（6）单击 全部应用 按钮，可将切换效果的设置应用于演示文稿的所有幻灯片中。否则，将只应用于当前选择的幻灯片中。

给幻灯片添加了切换效果之后，即可观看幻灯片切换效果。如图 6.5.3 所示为幻灯片放映过程中的切换效果。

图 6.5.2　“切换效果”下拉列表

图 6.5.3　幻灯片切换效果

6.5.2　为幻灯片中的对象设置动画效果

在 PowerPoint 2010 中除了可以为幻灯片添加切换效果之外，还可以给幻灯片的各个对象设置动画效果。当设置动画效果时，可以使用 PowerPoint 2010 自带的预设动画，还可以创建自定义动画。

1．设置预设动画

PowerPoint 2010 有很多种预设动画，但只能用于特定的对象，例如“图表”动画效果就只能用于图表对象。设置预设动画的具体操作步骤如下：

（1）选择要设置预设动画的幻灯片对象。

（2）在 动画 选项卡的“动画”组中单击“其他”按钮，从弹出的下拉列表中选择需要的动画效果即可，如图 6.5.4 所示 。

提示：单击“高级动画”组中的 添加动画 按钮，也可弹出“动画”下拉列表。

（3）设置对象动画效果后，单击“预览”组中的 预览 按钮，对其进行预览。

提示：只有先选择幻灯片对象，才能设置对象的动画效果，否则“动画”下拉列表框呈灰色，无法进行设置。在预览动画时，该预览是根据设置先后，对幻灯片的所有动画效果进行预览。

2．自定义动画

若想对幻灯片的动画进行更多设置，或为幻灯片中的图形等对象也指定动画效果，可以自定义动画，具体操作步骤如下：

（1）选择需设置自定义动画的幻灯片，单击 动画 选项卡，在“动画”组中单击 动画窗格 按钮，打开“动画窗格”，如图 6.5.5 所示。

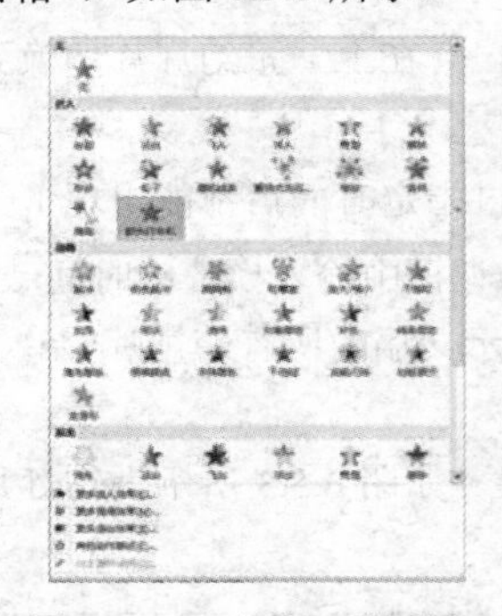

图 6.5.4 “动画”下拉列表

图 6.5.5 动画窗格

（2）在幻灯片编辑区中选择该张幻灯片中需设置动画效果的对象。

（3）单击“高级动画”组中的 添加动画 按钮，从弹出的下拉列表中选择 更多进入效果(E)... 命令，弹出 添加进入效果 对话框，如图 6.5.6 所示。

（4）该对话框有“基本型”“细微型”“温和型”以及“华丽型”四种特色动画效果，可从中选择一种效果用于设置在幻灯片放映时文本及对象进入放映界面的动画效果。

（5）单击 确定 按钮返回幻灯片，则刚才设置的动画效果添加到了动画窗格中，如图 6.5.7 所示。

（6）单击 ▶ 播放 按钮可以浏览设置的动画效果。

同样，用户也可以设置更多强调效果、更多退出效果和其他动作路径动画效果。其中：

强调效果：用于在放映过程中对需要强调的部分设置动画效果，如放大或缩小等。

退出效果：用于设置放映幻灯片时相关内容退出放映界面时的动画效果，如百叶窗、飞出或菱形等效果。

动作路径效果：用于指定放映所能通过的轨迹，如向下、向上或对角线向上等。设置好动作路径后将在幻灯片编辑区中以红色箭头显示其路径的起始方向。

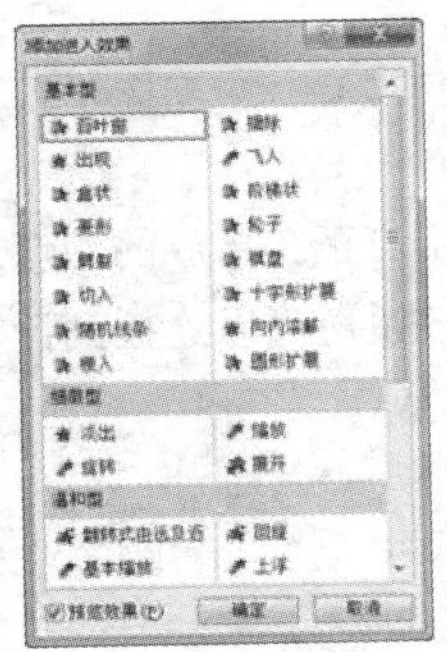
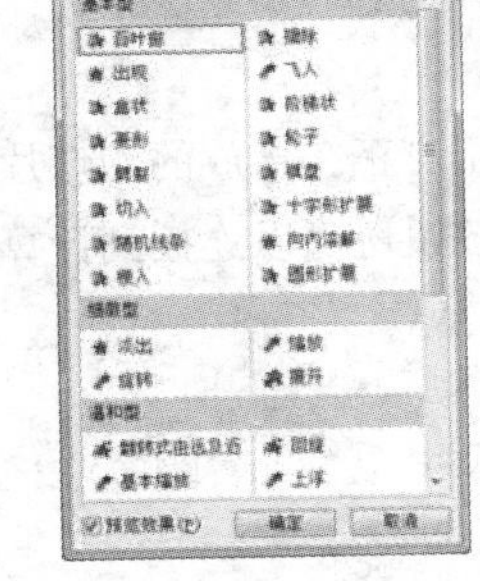

图 6.5.6 “添加进入效果”对话框

图 6.5.7 添加进入动画效果

提示： 如果要为多个对象设置动态效果时，可按住“Shift”键或“Ctrl”键选中要设置动态效果的所有幻灯片，按照为单个对象设置动态效果的方法进行设置即可。

6.5.3 修改动画

如果对设置的动画效果不满意，可以进行修改，重新设置。

（1）若要改变动画效果的播放顺序，可在动画窗格中选择需要改变的动画效果进行拖动，或单击下面的⬆或⬇按钮将其移到所需的位置，如图 6.5.8 所示。

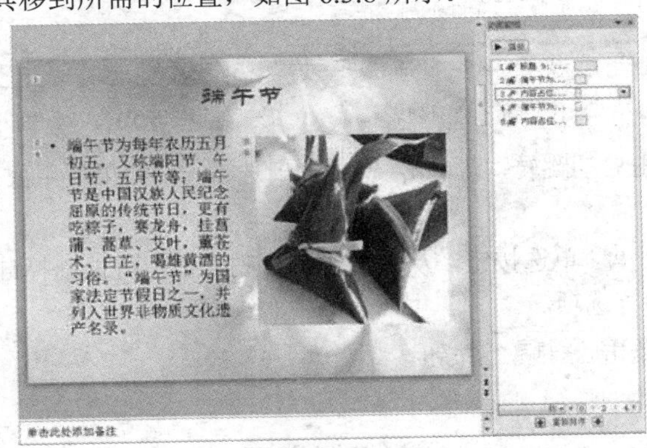

图 6.5.8 调整动画顺序

（2）修改某一动画效果，可在动画窗格中将其选中，单击鼠标右键，从弹出的快捷菜单中选择 删除(R) 命令，将该动画效果删除，再重新添加动画效果。

6.5.4 使用动画刷

PowerPoint 2010 中新增一个“动画刷”工具，功能有点类似于格式刷，但是动画刷主要用于动画格式的复制应用，利用它可以快速设置动画效果。

（1）选择已设置动画效果的对象。

（2）单击 动画 选项卡，在“高级动画”组中单击 动画刷 按钮，或按快捷键“Alt+Shift+C”，此时鼠标变为刷子形状。

（3）在需要应用相同动画的对象上单击即可，同时鼠标指针右边的刷子图案会消失。

6.5.5 添加动作按钮

利用动作按钮可在幻灯片中添加一些特殊按钮，可以通过这些按钮对正在播放的幻灯片进行前进一项、后退一项或跳到第一项等操作。PowerPoint 2010 提供的动作按钮还可以连接到计算机上的其他演示文稿或者发布到 Internet 上。

添加动作按钮具体操作步骤如下：

（1）选定需要添加按钮的幻灯片。

（2）在 插入 选项卡的“插图”组中选择 形状 命令，在弹出的下拉列表中选择“动作按钮”组中的任一按钮，如图 6.5.9 所示。

（3）当鼠标指针变为十字形状时，拖动鼠标在幻灯片中绘制一个动作按钮，并弹出如图 6.5.10 所示的 动作设置 对话框。

图 6.5.9 “动作按钮”类型列表

图 6.5.10 “动作设置”对话框

（4）如果要使用单击启动跳转，请单击 单击鼠标 选项卡；如果使用鼠标移过启动跳转，请单击 鼠标移过 选项卡。

（5）单击 超链接到(H): 单选按钮，从弹出的下拉列表框中可以选择链接到指定 Web 页、本幻灯片的其他张、其他文件等选项。

（6）设置完成后，单击 确定 按钮。

6.6 放映演示文稿

完成了对幻灯片的设置后，用户就可以放映演示文稿查看最终效果了。在放映演示文稿时，用户还需要根据实际情况对演示文稿的放映方式进行设置，最终完成操作。

6.6.1 设置放映方式

PowerPoint 为用户提供了演讲者放映、观众自行浏览和在展台浏览 3 种幻灯片放映的方式，用户可以根据需要选取不同的放映方式，将制作好的演示文稿展示给观众。

要为演示文稿选择一种放映方式，可以按以下操作步骤进行：

（1）打开 幻灯片放映 选项卡，在“设置”组中单击 设置幻灯片放映 按钮，弹出 设置放映方式 对话框，如图 6.6.1

所示。

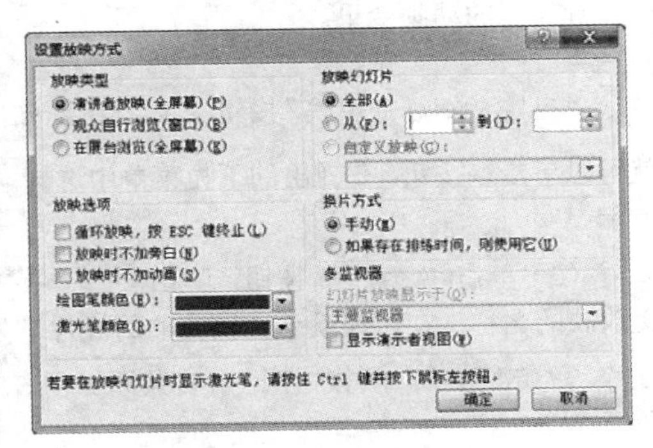

图 6.6.1 “设置放映方式”对话框

（2）在该对话框的“放映类型”选区中显示了放映幻灯片的 3 种不同方式：

演讲者放映(全屏幕)(P)：这是一种最常用的放映方式，可以将演示文稿全屏幕显示。在这种放映方式下，既可以用人工方式放映，也可以用自动方式放映。

观众自行浏览(窗口)(B)：这是一种小规模的放映方式，在这种放映方式下，演示文稿出现在小型窗口内，并提供了在放映时移动、编辑、复制和打印幻灯片的命令。在此方式中，可以使用滚动条从一张幻灯片移到另一张幻灯片，同时打开其他程序。

在展台浏览(全屏幕)(K)：这是一种简单的放映方式。选择该方式，可以在无人管理的情况下自动运行演示文稿。在这种方式下除了可以使用超链接和动作按钮外，大多数控制按钮都为不可用状态（包括右键快捷菜单选项和放映导航工具）。

（3）在对话框的“放映选项”选区中，若选中 循环放映，按 ESC 键终止(L) 复选框，则在放映过程中，最后一张幻灯片放映结束后，会自动转到第一张幻灯片进行播放；若选中 放映时不加旁白(N) 复选框，则在播放幻灯片的过程中不播放任何旁白；若选中 放映时不加动画(S) 复选框，则在播放幻灯片的过程中，原来设定的动画效果将不起作用。

（4）所有设置完成之后，单击 确定 按钮即可将所有的设置应用到演示文稿中。

6.6.2 隐藏或显示幻灯片

放映幻灯片时，系统将自动依次放映每张幻灯片。但实际操作时，有时却不需要放映所有的幻灯片，这时可将不放映的幻灯片隐藏起来，需要放映时再显示它们。隐藏幻灯片的方法如下：

（1）在演示文稿中选择需要隐藏的幻灯片。

（2）单击 幻灯片放映 选项卡，在“设置”工具栏中单击 隐藏幻灯片 按钮即可将该幻灯片隐藏。

选中被隐藏的幻灯片，再次单击 隐藏幻灯片 按钮即可显示该幻灯片。

6.6.3 自定义放映幻灯片

在 PowerPoint 中提供了自定义放映功能，用户可以使用同一个演示文稿，而将不同的幻灯片组合起来并加以命名，然后在演示时跳转到这些幻灯片，从而针对不同的观众进行演示。

（1）选择 幻灯片放映 选项卡中“开始放映幻灯片”组中的相应放映方式，如“从头开始”“从当前幻灯片开始”以及“自定义幻灯片放映”3 种。

“从头开始”按钮 从头开始：单击该按钮，从演示文稿的第一张幻灯片开始依次放映，可以浏览到演示文稿中的所有幻灯片。

“从当前幻灯片开始”按钮 从当前幻灯片开始：单击该按钮，从当前选择的幻灯片开始放映，常用于查看当前幻灯片设置的动画效果。

“自定义幻灯片放映”按钮：当用户结合实际情况，只需要播放演示文稿中的部分幻灯片时，就可以单击该按钮，在弹出的下拉菜单中选择 自定义放映(W)... 命令，打开 自定义放映 对话框，如图 6.6.2 所示。

（2）单击 新建(N)... 按钮，弹出 定义自定义放映 对话框，在“幻灯片放映名称”文本框中输入自定义放映的名称；在“在演示文稿中的幻灯片”列表框中选择要播放的幻灯片，这里选择第 4～8 张幻灯片。单击 添加(A) >> 按钮，即可将其添加至右侧的“在自定义放映中的幻灯片”列表框中，如图 6.6.3 所示。

图 6.6.2 “自定义放映”对话框

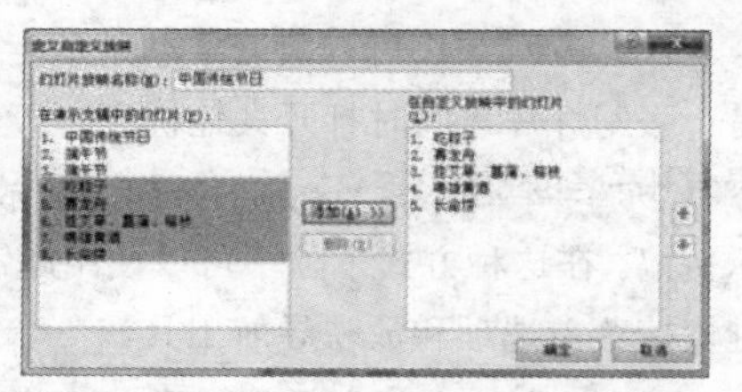

图 6.6.3 “定义自定义放映”对话框

（3）完成对幻灯片的选择后，单击 确定 按钮返回 自定义放映 对话框中，单击 放映(S) 按钮，即可按当前设置放映幻灯片。

提示：按“F5”功能键或单击状态栏的“幻灯片放映”按钮，也可放映幻灯片。

6.6.4 放映控制

如同播放音乐时需要执行暂停、停止、下一曲、上一曲等操作一样，在放映演示文稿的过程中用户也要根据需要对演示文稿进行查看上一页、查看下一页、退出放映等控制。

（1）查看下一页。在放映幻灯片的过程中，若想直接查看下一页，可在幻灯片的空白处单击鼠标右键，在弹出的快捷菜单中选择 下一张(N) 命令，或将鼠标光标移至屏幕的左下角，单击按钮，即可完成操作，如图 6.6.4 所示。

（2）查看上一页。查看上一页的操作与查看下一页类似，用户可在幻灯片的空白处单击鼠标右键，在弹出的快捷菜单中选择 上一张(P) 命令，或将鼠标光标移至屏幕的左下角，单击按钮。

（3）退出放映。若要退出放映状态，可以直接按 Esc 键或单击鼠标右键，在弹出的快捷菜单中选择 结束放映(E) 命令，如图 6.6.5 所示。

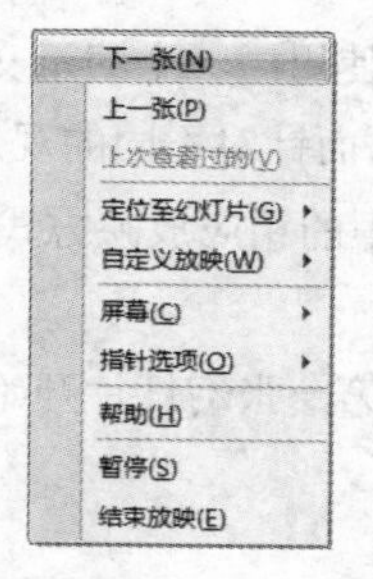

图 6.6.4 查看下一张幻灯片

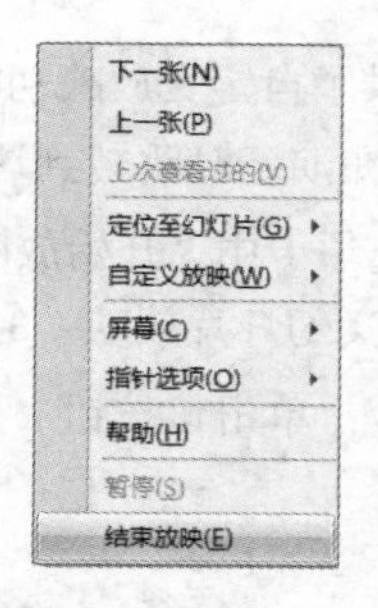

图 6.6.5 退出放映

6.6.5　调整放映顺序

在放映演示文稿时，若只想查看某张幻灯片的放映效果，可以通过快捷菜单迅速定位至该幻灯片位置完成操作，具体操作如下：

（1）在正在放映的演示文稿中单击鼠标右键，从弹出的快捷菜单中选择 定位至幻灯片(G) ▸ 命令，在弹出的子菜单中选择要查看的幻灯片。

（2）稍候片刻，系统可根据要求完成切换操作。

6.6.6　排练计时

排练计时就是利用预演的方式，让系统将每张幻灯片在放映时所使用的时间记录下来，并累加从开始到结束的总时间数，然后应用于以后的放映中。

排练幻灯片放映时间的具体操作步骤如下：

（1）打开要应用排练计时的演示文稿。

（2）在 幻灯片放映 选项卡的“设置”选项区单击 排练计时 按钮，进入幻灯片的放映状态，并打开“录制”工具栏，该工具栏会自动显示放映的总时间和当前幻灯片的放映时间，如图 6.6.6 所示。

（3）当达到所需的时间时单击“下一项”按钮切换到下一个动画效果。用同样的方法为所有动画效果设置放映时间。

（4）如果要结束排练计时，则可以按“Esc”键，并弹出如图 6.6.7 所示的提示框，提示用户是否保留新的幻灯片排练时间。

图 6.6.6　“录制”工具栏

图 6.6.7　提示框

（5）单击 是(Y) 按钮关闭提示框，并自动切换到“幻灯片浏览”视图模式下，这时在每张幻灯片的左下角均会显示出排练时间，如图 6.6.8 所示。

图 6.6.8　显示排练时间

6.7 打包与打印演示文稿

演示文稿制作完成后，不仅可以在屏幕上演示，还可以把它打印出来以便查阅，也可以将幻灯片制作成 35 mm 胶片，在放映机上放映。

6.7.1 打包演示文稿

当用户制作完演示文稿，要在其他计算机上演示，而这台计算机又没有安装 PowerPoint 应用程序时，可以将演示文稿和 PowerPoint 播放器一起打包到文件夹或打包成 CD，拷贝到其他计算机上后，再将其解包、还原，并运行该演示文稿。打包演示文稿的具体操作步骤如下：

（1）打开要打包的演示文稿。

（2）单击 文件 按钮，在弹出的菜单中选择 保存并发送 → 将演示文稿打包成 CD 命令，如图 6.7.1 所示。

（3）单击 打包成 CD 按钮，弹出 打包成 CD 对话框，在“将 CD 命名为”文本框中输入 CD 名称，如图 6.7.2 所示。

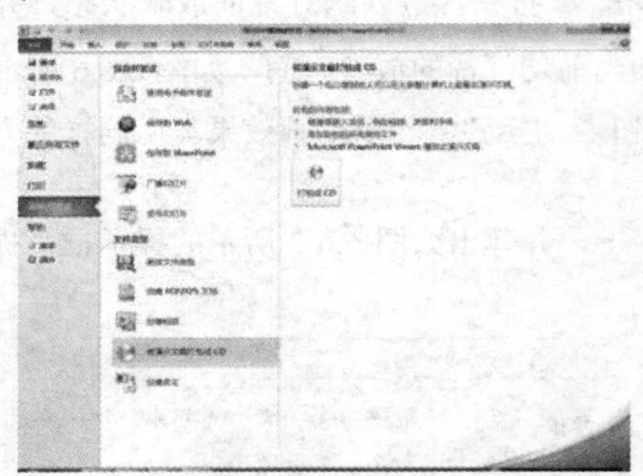

图 6.7.1 选择打包命令

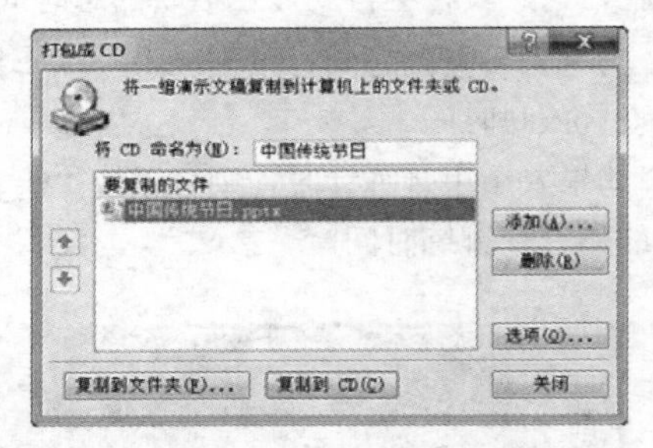

图 6.7.2 “打包成 CD”对话框

（4）如果用户还想添加其他文件，可单击 添加(A)... 按钮，弹出 添加文件 对话框，从中选择需要添加的文件，如图 6.7.3 所示。单击 添加(A) 按钮，即可将文件添加到 添加文件 对话框中。

（5）如果想复制文件的设置，可单击 选项(O)... 按钮，弹出 选项 对话框。选中 ☑ 嵌入的 TrueType 字体(E) 复选框，可以确保打包的演示文稿在其他计算机上保持正确的字体，如图 6.7.4 所示。用户也可为演示文稿设置打开和修改密码，并检查是否含有不适宜的信息或者个人信息。

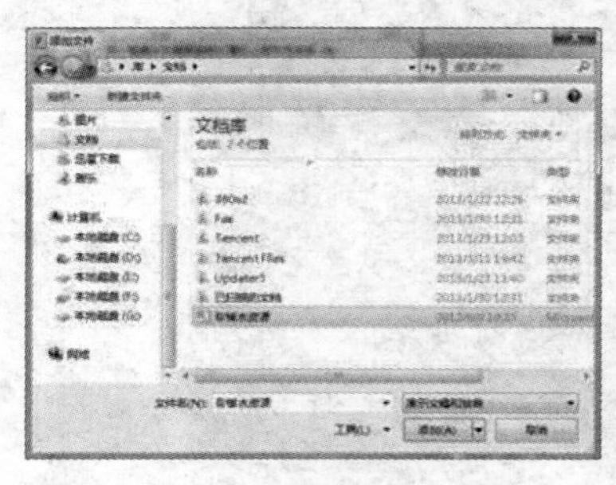

图 6.7.3 “添加文件”对话框

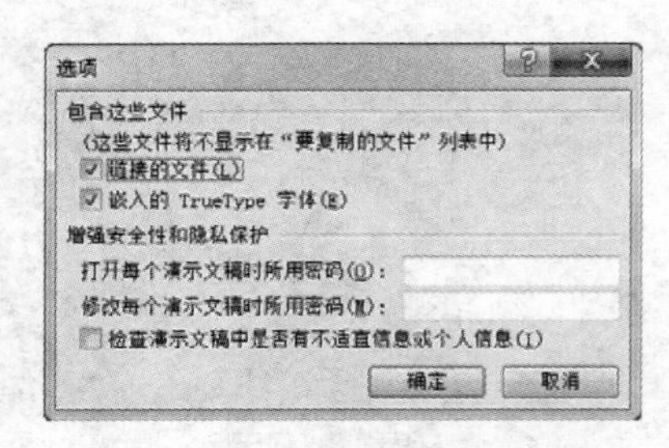

图 6.7.4 “选项”对话框

（6）设置完毕后，单击 确定 按钮返回 打包成 CD 对话框。

（7）如果想将文件复制到指定名称和位置的新文件夹中，可单击 复制到文件夹(F)... 按钮，弹出 复制到文件夹 对话框，如图 6.7.5 所示。

图 6.7.5　“复制到文件夹”对话框

（8）在“文件夹名称”文本框中输入文件夹名称。单击 浏览(B)... 按钮，弹出 选择位置 对话框，从中选择打包文件的存放位置，如图 6.7.6 所示。

（9）单击 选择(E) 按钮返回 复制到文件夹 对话框中，单击 确定 按钮返回到 打包成 CD 对话框中，再单击 关闭 按钮即可。

复制完成之后，打开相应的文件夹，文件已经被打包，并包含一个 antorun 自动播放文件，可以完成相应的自动播放功能，如图 6.7.7 所示。

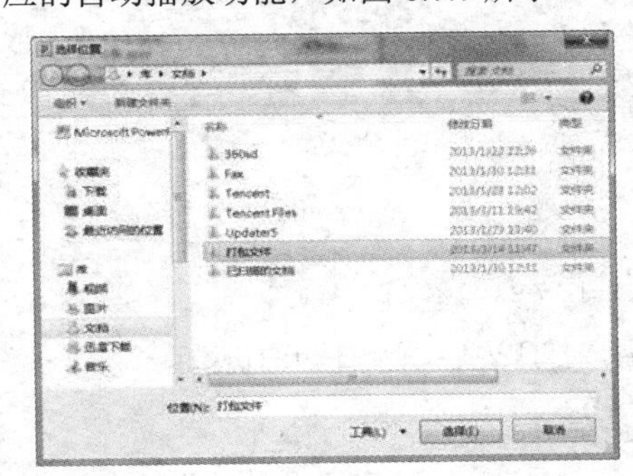

图 6.7.6　“选择位置”对话框

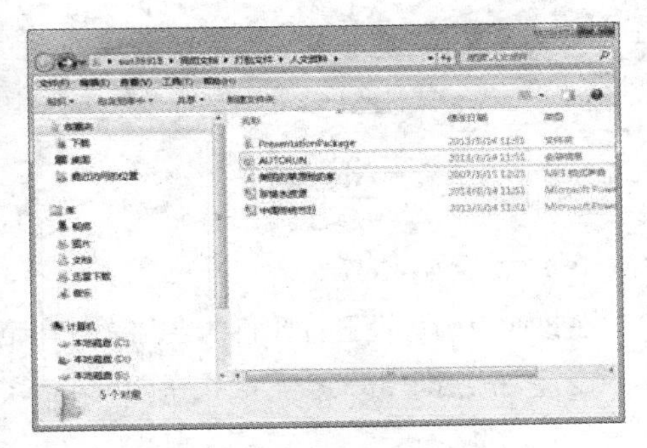

图 6.7.7　自动播放文件

打包成的 CD 具有自动播放功能，默认情况下播放第一张幻灯片。

6.7.2　打印演示文稿

演示文稿制作完成后，可将其打印出来作为备份，在打印演示文稿之前必须先进行页面设置。

1．页面设置

打开要进行页面设置的演示文稿，在 设计 选项卡中的“页面设置”组中单击 页面设置 按钮，弹出 页面设置 对话框，如图 6.7.8 所示。

（1）设置幻灯片的大小。在该对话框的“幻灯片大小”下拉列表中选择幻灯片的大小，包括“在屏幕上显示”“投影机”“横幅”等选项，也可以在“宽度”和“高度”微调框中根据需要自定义幻灯片的大小。

（2）设置幻灯片编号的起始值。用户可以在“幻灯片编号起始值”微调框中设置幻灯片编号的起始值，它决定了幻灯片的起始编号，该编号出现在幻灯片上和 PowerPoint 2010 窗口底部的幻灯片编号器上，幻灯片编号起始值可以是任意数值。

（3）设置幻灯片方向。在“页面设置”对话框右侧的“方向”设置区域有两种幻灯片的方向设置：一种用于幻灯片；另一种用于备注、讲义和演示文稿大纲。用户可以根据需要分别设置它们的方向，默认情况下，幻灯片的方向为“横向”；备注、讲义和大纲的方向为“纵向”。

提示：在 设计 选项卡中的“页面设置”组中单击 幻灯片方向 按钮，从弹出的下拉列表中也可以设置幻灯片的方向。

2．输出演示文稿

通过打印机可以将制作好的演示文稿打印出来装订成册，具体操作步骤如下：

（1）选中需要打印的演示文稿。

（2）单击 文件 按钮，在弹出的菜单中选择 打印 命令，打开打印面板，如图 6.7.9 所示。

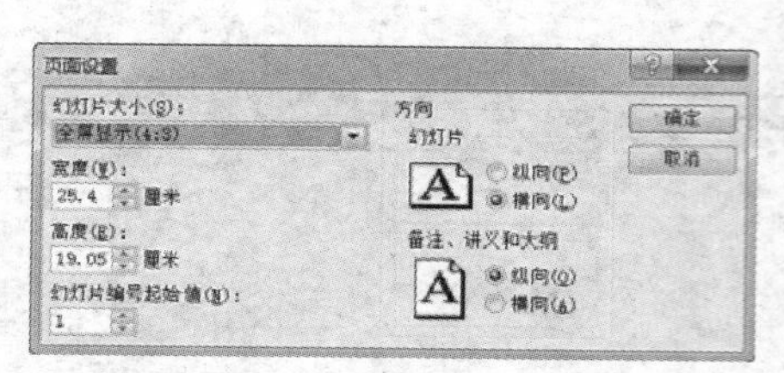

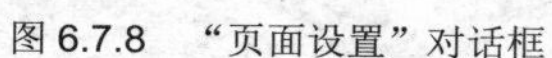

图 6.7.8 “页面设置”对话框

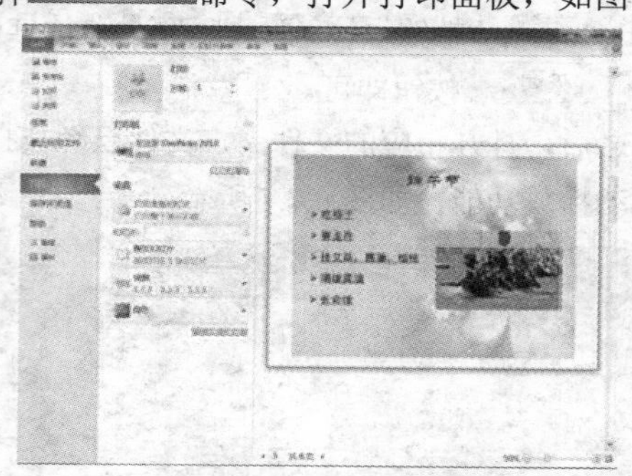

图 6.7.9 演示文稿打印面板

（3）在该面板中可设置打印机的名称、打印范围、打印内容以及打印的份数。

（4）设置完成后单击 确定 按钮即可。

6.8 课堂实战——制作电子相册

本例制作电子相册，最终效果如图 6.8.1 所示。

图 6.8.1 效果图

操作步骤

（1）启动 PowerPoint 2010 应用程序，单击 文件 按钮，在窗口左侧选择 新建 命令，打开“新建”面板。在中间选择“我的模板”选项，弹出 新建演示文稿 对话框，从中选择一种模板，如图 6.8.2 所示。

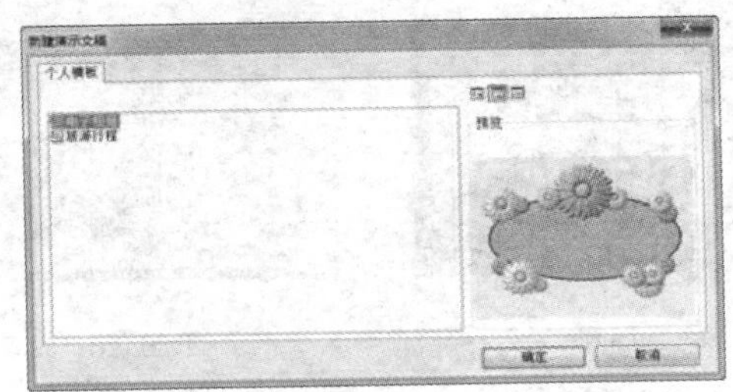

图 6.8.2　“新建演示文稿”对话框

（2）单击 确定 按钮，即可根据我的模板创建一个演示文稿，如图 6.8.3 所示。

（3）在标题占位符中输入文本，设置其字体为“华文琥珀”，字号为“40”，字体颜色为“深红”并加阴影。在副标题占位符中输入创建文本，并设置其字体为“隶书”，字号为“28”，字体颜色为“深蓝”，效果如图 6.8.4 所示。

图 6.8.3　根据我的模板创建演示文稿

图 6.8.4　在占位符中输入文本

（4）选中第一张幻灯片，按回车键，插入下一张幻灯片，如图 6.8.5 所示。

（5）在标题占位符中输入“美丽沙湖”文本，并设置字体、字号和字体颜色。在副标题占位符中单击“插入图片”按钮，弹出 插入图片 对话框，从中选择“沙雕 1”的图片，如图 6.8.6 所示。

图 6.8.5　插入一张新幻灯片

图 6.8.6　“插入图片”对话框

（6）单击 插入(S) 按钮，返回幻灯片，即可在幻灯片中插入一张图片，如图 6.8.7 所示。

（7）双击插入的图片，打开 格式 选项卡，在“图片样式”组中单击 图片效果 按钮，从弹出

的下拉列表中选择 → “居中偏移”按钮，效果如图6.8.8所示。

图6.8.7 插入的图片

图6.8.8 设置图片样式

（8）选中第二张幻灯片，单击“剪贴板”组中的“复制”按钮，在幻灯片左侧窗格的空白处，单击鼠标右键，从弹出的快捷菜单中选择“粘贴选项”下的“保留源格式”按钮，复制一张幻灯片，如图6.8.9所示。

（9）在复制的幻灯片中，修改相应的文本，在需要更改的图片上，单击鼠标右键，从弹出的快捷菜单中选择 更改图片(A)... 命令，弹出 插入图片 对话框，从中选择另一张图片插入，效果如图6.8.10所示。

图6.8.9 复制幻灯片

图6.8.10 更改幻灯片中的元素

（10）重复第（8）-（9）步骤的操作，依次制作其余幻灯片。

（11）单击 切换 选项卡“切换到此幻灯片”组的“其他”按钮，在弹出“切换效果”下拉列表中选择“库”切换方式。单击 效果选项 按钮，从弹出的下拉列表中选择 自左侧(L)。

（12）在“计时”组中取消选中 单击鼠标时 复选框，选中 设置自动换片时间: 复选框并将时间设为“00:03”，如图6.8.11所示。

（13）单击 全部应用 按钮，将此切换效果应用于所有幻灯片中。

（14）单击 视图 选项卡“演示文稿视图”组中的 幻灯片浏览 按钮，浏览制作的演示文稿，如图6.8.12所示。

（15）打开 幻灯片放映 选项卡，在“开始放映幻灯片”组中单击 从头开始 按钮，将从头开始放映幻灯片，最终效果如图6.8.1所示。

图 6.8.11　设置幻灯片切换效果

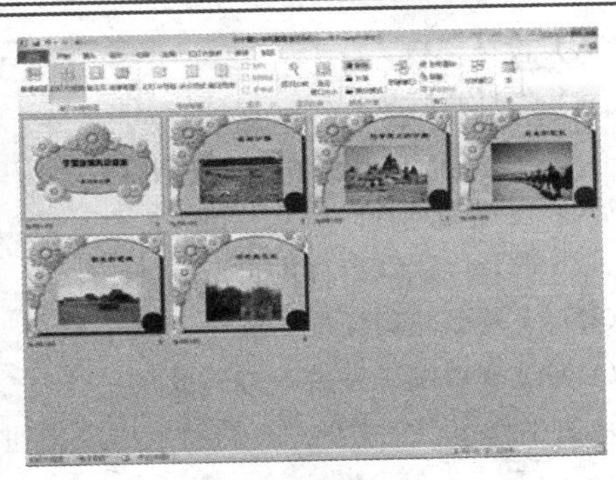
图 6.8.12　浏览幻灯片

本章小结

本章主要介绍了制作与设置幻灯片、丰富幻灯片、设计演示文稿的外观、设置动画效果、放映演示文稿，打包与打印演示文稿等知识。通过本章的学习，读者可以制作出图文并茂，有声有色的具有观赏力和说服力的幻灯片。

操作练习

一、填空题

1．幻灯片编辑区用于显示幻灯片的＿＿＿＿＿和＿＿＿＿＿，可以在编辑区中进行＿＿＿＿＿，插入图片、表格、＿＿＿＿＿等操作。

2．在 PowerPoint 2010 中，用户可以在＿＿＿＿＿和＿＿＿＿＿中输入文本。

3．用户启动 PowerPoint 2010 后，幻灯片中一般包含＿＿＿＿＿个占位符。

4．添加幻灯片切换效果的最好场所是＿＿＿＿＿视图，在这种视图中可以一次查看多张幻灯片，而且可以预览幻灯片的切换效果。

5．在幻灯片放映方式中，选择＿＿＿＿＿选项可放映全屏显示的演示文稿。

二、选择题

1．用户只有在（　）中才可以编辑或查看备注页文本及其他对象。

（A）幻灯片浏览视图　　（B）普通视图

（C）幻灯片放映视图　　（D）备注页视图

2．如果用户一次性要输入大量文本，可在（　）中进行。

（A）占位符　　（B）文本框

（C）大纲窗格　　（D）幻灯片窗格

3．按住（　）键可以选择不连续的多张幻灯片，按住（　）键可选择连续的多张幻灯片。

（A）Ctrl，Ctrl+Shift　　（B）Ctrl，Shift

（C）Alt，Shift　　（D）Shift，Ctrl

4．要更改所有幻灯片上的标题和文本的格式与类型，应更改幻灯片的（　）。

(A)设计模板

(B)母版

(C)幻灯片版式

(D)逐一更改每张幻灯片的文本格式与类型

5．在放映幻灯片时用户不可设置的是（　）。

(A)设置幻灯片的放映范围

(B)选择以观众自行浏览方式放映

(C)设置放映幻灯片比例

(D)选择以演讲者放映方式放映

6．单击工作窗口下方的“幻灯片放映”按钮（　）也可以进行预览。

(A)

(B)

(C)

(D)

7．在 PowerPoint 2010 中，用户可以将演示文稿打包到（　）。

(A)文件

(B)文件夹

(C)CD

(D)硬盘

三、简答题

1．在 PowerPoint 2010 中，如何创建和保存演示文稿？

2．在幻灯片中输入文本，通常采用哪些方法？

3．如何复制和移动幻灯片？

4．怎样在幻灯片中插入超级链接？

5．如何更改当前幻灯片的主题？

6．如何设置幻灯片的背景？

四、上机操作题

1．制作一篇名为“品茶知天下”的相册，练习新建相册、设置字体格式、插入剪贴画的方法。

2．制作名为“公司简介”的演示文稿，练习新建有模板的文档、插入声音、视频和自选图形等操作方法。

第 7 章　计算机多媒体技术

多媒体技术在当今社会的各个领域都得到了广泛的应用，所以读者在学习计算机知识时要对多媒体知识有足够的了解，这样在以后的学习和工作中才能发挥自己的特长。本章主要介绍计算机在多媒体技术方面的知识。

知识要点

- 多媒体的基本概念
- 多媒体计算机的系统组成
- 常用的多媒体处理工具
- Windows 7 的多媒体功能

7.1　多媒体的基本概念

多媒体技术是 20 世纪 80 年代发展起来并得到广泛应用的计算机新技术，它广泛应用在教育、商业、文化娱乐、工程设计及通信等领域。多媒体技术不仅为人们勾画出一个多姿多彩的视听世界，也使人们的工作和生活方式发生了巨大的改变。

7.1.1　媒体与多媒体

人们通常所说的媒体（Medium）包含两种含义：一种是指信息的载体，即存储和传递信息的实体，如书本、光盘、磁带以及相关的播放设备等；另一种是指信息的表现形式或传播形式，如文本、声音、图形、图像和动画等。多媒体计算机中所说的媒体是指后者而言。

人类在社会生活中要使用多种信息和信息载体进行交流，多媒体就是融合两种或两种以上媒体的一种人机交互式信息交流、传播的媒体，包括文本、图形、图像、声音、动画和视频等。

7.1.2　媒体的种类

在日常生活中，媒体的种类繁多。国际电信联盟（ITU-T）将各种媒体做了如下的分类和定义：

1．感觉媒体

感觉媒体是指能直接作用于人的感觉器官，从而使人产生直接感觉的媒体，如语言、音乐、动画、文本以及自然界中的各种声音、图像等。

2．表示媒体

表示媒体是为了加工、处理和传送感觉媒体而人为开发出来的一种媒体，即数据交换的编码。借助于此种媒体，人们能更有效地存储感觉媒体或将感觉媒体从一个地方传送到另一个地方，如语言编

码、电报码、条形码和计算机中的数字化编码等。

3．显示媒体

显示媒体是通信中用于使电信号和感觉媒体之间产生转换的一类媒体，如键盘、鼠标、显示器、打印机、音箱、扫描仪和投影仪等。

4．存储媒体

存储媒体是用于存放某种信息的物理介质，如纸张、磁带、磁盘和光盘等。

5．传输媒体

传输媒体是把信息从一个地方传送到另一个地方的物理介质，如电话线、双绞线和光缆等。

7.1.3 多媒体的组成要素

从多媒体技术的定义来看，多媒体是由文本、图形和图像、音频、动画以及视频等要素组成的。

1．文本

文本是多媒体中最基本也是应用最为普遍的一种媒体。多媒体中的文本简洁易懂，通常只显示 10 个左右的重要语句和内容，只要将鼠标移至其上并单击，就会出现对应这个语句的画面和声音。

2．图形和图像

多媒体中的图形和图像可以是人物画、景物照片或者其他形式的图案。用它们来表达一个问题要比文字更加直观，也更有吸引力。

3．音频

在多媒体中，音频是指数字化后的声音。它通常用来做解说词、背景音乐和音效。在多媒体技术中，存储声音信息的常用文件格式有 WAV，MIDI，MP3，WMA 等。

4．动画和视频

视频信息一般通过摄像机、录像机等设备捕获到计算机内部。在多媒体中加入一段动态视频信息会使画面更加生动。视频文件主要有 AVI，MOV，MPG 等格式。将一段好的动画片穿插到多媒体中，不仅可以使整体风格更加活泼，还可以更加吸引人，尤其是儿童会更喜爱这类多媒体信息。然而，制作动画片比较费时而且成本较高，所以一般都与其他媒体搭配使用。

5．流媒体

流媒体是应用流技术在网络上传输多媒体文件，它将连续的图像和声音信息经过压缩后存放在网站服务器上，用户可以一边下载一边观看、收听。流媒体就像“水流”一样从流媒体服务器源源不断地“流”向客户机。该技术先在客户机创建一个缓冲区，在播放前预先下载一段资料作为缓冲，避免播放的中断，也使得播放质量得以保证。

目前，流媒体的主要文件格式有 RM，ASF，MOV，MPEG-1，MPEG-2，MPEG-4，MP3 等。

7.1.4　多媒体技术及应用

多媒体技术是指利用计算机技术把数字、文本、图形和图像等多种媒体信息进行有效组合，并对这些媒体进行同步获取、编辑、存储、显示和传输的一门综合技术。

多媒体技术应用十分广泛，对提高人们的工作效率和改善人们的生活质量产生了深远的影响，其主要应用在以下几个方面：

（1）多媒体电子出版物，为读者提供了“图文声像”并茂的表现形式。

（2）支持各种计算机应用的多媒体化，如电子地图。

（3）科技数据和文献的多媒体表示、存储及检索。它改变了过去只能利用数字、文字的单一方法，还原描述对象以本来面目。

（4）娱乐和虚拟现实是多媒体应用的重要领域，它帮助人们利用计算机多媒体和相关设备把自己带入虚拟世界。

（5）多媒体技术加强了计算机网络的表现力，促进了计算机网络的发展。

7.2　多媒体计算机的系统组成

目前，人们所说的多媒体计算机是指具有处理多媒体功能的计算机。它是多媒体技术和计算机技术结合的产物，其外观如图 7.2.1 所示。

7.2.1　多媒体技术的基本特征

图 7.2.1　多媒体计算机

多媒体计算机技术是一种基于计算机技术的综合技术，它包括数字化信号处理技术，音频和视频技术，计算机软、硬件技术，人工智能和模式识别技术，通信和图像技术等。多媒体计算机有以下几个特点：

（1）集成性。集成性是指将多媒体有机地组织在一起，共同表达一个完整的多媒体信息，达到声、文、图像一体化。

（2）交互性。交互是指人和计算机的“对话”，并且能够进行人工的干预控制。交互性是多媒体技术的关键特征。

（3）数字化。数字化是指多媒体中的单个媒体以数字化的形式存放在计算机中，由计算机对它们进行加工和处理。

（4）实时性。由于一些多媒体的应用与时间有关，例如电视会议，因而多媒体技术必须支持实时处理。

7.2.2　多媒体计算机硬件系统

多媒体计算机硬件系统主要包括 6 部分。

（1）主机，如个人计算机、工作站、超级微机等。

（2）输入设备，如摄像机、麦克风、收录机、录像机、扫描仪等。

（3）输出设备，如打印机、音响、绘图仪、显示器、扬声器等。

（4）存储设备，如硬盘、光盘、声像磁带等。

（5）功能卡，如视频卡、声音卡、通信卡、压缩卡、家电控制卡等。

（6）操纵控制设备，如鼠标、键盘、操纵杆、触摸屏等。

7.2.3 多媒体计算机软件系统

对于多媒体计算机的每一种硬件设备都要有相应的程序支持，这些程序统称为多媒体计算机的软件系统。

多媒体软件系统按功能可分为系统软件和应用软件。

系统软件是多媒体系统的核心，它不仅具有综合使用各种媒体、灵活调度多媒体数据进行媒体的传输和处理的能力，而且能控制各种媒体硬件设备协调地工作。多媒体系统软件主要包括多媒体操作系统、媒体素材制作软件及多媒体函数库、多媒体创作工具与开发环境、多媒体外部设备驱动软件和驱动器接口程序等。

应用软件是在多媒体创作平台上设计开发的面向应用领域的软件系统，通常由应用领域的专家和多媒体开发人员共同协作、配合完成，例如教育软件、电子图书等。

7.3 常用的多媒体处理工具

多媒体处理工具是多媒体系统的重要组成部分。多媒体处理工具很多，主要包括图形图像软件、视频编辑软件、动画制作软件、音频编辑软件以及常见的多媒体合成软件等。

7.3.1 图形图像软件

图形软件一般指矢量绘图软件，图像软件一般指位图处理软件。CorelDRAW 就是一款功能强大的图形工具包，由多个模块组成。它几乎包括了所有绘图和桌面出版功能，适用于商业应用领域。Photoshop 是一款多功能的图像处理软件，它除了能进行一般的图像艺术加工外，还能进行图像的分析计算，可以帮助图形及 Web 设计人员、摄影师和视频专业人员更有效地创建出高质量的图像。

7.3.2 视频编辑软件

视频软件一般都有非常广泛的素材兼容性，可以利用图、文、声、像各类素材编辑合成视频片段。在信息形式的多样性方面，视频编辑软件并不逊于多媒体合成软件，但它并不是多媒体合成软件，用这类软件制作出的视频片段不包含交互性，只可作为视频素材加入到多媒体作品中。Premiere 是一款著名的视频编辑软件，在视频软件中的地位相当于 Photoshop 在图像软件中的地位，而 After Effects 则是配合 Premiere 使用的后期效果软件。

7.3.3 动画制作软件

动画制作软件可大致分为二维动画制作软件和三维动画制作软件。3DS MAX 是一款流行甚广的

优秀三维动画制作软件，利用3DS MAX可以控制画面的各种色彩、透明度和表面花纹的粗细程度，可以方便地移动、放大、压缩、旋转甚至改变对象的形态，也可以移动光源、摄像机、聚光灯以及摄像镜头的目标，以产生如电影般的效果。Flash被公认为是当前世界上最优秀的二维动画制作软件，它集矢量绘图、动画制作、Actions编辑于一体，因而被广泛应用于网页制作、多媒体教学、游戏开发等领域。

7.3.4　音频编辑软件

声音的录制和编辑工作可使用两种方法完成：一种方法是使用Windows中的录音机，但它的功能不强，效果也一般，而且录制声音的时间很短；另一种方法是使用声卡附带的软件及一些著名软件公司推出的多媒体音频制作编辑软件，例如简便的音频处理软件CoolEdit和功能完善的音频处理软件Soundfoge等。

7.3.5　多媒体合成软件

将用以上各种编辑软件生成的素材编辑合成，并加入必要的交互功能，使之成为完整的最终作品，是多媒体合成软件的功能。

Authorware是基于图标和流程线的多媒体合成软件，具有功能完善且易于实现的11种交互方式。其流程图式的程序能清晰地表达多媒体作品的复杂结构，特别适用于大型作品的整体合成。

Director是基于二维动画制作的多媒体合成软件，具备完善的二维动画制作功能，易于制作生动活泼的局部内容，内嵌内容丰富、功能完善的Lingo语言，可为作品添加丰富的交互功能。

以上两个合成软件同为Macromedia公司的产品，也是多媒体合成软件中最为著名的两个产品。它们各具有鲜明的特性，前者并不注重局部的细小功能，而擅长于对作品的整体把握；后者不易清晰地表达作品的复杂结构，却善于将局部内容表现得精彩纷呈。

除了以上两款多媒体合成软件外，常见的多媒体合成软件还有网络型软件FrontPage和Dreamweaver等。

7.4　Windows 7的多媒体功能

Windows 7系统全方位支持影音分享、播放和制作，为欣赏音乐、浏览照片和看电影都带来更多的便利。Windows 7现在可以支持更多格式的多媒体文件，可播放的音乐和视频文件比以往都更加丰富，Windows7系统自带的Windows Media Player 12现在支持许多流行音频和视频格式。

7.4.1　Windows Media Center

在Windows 7的多媒体特性中，Windows媒体中心（Windows Media Center）无疑是最为引人注目的功能之一。它除了能够提供Windows Media Player的全部功能之外，还在娱乐功能上进行了全新的改造，为用户提供了一个从图片、音频、视频再到通信交流等的全方位应用平台。

1．启动 Windows Media Center

单击“开始”按钮，选择 所有程序 → Windows Media Center 命令，启动 Windows Media Center 界面，如图 7.4.1 所示。

2．使用 Windows Media Center 播放图片

（1）在 Windows Media Center 界面中将鼠标移至“图片+视频”栏，单击“图片库”，如图 7.4.2 所示。

图 7.4.1　Windows Media Center 界面

图 7.4.2　选择图片库

（2）这时会打开图片库中的图片所在的文件夹，如图 7.4.3 所示。

（3）单击 放映幻灯片 按钮，将以幻灯片的形式播放图片，如图 7.4.4 所示。

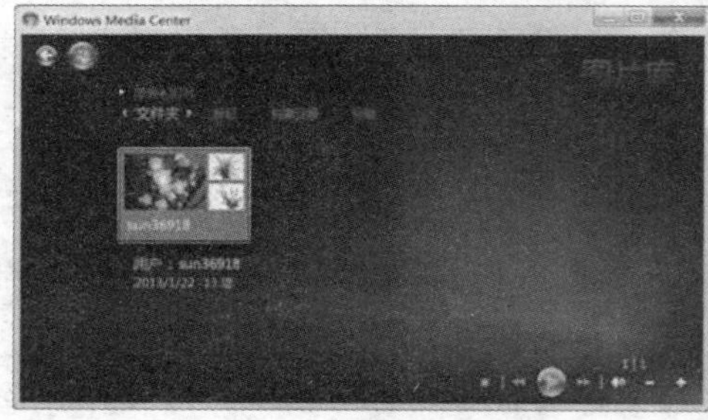

图 7.4.3　打开图片库

图 7.4.4　播放图片

（4）单击播放窗口中的按钮，退出图片播放状态。

3．播放录制的电视

（1）在 Windows Media Center 界面中单击“附加程序”列“录制的电视”按钮。

（2）打开录制的电视列表，在录制的电视上单击鼠标右键，从弹出的下拉列表中选择 播放 命令，如图 7.4.5 所示。

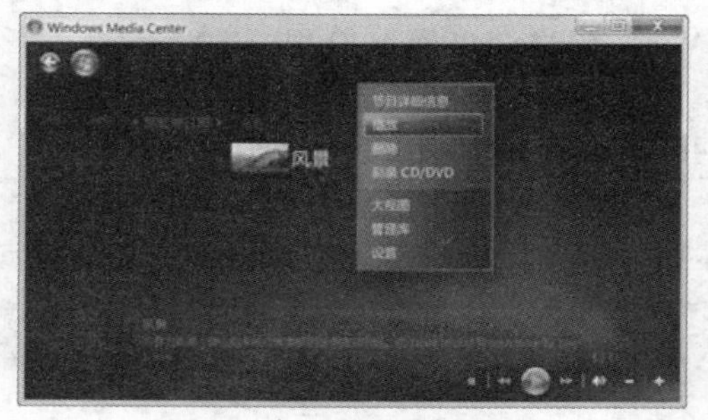

图 7.4.5　选择“播放”命令

（3）这时开始播放录制的电视节目，如图 7.4.6 所示。

4．向媒体库添加图片

在图片库界面，可以看到图片文件夹，并可看到向媒体库中添加图片。

（1）在 Windows Media Center 界面中将鼠标移至“任务”栏，单击“设置”按钮，打开“设置”界面，从中选择“媒体库”，如图 7.4.7 所示。

图 7.4.6　播放电视

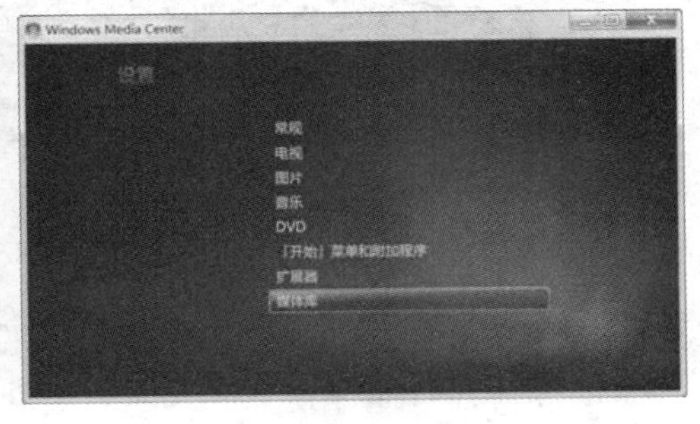

图 7.4.7　“设置”窗口

（2）这时会打开“媒体库”窗口，在“选择媒体库”列中选择 图片 媒体库，如图 7.4.8 所示。

（3）单击 下一步 按钮，打开“图片”媒体库，选中 向媒体库中添加文件夹 单选按钮，如图 7.4.9 所示。

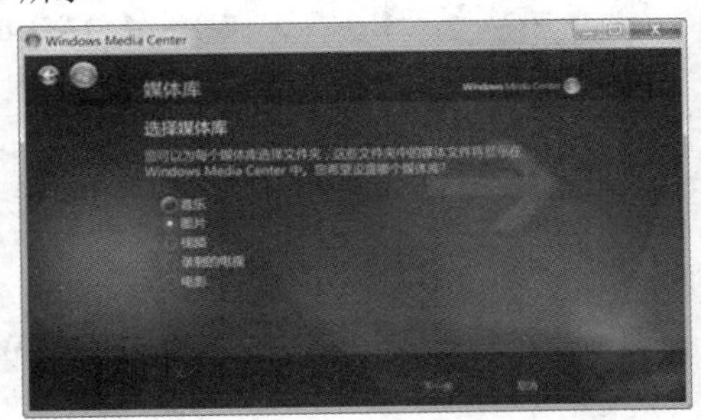

图 7.4.8　“媒体库”窗口

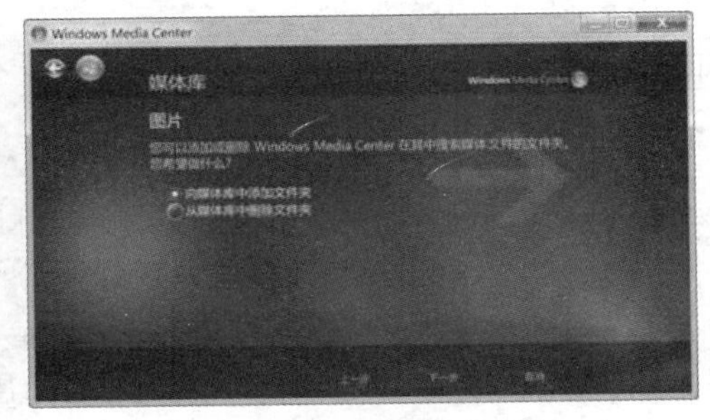

图 7.4.9　“图片”媒体库

（4）单击 下一步 按钮，打开“添加图片文件夹”窗口，选中 在此计算机上(包括映射的网络驱动器) 单选按钮，如图 7.4.10 所示。

（5）单击 下一步 按钮，打开“选择包含图片的文件夹”窗口，选择图片文件夹的存放位置，如桌面的“新建文件夹”，如图 7.4.11 所示。

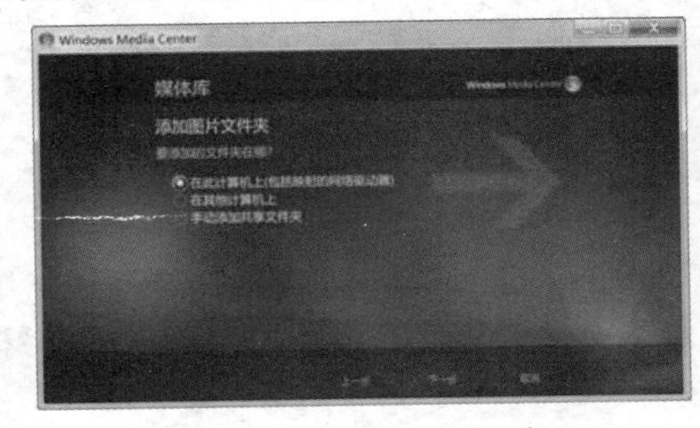

图 7.4.10　“添加图片文件夹”窗口

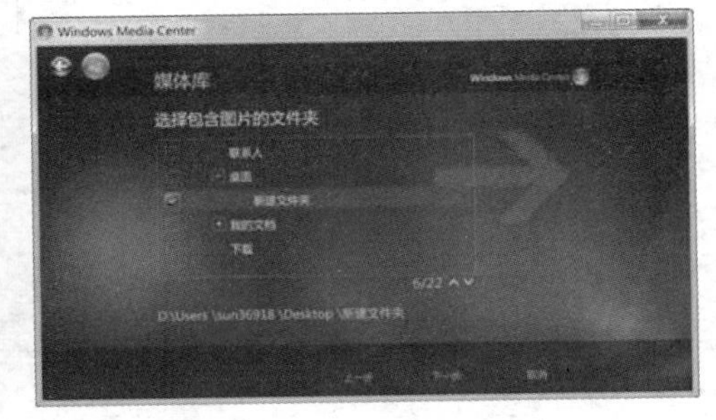

图 7.4.11　选择文件夹的位置

（6）单击 下一步 按钮，打开“确认更改”窗口，选中 是，使用这些位置 单选按钮，这时会弹出“正在更新媒体库”提示框，如图 7.4.12 所示。

（7）单击 确定 按钮，即可添加图片到媒体库，如图 7.4.13 所示。

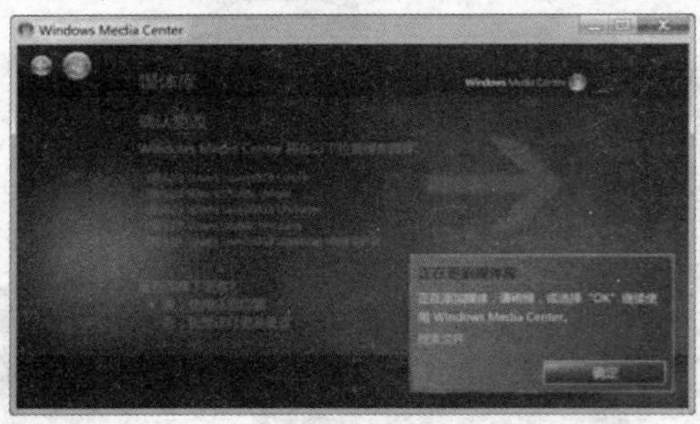

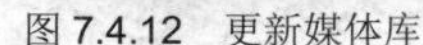
图 7.4.12　更新媒体库

图 7.4.13　向媒体库添加图片

7.4.2　Windows Media Player

Windows Media Player 12（简称 WMP 12），最大的改变就是媒体库和播放窗口进行了分离，使播放界面更加简洁、美观。Windows Media Player 12 可以播放更多流行的音频和视频格式，包括新增了对 3GP，AAC，AVCHD，DivX，MOV 和 Xvid 的支持。

1．启动 Windows Media Player 12

单击“开始”按钮，选择 所有程序 → Windows Media Player 命令，启动 Windows Media Player 12 界面，如图 7.4.14 所示。

2．使用 Windows Media Player 12

（1）单击窗口中的 媒体库 选项卡，打开媒体库界面。WMP 12 左侧的媒体库列表中将音乐、视频和图片进行分开显示；刻录和同步功能都被集成到一个界面中，以标签页的形式显示。

（2）WMP 12 与 Windows 媒体中心的媒体库实际是互通的，在媒体中心里创建的媒体库在 WMP 中同样会显示，对于音乐同样可以按艺术家、唱片集、年份等进行分类排序浏览，如图 7.4.15 所示。

图 7.4.14　Windows Media Player 12 界面

图 7.4.15　在 WMP 12 中浏览媒体库

（3）在 WMP 12 中可以对媒体库进行管理，如音乐、图片、视频等。单击 组织(O) 按钮，在弹出的下拉菜单中选择 管理媒体库(A) → 音乐(M) 命令，弹出 音乐库位置 对话框，如图 7.4.16 所示。

（4）单击 添加(A)... 按钮，找到音乐文件夹的位置，单击 包括文件夹 按钮，即可将音乐添加到音乐库中，如图 7.4.17 所示。

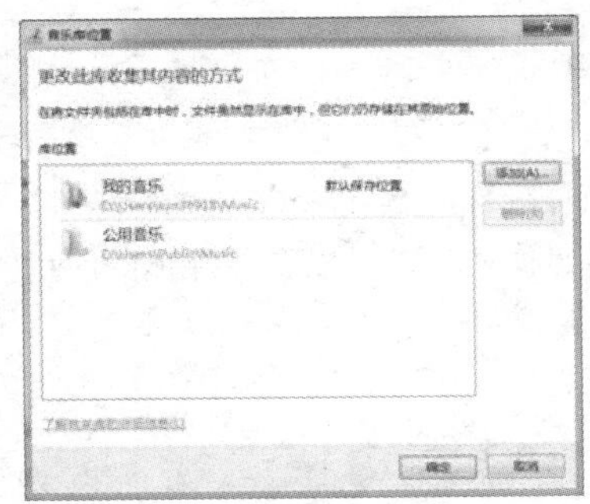

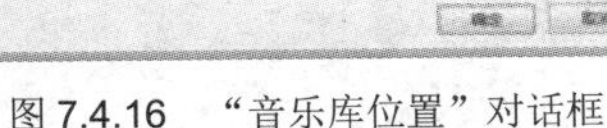

图 7.4.16　“音乐库位置”对话框

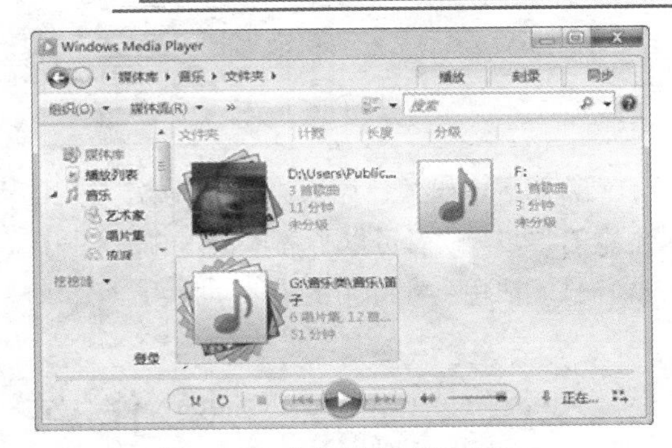

图 7.4.17　向媒体库中添加音乐

技巧：用户也可以自己把文件或者文件夹拖动到 WMP 12 的界面中。

7.5　课堂实战——播放媒体库的视频

本例使用 Windows Media Player 播放媒体库的视频文件。

操作步骤

（1）单击“开始”按钮，选择 所有程序 → Windows Media Player 命令，启动 Windows Media Player 12，选择 媒体库 选项卡，如图 7.5.1 所示。

（2）在“媒体库”窗格中，单击 视频 按钮，在中间的“标题”栏中会显示所有视频文件，如图 7.5.2 所示。

图 7.5.1　选择“媒体库”选项卡

图 7.5.2　选择视频文件

（3）选择需要的视频，单击“播放”按钮，即可播放该视频，如图 7.5.3 所示。

图 7.5.3　播放视频文件

本章小结

本章主要介绍了多媒体计算机的系统组成、常用的多媒体处理工具、Windows的多媒体功能等内容。通过本章的学习，读者可以了解多媒体的基本概念、多媒体处理工具以及多媒体的应用，从而将计算机多媒体技术应用到实际生活中。

操作练习

一、填空题

1．多媒体计算机具有_________、_________、_________和_________的特点。

2．在计算机领域，媒体元素一般分为_________、_________、_________、_________、_________5种类型。

3．数字音频的文件格式有_________。

二、选择题

1．下面属于多媒体硬件设备的是（　）。

（A）麦克风　（B）音箱
（C）键盘　（D）CD-ROM

2．作为信息的载体，以下可以作为多媒体组合成员的媒体是（　）。

（A）文本　（B）声音
（C）图形和图像　（D）动画和视频

3．多媒体计算机软件系统的核心是（　）。

（A）多媒体操作系统　（B）多媒体数据处理软件
（C）多媒体驱动软件　（D）多媒体应用软件

4．多媒体系统中，图像和声音的信息是以（　）的形式存储的。

（A）文本文件　（B）Word文件
（C）数据库文件　（D）二进制文件

三、简答题

1．简述多媒体技术及其应用。

2．简述多媒体的硬件系统和软件系统。

四、上机操作题

1．使用Windows Media Center向媒体库中添加视频文件，并播放该文件。

2．使用Windows Media Center浏览文件夹中的图片。

3．向Windows Media Player中添加音乐文件，并播放该文件。

第 8 章　计算机网络基础与 Internet

计算机网络是计算机技术与通信技术相结合的产物，它在当今社会中得到越来越广泛的应用，同时在计算机领域中也占据着越来越重要的地位。局域网能高速传输数据，广泛用于办公自动化领域，用来提高办公效率。Internet 是当今世界上最大的广域网，是国际性的计算机互联网络，通过 Internet 可以实现全球范围内的信息交流与资源共享。本章将介绍计算机网络基础与 Internet 的相关知识。

知识要点

- 计算机网络概述
- 局域网
- Internet 概述
- 使用 IE 浏览器
- 搜索与下载网络资源
- 收发电子邮件
- 用 WinRAR 解压缩文件

8.1　计算机网络概述

计算机网络是指利用外围通信设备和线路将不同地理位置、功能独立的多台计算机互相连接起来，实现各台计算机之间信息的互相交换，从而实现计算机资源的共享。

8.1.1　计算机网络的概念

计算机网络是指分布在不同地理位置上的具有独立功能的多个计算机系统，通过通信设备和通信线路相互连接起来，在网络软件的管理下实现数据传输和资源共享的系统。它综合应用了几乎所有的现代信息处理技术、计算机技术、通信技术的研究成果，把分散在广泛领域中的许多信息处理系统连接在一起，组成一个规模更大、功能更强、可靠性更高的信息综合处理系统。

8.1.2　计算机网络的分类

按照网络覆盖地理范围的大小，将计算机网络分为局域网、城域网和广域网。

局域网（Local Area Network，LAN）是覆盖地理范围较小的通信网络。它常利用电缆线将个人计算机和办公设备相互连接起来，以实现用户之间相互通信、共享资源及访问其他网络和远程主机。

城域网（Metropolitan Area Network，MAN），可以覆盖相距不远的几栋办公楼，也可以覆盖一个城市；既可以是专用网，也可以公用网，所采用的技术基本上与局域网相似。城域网既可以支持数据和语音传输，也可以与有线电视相连。

广域网（Wide Area Network，WAN）是覆盖地理范围广阔的数据通信网络。它利用电话线、高

速电缆、光缆和微波天线等将远距离的计算机相互连接起来以实现数据传输，是一种跨越地区及国家的遍布全球的计算机网络。

按照网络拓扑结构来分，可以将其分为总线型、星型、环型、树型和混合型等。其中总线型、星型、环型是比较常见的拓扑结构，如图 8.1.1 和图 8.1.2 所示的分别为总线型网络和星型网络。

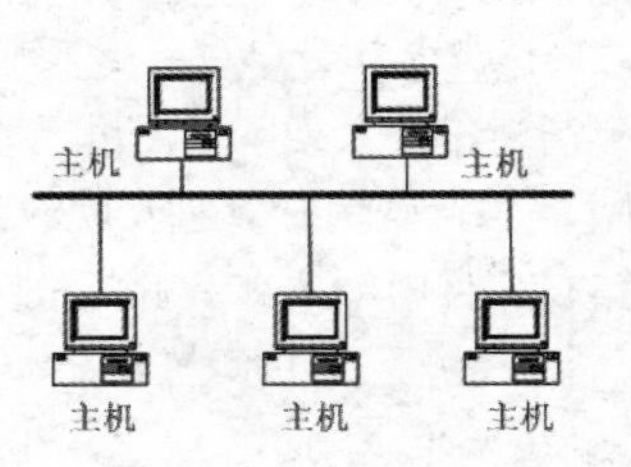

图 8.1.1　总线型网络

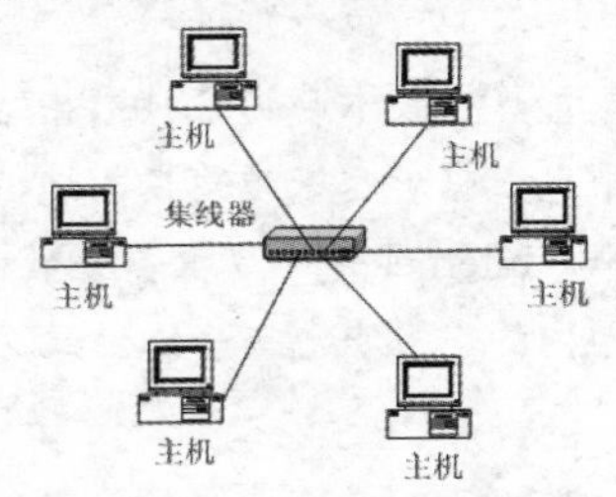

图 8.1.2　星型网络

按照网络的传输介质划分，可分为双绞线网、光纤网、无线网等。

按网络数据传输速率划分，可分为宽带网和窄带网。

8.1.3　计算机网络的功能

计算机网络系统具有多种功能，其中最主要的是资源共享和快速远程通信。

（1）资源共享。共享计算机系统的资源是建立计算机网络的最初目的。系统资源包括硬件、软件和数据。资源共享使分散资源的利用率大大提高，避免了重复投资，降低了使用成本。

（2）快速远程通信功能。计算机网络的发展使得地理位置相隔遥远的计算机用户也可以方便地进行远程通信，这种通信方式是电话、传真或信件等现有通信方式的新的补充，典型的例子就是电子邮件（E-mail）。远程通信可以使分布在不同地区的计算机通过网络及时、高速地传递各种信息。

（3）提高系统的可靠性和可用性。当网络系统中的某一计算机负担过重时，可以通过网络将任务传送到另一台计算机中进行处理，使网络中的计算机负担均衡，提高了计算机的利用效率。此外，还可以让网络中的多台计算机共同处理同一个任务，当某一台计算机出现故障时，其他计算机可以继续处理该任务，从而提高了系统的可靠性。

（4）集中管理和分布处理。计算机网络具有资源共享功能，使得在一台或多台计算机上管理其他计算机上的资源成为可能。例如，在飞机订票系统中，航空公司通过计算机网络管理分布于各地的计算机，统筹安排机票的分配、预订等工作。

（5）综合信息服务。当今的信息社会，商业、金融、文化、教育、新闻等各行各业每时每刻都在产生并且处理大量的信息，计算机网络能支持文字、图片、数字、语音等各种信息的收集、传输和加工工作，已成为社会公共信息处理的基础设施。综合信息服务就是通过网络为各行各业提供各种及时、准确、详尽的信息。

8.1.4　计算机网络的基本组成

计算机网络包括了计算机硬件、软件、网络体系结构以及通信技术等。

计算机网络是由若干个计算机（服务器、客户机）及各种通信设备通过高速通信线路连接组成。

（1）服务器。服务器是一台高性能的计算机，用于网络管理、运行应用程序、处理各个网络工作站的信息请求等，并连接一些外部设备。服务器为网络提供共享资源，根据其作用的不同分为文件

服务器、应用程序服务器、通信服务器和数据库服务器等。

（2）客户机。客户机也称工作站，连入网络中由服务器进行管理和提供服务的计算机都属于客户机，其性能一般低于服务器。客户机是网络用户直接处理信息和事务的计算机。

（3）网络适配器。网络适配器也称网卡，用于将用户计算机与网络相连接。

（4）网络电缆。网络电缆用于网络设备之间的通信连接，常用的网络电缆有双绞线、细同轴电缆、粗同轴电缆、光缆等。

（5）网络操作系统。网络操作系统是用于管理网络的软件。常用的网络操作系统有 UNIX 系统、PC UNIX 系统、Novell Net Ware、Windows NT、Apple Macintosh 等。

UNIX 因其有强大的通信和管理功能以及可靠的安全性等特点，占领了大型系统市场。

Windows NT 则利用它优势的价格、友好的用户界面、简易的操作方式和丰富的软件等特性，在小型系统市场竞争中脱颖而出。由于 Windows NT 有较好的扩展性、优良的兼容性，易于管理和维护，因而通常小型网络系统平台均选用它。

（6）协议。协议是网络设备之间进行互相通信的语言和规范。

（7）客户软件和服务软件。客户机上使用的应用软件统称为客户软件，它用于应用和获取网络上的共享资源。用在服务器上的服务软件则使网络用户可以获取这种服务。

8.2　局　域　网

局域网技术是当前计算机网络技术领域中非常重要的一个分支，局域网作为一种重要的基础网络，在企业、机关、学校等各单位和部门都得到了广泛的应用。局域网还是建立互联网络的基础网络。

8.2.1　局域网的特点

局域网的特点有以下几个方面：

（1）较小的地理范围。局域网一般用于内部联网，如办公室、机关、工厂、学校等，其地域范围没有严格的定义，但一般的距离为 0.1～25 km。

（2）面向的用户比较集中。局域网一般为一个单位所建，在单位内部控制和使用，服务于本单位所有用户，其网络易于建立、维护和扩展，可靠性高，价格低廉。

（3）使用多种传输介质。局域网的传输介质可根据自己的实际情况，选用价格低廉的双绞线、同轴电缆或比较昂贵的光纤，以及无线局域网。

（4）高传输速率和低误码率。现在局域网的传输速率一般为 10～100 Mb/s，最高的可以达到 1 000 Mb/s，其误码率在 10^{-8}～10^{-11} 之间。

8.2.2　局域网的分类

计算机网络分类的方法很多，局域网具有其自身的特点，下面介绍局域网的分类。

1．按照网络转换方式分类

按照网络转换方式的不同，局域网可分为共享介质局域网和交换局域网。

共享介质局域网中的各个节点共用传输介质，数据以广播方式在网内传输。如果网中有 n 个节点，每个节点可分配到 1/n 总带宽。传统的以太网、令牌环网都是典型的共享介质局域网。

交换局域网以交换机为核心部件。每个交换机有多个端口，并有识别端口地址的功能，可在多个端口之间并行传输数据，从而提高了数据传输率。交换式以太网是最常见的一种交换局域网。

2．按照介质访问控制方法分类

按照介质访问控制方法的不同，局域网可分为以太网和令牌环网，它们都属于共享介质局域网。以太网采用的介质访问控制方法是 CSMA/CD，通过“监听”和“重传”来解决冲突；令牌环网则是通过“截获令牌”获得数据发送权的方法来避免冲突。

3．按照网络资源管理方式分类

按照网络资源管理方式的不同，局域网可分为对等式局域网和非对等式局域网。

对等式局域网中所有的节点地位平等，并拥有绝对自主权。任何两个节点之间都可以直接通信和共享资源。非对等式网络中各节点的地位不同，有些节点是服务器，有些节点是工作站，服务器以集中控制的方式管理网络资源，并为工作站提供服务。目前流行的“服务器/客户机”网络应用模型就是一种非对等式网络。

4．按照网络传输技术分类

按照网络传输技术，局域网可分为基带局域网和宽带局域网。

基带局域网采用数字信号的基带传输技术，基带信号占据了传输线路的整个频率范围，信号传输具有双向传输的特点。宽带局域网采用模拟信号的频带信号传输技术，通过频分多路复用技术，每个子频道可以传输一路模拟信号，一条信道可同时传输多路模拟信号，信号传输是单向的。

8.2.3　局域网的通信协议

用以实现网络协议功能的软件是协议软件。协议软件的种类非常多，不同体系结构的网络系统都有支持自身系统的协议软件，体系结构中不同层次上有不同的协议软件。对某一协议软件来说，由协议软件的功能决定将其划分到网络体系结构中的某一层。所以同一协议软件在不同体系结构中所隶属的层次不一定相同。

1．IPX/SPX

IPX/SPX（Internetwork Packet Exchang/Swquences Packet Exchange，网际包交换/顺序包交换）是 Novell 公司为了适应网络发展而开发的通信协议，它的体积比较大，但它在复杂环境下有很强的适应能力，同时具有“路由”功能，能实现多网段间的跨网段通信。当用户接入的是 NetWare 服务器时，IPX/SPX 及其兼容协议应是最好的选择。在 Windows 环境中一般不用它，特别是在 NT 网络和 Windows 9x 对等网中无法直接用 IPX/SPX 进行通信。

2．TCP/IP 协议

TCP/IP（Transmission Control Protocol/Internet Protocol，传输控制协议/网际协议，又叫网络通信协议）是 Internet 最基本的协议、Internet 国际互联网络的基础，简单地说，TCP/IP 就是由网络层的 IP 协议和传输层的 TCP 协议组成的。TCP/IP 定义了电子设备（比如计算机）如何连入因特网，以及数据如何在它们之间传输的标准。TCP/IP 是一个四层的分层体系结构。高层为传输控制协议，它负责聚集信息或把文件拆分成更小的包。低层是网际协议，它处理每个包的地址部分，使这些包正确地

到达目的地。

3．NetBEUI 协议

NetBEUI 协议用于 Net BEUI 网、LanMan 网、Windows for Workgroups 以及 Windows NT 网。NetBEUI 即 NetBIOS Enhanced UserInterface（网络基本输入、输出系统扩展用户接口）的缩写，该协议主要为小型局域网（约20～200台工作站）设计。微软公司从20世纪80年代中期一直在自己的联网产品中支持该协议。该协议强有力的流控制功能、调谐参数和强大的错误检测能力，非常适合为它规定的任务类型。NetBEUI 的潜在问题是无法路由寻径（routable）：即不能从一个局域网经路由器（Router）到另一个局域网。对无须跨经路由器与大型主机通信的小型局域网，安装 NetBEUI 协议就足够了。但是如果要与别的局域网进行通信，就必须安装 TCP/IP 或 IPX/SPX 协议。

8.2.4　局域网的组成

微机局域网（或环局域网）包括网络硬件和网络软件两大部分。

1．网络硬件

组建局域网所需的网络硬件主要有服务器、网络工作站、网络适配器（网卡）、路由器及其传输介质等。

（1）服务器（Server）。服务器是以集中方式管理局域网中的共享资源，为网络工作站提供服务的高性能、高配置计算机。常用的有文件、打印和异步通信3种服务器。

（2）网络工作站。网络工作站是为本地用户访问本地资源和网络资源而提供服务的配置较低的微型机。工作站分为带盘和无盘两种类型。

（3）网络适配器。网络适配器俗称网卡，是构成网络的基本部件。它是一块插件板，插在计算机主板的扩展槽中，通过网卡上的接口与网络的电缆系统连接，从而将服务器、工作站连接到传输介质上进行电信号匹配，实现数据传输。

网卡有多种类型，选择网卡时应从计算机总线的类型、传输介质的类型、组网的拓扑结构、节点之间的距离及其网段的最大长度等几个方面来考虑。

（4）路由器（Router）。路由器是连接因特网中各局域网、广域网的设备，是互联网络的枢纽、“交通警察”。它会根据信道的情况自动选择和设定路由，以最佳路径，按前后顺序发送信号的设备。目前，路由器已经广泛应用于各行各业，各种不同档次的产品已经成为实现各种骨干网内部连接、骨干网间互联和骨干网与互联网互联互通业务的主力军。

（5）传输介质。传输介质也称为通信介质或媒体，在网络中充当数据传输的通道。传输介质决定了局域网的数据传输率、网段的最大长度、传输的可靠性及网卡的复杂性。局域网的传输介质主要是双绞线、同轴电缆和光纤。

2．网络软件

组建局域网的基础是网络硬件，网络的使用和维护则要依赖于网络软件，在局域网上使用的网络软件主要是网络操作系统、网络数据库管理系统和网络应用软件。

（1）网络操作系统。在局域网硬件提供数据传输能力的基础上，为网络用户管理共享资源，提供网络服务功能的局域网系统软件被定义为局域网操作系统。局域网操作系统主要由服务器操作系统、网络服务软件、工作站软件及其网络环境软件4部分组成。

（2）网络数据库管理系统。网络数据库管理系统是一种可以将网上的各种形式的数据组织起来，科学、高效地进行存储、处理、传输和使用的系统软件，可把它作为网上的编程工具。

（3）网络应用软件。网络应用软件是指软件开发者根据网络用户的需要，用开发工具开发出来各种应用软件。例如常见的在局域网环境中使用的 Office 办公套件、收银台收款软件等。

8.3 Internet 概述

Internet 的音译名为“因特网”，人们也常称其为“互联网”或者是“国际互联网”。Internet 是目前世界上最大的信息网络，有人把它称为“网络中的网络”，但它不是一个具体的网络，是众多网络互相通过一定的协议（TCP/IP 协议）连接而成的一个网络集合。

8.3.1 Internet 的服务

Internet 之所以得到广泛的应用，是因为它提供了大量的服务，如万维网（WWW）服务、电子邮件（E-mail）服务、电子公告板（BBS）服务、文件传输（FTP）服务、新闻组（Usenet）服务、远程登录（Telnet）服务、信息查询工具（Gopher）等。这些服务为人们之间的信息交流带来了极大的便利。

下面对 Internet 提供的服务项目进行介绍。

（1）万维网（WWW）。万维网是全世界性的互联网的多媒体子网，是 Internet 上发展最快的一部分，也是最受欢迎的一种信息服务形式。万维网站点地址前都有“http//”字样，它遵循超文本传输协议（HTTP），通过超文本及超媒体技术将 Internet 上的信息集合起来，使用户可以通过“超级链接”快速访问。即使用户对网络不熟悉，也可以使用 WWW 浏览器（如 Internet Explorer）漫游 Internet，从中获取信息。

（2）电子邮件（E-mail）。E-mail 的使用很普及，是由于它可以使用户在任何时间、地点撰写、收发邮件、读取邮件、回复及转发邮件等。用户可以通过 Internet Explorer 中的电子邮件收发器 Outlook Express 来收发电子邮件。

（3）远程登录（Telnet）。远程登录作为 Internet 上最早的一种服务，使用户使用的个人计算机成为某一台远程计算机的虚拟终端，用户所有的操作都要通过远程主机处理后才反馈给用户。

（4）文件传输（FTP）。使用文件传输这种服务可以将一台计算机上的文件传送到另外一台计算机上。FTP 可以传输各种类型的文件。

8.3.2 Internet 的地址

由于 Internet 上所连接的计算机和网络设备有成千上万台，因而它们在相互交流时，必须先给每台计算机取一个名字，即 Internet 地址。

1．IP 地址

IP（Internet Protocol）地址是用 Internet 协议语言表示的地址。IP 地址可表达为二进制格式和十进制格式。使用二进制表示 IP 地址时，共有 32 位，分为 4 段，每段 8 位，中间用圆点分隔，如 11010100.11010000.10101100.00101010；使用十进制数表示 IP 地址时，分为 4 段，中间用圆点分隔，

如 200.87.07.143，每段最大的十进制数不会超过 255。IP 地址由国际组织按级别统一分配，我国的国家级网管中心负责分配 C 类 IP 地址。

IP 地址主要分为 3 个等级，即 A，B 和 C，如表 8.1 所示，分别适用于规模大小不同的网络。在 Internet 中，一个主机可以有一个或多个 IP 地址，但两个或多个主机不能共用一个 IP 地址。

表 8.1　IP 地址的类别

类　别	第一个字段取值范围	默认网络掩码
A	1～126	255.0.0.0
B	128～191	255.255.0.0
C	192～233	255.255.255.0

2．组织机构域名

组织机构域名是根据各行业的不同而分类的，目前共有 14 种域名，如表 8.2 所示。

表 8.2　组织机构域名

组织机构域名	代表的组织或机构	组织机构域名	代表的组织或机构
.com	赢利性商业机构	.firm	商业公司
.edu	教育组织	.story	商场
.gov	政府机构组织	.web	WWW 相关实体
.net	网络资源组织	.arts	文化娱乐
.int	国际性机构	.arc	消遣性娱乐
.mil	军事组织	.nom	个人
.org	非赢利性组织	.info	信息服务

3．国家和地区域名

国家和地区域名就是通常所说的地理域名，是根据国际互联网协议，把世界上所有的国家和地区（美国除外）用两个英文字母来表示，组成国家和地区域名。对于不同国家和地区，都有自己独立的域名。常见的国家和地区域名如表 8.3 所示。

表 8.3　常见的国家和地区域名

国家和地区域名（地理域名）	代表的国家和地区	国家和地区域名（地理域名）	代表的国家和地区
cn	中国	fr	法国
hk	中国香港	au	澳大利亚
tw	中国台湾	jp	日本
uk	英国	ca	加拿大
de	德国	sg	新加坡

8.3.3　Internet 的接入方式

目前，接入 Internet 的方式有 ISDN 上网、ADSL 宽带上网、DDN 专线、卫星接入、光纤接入、无线接入、cable modem 接入等多种方式，这里简单介绍以下 3 种。

1．ISDN 上网

ISDN 就是综合业务数字网，它采用数字传输和数字交换技术，将电话、传真、数据、图像等多种业务综合在一个统一的数字网络中进行传输和处理。它可以同时使用多个终端，并且传输信号质量好，线路可靠性高，速度也较快（可达到 128 KB/s），用户可以使用 ISDN 提供的两个 B 信道同时上网和打电话。使用这种方式上网的费用比普通拨号上网要贵一些。

2．ADSL 宽带上网

ADSL 就是非对称数字用户专线技术，是一种非常受用户欢迎的 Internet 连接方式。ADSL 是一种能够通过普通电话线提供宽带数据业务的技术，也是目前发展速度极快的一种接入技术。接入时需要加入一块网卡，接入后自动建立与 Internet 的专线连接，不需要拨号，不需要交市话费，成为继 Modem，ISDN 之后的又一种全新的高效接入方式。

3．Cable-Modem

线缆调制解调器(Cable-Modem)是近几年开始试用的一种超高速 Modem，它利用现成的有线电视（CATV）网进行数据传输，已是比较成熟的一种技术。随着有线电视网的发展壮大和人们生活质量的不断提高，通过 Cable Modem 利用有线电视网访问 Internet 已成为越来越受人们关注的一种高速接入方式。

8.4 使用 IE 浏览器

浏览器是一种用来浏览服务器提供的 Web 文档的工具程序。目前使用最广泛的浏览器是 Internet Explorer，简称 IE 浏览器，Windows 7 内置的浏览器是 IE8。

8.4.1 认识 IE 浏览器

接入 Internet 后，单击“开始”按钮，选择“所有程序”→“Internet Explorer”命令，可启动 IE 浏览器。IE 浏览器的窗口一般由标题栏、菜单栏、工具栏、地址栏、搜索栏、网页浏览区和状态栏组成，如图 8.4.1 所示。其特有部分的作用分别介绍如下：

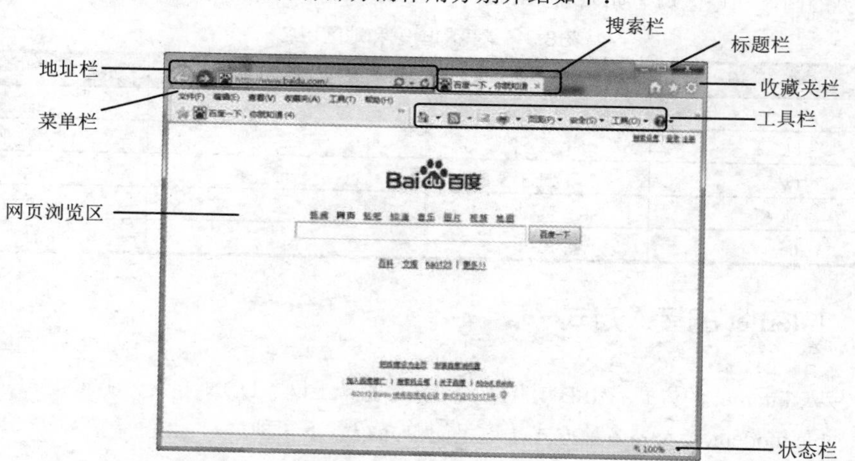

图 8.4.1 IE 浏览器窗口

（1）地址栏。地址栏主要用于输入网站的地址。用户在地址栏中完成网址的输入后，按回车键，即可链接至该网站。同时，地址栏中还提供了“后退”按钮，“前进”按钮，“搜索”按钮、“刷新”按钮等常用按钮。

（2）搜索栏。搜索栏位于地址栏的右侧，可在其中输入要查看的关键字，系统将自动展开搜索并在网页浏览区中显示结果。

（3）收藏夹栏。收藏夹栏用于存储并显示用户收藏的网页，单击显示的网页按钮即可快速启动网页。

（4）工具栏。工具栏位于收藏夹栏的下方，提供了页面(P)▾、安全(S)▾、工具(O)▾等多个按钮，单击按钮即可弹出对应的菜单。

（5）网页浏览区。网页浏览区是 IE 浏览器中最重要的组成部分，也是浏览网页内容的区域，通过单击网页中的超链接可以打开相关的网页。

（6）状态栏。状态栏位于 IE 浏览器窗口的最底部，从中可以查看到当前网页的打开程度、页面大小等信息。

8.4.2　打开与浏览网页

启动 IE 浏览器以后，即可通过 IE 浏览器浏览网页。下面以打开淘宝网并查看最新图书为例，讲解打开与浏览网页的方法，具体操作如下：

（1）双击桌面上的 IE 快捷方式图标，启动 IE 浏览器。

（2）在地址栏中输入要打开网站的网址，如：“http://www.taobao.com”，如图 8.4.2 所示。

（3）按回车键后，打开淘宝网的首页，从中单击要查看的超链接，这里单击“书籍”，如图 8.4.3 所示。

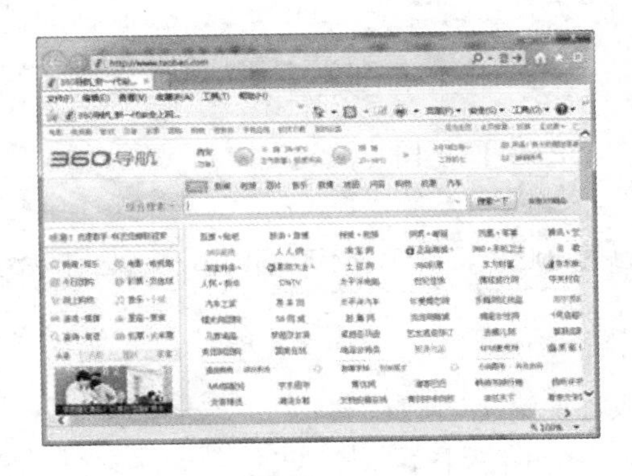

图 8.4.2　输入网址

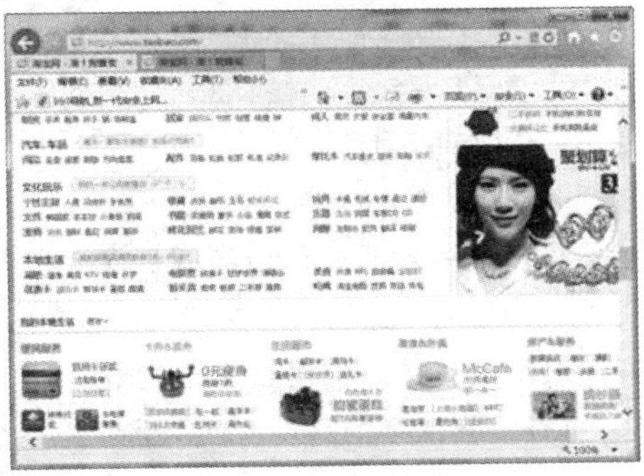

图 8.4.3　单击要查看的超链接

（4）在随即打开的网页中继续单击要查看的超链接，这里单击“最新”超链接，如图 8.4.4 所示。

（5）在网页中显示了要查看的内容后，拖动滚动条即可进行浏览，如图 8.4.5 所示。

图 8.4.4　单击超链接

图 8.4.5　查看网页的内容

8.4.3 收藏网页

网络就像一个巨大的图书馆，用户可以在其中随意搜索网站、查看资料，当网页上的信息对工作有帮助时，还可以将网页内容保存下来以备后用。在实际操作中，最快捷有效的保存资料的方法就是收藏网页。

（1）打开要收藏的网页，如“骆驼祥子全文在线阅读”网页，如图 8.4.6 所示。

（2）单击收藏夹栏中的“添加到收藏夹栏”按钮☆，即可将该网页添加至收藏夹中并生成网页按钮，下次只需要单击该按钮，即可打开网页，如图 8.4.7 所示。

图 8.4.6 打开网页

图 8.4.7 收藏网页

8.4.4 保存网页

用户可以将一些比较有价值的网页保存在自己的电脑中，以便在不联网的情况下也可以浏览该网页。

保存网页的具体操作步骤如下：

（1）打开需要保存的网页，如“骆驼祥子全文在线阅读”网页。

（2）单击工具栏中的 页面(P) 按钮，在弹出的下拉菜单中选择 另存为(A)... Ctrl+S 命令，打开 保存网页 对话框，如图 8.4.8 所示。

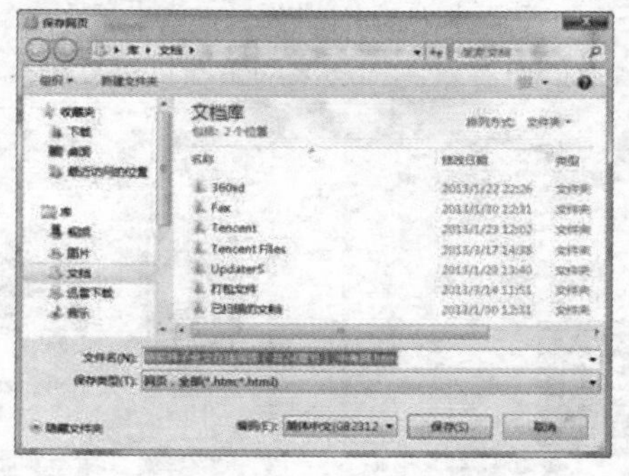

图 8.4.8 “保存网页”对话框

（3）在中间的列表框中选择网页的保存位置；在“文件名”文本框中输入网页的名称，也可以使用默认的网页标题名称；在“保存类型”下拉列表中选择网页保存类型；在“编码”下拉列表中选择网页编码。

（4）单击 保存(S) 按钮，在随即打开的对话框中可查看到网页保存进度，完成保存后该对话框自动关闭，返回网页的保存位置，即可查看到新添加的网页文件，如图 8.4.9 所示。

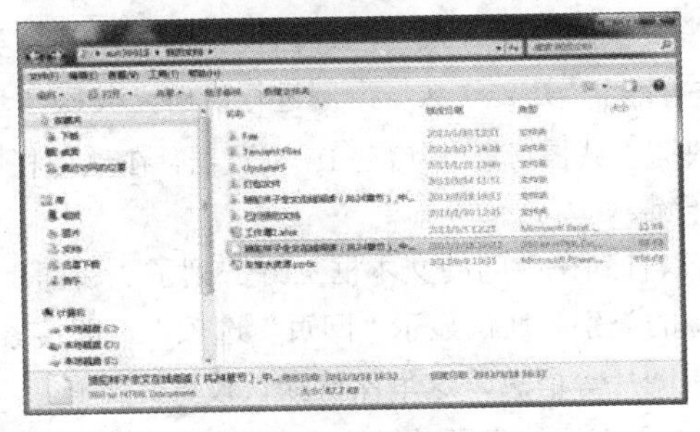

图 8.4.9　保存的网页

（5）双击该网页文件，即可打开网页。

提示：用户还可以保存网页中的文字和图片。

（1）保存网页中的文字有两种方法：

1）保存网页中的文字就是对文字进行复制操作，然后将文字粘贴到记事本、写字板或 Word 等文字处理软件的文档中，最后再将文档保存起来。

2）在打开的 保存网页 对话框中，在“保存在”下拉列表中选择网页保存的位置，在“保存类型”下拉列表中选择“文本文件（*.txt）”选项，然后单击 保存(S) 按钮，网页文字将被保存在记事本中，如图 8.4.10 所示。

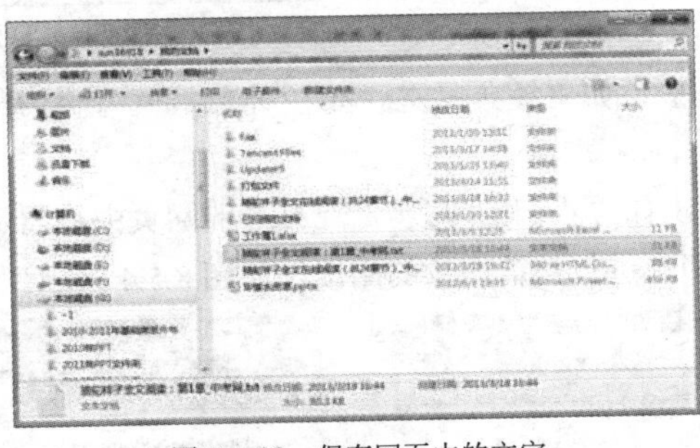

图 8.4.10　保存网页中的文字

（2）保存网页中图片的方法是在图片上单击鼠标右键，然后在弹出的快捷菜单中选择 图片另存为(S)... 命令，然后在打开的 保存图片 对话框中设置图片在电脑中的保存位置。

8.5　搜索与下载网络资源

Internet 是一个庞大的信息资源库，用户可以在其中寻找有用的资料，并将其保存到本地计算机中，供自己学习和工作使用。

8.5.1　用搜索引擎搜索资源

搜索引擎（Search Engine）是一种帮助用户在 Internet 中查找信息资源的工具，它能以一种特殊

的方式对 Internet 中的信息进行解释、处理、提取和组织等工作，并为用户提供检索功能，从而达到搜索信息的目的。现在许多网站都提供了搜索功能，常用的搜索引擎有 Google、百度、雅虎、搜狐、新浪等。虽然不同的搜索引擎提供的搜索方式不同，但搜索的方法基本类似。

下面以在百度搜索引擎中搜索“美文欣赏”为例进行讲解，其操作步骤如下：

（1）双击桌面上的 IE 快捷方式图标，启动 IE 浏览器，在地址栏中输入搜索引擎的网址，如：http://www.baidu.com，按回车键。

（2）打开百度首页，可以看到在中间的文本框上方罗列了“新闻”“网页”“图片”等多个选项卡，供用户选择所需搜索资源的类别。默认显示“网页”选项卡，即搜索网页中相关的文件信息。选择“图片”选项卡，则可搜索图片等信息，这里保持默认设置。

（3）在搜索文本框中输入需查找的资源关键字，如“美文欣赏”，如图 8.5.1 所示。

（4）单击 百度一下 按钮，在打开的网页中显示了许多相关的网页超链接，如图 8.5.2 所示。

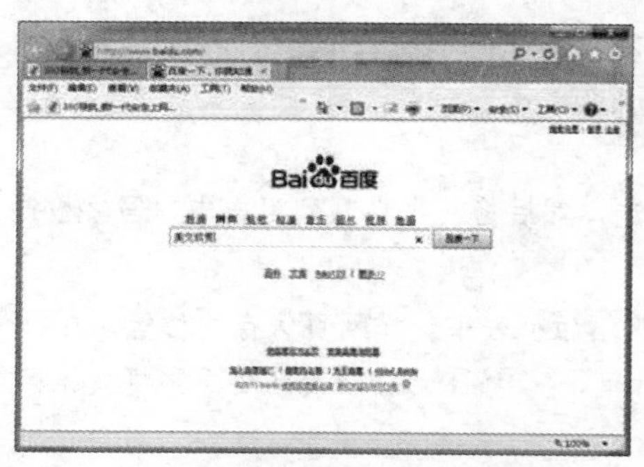

图 8.5.1　输入关键字

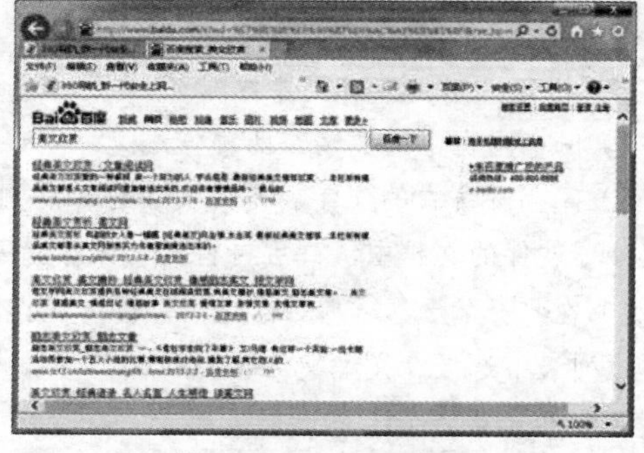

图 8.5.2　显示相关的网页

（5）单击需查看的超链接，如“经典美文欣赏-文章阅读网”，打开文章阅读网，其中列出了许多文章，如图 8.5.3 所示。

（6）单击其中的超链接，如“难忘的母爱”，在打开的网页中将显示该超链接对应的网页内容，通过拖动网页右侧的滚动条即可进行整篇文章的阅读，如图 8.5.4 所示。

图 8.5.3　打开文章阅读网

图 8.5.4　查看网页内容

8.5.2　下载网络资源

网络的最大好处就在于资源共享，我们可以下载自己喜欢的任何软件、电影、音乐、文档等内容。下载资源的方式很多，既可以使用 IE 浏览器下载，也可以通过专门的下载软件进行下载，如迅雷、FlashGet 等。下面以下载“暴风影音播放器 2012”为例，讲解网络资源的下载方法。

1．使用 IE 浏览器下载

一般网页中能提供下载的资源都有相应的下载按钮，只需要单击相应的按钮即可，这种方式是最基本的下载方式，它不需要其他软件，在浏览器中就可以完成，具体操作步骤如下：

（1）打开“暴风影音播放器”网页，在 立即下载 按钮上单击鼠标右键，从弹出的快捷菜单中选择 目标另存为(A)... 命令，如图 8.5.5 所示。

（2）这时会弹出 另存为 对话框，选择下载文件的存储路径，在文件名文本框中输入文件名，如图 8.5.6 所示。

图 8.5.5　右键菜单

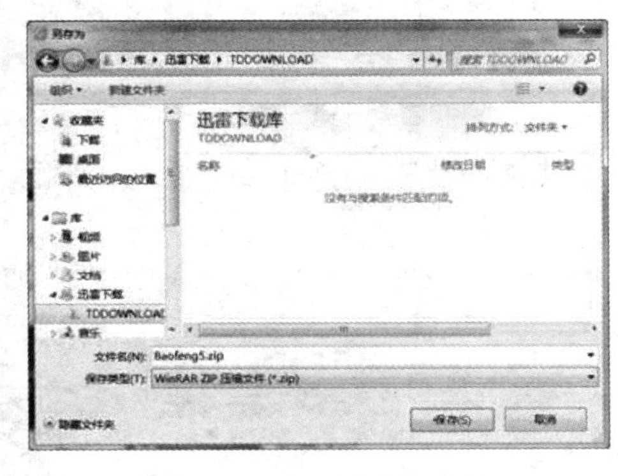

图 8.5.6　“另存为”对话框

（3）单击 保存(S) 按钮，这时文件就开始下载了，下载完成后，会弹出的一个提示框，如图 8.5.7 所示。

图 8.5.7　下载完成提示框

（4）用户可以直接打开该文件，或者打开文件夹查看下载文件，如图 8.5.8 所示。

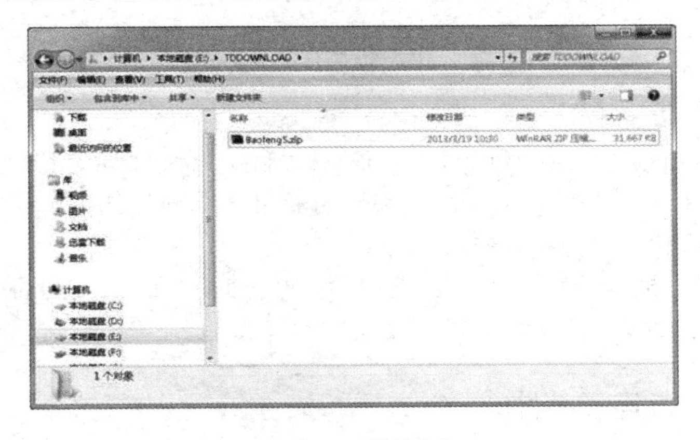

图 8.5.8　下载的文件

2．使用迅雷下载软件

（1）打开“暴风影音播放器”网页，在 立即下载 按钮上单击鼠标右键，从弹出的快捷菜单中选择 使用迅雷下载 命令，或者在该网页的下载地址栏中单击 迅雷高速下载点1 超链接，如图 8.5.9 所示。

（2）这时会弹出 新建任务 对话框，选择文件存储的路径，如图 8.5.10 所示。

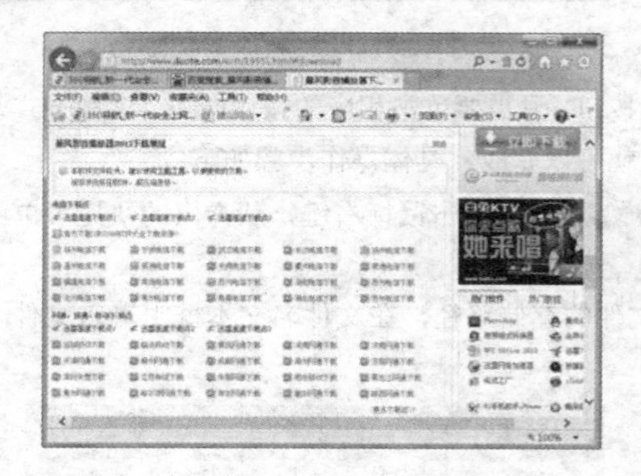

图 8.5.9　选择下载地址

图 8.5.10　“新建任务”对话框

（3）单击 立即下载 按钮，该程序就开始下载了，我们可以从其界面上监控它的状态，如图 8.5.11 所示。

（4）下载完成后，会弹出的一个提示框，如图 8.5.12 所示。用户可以直接运行该文件，也可以打开目录，查看文件。

图 8.5.11　迅雷下载界面

图 8.5.12　下载完成提示框

8.6　收发电子邮件

电子邮件又称为 E-mail，它是一种通过网络实现传送和接收信息的现代化通信方式，用户可以使用它在网络上收发邮件及各种信息。电子邮箱地址是由“用户名+@+服务器域名”三部分组成。格式为：用户名@服务器域名，如 zww@126.com。

用户可以直接登录电子邮箱，在线收发电子邮件，也可以使用 Outlook Express 收发电子邮件，下面将分别介绍这两种方式收发电子邮件的方法。

8.6.1　在线收发电子邮件

收发电子邮件之前，必须先申请一个电子邮箱，用户可以使用以下两种方法进行申请。

（1）通过申请域名空间获得邮箱。

（2）通过网站申请收费邮箱或免费邮箱。

在免费电子邮箱申请成功后，就可以使用该电子邮箱进行邮件的收发工作。

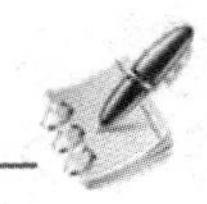

1．申请免费的电子邮箱

下面以在新浪网申请免费电子邮箱为例进行讲解，其操作步骤如下：

（1）打开申请免费邮箱的网站，这里打开新浪邮箱（http://mail.sina.com.cn），单击立即注册超链接，如图 8.6.1 所示。

（2）打开“注册新浪免费邮箱”网页，在“邮箱名称”文本框中输入一个便于记忆的名称，然后设置登录密码、确认密码、密保问题、密保问题答案、昵称和验证码等信息，如图 8.6.2 所示。

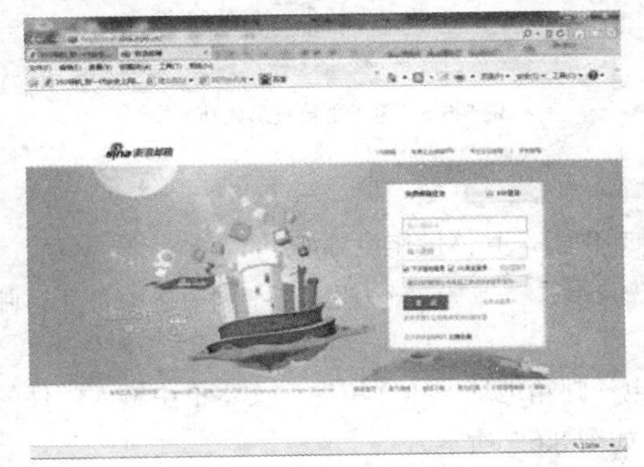

图 8.6.1　新浪邮箱首页

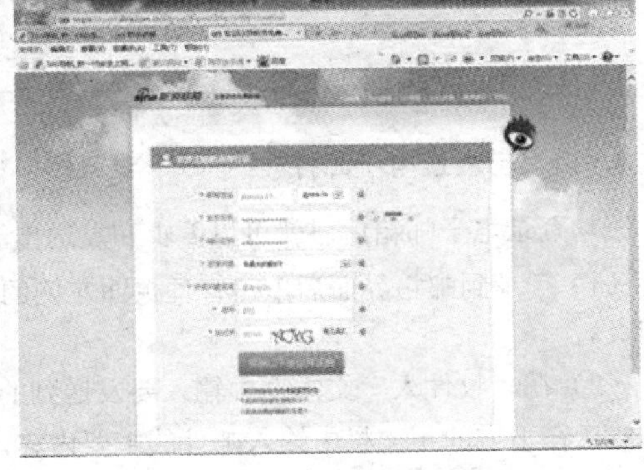

图 8.6.2　填写用户信息

（3）填写完成后，单击同意以下协议并注册按钮，打开邮箱激活界面，在此选择“验证码激活”方式。在验证码文本框中输入上方的验证码，如图 8.6.3 所示。

（4）单击马上激活按钮，片刻后，会显示申请的邮箱首页，如图 8.6.4 所示。

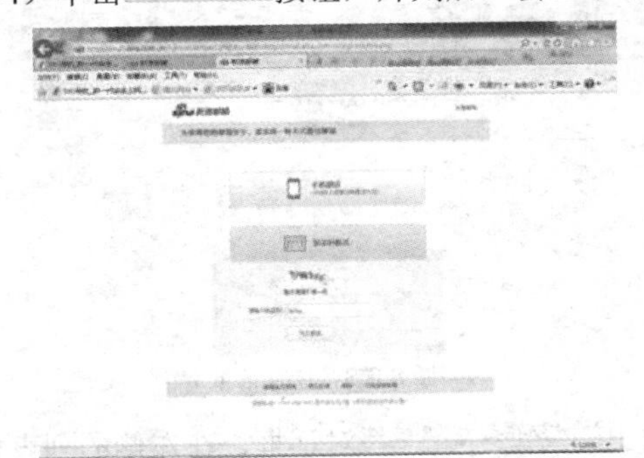

图 8.6.3　选择验证码激活方式

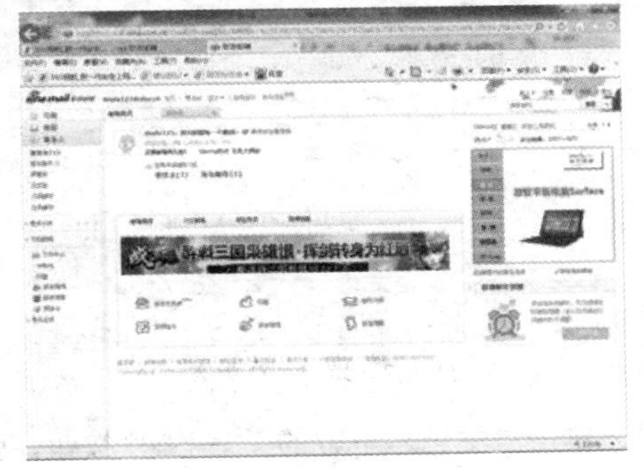

图 8.6.4　申请的免费邮箱

提示：成功申请电子邮箱后，一定要牢记电子邮箱用户名和密码，以便在使用时能够成功登录。

2．登录电子邮箱

成功申请电子邮箱后，还需要登录才能进行邮件的收发。下面就以之前申请的电子邮箱为例介绍如何登录。

（1）打开新浪邮箱首页，在“免费邮箱登录”栏中输入邮箱名称和密码，取消☑下次自动登录复选框的选中，如图 8.6.5 所示。

（2）单击登 录按钮，打开电子邮箱对应的网页，在其中即可执行电子邮件的收发及其他管理操作，如图 8.6.6 所示。

图 8.6.5　输入用户名和密码

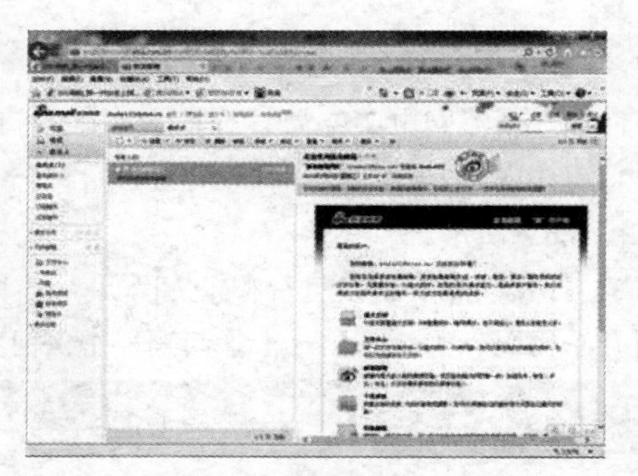

图 8.6.6　电子邮箱登录成功

3．撰写与发送电子邮件

成功登录电子邮箱后，就可以编辑和发送电子邮件了，具体操作步骤如下：

（1）登录到邮箱界面后单击管理页面左侧的 写信 按钮，在右侧窗格中打开写邮件的网页。

（2）在“收件人”文本框中输入要发送到的电子邮箱地址，在“主题”文本框中输入邮件的标题，然后在下方的正文栏中输入邮件的主要内容，如图 8.6.7 所示。

（3）单击 信纸 按钮，在网页右侧出现“信纸”选项卡，在其中选择需要的信纸选项，即可将信纸的效果应用于“正文”文本框中，如图 8.6.8 所示。

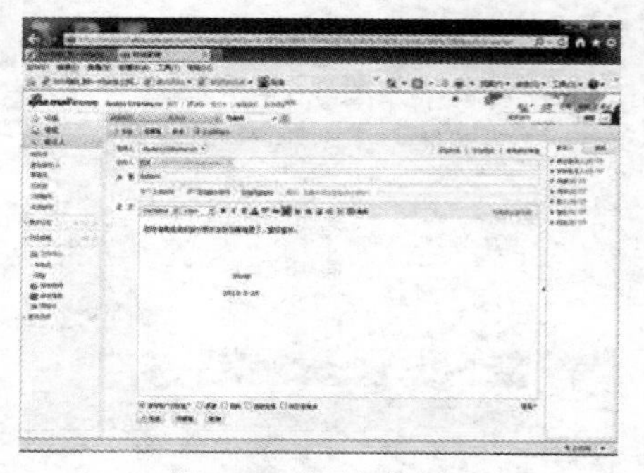

图 8.6.7　填写邮件内容

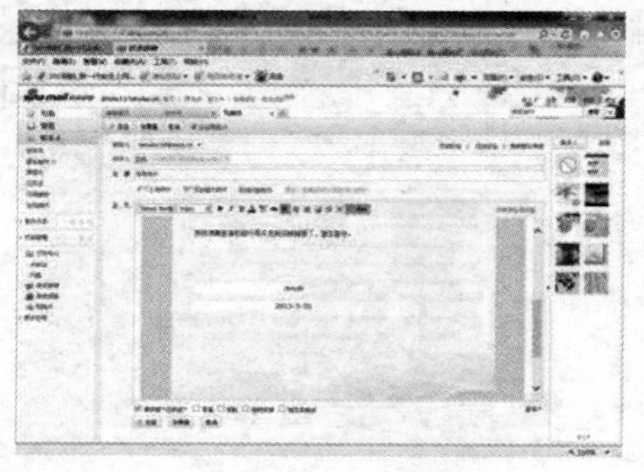

图 8.6.8　选择信纸

（4）单击“主题”下方的 上传附件 按钮，弹出 选择要上载的文件 对话框，在左侧的列表框中选择附件保存的位置，在中间的列表框中选择所需的附件，如图 8.6.9 所示。

图 8.6.9　选择附件

（5）添加完附件后，单击 打开(O) 按钮，返回写信网页，此时可发现 上传附件 按钮的下方已有添加的附加名称，如图 8.6.10 所示。

（6）单击网页下方的 发送 按钮，即可将该邮件发送到收件人的电子邮箱中，并显示“邮件发送成功”信息，如图 8.6.11 所示。

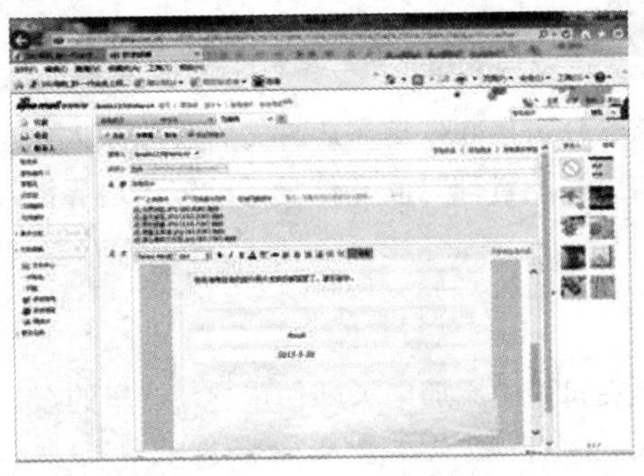

图 8.6.10　添加的附件

图 8.6.11　邮件已发送

4．接收并回复电子邮件

了解了怎样发送电子邮件，下面将介绍怎样接收并回复对方发送的电子邮件。

（1）登录到邮箱界面后单击管理页面左侧的 收信 按钮，进入到收信界面。在右侧窗格打开的页面中可以看到邮件的发件人、主题、日期和大小等信息。单击需要阅读的邮件主题，如“爱的教育”，如图 8.6.12 所示。

（2）在打开的页面中即可阅读邮件的正文内容，如图 8.6.13 所示。

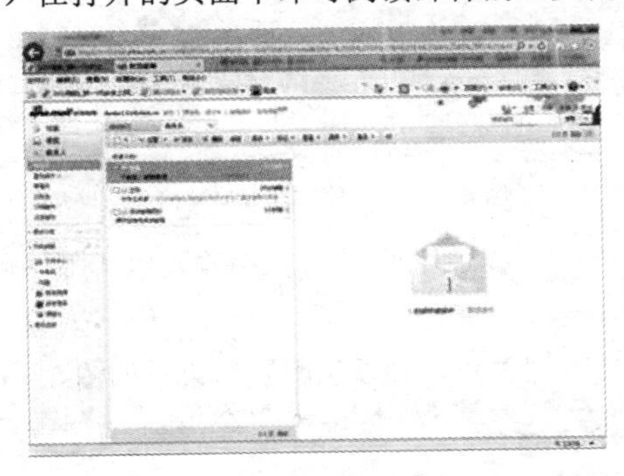

图 8.6.12　选择要阅读的邮件

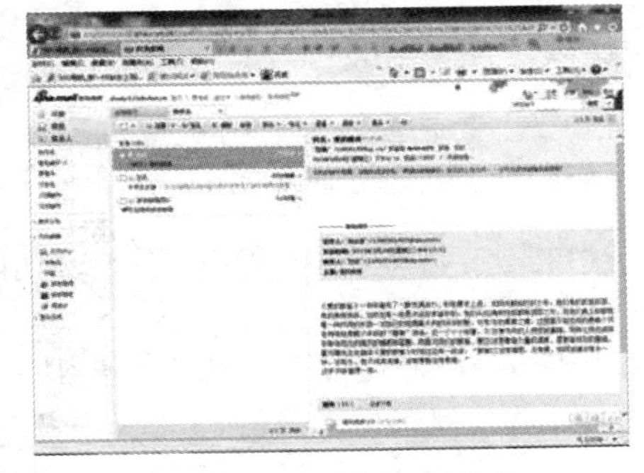

图 8.6.13　阅读邮件正文内容

（3）阅读完邮件后，单击 回复 按钮，在右侧窗格中将打开写邮件页面，并自动添加收件人的地址，在原邮件主题前面添加了“回复：”字样作为回复邮件的主题，“正文”文本框中引用原邮件内容，可删除后输入新内容，如图 8.6.14 所示。

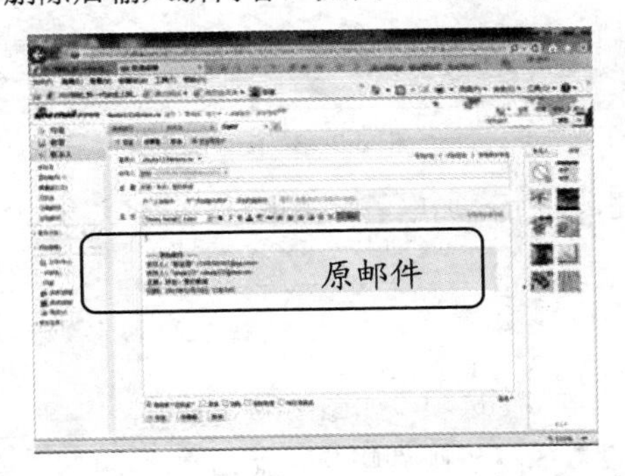

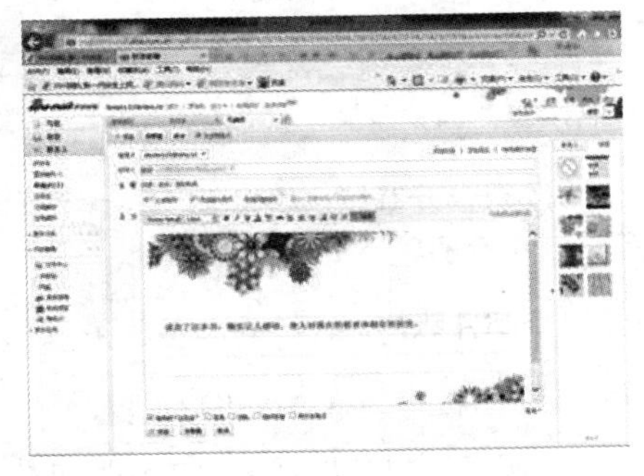

图 8.6.14　回复邮件内容

（4）回复完毕后，单击 发送 按钮即可。

8.6.2 使用 Outlook 2010 收发电子邮件

Outlook 2010 是一个桌面信息管理系统，通过该软件可以收发电子邮件、管理联系人信息、分配任务、记日记、安排日程等。另外，还可能够利用它更好地管理时间和信息，进行跨边界链接、跟踪活动、打开和查看文档等。

1．建立电子邮箱账户

使用 Outlook 发送和接收电子邮件之前，首先需要向其中添加电子邮件账户，这里的账户就是指个人申请的电子邮箱，申请好邮箱后还需要在 Outlook 中进行配置，才能正常使用。

（1）单击“开始”按钮，选择 所有程序 → Microsoft Office → Microsoft Outlook 2010 命令，即可进入“Microsoft Outlook 2010 启动”界面，如图 8.6.15 所示。

（2）单击 下一步(N) > 按钮，弹出 帐户配置 窗口，在此选择 是(Y) 单选项，如图 8.6.16 所示。

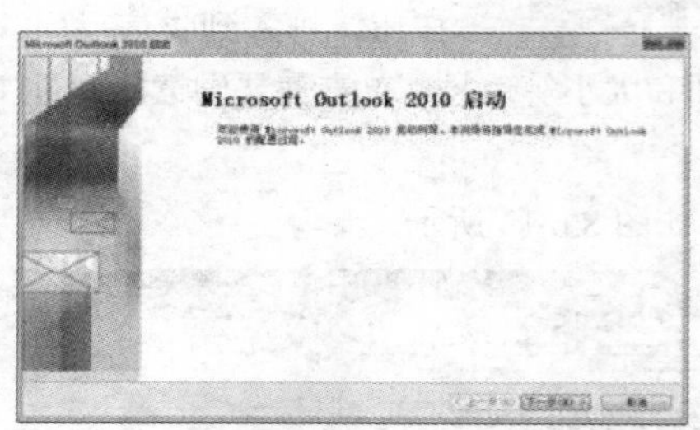

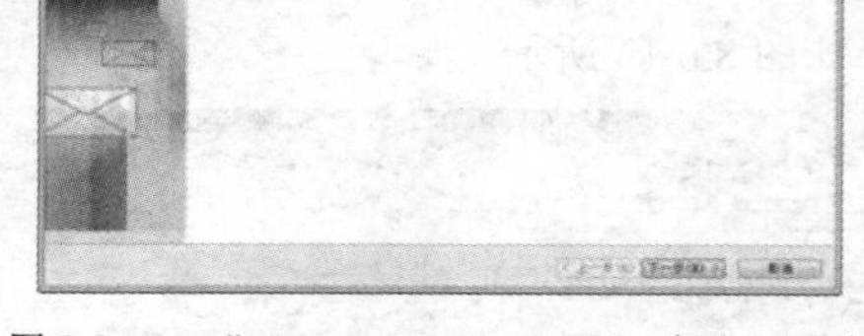

图 8.6.15 “Microsoft Outlook 2010 启动”界面

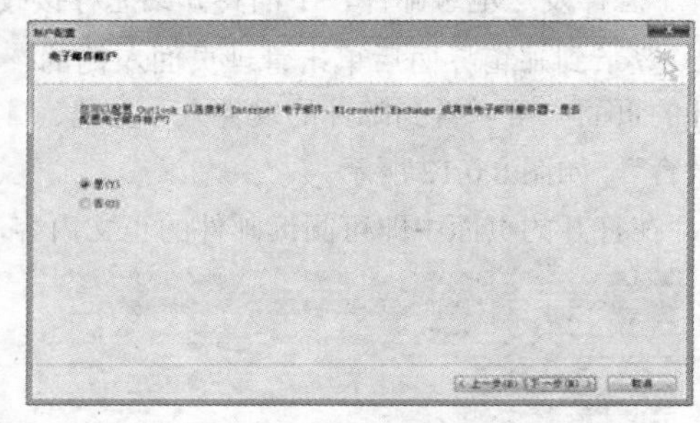

图 8.6.16 “账户配置”窗口

（3）单击 下一步(N) > 按钮，弹出 添加新帐户 窗口，在“电子邮件账户”栏中输入电子邮件账户的信息，如图 8.6.17 所示。

（4）单击 下一步(N) > 按钮，系统开始搜索您的服务器配置，并显示配置结果，如图 8.6.18 所示。

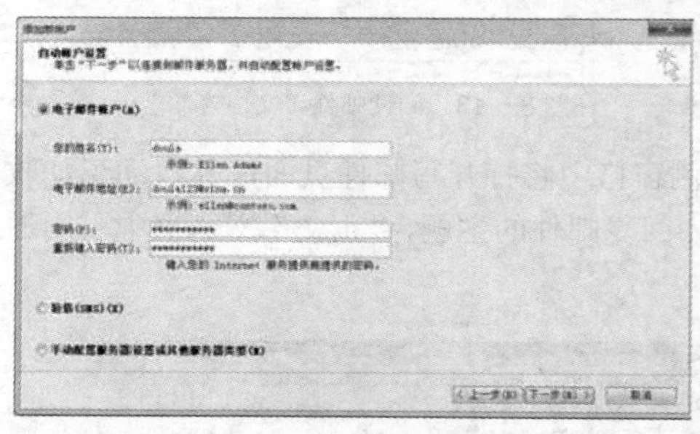

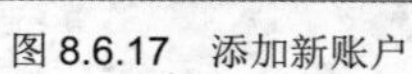

图 8.6.17 添加新账户

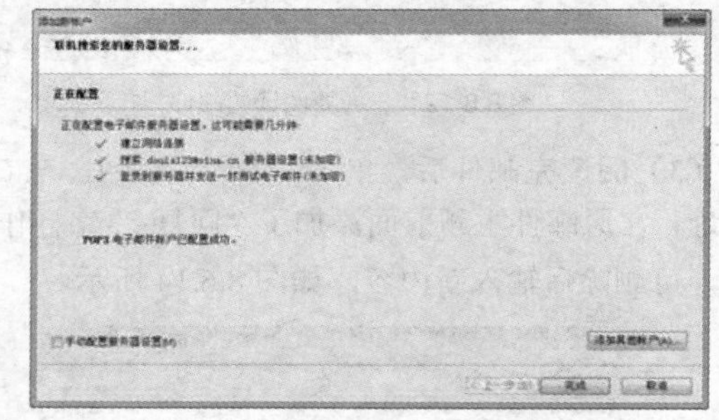

图 8.6.18 配置服务器

（5）待连接到服务器后，单击 完成 按钮，即可添加电子邮件账户，并进入 Outlook 2010 界面，如图 8.6.19 所示。

2．设置电子邮件账户

（1）单击 文件 按钮，单击“账户设置”下的 帐户设置(A)... 选项，如图 8.6.20 所示。

（2）弹出 帐户设置 对话框，从中选择要重新设置的电子邮件账户，然后单击 新建(N)...、修复(R)...、更改(A)... 等按钮，即可进行相应的操作，如图 8.6.21 所示。

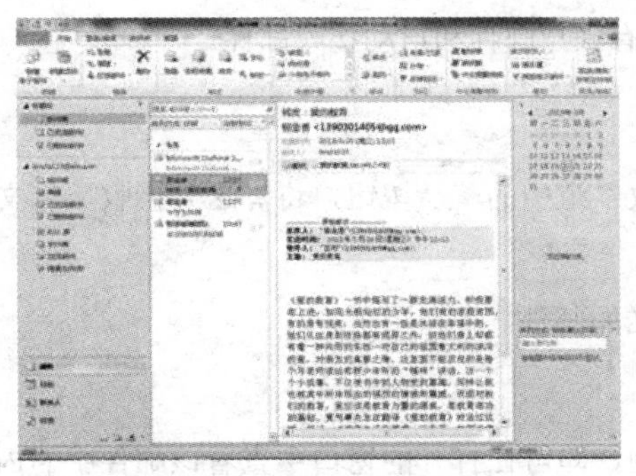

图 8.6.19　Outlook 2010 界面

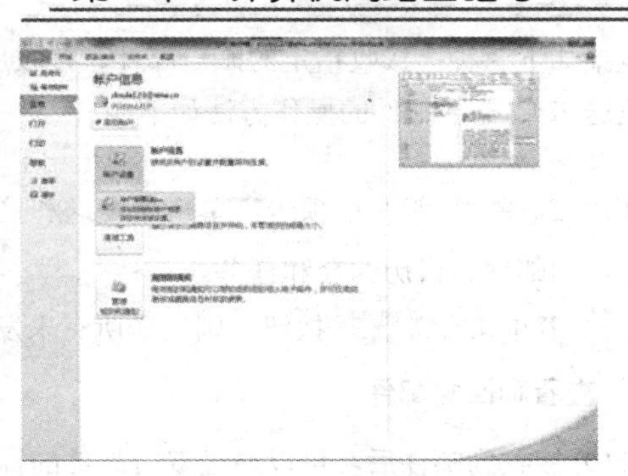

图 8.6.20　选择“账户设置”命令

3．创建电子邮件

（1）选择 开始 选项卡，单击“新建”选项组中的 新建电子邮件 按钮，打开 未命名 - 邮件(HTML) 窗口。

（2）在该窗口中输入“收件人地址”“主题”及要发送的邮件内容，即可创建电子邮件，如图 8.6.22 所示。

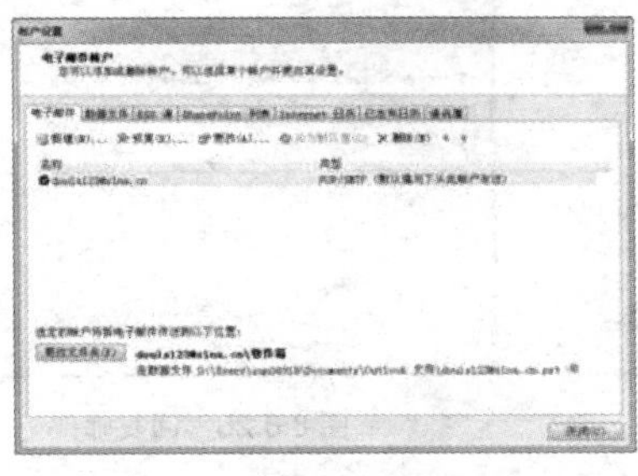

图 8.6.21　设置电子邮件账户

图 8.6.22　创建电子邮件

4．在电子邮件中插入附件

（1）在创建电子邮件的窗口中单击“添加”选项组中的 附加文件 按钮。

（2）在打开的 插入文件 对话框中选择要插入的附件，如图 8.6.23 所示。

（3）单击 插入(S) 按钮，即可在邮件中插入选择的对象，如图 8.6.24 所示。

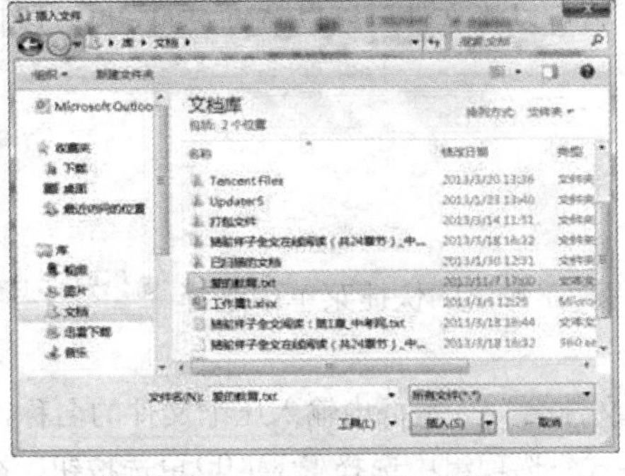

图 8.6.23　“插入文件”对话框

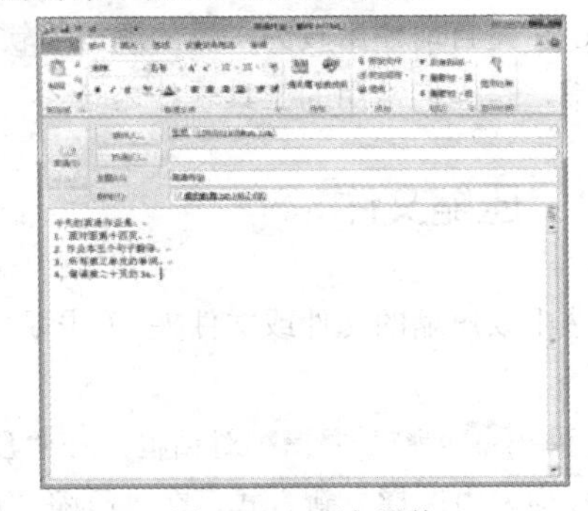

图 8.6.24　添加附件

5．发送/接收电子邮件

这里所讲的接收邮件是将 Internet 电子邮件中的邮件接收到本地的 Outlook 中，接收邮件的方法通常包括如下 3 种：接收指定的账户邮件、接收所有账户邮件和自动接收邮件。

发送/接收电子邮件的操作方法如下：

（1）选择 发送/接收 选项卡，单击“发送和接收”组中的 发送/接收所有文件夹 按钮，将发送并接收所有文件夹中的项目，如邮件、日历约会和任务。

（2）若单击 全部发送 按钮，则发送所有未发送的邮件。

6．查看和回复邮件

（1）接收到邮件后，可以通过双击邮件的标题，即可在打开的窗口中查看该邮件中的内容，如图 8.6.25 所示。

（2）查看邮件内容后，若要回复该内容，可以单击“响应”组中的 答复 按钮，在打开的回复窗口中输入要回复的内容，如图 8.6.26 所示。

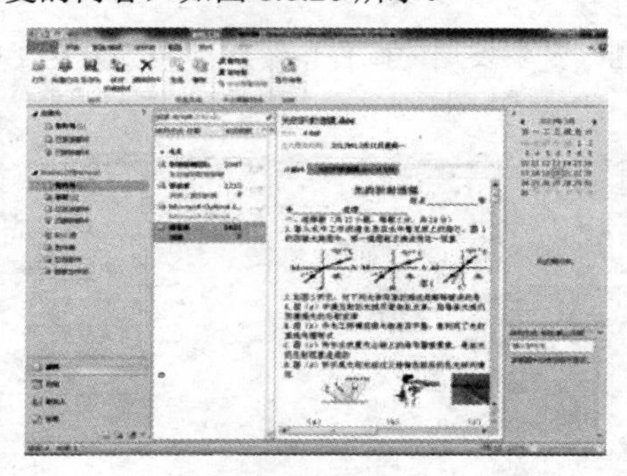

图 8.6.25　查看邮件

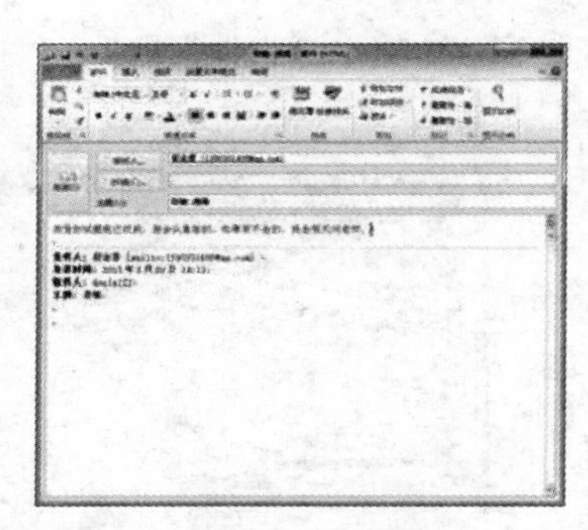

图 8.6.26　回复邮件

（3）回复完成后，单击 发送(S) 即可。

8.7　用 WinRAR 解压缩文件

WinRAR 是目前使用较为广泛的解压缩软件，它可以将文件压缩以节省空间，也可以将压缩过的文件解压缩，是人们常用的工具软件之一。

8.7.1　压缩文件

（1）选中要压缩的文件或文件夹，单击鼠标右键，在弹出的快捷菜单中选择 添加到压缩文件(A)... 命令。

（2）弹出 压缩文件名和参数 对话框，在“压缩文件名”文本框内输入压缩文件的名称，在“更新方式”下拉列表中选择更新方式，在“压缩文件格式”选项组中选择 RAR(R) 单选按钮，在“压缩方式”下拉列表中选择“标准”项，如图 8.7.1 所示。

提示：若在“压缩选项”选项组中选中 ☑ 压缩后删除源文件(L) 复选框，则压缩文件后将自

动删除原文件。

（3）设置完毕后，单击 确定 按钮即可开始进行压缩，弹出压缩进度条对话框，显示文件夹压缩的进度，如图 8.7.2 所示。

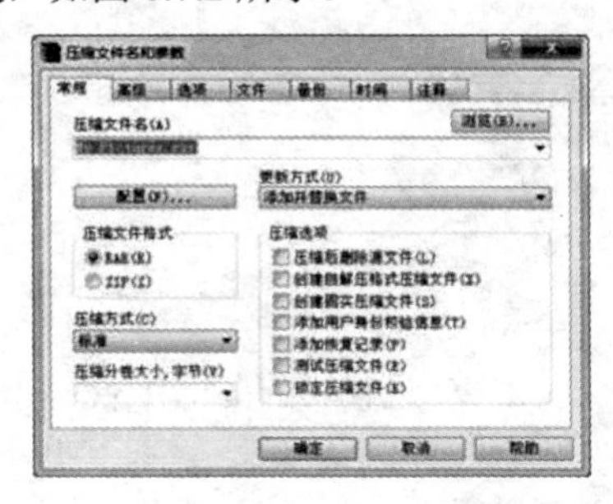

图 8.7.1　“压缩文件名和参数”对话框

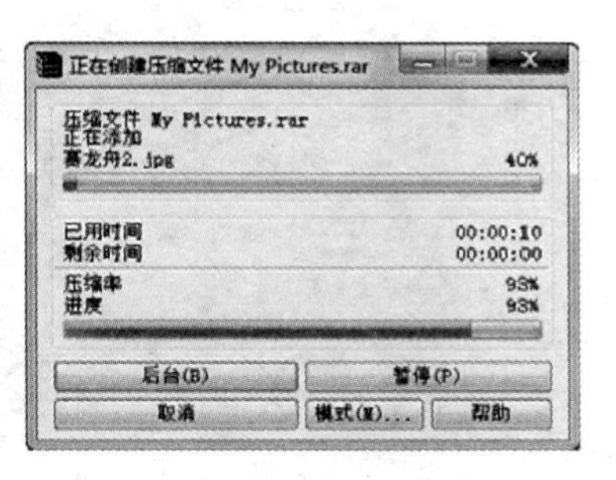

图 8.7.2　压缩文件进度

（4）压缩后的压缩文件，如图 8.7.3 所示。

图 8.7.3　压缩后的文件

8.7.2　解压文件

（1）在压缩文件包上单击鼠标右键，从弹出的快捷菜单中选择 解压文件(A)... 命令，则弹出 解压路径和选项 对话框。

（2）在“目标路径”下拉列表框中可以查看到解压后文件保存的位置，若对其不满意，可以在右侧的目录树中单击进行设置，默认“更新方式”和“覆盖方式”栏下的选项，如图 8.7.4 所示。

（3）设置完成后，单击 确定 按钮，即可开始解压，并显示解压进度，如图 8.7.5 所示。

图 8.7.4　“解压路径和选项”对话框

图 8.7.5　解压文件进度

（4）稍候片刻，即可查看到解压后的文件或文件夹。

8.7.3　加密压缩文件

在工作中传递文件时，难免会涉及一些比较重要的机密文件，为了防止信息泄漏，用户可以在压缩文件时为其设置密码。具体操作步骤如下：

（1）选择要压缩并加密的文件，单击鼠标右键，从弹出的快捷菜单中选择 添加到压缩文件(A)... 命令，弹出 压缩文件名和参数 对话框，选择 高级 选项卡，如图 8.7.6 所示。

（2）单击 设置密码(P)... 按钮，弹出带密码压缩对话框，在“输入密码”文本框中输入密码，在“再次输入密码以确认”文本框中再次输入密码，如图 8.7.7 所示。

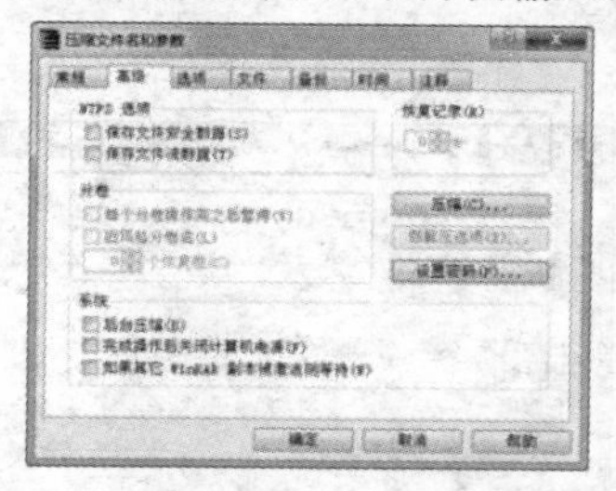

图 8.7.6　“高级”选项卡

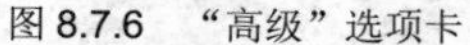

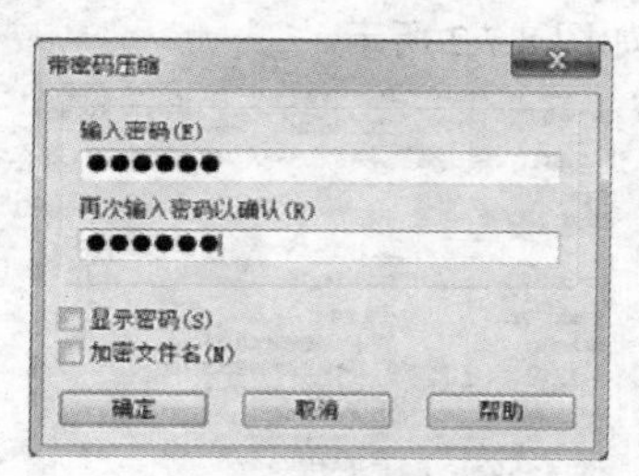

图 8.7.7　“带密码压缩”对话框

提示：在带密码压缩对话框中，若选中☑加密文件名(N)复选框，可以设置压缩后的文件的文件名不可见。

（3）单击 确定 按钮，即可完成加密压缩操作。

在对加密压缩的文件执行解压操作时，将自动打开输入密码对话框，只有在其中输入正确的密码后，才能完成解压操作，如图 8.7.8 所示。

图 8.7.8　“输入密码”对话框

8.8　课堂实战——下载并解压安装程序

本例练习使用迅雷下载 Nero Burning ROM 安装程序，并将下载的软件进行解压缩操作。

操作步骤

（1）打开 Nero Burning ROM 程序所在的网页，单击需要下载的版本超链接，在此选择“Nero Burning ROM 7 官方简体中文版”超链接，如图 8.8.1 所示。

（2）这时会打开该软件所在的网页，在下载地址栏中单击 迅雷高速下载 超链接，如图 8.8.2 所示。

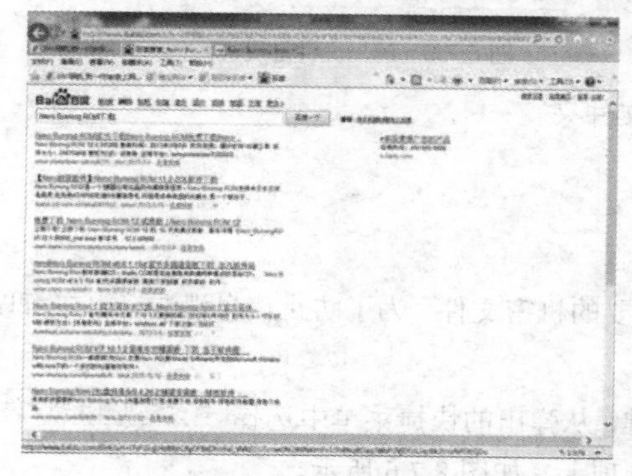

图 8.8.1　找到需要下载的程序

图 8.8.2　选择下载方式

（3）稍等片刻，弹出新建任务对话框，为下载文件选择保存路径，如图 8.8.3 所示。

（4）单击立即下载按钮，该程序就开始下载了，可以从迅雷下载界面上监控它的状态，如图 8.8.4 所示。

图 8.8.3　“新建任务”对话框

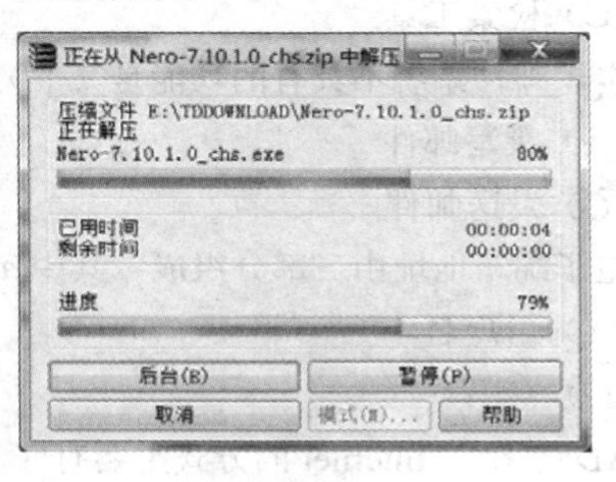

图 8.8.4　正在下载界面

（5）下载完成后，会自动切换至已完成(1)选项卡，单击该软件下方的打开下拉按钮，在弹出的下拉菜单中选择解压到所在文件夹命令，如图 8.8.5 所示。

（6）系统开始解压该文件，并显示解压进度，如图 8.8.6 所示。

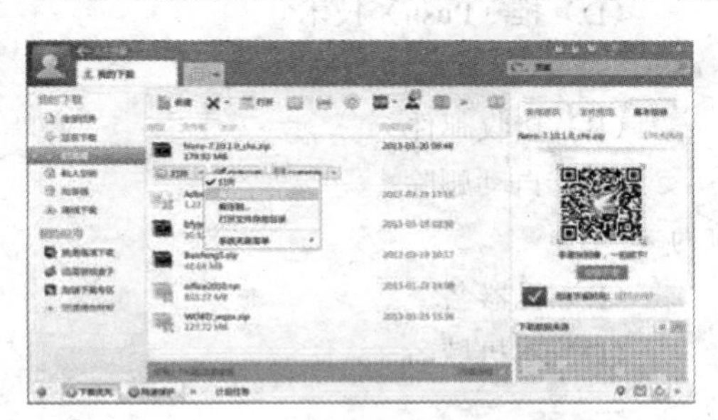

图 8.8.5　选择解压命令

正在从 Nero-7.10.1.0_chs.zip 中解压

压缩文件 E:\TDDOWNLOAD\Nero-7.10.1.0_chs.zip
正在解压
Nero-7.10.1.0_chs.exe　80%

已用时间　00:00:04
剩余时间　00:00:00

进度　79%

后台(B)　暂停(P)
取消　模式(M)...　帮助

图 8.8.6　解压文件

（7）解压完成该窗口自动关闭，打开该文件所在的文件夹，可以看到解压后的文件，如图 8.8.7 所示。

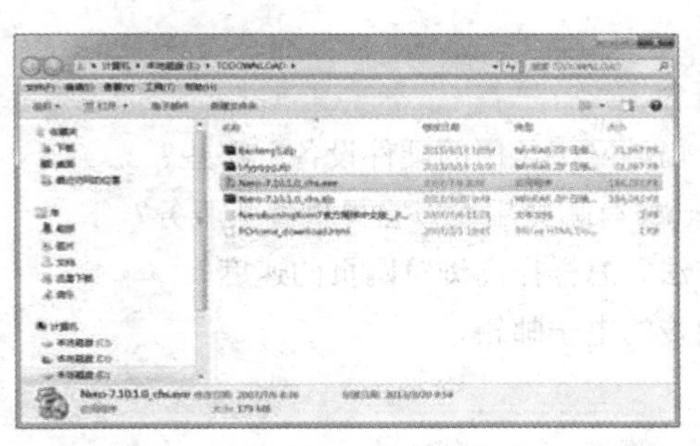

图 8.8.7　解压后的文件

本 章 小 结

本章主要介绍了计算机网络、局域网、使用 IE 浏览器、搜索与下载网络资源、收发电子邮件以及用 WinRAR 解压缩文件等知识。通过本章的学习，读者可以了解计算机网络的基本知识，掌握 IE 浏览器的使用以及电子邮件的发送方法，使网络成为我们学习、工作的得力助手。

操 作 练 习

一、填空题

1．计算机网络常用的拓扑结构有________、________和________3 种。

2．__________是 Internet 上的最重要的信息服务方式，它为世界各地的 Internet 用户提供了一种极为快速、经济和简单的通信方法。

3．在浏览器的地址栏中输入网址后，按________键可以进入该网站。

4．与普通邮件相比，电子邮件具有________、________、________和________的特点。

二、选择题

1．由专业网站提供的搜索工具称为（　）。

（A）网络导航　　（B）搜索引擎

（C）检索工具　　（D）推（Push）技术

2．电子邮件系统不具有的功能是（　）。

（A）撰写邮件　　（B）接收邮件

（C）发送邮件　　（D）自动删除

3．电子邮箱地址由三部分组成，其中@前为（　）。

（A）用户名　　（B）机器名

（C）密码　　（D）本机域名

4．ADSL 接入 Internet 的方式主要有（　）。

（A）专线接入　　（B）无线接入

（C）Modem 接入　　（D）虚拟拨号

三、简答题

1．简述计算机网络的概念。

2．局域网有什么特点？局域网中常用的硬件设备有哪些？

3．什么是 Internet？Internet 有哪些用途？它提供哪些服务？

4．浏览网页有哪几种方法？怎样提高浏览网页的速度？

5．如何在网站中申请免费的电子邮箱？

四、上机操作题

1．登录中国人民大学网站 http://www.ruc.edu.cn，然后进行如下操作：

（1）浏览学校简介，浏览中国人民大学出版社，浏览 2013 年研究生招生情况。

（2）查看最近浏览的网页，将中国人民大学出版社网站添加到“收藏夹”中。

（3）将中国人民大学网站的首页设置为浏览器的主页。

2．将“新浪”网站主页设置为 IE 浏览器的起始首页，然后在 E 盘中新建一个名为“IE 临时文件”的文件夹，将 IE 临时文件移动到该文件夹中，并删除 10 天前访问过的临时文件。

3．在某个网站上注册一个免费电子邮箱，并给好友发送一封包含附件的电子邮件。

第 9 章　综合应用实例

为了更好地了解并掌握 Office 2010 的应用，本章准备了一些具有代表性的综合应用实例。所举实例由浅入深地贯穿本书的知识点，使读者能够深入了解 Office 2010 的相关功能和具体应用。

知识要点

- 制作“兰花”文档
- 制作语文小报
- 编制电子报销单
- 制作工资表
- 三亚之旅演示文稿

综合实例 1　制作“兰花”文档

实例内容

本例制作“兰花”文档，最终效果如图 9.1.1 所示。

图 9.1.1　效果图

设计思路

本例在制作的过程中，主要用到插入表格、设置表格格式、插入图片和文本框、设置图片和文本框格式、设置字符和段落格式等操作。

操作步骤

（1）在打开 Word 2010 文档窗口中，单击 文件 按钮，从弹出的下拉菜单中选择 新建 命令，打开“新建”面板。

（2）在“可用模板”选区中选择“空白文档”，然后单击 创建 按钮创建一个新文档。

（3）在 插入 选项卡的“表格”组中单击 表格 按钮，从弹出的下拉列表“3×6 表格”。

（4）释放鼠标后，在 Word 中就可以插入一个 6 行 3 列的表格，如图 9.1.2 所示。

图 9.1.2　插入的表格

（5）选中第一行，单击鼠标右键，从弹出的快捷菜单中选择 合并单元格(M) 命令，将该行合并为一个单元格。依同样的方法，将 2～6 行的第 1 列单元格合并，效果如图 9.1.3 所示。

图 9.1.3　合并单元格

（6）将光标置于第一行单元格中。打开 插入 选项卡，在“插图”选项区中单击 图片 按钮，弹出 插入图片 对话框，在“查找范围”下拉列表中找到图片所在的文件夹，在其列表框中选择所需的图片文件，如图 9.1.4 所示。

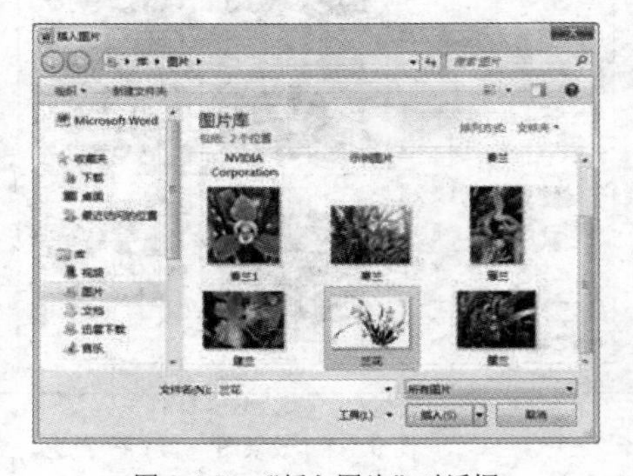

图 9.1.4　“插入图片”对话框

（7）单击插入(S)按钮，即可在文档中插入图片。将鼠标移至图片的控制点拖动鼠标，调整图片的大小，效果如图 9.1.5 所示。

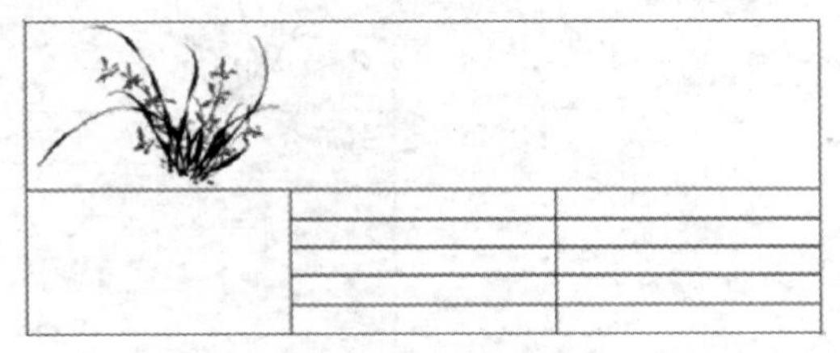

图 9.1.5　插入的图片

（8）在插入选项卡的“文本”组中单击艺术字按钮，从弹出的下拉列表中选择第 16 种艺术字样式，弹出编辑艺术字文字对话框。在文本框中输入“兰花”，设置字体为“华文隶书”，字号为“54”，字形为“加粗”，如图 9.1.6 所示。

图 9.1.6　“编辑艺术字文字”对话框

（9）单击确定按钮返回 Word 文档，效果如图 9.1.7 所示。

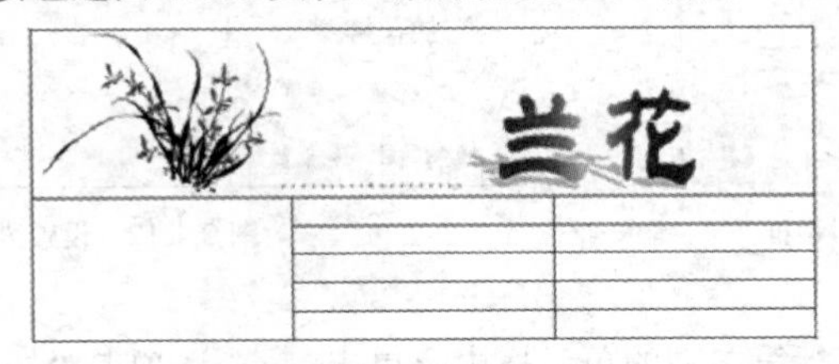

图 9.1.7　插入的艺术字

（10）双击插入的艺术字，在格式选项卡的“文字”组中单击间距按钮，从弹出的下拉列表中选择很松(V)，如图 9.1.8 所示。

图 9.1.8　设置艺术字格式

（11）在左侧的合并单元格中输入相关文本，如图 9.1.9 所示。

（12）按住“Ctrl”键，依次选中“兰花简介”和“兰花种类”标题文本，在“字体”组下拉列表中选择字体为“微软雅黑”、字号为“三号”，字体颜色为“深蓝，文字 2”。依照同样的方法，设置其他文本的字符格式，效果如图 9.1.10 所示。

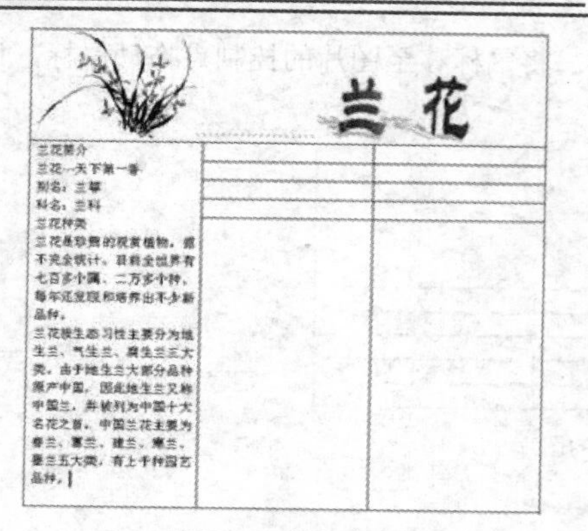

图 9.1.9　输入文本

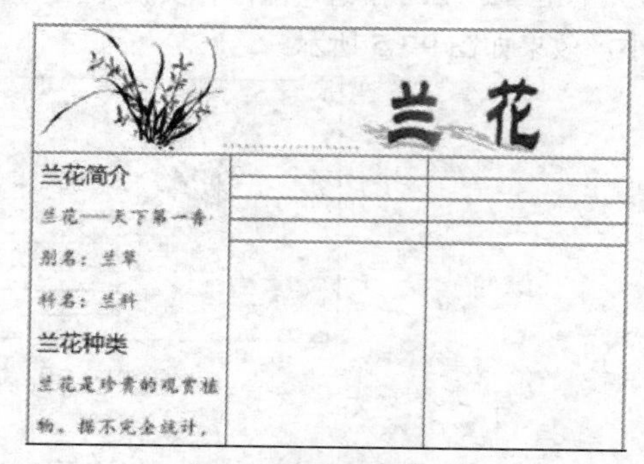

图 9.1.10　设置字体格式

（13）选择“兰花种类”的内容，单击“段落”组中的“对话框启动器”按钮，弹出段落对话框。选择缩进和间距(I)选项卡，在“特殊格式”下拉列表框中选择“首行缩进”选项，在右侧的“磅值”微调框输入“2”，如图 9.1.11 所示。

（14）单击确定按钮返回 Word 文档。选中标题文本，在“段落”组中单击“居中”按钮，使其居中显示，效果如图 9.1.12 所示。

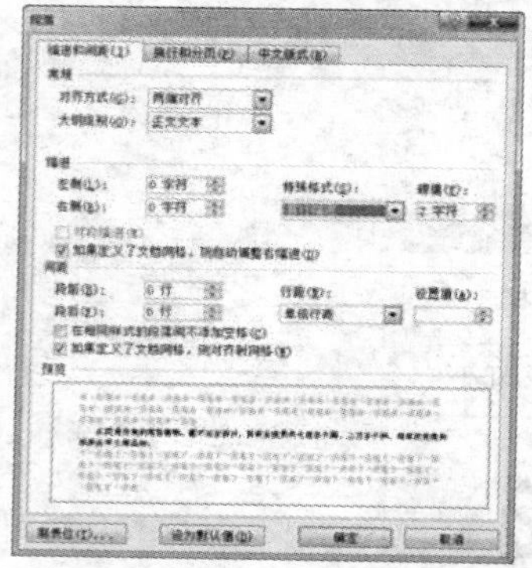

图 9.1.11　“段落”对话框

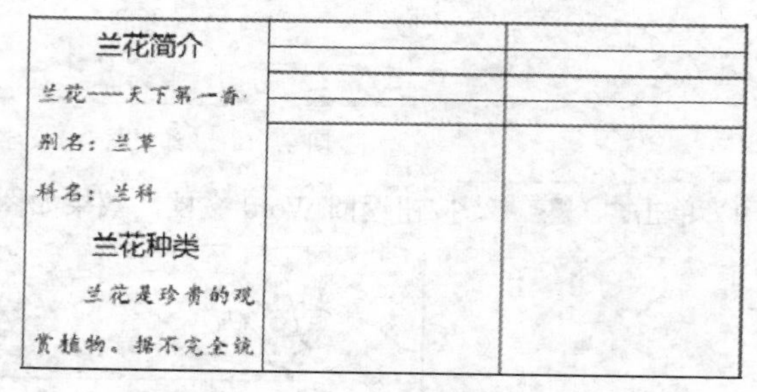

图 9.1.12　设置段落格式

（15）将光标置于第二行第二列的单元格中，单击插入选项卡“插图”选项区中的图片按钮，弹出插入图片对话框，从中选择一张“春兰”的图片插入，如图 9.1.13 所示。

（16）双击插入的图片，打开格式选项卡，单击“图片样式”组中的“其他”按钮，从弹出的下拉列表中选择“梭台矩形”样式，效果如图 9.1.14 所示。

图 9.1.13　插入图片

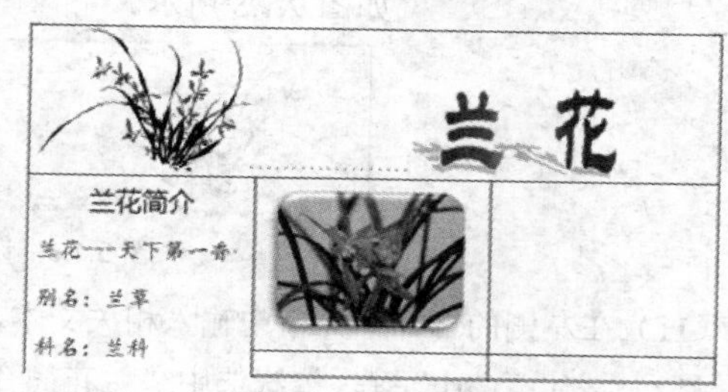

图 9.1.14　设置图片样式

（17）单击图片效果按钮，从弹出的下拉列表中选择发光(G)→“红色，5pt 发光，强调文字颜色 2”样式，效果如图 9.1.15 所示。

（18）将光标置于第二行第三列的单元格中，在 插入 选项卡的“文本”组中单击 文本框 按钮，在弹出的下拉列表中选择 绘制文本框(D) 选项，在表格中插入一个文本框，输入文本后设置其字体为“楷体”，字号为“小四”，字体颜色为“茶色”，效果如图 9.1.16 所示。

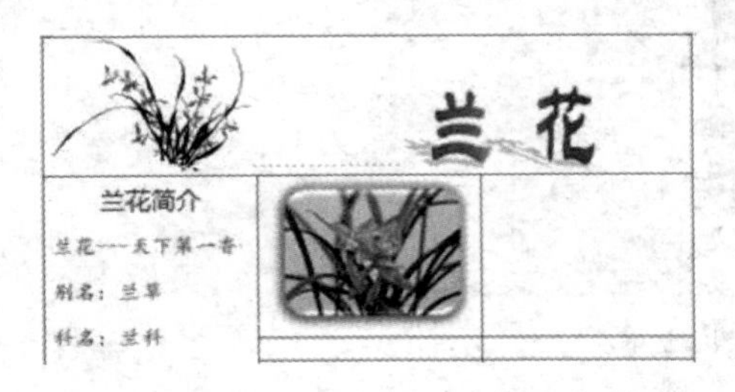

图 9.1.15　设置图片发光效果

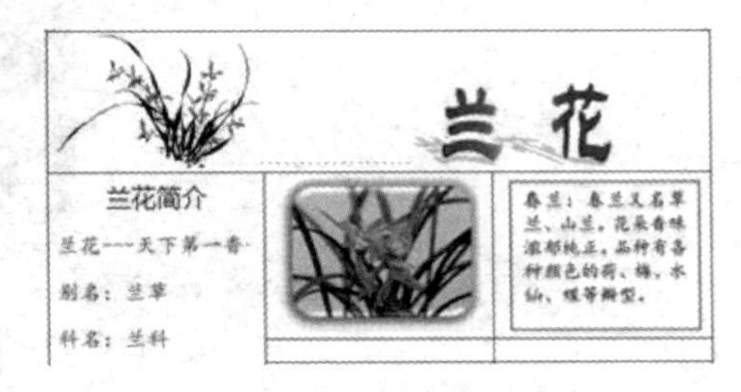

图 9.1.16　插入的文本框

（19）单击 格式 选项卡“形状样式”组中的“其他”按钮，从弹出的下拉列表中选择第四行 7 种样式，效果如图 9.1.17 所示。

（20）单击“文本”组中的 对齐文本 按钮，从弹出的下拉列表中选择 选项，如图 9.1.18 所示。

图 9.1.17　设置图形样式

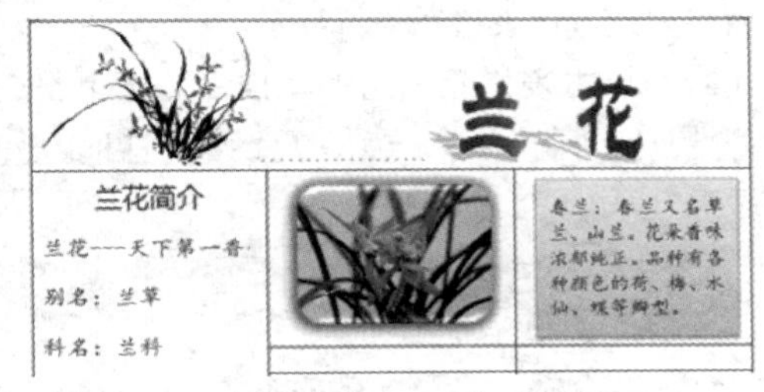

图 9.1.18　设置文本对齐方式

（21）重复第（15）～（20）步骤的操作，在其余单元格中插入图片和文本框，并设置不同的样式，调整图片和文本框的大小，效果如图 9.1.19 所示。

（22）选中表格，单击 设计 选项卡 边框 按钮，从弹出的下拉列表中选择 边框和底纹(O)... 命令，弹出 边框和底纹 对话框。

（23）选择 边框(B) 选项卡，在“设置”选区中单击“全部”按钮，在“样式”下拉列表中选择直线型，在“颜色”下拉列表中选择“紫色”，宽度为“1.0”，如图 9.1.20 所示。

图 9.1.19　添加的图片和文本框

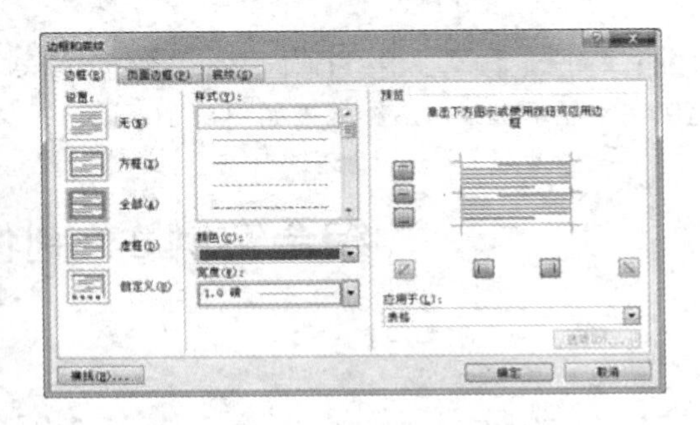

图 9.1.20　“边框”选项卡

（24）单击 确定 按钮，效果如图 9.1.21 所示。

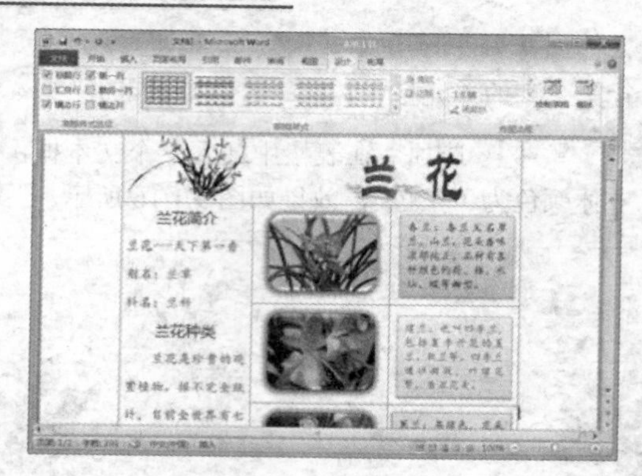

图 9.1.21　设置边框

（25）选择页面布局选项卡，在“页面设置”组中单击页边距按钮，从弹出的下拉列表中选择自定义边距(A)...命令，弹出页面设置对话框，将“上、下、左、右”页边框均设置为“2”，单击确定按钮，效果如图 9.1.22 所示。

（26）将鼠标指向表格最左边的边框线，当鼠标指针变为形状时，向左拖动鼠标至合适的位置，调整列宽，使表格在一页显示。

（27）单击表格左上角的按钮，选中整个表格，单击鼠标右键，从弹出的下拉列表中选择表格属性(R)...命令，弹出表格属性对话框。选择表格(T)选项卡，在“对齐方式”下拉列表中选择“居中”，如图 9.1.23 所示。

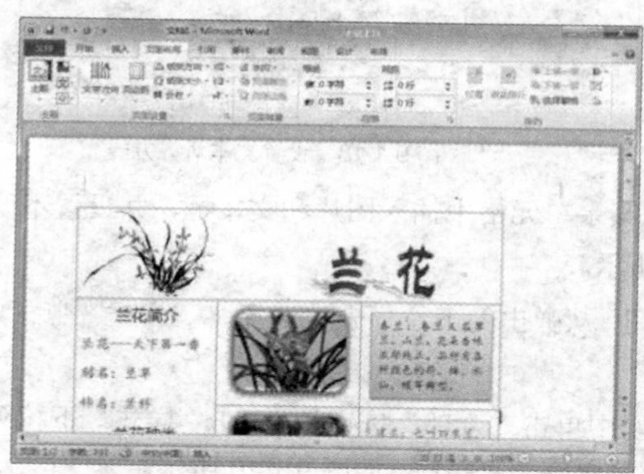

图 9.1.22　设置页边距

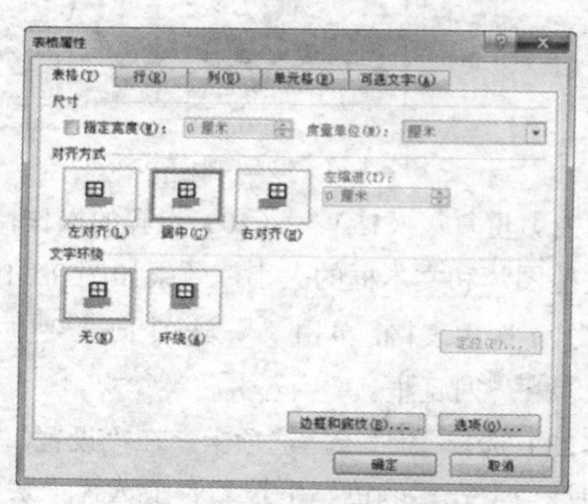

图 9.1.23　“表格属性”对话框

（28）单击确定按钮返回 Word 文档，拖动文档右下角的“缩放级别”滑块，使文档以一定的比例完整显示出来，最终效果如图 9.1.1 所示。

综合实例 2　制作语文小报

实例内容

本例制作语文小报，最终效果如图 9.2.1 所示。

图 9.2.1　效果图

设计思路

本例在制作的过程中，主要用到页面设置、分栏、插入图片和艺术字、绘制图形、设置图片和图形格式、插入表格、设置表格格式、设置页面边框等效果。

操作步骤

（1）在打开 Word 2010 文档窗口中，单击 文件 按钮，从弹出的下拉列表中选择 新建 命令，打开“新建”面板。

（2）在“可用模板”选区中选择“空白文档”，然后单击 创建 按钮创建一个新文档。

（3）打开 页面布局 选项卡，在“页面设置”组中单击“对话框启动器”按钮，弹出 页面设置 对话框。在 页边距 选项卡中设置纸张方向为“纵向”，“上、下、左、右”页边框均设置为“2”；打开 纸张 选项卡，在“纸张大小”下拉列表中选择“B4（JIS）”选项，如图 9.2.2 所示。

图 9.2.2　“页面设置”对话框

（4）单击文件按钮，从弹出的下拉菜单中选择打开命令，弹出打开对话框。选择文档存储的位置，再选中要打开的文档，如“贝壳”，如图 9.2.3 所示。

（5）单击打开(O)按钮打开需要的文档，将文档中的文本复制到新建的文档中，如图 9.2.4 所示。

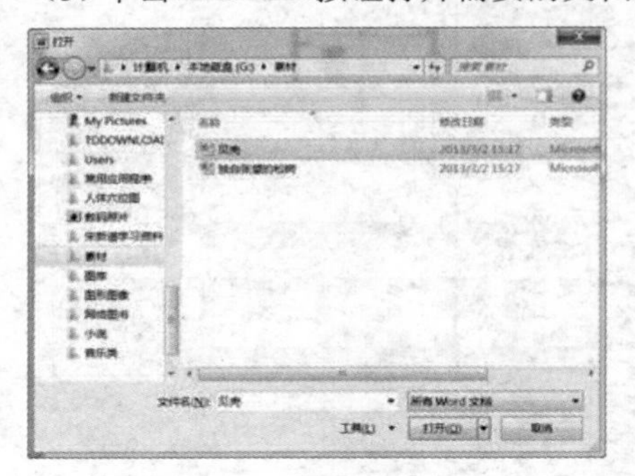

图 9.2.3 “打开文档”对话框

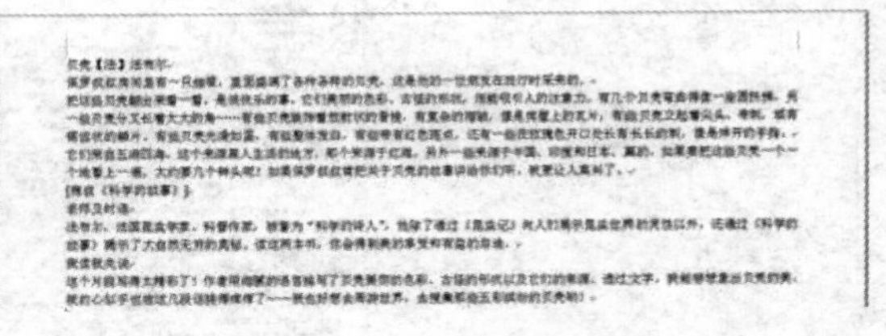

图 9.2.4 粘贴文本到新文档

（6）按住“Ctrl”键，依次用鼠标选中如图 9.2.5 所示的文本。

（7）单击“段落”组中的“对话框启动器”按钮，弹出段落对话框。选择缩进和间距(I)选项卡，在“特殊格式”下拉列表框中选择“首行缩进”选项，在右侧的“磅值”微调框输入“2”，如图 9.2.6 所示。

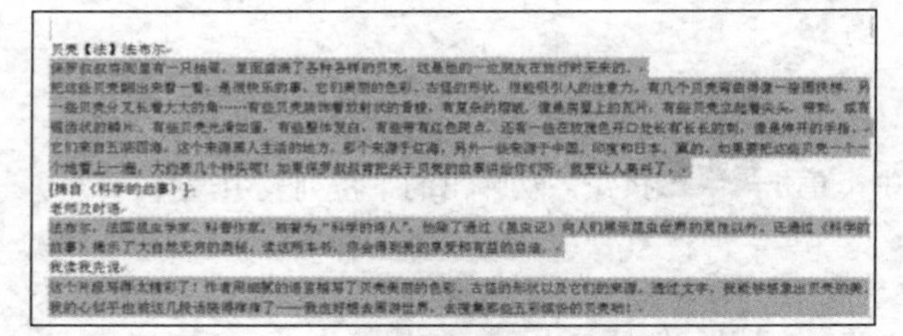

图 9.2.5 选择不连续文本

图 9.2.6 “段落”对话框

（8）单击确定按钮返回 Word 文档，如图 9.2.7 所示。

（9）选中标题“贝壳”，在“字体”组中设置其字体为“方正舒体”，字号为“一号”，字体颜色为“深红”，单击“文本效果”按钮，从弹出的下拉列表中选择阴影(S)→“右下斜偏移”按钮。依次设置其他文本字体格式，效果如图 9.2.8 所示。

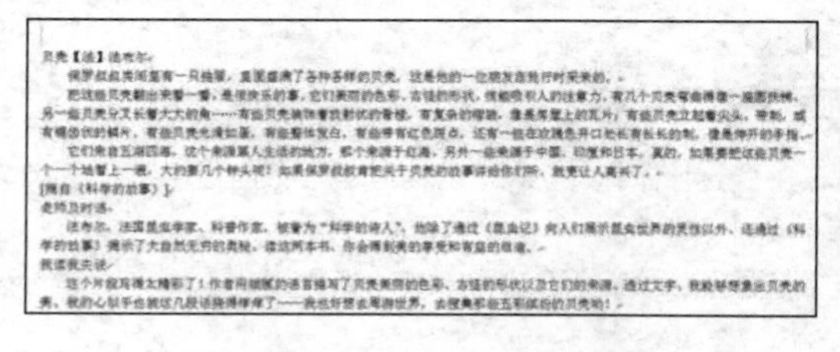

图 9.2.7 设置的段落格式

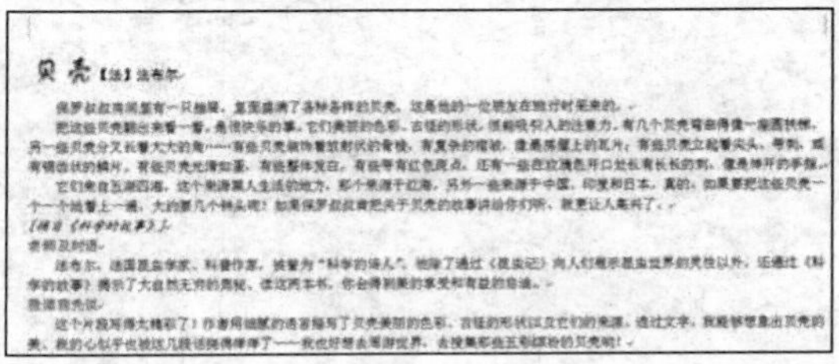

图 9.2.8 设置的字体格式

（10）选中所有文本，单击页面布局选项卡“页面设置”组中的分栏按钮，从弹出的下拉列表中选

择 三栏 选项，效果如图 9.2.9 所示。

（11）将光标置于文档段落中，打开 插入 选项卡，在“插图”选项区中单击 图片 按钮，弹出 插入图片 对话框，在“查找范围”下拉列表中找到图片所在的文件夹，在其列表框中找到一幅“贝壳”的图片，如图 9.2.10 所示。

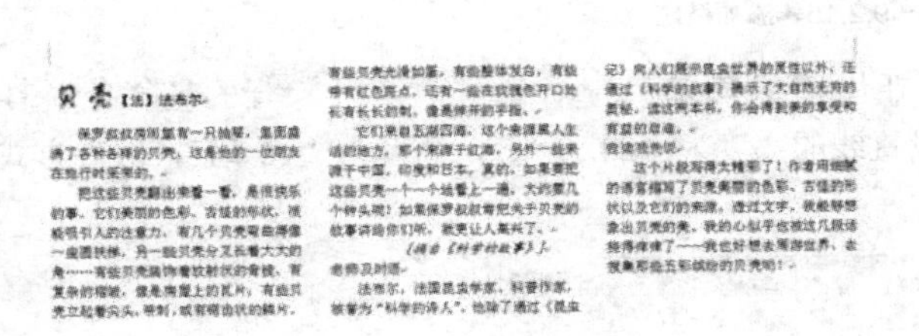

图 9.2.9　分栏效果

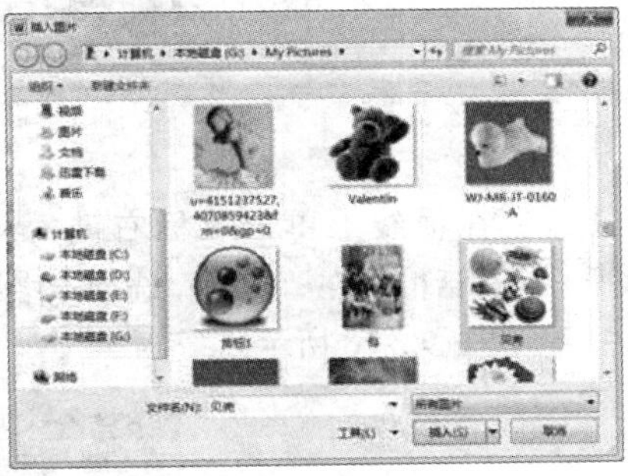

图 9.2.10　“插入图片”对话框

（12）单击 插入(S) 按钮，即可在文档中插入图片，如图 9.2.11 所示。

（13）选中插入的图片，单击 格式 选项卡“排列”组中的 自动换行 按钮，从弹出的下拉列表中选择 衬于文字下方(D) 环绕方式，效果如图 9.2.12 所示。

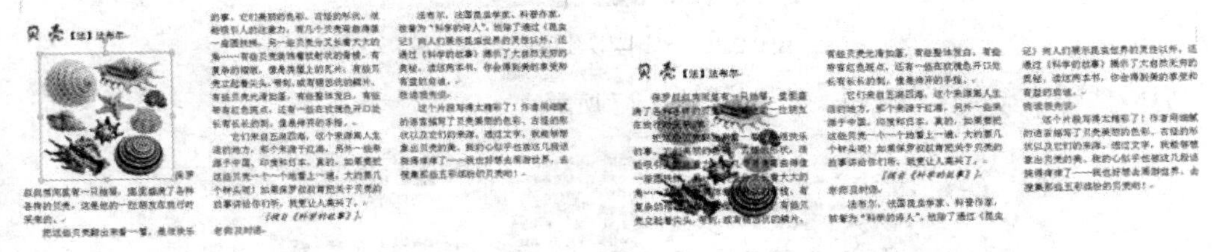

图 9.2.11　插入的图片

图 9.2.12　设置文字的环绕方式

（14）选中文档中的回车键，单击 开始 选项卡“段落”组中的“下划线”按钮，从弹出的下拉列表中选择 边框和底纹(O)... 命令，弹出 边框和底纹 对话框，如图 9.2.13 所示。

（15）单击 横线(H)... 按钮，弹出 横线 对话框，在搜索框中找到合适的线型，如图 9.2.14 所示。

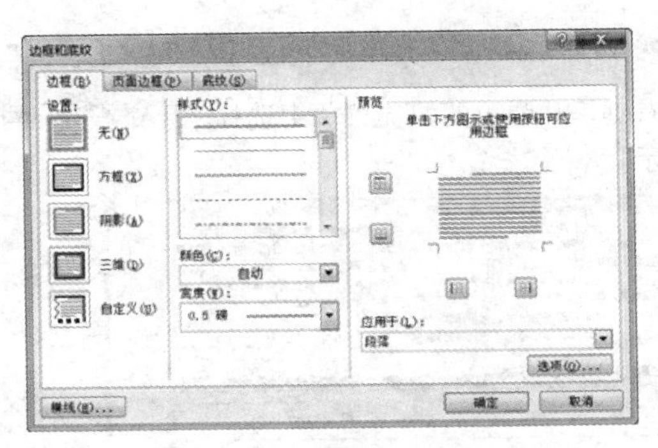

图 9.2.13　“边框和底纹”对话框

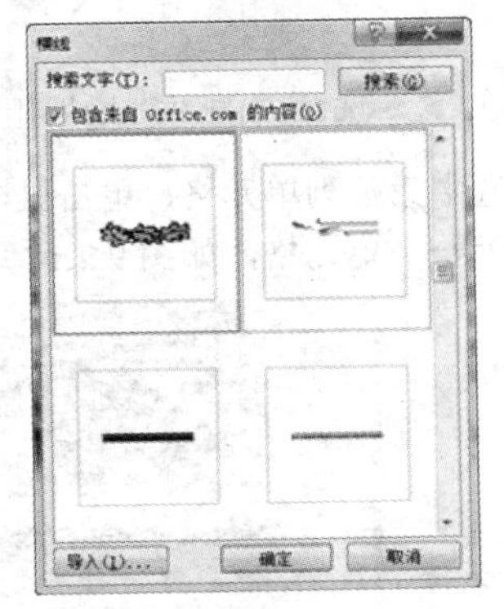

图 9.2.14　“横线”对话框

（16）单击 确定 按钮返回 Word 文档，效果如图 9.2.15 所示。

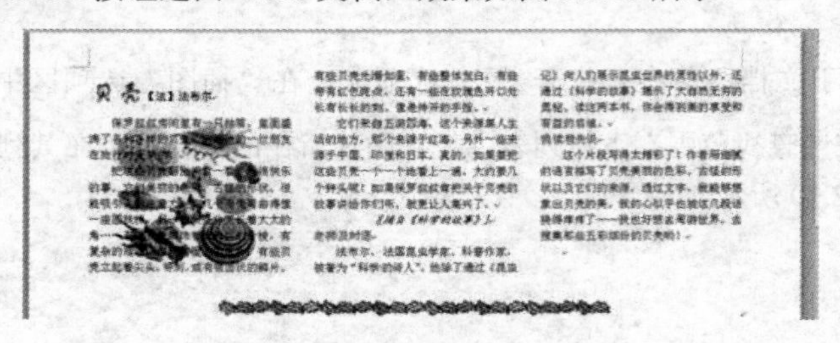

图 9.2.15 添加横线

（17）在横线上单击鼠标右键，从弹出的快捷菜单中选择 设置横线格式(L)... 命令，打开 设置横线格式 对话框。在 横线 选项卡中设置线的宽度为“24 厘米”，高度为“16 磅”，对齐方式为“居中”，如图 9.2.16 所示。

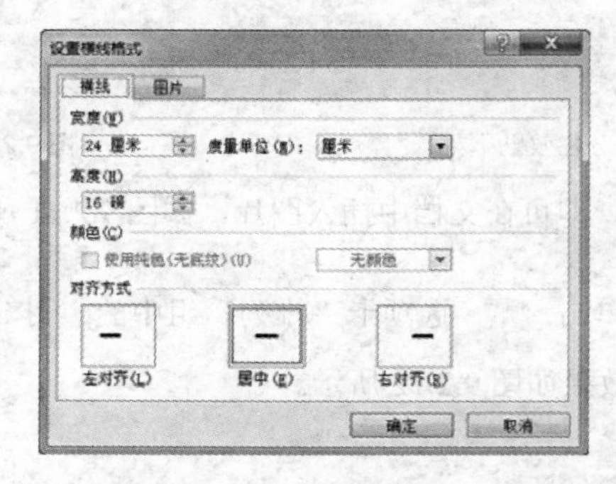

图 9.2.16 “设置横线格式”对话框

（18）单击 确定 按钮，效果如图 9.2.17 所示。

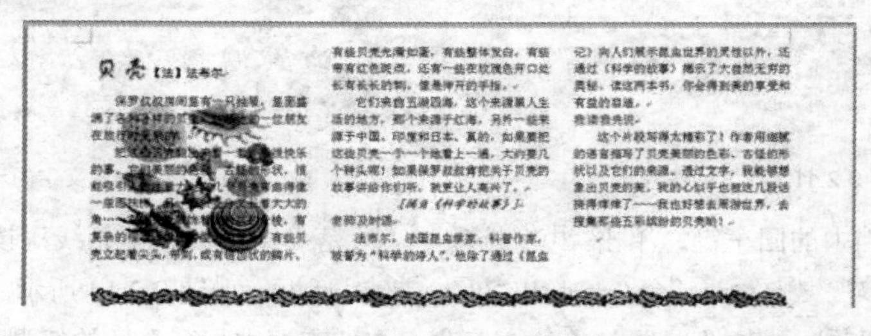

图 9.2.17 设置的线型效果

（19）在 插入 选项卡的“表格”组中单击 表格 按钮，从弹出的下拉列表“3×2 表格”。

（20）选中第一列单元格，单击鼠标右键，从弹出的快捷菜单中选择 合并单元格(M) 命令，将该列合并为一个单元格，如图 9.2.18 所示。

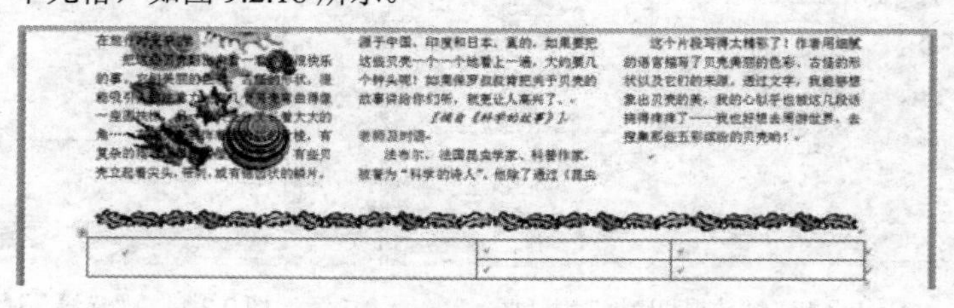

图 9.2.18 插入表格

（21）将光标置于第一个单元格，单击 插入 选项卡的“文本”组中单击 按钮，从弹出的下拉列表中选择一种艺术字样式，在此选择“艺术字样式 12”，如图 9.2.19 所示。

（22）这时弹出 编辑艺术字文字 对话框，在“文本框”中输入“紫腾萝瀑布”，设置字体为“华文行楷”，字号为“24”，如图 9.2.20 所示。

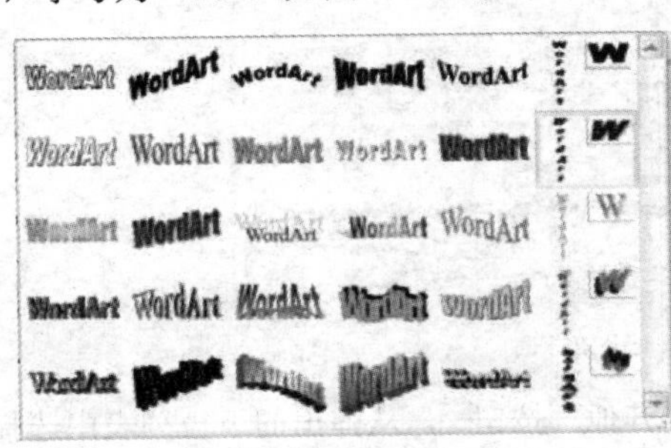

图 9.2.19　艺术字列表

图 9.2.20　“编辑艺术字”对话框

（23）单击 确定 按钮返回 Word 文档，在该单元格中输入文本，效果如图 9.2.21 所示。

图 9.2.21　插入的艺术字

（24）双击插入的艺术字，在 格式 选项卡的“排列”组中单击 按钮，从弹出的下拉列表中选择“顶端居右，四周型文字环绕”方式，效果如图 9.2.22 所示。

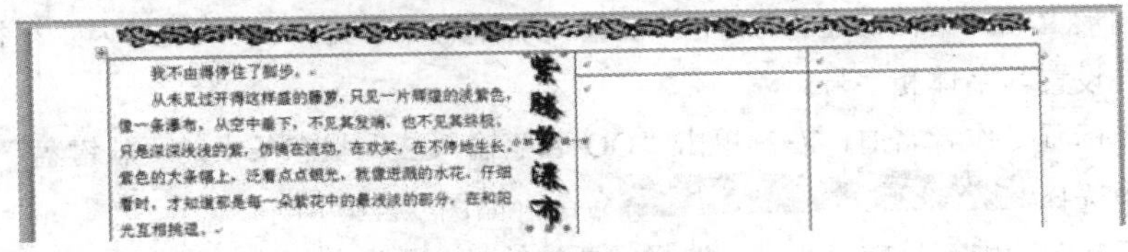

图 9.2.22　设置艺术字环绕方式

（25）选中第一个单元格，单击“段落”组中的“对话框启动器”按钮，弹出 段落 对话框。选择 缩进和间距(I) 选项卡，在“行距”下拉列表中选择“最小值”，在微调框中输入“17 磅”。

（26）单击 确定 按钮返回 Word 文档，在“字体”组的“字体”下拉列表中选择“楷体”。

（27）在第一行第二个单元格中输入文本，并设置其字体、字号。在第二行第二个单元格中输入正文，如图 9.2.23 所示。

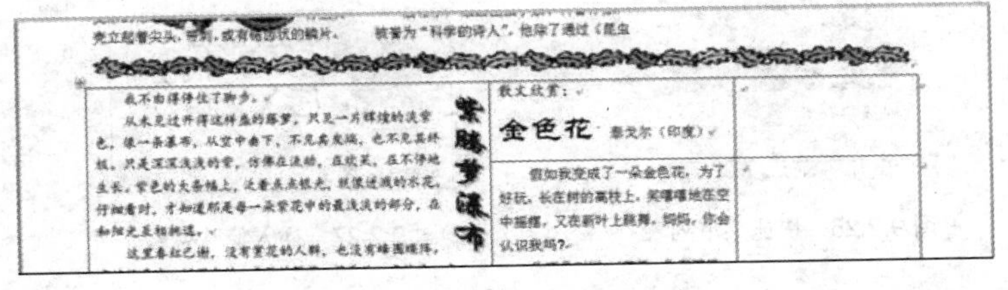

图 9.2.23　在单元格中输入文字

（28）合并第一行第三列单元格，单击 插入 选项卡“插图”组中的 形状 按钮，从弹出的下拉列表中选择“新月形”按钮，在文档中绘制一个月形，如图 9.2.24 所示。

图 9.2.24　绘制图形

（29）单击 格式 选项卡“形状样式”组中的“其他”按钮，从弹出的下拉列表中选择最后一种样式，调整图形的大小和位置。

（30）单击 格式 选项卡“排列”组中的 自动换行 按钮，从弹出的下拉列表中选择 衬于文字下方(D) 环绕方式，如图 9.2.25 所示。

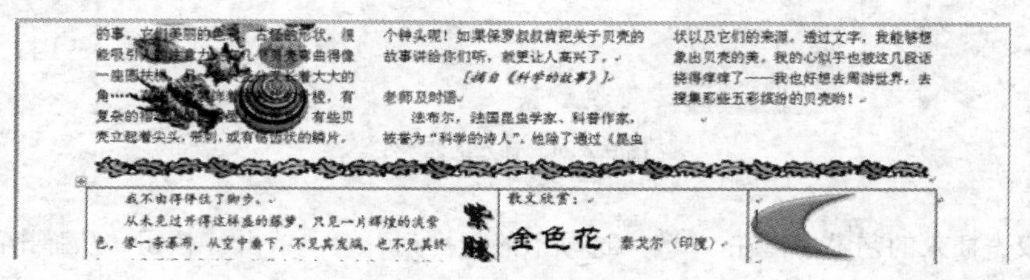

图 9.2.25　设置图形格式

（31）在图形上输入文档标题“家书”，设置其字体为“华文彩云”，字号为“小初”。输入文档的其余部分，并设置其字体和字号。

（32）将光标置于作者名前，右键单击“QQ 五笔输入法”状态条中的“软键盘”按钮，从弹出的快捷菜单中选择 C 特殊符号 ⊙№☆▲♀ 命令，如图 9.2.26 所示。

（33）从打开的特殊符号软键盘上，选择需要的符号。再次单击“软键盘”按钮，关闭软键盘的输入状态，如图 9.2.27 所示。

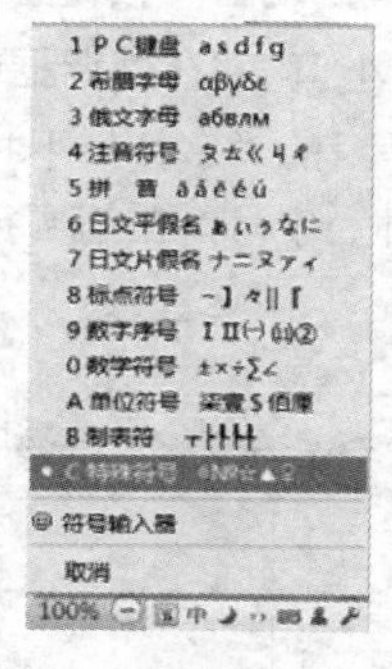

图 9.2.26　快捷菜单列表

图 9.2.27　插入特殊符号

（34）单击 设计 选项卡“绘图边框”组中的 绘制表格 按钮，当鼠标指针变为铅笔形状时，在“家书”

文档的最后绘制一条边框线，如图 9.2.28 所示。

（35）在最后一个单元格中插入一幅图片，设置图片位置为 四周型环绕(S) ，并输入相关文本，如图 9.2.29 所示。

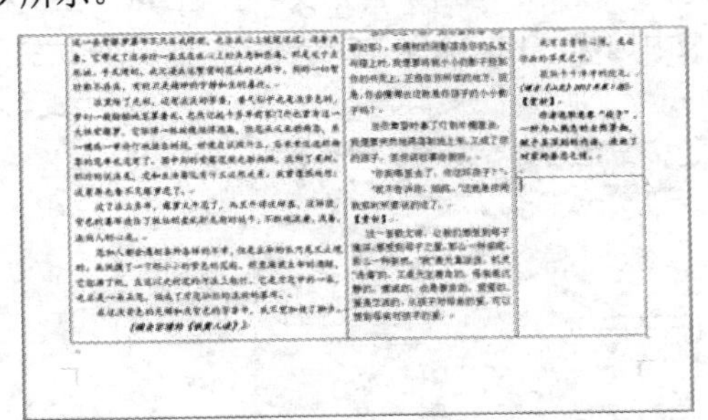

图 9.2.28 绘制边框

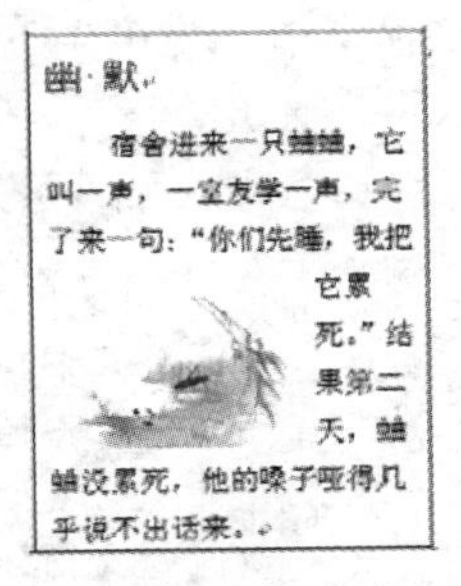

幽 默

宿舍进来一只蛐蛐，它叫一声，一室友学一声，完了来一句："你们先睡，我把它累死。"结果第二天，蛐蛐没累死，他的嗓子哑得几乎说不出话来。

图 9.2.29 图文混排

（36）单击 文件 按钮，从弹出的下拉菜单中选择 打印 命令，在打开的"打印"窗口右侧预览区域可以查看文档预览效果，如图 9.2.30 所示。

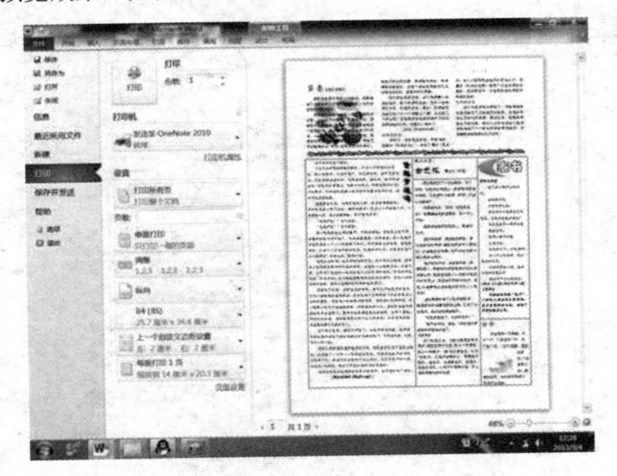

图 9.2.30 预览文档

（37）将光标定位在表格中，单击 设计 选项卡"绘图边框"组中的 按钮，当鼠标变为橡皮擦形状时，在不需要的边框线上单击，将不需要的边框线擦除，效果如图 9.2.31 所示。

图 9.2.31 去除边框

（38）选中第二列单元格，单击鼠标右键，从弹出的快捷菜单中选择 边框和底纹(B)... 命令，弹出 边框和底纹 对话框。

（39）选择 边框(B) 选项卡，在“设置”选区中单击“自定义”按钮，在“样式”下拉列表中选择第 6 种线型，在“宽度”下拉列表中选择“1.0 磅”，在“预览”框中单击左右边框线，如图 9.2.32 所示。

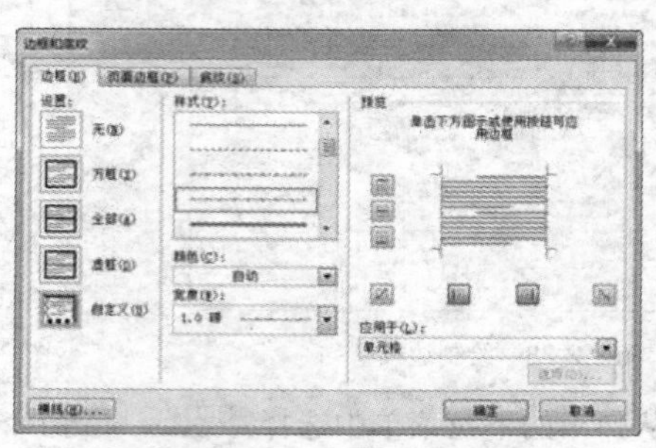

图 9.2.32 “边框”选项卡

（40）单击 确定 按钮返回 Word 文档。依照同样的方法，设置最后一个单元格的边框线，如图 9.2.33 所示。

图 9.2.33 设置的表格效果

（41）将光标置于文档开头，打开 页面布局 选项卡，单击“页面背景”组中的 页面边框 按钮，弹出 边框和底纹 对话框。在 页面边框(P) 选项卡的“艺术型”下拉列表中选择一种艺术边框样式，如图 9.2.34 所示。

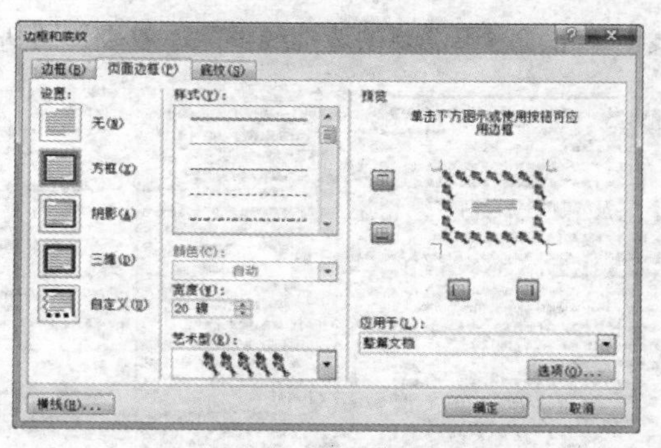

图 9.2.34 “页面边框”选项卡

（42）单击 确定 按钮返回 Word 文档。单击 视图 选项卡的 单页 按钮，可以看到制作完成的文档，最终效果如图 9.2.1 所示。

综合实例 3 编制电子报销单

实例内容

本例利用 Excel 2010 编制一个电子报销单，员工通过这个电子表单就可以完成报销数据的输入，并对工作表中的部分单元格进行自动化处理，效果如图 9.3.1 所示。

西安新星用品公司报销单

姓名	刘梅	员工编号	A010	联系电话	1335916****
所属部门	企划部	报销类别	购买设备		
报销摘要		单价	数量	小计	备注
购买计算机		5,200.00	6	¥31,200.00	
购买办公桌		1,800.00	3	¥5,400.00	
				¥0.00	
				¥0.00	
				¥0.00	
合计:				¥36,600.00	
人民币大写		叁万陆仟陆佰元整			
部门主管		经理		报销日期	2013/3/8

图 9.3.1 效果图

设计思想

“报销单”是在日常工作中经常使用的一种表单，在设计时包括以下知识点：

（1）用 Excel 2010 中的基本方法绘制一个报销单，并按照需求设置工作表和单元格的格式。

（2）在使用电子报销单填写数据时，希望能够自动完成一些烦琐数据的输入，如在填写“所属部门”时可以通过下拉列表的方式选择，避免了由于人工输入造成的错误。

（3）计算出报销的总额后，按照财务表单的处理规范，需要将小写的数字金额转换为大写汉字表示的金额。

操作步骤

1. 创建报销单工作表

（1）打开 Excel 2010 应用程序，新建一个 Excel 工作簿，并将其保存为“报销单”。

（2）选中工作表标签 Sheet1，并使用鼠标左键双击，将工作表标签更名为“报销单”，如图 9.3.2 所示。

（3）单击工作表标签 Sheet2，并按住键盘上的“Ctrl”键，单击工作表标签 Sheet3，使两个工作表同时选中。单击鼠标右键，在弹出的快捷菜单中选择 删除(D) 命令，将工作表 Sheet2 和 Sheet3 从工作簿中删除。

2. 绘制报销单标题信息

（1）选中单元格区域 B2:H2，单击鼠标右键，在弹出的快捷菜单中选择 设置单元格格式(F)... 命令，打开 设置单元格格式 对话框。打开 对齐 选项卡，在“文本对齐方式”选区中设置水平对齐方式为“居中”，垂直对齐方式为“居中”，并在“文本控制”栏中选中 ☑合并单元格(M) 复选框，如图 9.3.3

所示。

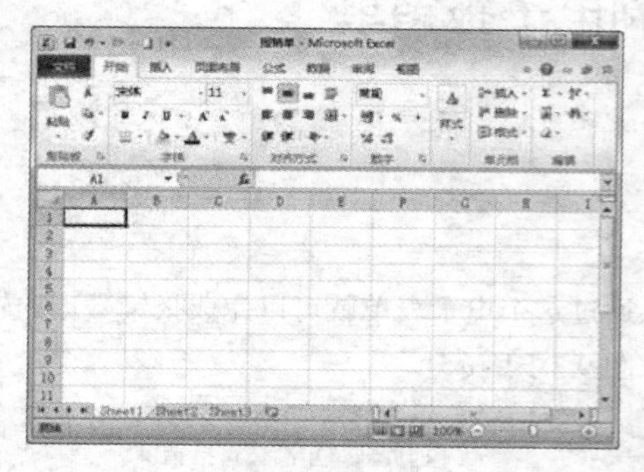

图 9.3.2　命名工作表标签

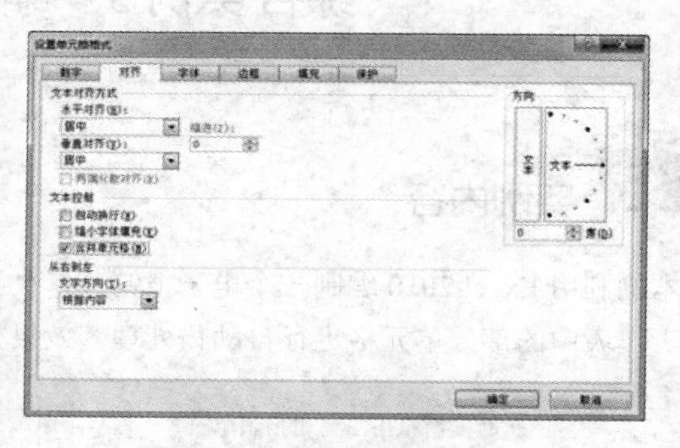

图 9.3.3　设置单元格对齐方式

（2）打开 字体 选项卡，将字体设置为“宋体”、字号为“20”、字形设置为“加粗”、字体颜色设置为“蓝色”。

（3）单击 确定 按钮，返回工作表，在合并之后的单元格中输入标题文字“西安新星用品公司报销单”，完成工作表标题的制作，如图 9.3.4 所示。

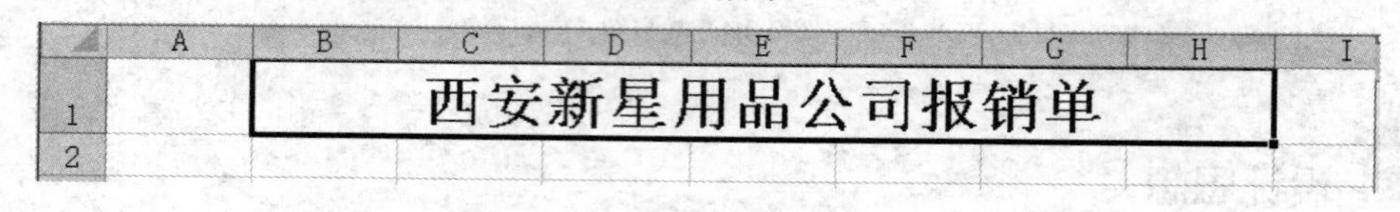

图 9.3.4　制作标题

3．编制报销单表格

（1）选中单元格区域 B4:H5，在 开始 选项卡的“字体”组中设置其字体为“宋体”、字号为“10”、字形为“加粗”。在“对齐方式”组中单击“垂直居中”按钮和“居中”按钮。

（2）选中单元格区域 B4:H5，单击鼠标右键，在弹出的快捷菜单中选择 设置单元格格式(F)... 命令，打开 设置单元格格式 对话框。

（3）选择 边框 选项卡，在“线条”样式下拉列表中选择一种较粗的线条，“颜色”下拉列表中选择“深蓝”，单击“预置”栏中的“外边框”按钮。使用同样的方法，将单元格中的内部边框设置为一个较细的线条样式，可在预览草图上看到设置的效果，如图 9.3.5 所示。

（4）选择 填充 选项卡，在“图案颜色”下拉列表中选择“茶色 背景 2，深色 25%”，在“图案样式”下拉列表选择“细 对角线 条纹”底纹样式，如图 9.3.6 所示。

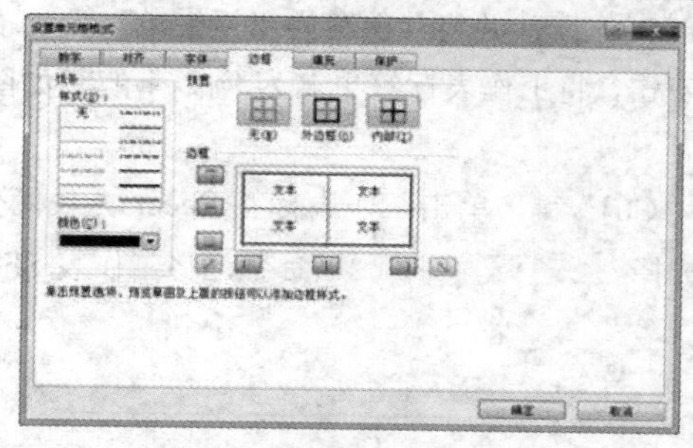

图 9.3.5　设置单元格边框

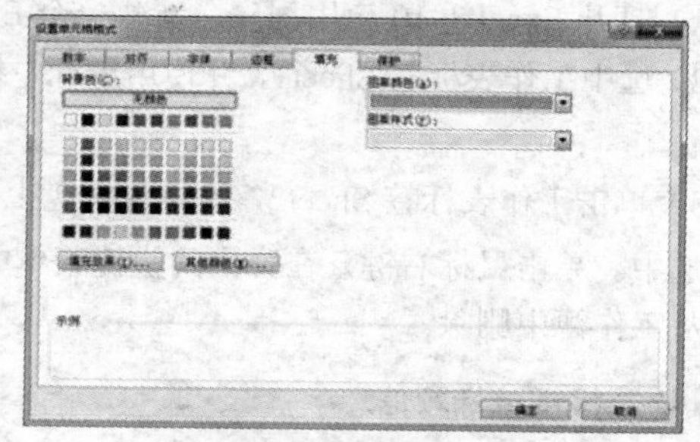

图 9.3.6　设置底纹

（5）单击 确定 按钮返回工作表，在相应的单元格中填写报销单的基本信息。

（6）选择 G4:H4 单元格，单击 开始 选项卡“对齐方式”组中的“合并后居中”按钮，将

其合并为一个单元格。同理，将 E5:H5 单元格合并，如图 9.3.7 所示。

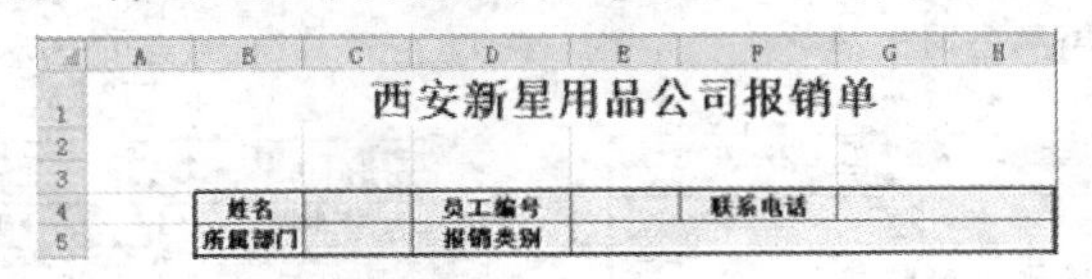

	A	B	C	D	E	F	G	H
1		西安新星用品公司报销单						
2								
3								
4		姓名		员工编号		联系电话		
5		所属部门		报销类别				

图 9.3.7　合并单元格

（7）使用同样的方法，编制工作表中的其他内容，并设置单元格格式，将报销单中的文字填写完整，制作完成后的效果如图 9.3.8 所示。

（8）选中单元格区域 D7:D11，单击鼠标右键，在弹出的快捷菜单中选择 设置单元格格式(F)... 命令，打开 设置单元格格式 对话框。选择 数字 选项卡，在“分类”下拉列表中选择“货币”，在“小数位数”微调框中输入“2”，在“货币符号”下拉列表中选择“无”，如图 9.3.9 所示。

	B	C	D	E	F	G
1	西安新星用品公司报销单					
2						
3						
4	姓名	刘梅	员工编号	A010	联系电话	1335916****
5	所属部门		报销类别		购买设备	
6	报销摘要		单价	数量	小计	备注
7	购买计算机		5200	6		
8	购买办公桌		1800	3		
9						
10						
11						
12	合计：					
13	人民币大写					
14	部门主管		经理		报销日期	

图 9.3.8 制作完成后的报销单外观

图 9.3.9　设置数字格式

（9）单击 确定 按钮返回工作表中。选中单元格区域 F7:F11，将其单元格的数字格式设置为“货币”，且显示货币符号。

（10）在 F7 单元格中输入公式“=D7*E7”，按回车键后，计算出第一项费用的金额小计，如图 9.3.10 所示。

（11）把光标移至单元格 F7 的右下角，此时光标变成“十”形状，按住鼠标左键向下拖动至单元格 F11，随即将出现“自动填充选项”智能标记，用鼠标左键单击智能标记下三角按钮，从其列表中选择 不带格式填充(O) 命令，如图 9.3.11 所示。

F7　=D7*E7

	B	C	D	E	F	G
1	西安新星用品公司报销单					
2						
3						
4	姓名	刘梅	员工编号	A010	联系电话	1335916****
5	所属部门		报销类别		购买设备	
6	报销摘要		单价	数量	小计	备注
7	购买计算机		5,200.00	6	¥31,200.00	
8	购买办公桌		1,800.00	3		
9						
10						
11						
12	合计：					
13	人民币大写					
14	部门主管		经理		报销日期	

图 9.3.10　计算第一项的费用

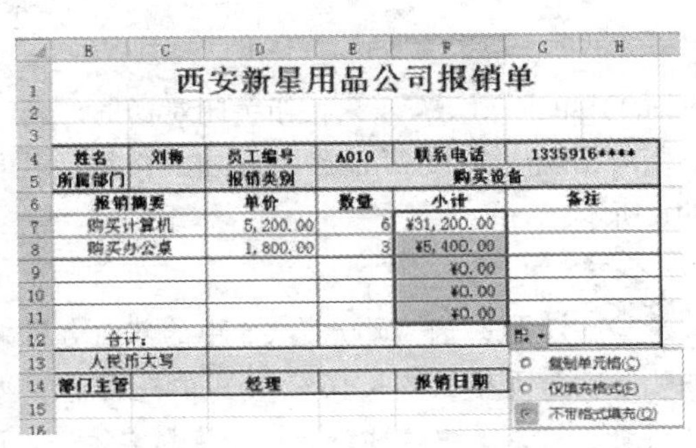

	B	C	D	E	F	G
1	西安新星用品公司报销单					
2						
3						
4	姓名	刘梅	员工编号	A010	联系电话	1335916****
5	所属部门		报销类别		购买设备	
6	报销摘要		单价	数量	小计	备注
7	购买计算机		5,200.00	6	¥31,200.00	
8	购买办公桌		1,800.00	3	¥5,400.00	
9					¥0.00	
10					¥0.00	
11					¥0.00	
12	合计：					
13	人民币大写					
14	部门主管		经理		报销日期	

图 9.3.11　填充公式

（12）选中单元格 F12，在“编辑栏”中输入公式“=SUM(F7:F11)”，用来计算报销单中的“合计”金额，如图 9.3.12 所示。

（13）选中“报销日期”右侧的单元格，并在其中输入公式：“=Today()”。通过该公式可以使工作表自动获得当前的日期，并显示在该单元格中，如图 9.3.13 所示。

F12 =SUM(F7:F11)

	B	C	D	E	F	G	H
1	西安新星用品公司报销单						
2							
3							
4	姓名	刘梅	员工编号	A010	联系电话	1335916****	
5	所属部门		报销类别		购买设备		
6	报销摘要		单价	数量	小计	备注	
7	购买计算机		5,200.00	6	¥31,200.00		
8	购买办公桌		1,800.00	3	¥5,400.00		
9					¥0.00		
10					¥0.00		
11					¥0.00		
12	合计:				¥36,600.00		
13	人民币大写						
14	部门主管		经理		报销日期		

图 9.3.12　计算“合计”金额

G14 =TODAY()

	B	C	D	E	F	G	H
1	西安新星用品公司报销单						
2							
3							
4	姓名	刘梅	员工编号	A010	联系电话	1335916****	
5	所属部门		报销类别		购买设备		
6	报销摘要		单价	数量	小计	备注	
7	购买计算机		5,200.00	6	¥31,200.00		
8	购买办公桌		1,800.00	3	¥5,400.00		
9					¥0.00		
10					¥0.00		
11					¥0.00		
12	合计:				¥36,600.00		
13	人民币大写						
14	部门主管		经理		报销日期	2013/3/8	

图 9.3.13　自动填充日期

4．制作供选择输入的列表

（1）在单元格区域 C16:C19 中依次输入公司的部门名称，例如本例中输入了 4 个部门，分别是“业务部”“财务部”“企划部”和“仓储部”，如图 9.3.14 所示。

（2）选中 C5 单元格，单击 数据 选项卡“数据工具”组中的 数据有效性 按钮，在弹出的下拉列表中选择 数据有效性(V)... 命令，弹出 数据有效性 对话框。

（3）选择 设置 选项卡，在“有效性条件”选区中的“允许”下拉列表中选择“序列”选项，选中 ☑ 忽略空值(B) 和 ☑ 提供下拉箭头(I) 两个复选框。单击“来源”文本框右侧的按钮，选取数据有效性的范围，在此选择 C16:C19 单元格区域。再次单击按钮，即可在“来源”文本框中显示刚刚选择的数据区域，如图 9.3.15 所示。

16	业务部
17	财务部
18	企划部
19	仓储部

图 9.3.14　输入部门名称

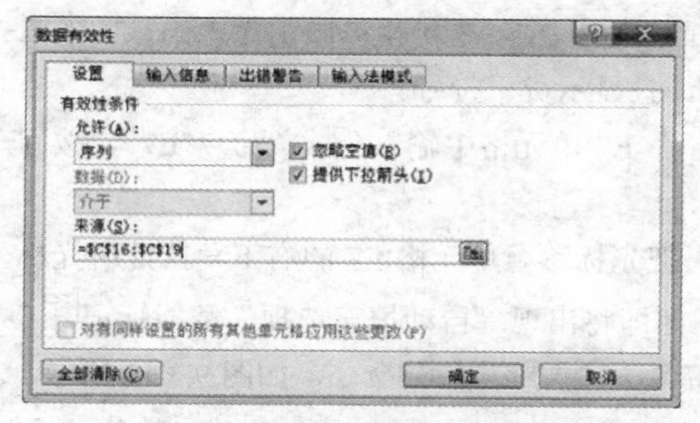

图 9.3.15　“数据有效性”对话框

（4）单击 确定 按钮关闭对话框，返回工作表。此时，只要单击“所属部门”右侧的单元格，即可出现一个下三角按钮，单击此按钮，即可从打开的下拉列表中选择需要输入的部门了，如图 9.3.16 所示。

注意：因为单元格 C5 中的部门名称来自单元格区域 C16:C19，所以在设置完成数据有效性规则后，单元格区域 C16:C19 中的数据不可以被删除。如果担心这些辅助的数据影响了整个工作表的设计，可以选中这些单元格，将其字体颜色设置为与工作表背景色一致就可以了。

5．将合计金额转换为大写形式

（1）将光标定位在 D13 单元格中，单击 视图 选项卡“宏”选区中的按钮，在弹出的下拉列表中选择 录制宏(R)... 命令，弹出 录制新宏 对话框。在“宏名”文本框中输入“将合计金额转换为大写形式”；在“快捷键”文本框中输入一个键盘对应的字母；在“说明”文本框中输入录入宏的时

间及录制人，如图 9.3.17 所示。

图 9.3.16　从下拉列表中选择部门

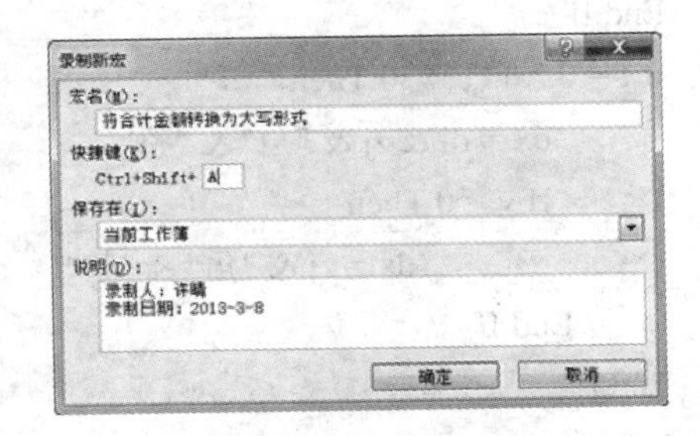

图 9.3.17　“录制新宏”对话框

（2）单击 确定 按钮返回工作表。再次单击 宏 按钮，从弹出的下拉列表中选择 查看宏(V) 命令，弹出 宏 对话框，如图 9.3.18 所示。

（3）单击 编辑(E) 按钮，弹出 报销单1.xlsx - 模块1 (代码) 对话框，在“Visual Basic”编辑器中输入以下代码，如图 9.3.19 所示。

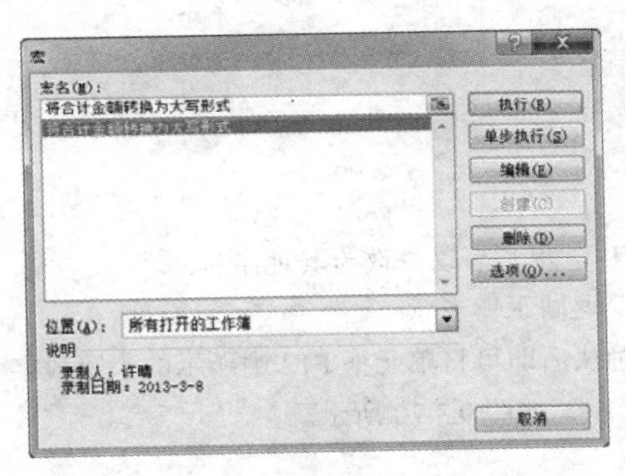

图 9.3.18　“宏”对话框

图 9.3.19　输入代码

程序代码为：

```
Function dx(q)
      ybb = Round(q * 100) '将输入的数值扩大 100 倍，进行四舍五入
      y = Int(ybb / 100)       '截取出整数部分
      j = Int(ybb / 10) - y * 10 '截取出十分位
      f = ybb - y * 100 - j * 10 '截取出百分位
      zy = Application.WorksheetFunction.Text(y, "[dbnum2]") '将整数部分转为中文大写
      zj = Application.WorksheetFunction.Text(j, "[dbnum2]")   '将十分位转为中文大写
      zf = Application.WorksheetFunction.Text(f, "[dbnum2]")   '将百分位转为中文大写
      dx = zy & "元" & "整"
      dl = zy & "元"
    If f <> 0 And j <> 0 Then
          dx = dl & zj & "角" & zf & "分"
          If y = 0 Then
                dx = zj & "角" & zf & "分"
```

```
            End If
        End If
        If f = 0 And j <> 0 Then
              dx = dl & zj & "角" & "整"
              If y = 0 Then
                     dx = zj & "角" & "整"
              End If
        End If
        If f <> 0 And j = 0 Then
              dx = dl & zj & zf & "分"
              If y = 0 Then
                     dx = zf & "分"
              End If
        End If
        If q = "" Then
              dx = 0                  '如没有输入任何数值为0
        End If
End Function
```

提示：代码中的“dx”是自定义的函数名称，用户可以修改为其他字符。

（4）输入完成后，关闭“Visual Basic”编辑窗口返回工作表状态。

（5）在单元格 D13 中输入公式：“=dx(F12)”，确认后即可将单元格 F12 中所示的小写数字金额转换为大写的数字金额，并将结果显示在单元格 D13 中，如图 9.3.20 所示。

注意：通常情况下，自定义的函数只适应于定制的工作簿中，如果要在其他工作簿中使用，可将其制作为加载宏，然后再进行加载即可。

6．保护特定的单元格

（1）按住“Ctrl”键，用鼠标依次单击需要让用户填写信息的单元格，如图 9.3.21 所示。

D13 fx =dx(F12)

西安新星用品公司报销单					
姓名	刘梅	员工编号	A010	联系电话	1335916****
所属部门	企划部	报销类别	购买设备		
报销摘要		单价	数量	小计	备注
购买计算机		5,200.00	6	¥31,200.00	
购买办公桌		1,800.00	3	¥5,400.00	
				¥0.00	
				¥0.00	
				¥0.00	
合计：				¥36,600.00	
人民币大写		叁万陆仟陆佰元整			
部门主管		经理		报销日期	2013/3/8

图 9.3.20　转换为大写的数字金额

西安新星用品公司报销单					
姓名	刘梅	员工编号	A010	联系电话	1335916****
所属部门	企划部	报销类别	购买设备		
报销摘要		单价	数量	小计	备注
购买计算机		5,200.00	6	¥31,200.00	
购买办公桌		1,800.00	3	¥5,400.00	
				¥0.00	
				¥0.00	
				¥0.00	
合计：				¥36,600.00	
人民币大写		叁万陆仟陆佰元整			
部门主管		经理		报销日期	2013/3/8

图 9.3.21　选中单元格

（2）在这些选中的单元格上，单击鼠标右键，在弹出的快捷菜单中选择“设置单元格格式(F)...”命令，打开“设置单元格格式”对话框。切换到“保护”选项卡，取消“锁定(L)”复选框，如图 9.3.22 所示。

提示： 默认情况下，在 Excel 工作表中的所有单元格的状态都是“锁定”的。

（3）单击 确定 按钮返回到工作表中。

（4）在 审阅 选项卡中的“更改”选区中单击 保护工作表 按钮，弹出 保护工作表 对话框。选中 ☑ 保护工作表及锁定的单元格内容(C) 复选框，在“允许此工作表的所有用户进行”列表框中，只选中 ☑ 选定未锁定的单元格 复选框，在“取消工作表保护时使用的密码”文本框中输入保护密码，如图 9.3.23 所示。

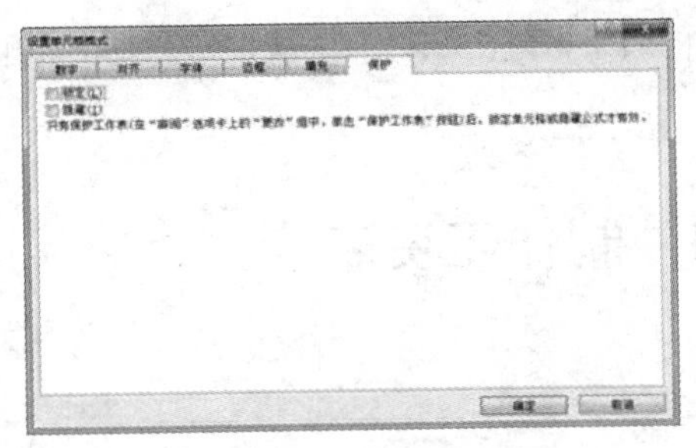

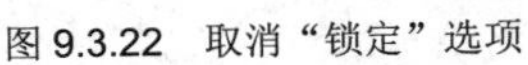

图 9.3.22　取消“锁定”选项

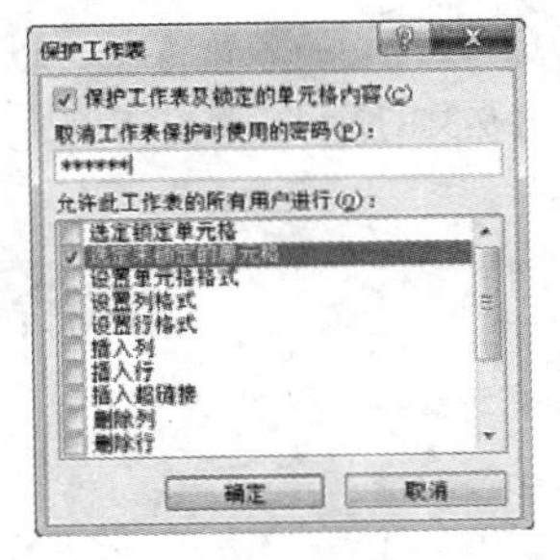

图 9.3.23　“保护工作表”对话框

（5）设置完成后，单击 确定 按钮，弹出 确认密码 对话框，在“重新输入密码”文本框中再次输入保护密码进行确认，如图 9.3.24 所示。

（6）单击 确定 按钮关闭对话框，返回工作表。

7．优化工作表外观

打开 视图 选项卡，在“显示/隐藏”组中取消 ☐ 网格线 复选框的选中，如图 9.3.25 所示。

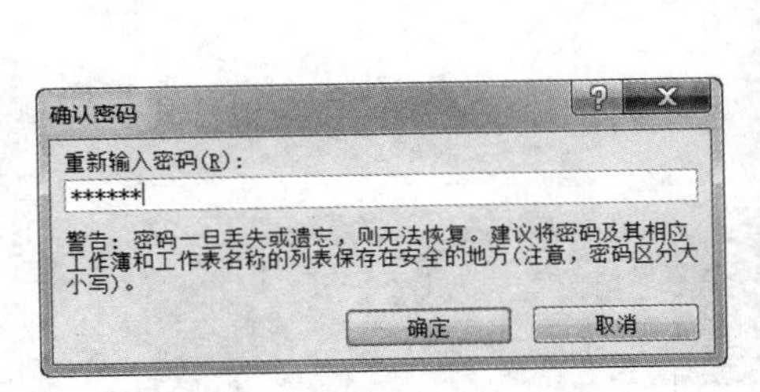

图 9.3.24　“确认密码”对话框

西安新星用品公司报销单

姓名	刘梅	员工编号	A010	联系电话	1335916****
所属部门	企划部	报销类别	购买设备		
报销摘要		单价	数量	小计	备注
购买计算机		5,200.00	6	¥31,200.00	
购买办公桌		1,800.00	3	¥5,400.00	
				¥0.00	
				¥0.00	
				¥0.00	
合计：				¥36,600.00	
人民币大写		叁万陆仟陆佰元整			
部门主管		经理		报销日期	2013/3/8

图 9.3.25　取消网格线

8．设置打印范围

报销单填写完成后，可能需要将其打印出来存档，但是由于在前面设置了单元格的有效性规则，不可以将序列的数据源删除，虽然已将数据源的字体颜色设置为工作表的背景色，但是在打印时会产生一定的影响，因而需要设置工作表的打印范围，具体操作步骤如下：

（1）在工作表中选择需要打印的范围。

（2）单击 页面布局 选项卡中的 页边距 按钮，从中选择 自定义边距(A)... 命令，弹出 页面设置 对话框。打开 页边距 选项卡，在“居中方式”选项组选中 ☑ 水平(Z) 复选框，如图 9.3.26 所示。

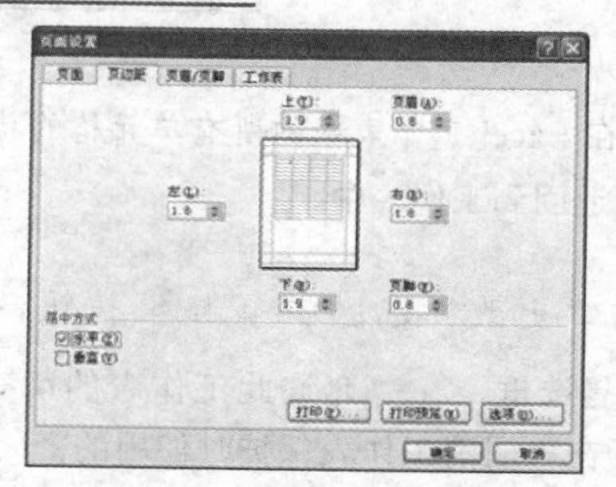

图 9.3.26 “页面设置”对话框

（3）从该对话框的预览框中可以看到设置的结果，单击 打印(P)... 按钮，就可打印报销单了，最终效果如图 9.3.1 所示。

综合实例 4　制作工资表

实例内容

本例制作工资表，本电子表包括四张工作表：工资表、工资统计图、工资筛选结果、工资汇总，最终效果如图 9.4.1 所示。

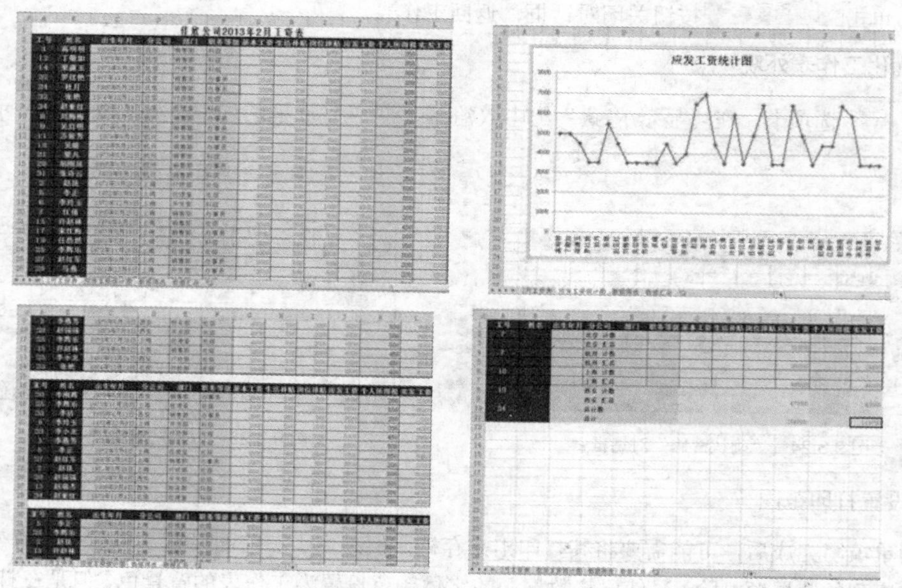

图 9.4.1　效果图

设计思想

本例在制作的过程中，主要用到添加/删除工作表、创建工作表、数据填充、设置表格格式、冻结窗格、数据排序、数据筛选、数据汇总、插入图表等操作。

操作步骤

1．管理工作表

（1）打开 Excel 2010 应用程序，新建一个 Excel 工作簿，并将其保存为“2013 年工资表”。

（2）选中工作表标签 Sheet1，并使用鼠标左键双击，使“Sheet1”处于反白状态，输入新的工作表名称：“2 月工资表”。依同样的方法，将 Sheet2 工作表命名为“应发工资统计图”。

（3）单击工作表标签 Sheet3，单击鼠标右键，在弹出的快捷菜单中选择 删除(D) 命令，将工作表 Sheet3 从工作簿中删除。

2．创建工资表

（1）选中 A1:L1 单元格区域，输入文本“佳欣公司 2 月工资表”。在 A2:L2 单元格中依次输入“工号”“姓名”“出生年月”“分公司”等信息。

（2）选中 H3～H35 单元格区域，输入数据“500”，再按“Ctrl+Enter 键”，会在多个单元格中输入相同的数据，如图 9.4.2 所示。

（3）将光标定位于 A8 单元格，单击 开始 选项卡“单元格”选项组中 插入 按钮，在弹出的下拉菜单中选择 插入工作表行(R) 命令，在第 8 行的上方插入一空行，在空行中输入数据，如图 9.4.3 所示。

图 9.4.2　填充相同数据

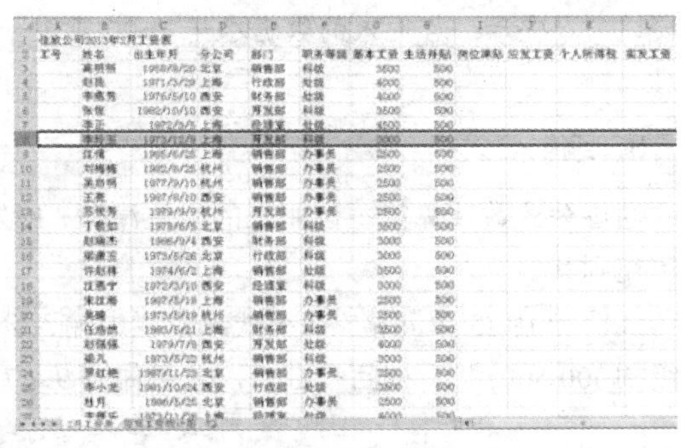

图 9.4.3　插入行

（4）在 A3 单元格输入“1”，将鼠标放在 A3 单元格的填充柄上，按住“Ctrl”键，当其变为十形状时，向下拖曳鼠标，填充到 A36 单元格，快速输入序列号，如图 9.4.4 所示。

图 9.4.4　填充序列数据

（5）选中 G3～G36 单元格，单击 数据 选项卡“数据工具”组中的 数据有效性 按钮，在弹出的下拉列表中选择 数据有效性(V)... 命令，弹出 数据有效性 对话框。

（6）选择 设置 选项卡，在“有效性条件”选区中的“允许”下拉列表中选择“小数”选项，在“数据”下拉列表中选择“介于”，在“最小值”文本框中输入“2500”，在“最大值”文本框中输入“5000”，选中 ☑ 忽略空值(B) 复选框，如图 9.4.5 所示。

（7）选择 输入信息 选项卡，在“输入信息”文本框中输入“2500-5000”。选择 出错警告 选项卡，在“错误信息”文本框中输入“基本工资最低 2500，最高 5000”。

（8）设置完成后，单击 确定 按钮返回工作表。当选中基本工资列的单元格为活动单元格时，就会出现标签显示设置的输入信息，如图 9.4.6 所示。

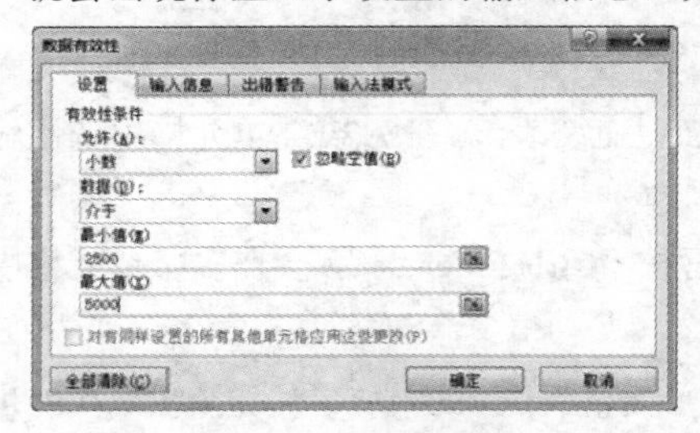

图 9.4.5 “数据有效性”对话框

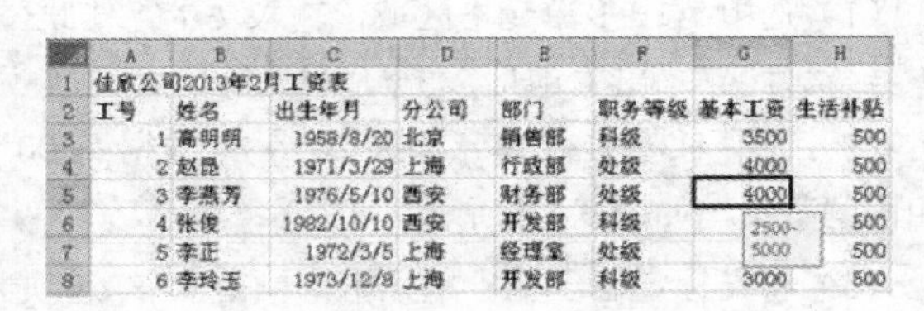

	A	B	C	D	E	F	G	H
1	佳欣公司2013年2月工资表							
2	工号	姓名	出生年月	分公司	部门	职务等级	基本工资	生活补贴
3	1	高明明	1958/8/20	北京	销售部	科级	3500	500
4	2	赵昆	1971/3/29	上海	行政部	处级	4000	500
5	3	李燕芳	1976/5/10	西安	财务部	处级	4000	500
6	4	张俊	1982/10/10	西安	开发部	科级	2500-	500
7	5	李正	1972/3/5	上海	经理室	处级	5000	500
8	6	李玲玉	1973/12/8	上海	开发部	科级	3000	500

图 9.4.6 设置数据的有效性

提示： 若输入的数据小于 2500 或大于 5000，将会打开出错警告窗口，显示所设置的出错信息。

3．编辑公式

通过公式数计算第一位职工的岗位津贴、应发工资、个人所得税、扣款合计和实发工资，再将公式填充到其他行。

（1）选中 I3 单元格，在公式编辑栏中输入公式“=IF(F3="厅级",3000, IF(F3="处级",2000,IF(F3="科级",1000,500)))”，按回车键后，效果如图 9.4.7 所示。

I3 =IF(F3="厅级",3000, IF(F3="处级",2000,IF(F3="科级",1000,500)))

	A	B	C	D	E	F	G	H	I	J	K	L
1	佳欣公司2013年2月工资表											
2	工号	姓名	出生年月	分公司	部门	职务等级	基本工资	生活补贴	岗位津贴	应发工资	个人所得税	实发工资
3	1	高明明	1958/8/20	北京	销售部	科级	3500	500	1000			
4	2	赵昆	1971/3/29	上海	行政部	处级	4000	500				
5	3	李燕芳	1976/5/10	西安	财务部	处级	4000	500				
6	4	张俊	1982/10/10	西安	开发部	科级	3500	500				

图 9.4.7 计算岗位津贴

提示： 根据职务等级计算岗位津贴：厅级职务津贴为 3000；处级职务津贴为 2000；科级职务津贴为 1000；办事员职务津贴为 500。

（2）计算应发工资，选中 J3 单元格，输入公式“=SUM(G3:I3)”，按回车键后，效果如图 9.4.8 所示。

（3）选中 K3 单元格，输入公式“=IF(J3<1000,0,IF(J3<2000,(J3-1000)*0.05,1000*0.05+(J3-2000)*0.1))”，按回车键后，效果如图 9.4.9 所示。根据应发工资计算个人所得税，1000 元以下不扣税，1000～2000 元之间扣税 5%，2000 以上扣税 10%。

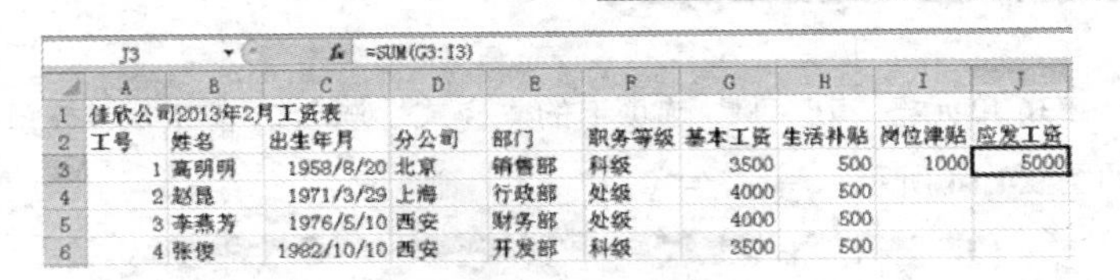

J3　=SUM(G3:I3)

	A	B	C	D	E	F	G	H	I	J
1	佳欣公司2013年2月工资表									
2	工号	姓名	出生年月	分公司	部门	职务等级	基本工资	生活补贴	岗位津贴	应发工资
3	1	高明明	1958/8/20	北京	销售部	科级	3500	500	1000	5000
4	2	赵昆	1971/3/29	上海	行政部	处级	4000	500		
5	3	李燕芳	1976/5/10	西安	财务部	处级	4000	500		
6	4	张俊	1982/10/10	西安	开发部	科级	3500	500		

图 9.4.8　计算应发工资

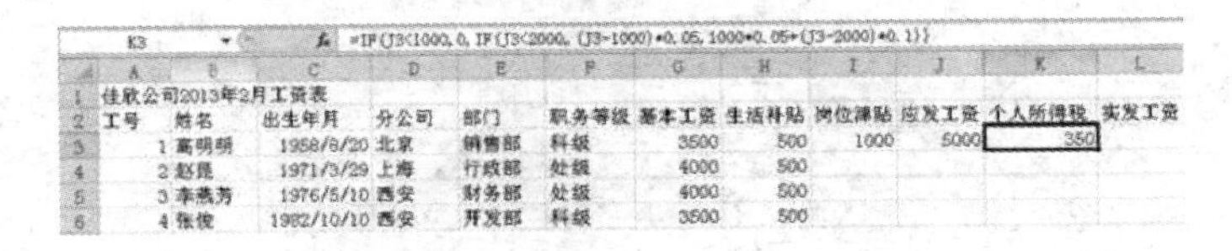

K3　=IF(J3<1000,0,IF(J3<2000,(J3-1000)*0.05,1000*0.05+(J3-2000)*0.1))

	A	B	C	D	E	F	G	H	I	J	K	L
1	佳欣公司2013年2月工资表											
2	工号	姓名	出生年月	分公司	部门	职务等级	基本工资	生活补贴	岗位津贴	应发工资	个人所得税	实发工资
3	1	高明明	1958/8/20	北京	销售部	科级	3500	500	1000	5000	350	
4	2	赵昆	1971/3/29	上海	行政部	处级	4000	500				
5	3	李燕芳	1976/5/10	西安	财务部	处级	4000	500				
6	4	张俊	1982/10/10	西安	开发部	科级	3500	500				

图 9.4.9　计算个人所得税

（4）选中 L3 单元格，在公式编辑栏中输入“=J3-K3”，按回车键后计算出实发工资，如图 9.4.10 所示。

	A	B	C	D	E	F	G	H	I	J	K	L
1	佳欣公司2013年2月工资表											
2	工号	姓名	出生年月	分公司	部门	职务等级	基本工资	生活补贴	岗位津贴	应发工资	个人所得税	实发工资
3	1	高明明	1958/8/20	北京	销售部	科级	3500	500	1000	5000	350	4650
4	2	赵昆	1971/3/29	上海	行政部	处级	4000	500				
5	3	李燕芳	1976/5/10	西安	财务部	处级	4000	500				
6	4	张俊	1982/10/10	西安	开发部	科级	3500	500				

图 9.4.10　计算出的实发工资

（5）选中 I3:L3 单元格区域，鼠标指向选定单元格区域右下角的填充柄，当其变为十形状时，拖动鼠标至 L36 单元格后释放，完成函数的复制操作，效果如图 9.4.11 所示。

4．设置表格格式

（1）选中 C3～C36 单元格，单击鼠标右键，在弹出的快捷菜单中选择 设置单元格格式(F)... 命令，弹出 设置单元格格式 对话框。选择 数字 选项卡，在“分类”列表框中选择“日期”，在“类型”列表框中选择“2001 年 3 月 14 日”，如图 9.4.12 所示。

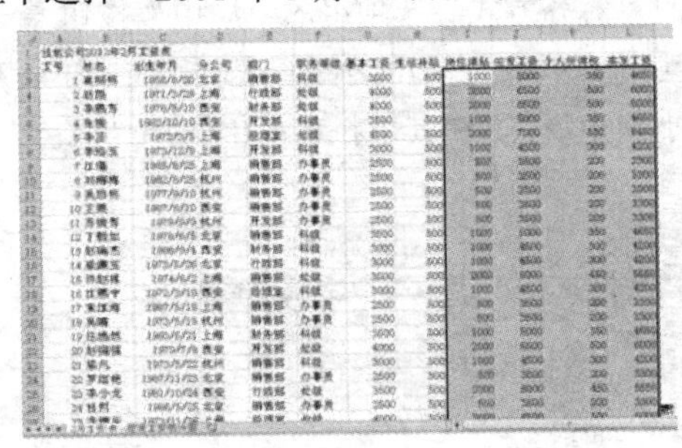

图 9.4.11　复制公式

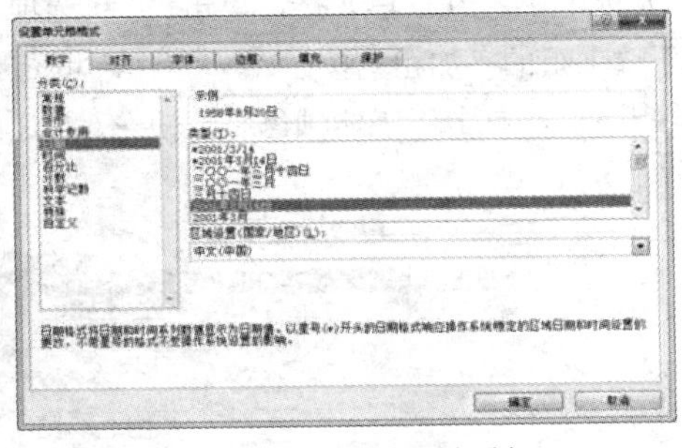

图 9.4.12　“数字”选项卡

（2）单击 确定 按钮返回工作表，即可看到日期列全部以长日期显示。

（3）选中 A1～L1 单元格，单击 开始 选项卡“对齐方式”组中的“合并后居中”按钮，使标题居中，并在“字体”组中设置其字体为“方正姚体”，字号为“16”，字形为“加粗”，字体颜色为“深红”，如图 9.4.13 所示。

	A	B	C	D	E	F	G	H	I	J	K	L
1	佳欣公司2013年2月工资表											
2	工号	姓名	出生年月	分公司	部门	职务等级	基本工资	生活补贴	岗位津贴	应发工资	个人所得税	实发工资
3	1	高明明	1958年8月20日	北京	销售部	科级	3500	500	1000	5000	350	4650
4	2	赵昆	1971年3月29日	上海	行政部	处级	4000	500	2000	6500	500	6000

图 9.4.13　设置字体效果

（4）选中 C3～F36 单元格，在 开始 选项卡的“样式”选项组单击 单元格样式 按钮，从弹出的下拉列表中选择“好”，如图 9.4.14 所示。

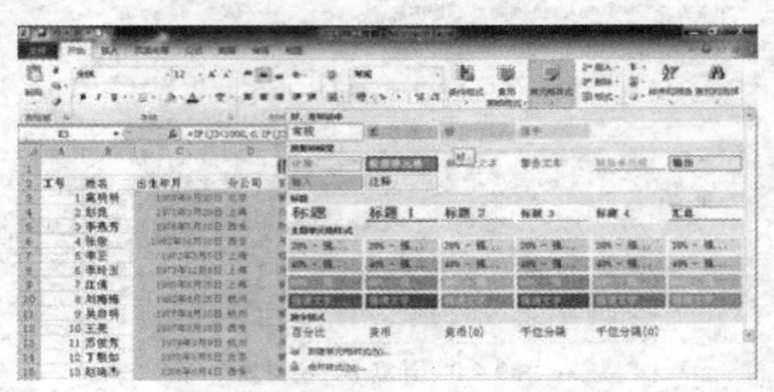

图 9.4.14　选择单元格样式

（5）选中 G3～J36 单元格，按住“Ctrl”键，再选中 L3～L36 单元格，在 开始 选项卡的“样式”选项组单击 单元格样式 按钮，从弹出的下拉列表中选择“适中”。以同样的方法，设置 K3:K36 单元格区域填充色为“20%，强调文字颜色 4”，效果如图 9.4.15 所示。

佳欣公司2013年2月工资表

工号	姓名	出生年月	分公司	部门	职务等级	基本工资	生活补贴	岗位津贴	应发工资	个人所得税	实发工资
1	高明明	1958年8月20日	北京	销售部	科级	3500	500	1000	5000	350	4650
2	赵昆	1971年3月29日	上海	行政部	处级	4000	500	2000	6500	500	6000
3	李燕芳	1976年5月10日	西安	财务部	处级	4000	500	2000	6500	500	6000
4	张俊	1982年10月10日	西安	开发部	科级	3500	500	1000	5000	350	4650
5	李正	1972年3月5日	上海	经理室	处级	4500	500	2000	7000	550	6450
6	李玲玉	1973年12月8日	上海	开发部	科级	3000	500	1000	4500	300	4200
7	江倩	1985年6月20日	上海	销售部	办事员	2500	500	500	3500	200	3300
8	刘梅梅	1982年8月25日	杭州	销售部	办事员	2500	500	500	3500	200	3300
9	吴启明	1977年9月10日	杭州	销售部	办事员	2500	500	500	3500	200	3300
10	王亮	1987年8月10日	西安	销售部	办事员	2500	500	500	3500	200	3300
11	苏俊秀	1979年9月9日	杭州	开发部	办事员	2500	500	500	3500	200	3300
12	丁毅如	1978年6月5日	北京	销售部	科级	3500	500	1000	5000	350	4650

图 9.4.15　设置单元格填充颜色

（6）选中 A2～L2 单元格，单击 开始 选项卡的“对齐方式”选项组的“居中”按钮。单击“字体”选项组的“加粗”按钮 B，单击“填充颜色”按钮右边的小三角形，在其下拉列表中选择“深蓝色”。单击“字体颜色”按钮 A 右边的小三角形，在其下拉菜单中选择“白色”，如图 9.4.16 所示。

佳欣公司2013年2月工资表

工号	姓名	出生年月	分公司	部门	职务等级	基本工资	生活补贴	岗位津贴	应发工资	个人所得税	实发工资
1	高明明	1958年8月20日	北京	销售部	科级	3500	500	1000	5000	350	4650
2	赵昆	1971年3月29日	上海	行政部	处级	4000	500	2000	6500	500	6000
3	李燕芳	1976年5月10日	西安	财务部	处级	4000	500	2000	6500	500	6000
4	张俊	1982年10月10日	西安	开发部	科级	3500	500	1000	5000	350	4650

图 9.4.16　设置字符格式

（7）选中 A2 单元格，右击鼠标右键，从弹出的快捷菜单中选择 复制(C) 命令。

（8）选中 A3～B36 单元格，单击 开始 选项卡“剪贴板”组中的 粘贴 按钮，从弹出的下拉列表中选择“格式”按钮，效果如图 9.4.17 所示。

佳欣公司2013年2月工资表

工号	姓名	出生年月	分公司	部门	职务等级	基本工资	生活补贴	岗位津贴	应发工资	个人所得税	实发工资
1	高明明	1958年8月20日	北京	销售部	科级	3500	500	1000	5000	350	4650
2	赵昆	1971年3月29日	上海	行政部	处级	4000	500	2000	6500	500	6000
3	李燕芳	1976年5月10日	西安	财务部	处级	4000	500	2000	6500	500	6000
4	张俊	1982年10月10日	西安	开发部	科级	3500	500	1000	5000	350	4650

图 9.4.17　复制格式

（9）选中 A2～L36 单元格区域，单击鼠标右键，在弹出的快捷菜单中选择 设置单元格格式(F)... 命令，弹出 设置单元格格式 对话框。

（10）选择 边框 选项卡，在“线条”样式下拉列表中选择一种粗线，单击“预置”栏中的“外边框”按钮。在“线条”样式下拉列表中选择一种细线，单击“预置”栏中的“内部”按钮，如图 9.4.18 所示。

（11）单击 确定 按钮返回工作表，效果如图 9.4.19 所示。

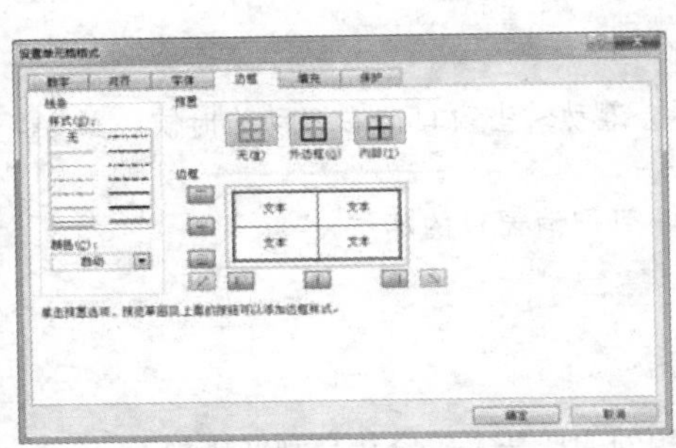

图 9.4.18 “边框”选项卡

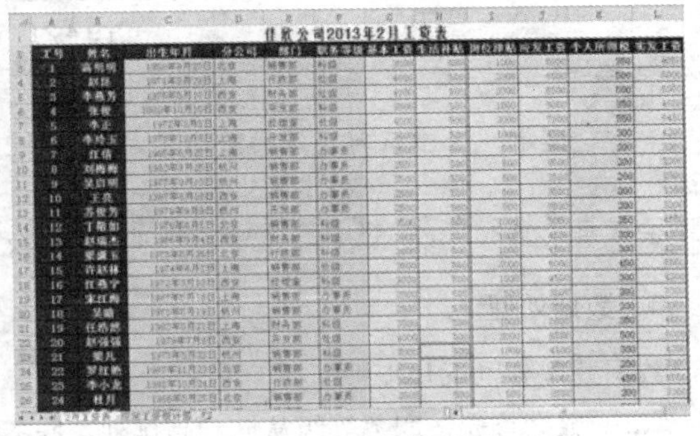

图 9.4.19 设置边框效果

（12）鼠标指向 A 列的列号处，鼠标指针变为向下箭头时。按住鼠标左键不动，向右拖曳鼠标，直到 L 列的列号，选中 A 到 L 列。单击 开始 选项卡的“单元格”选项组的 格式 按钮，在其下拉列表中选择 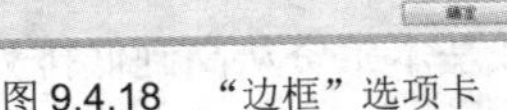 命令，系统根据各列的内容自动调整各列的宽度，设置完成后效果如图 9.4.20 所示。

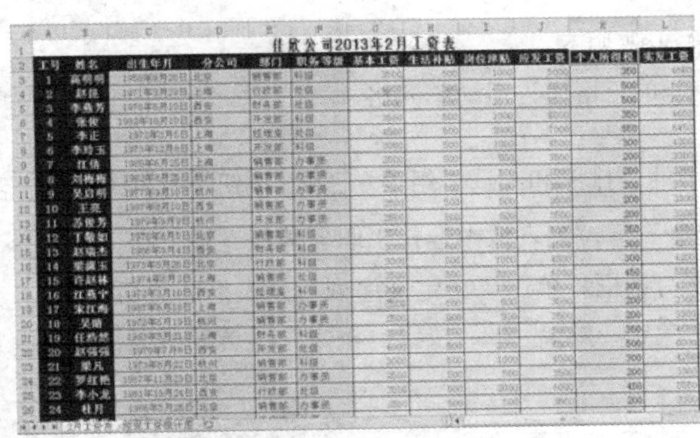

图 9.4.20 调整列宽

5. 查看数据

当用户要处理数据量大的工作表时，可以通过改变显示比例，暂时地隐藏列，冻结窗格等方法来查看工作表。

（1）通过调整状态栏右下角的显示比例滑标，可放大或缩小数据表。

（2）选中 C3 单元格，单击 视图 选项卡的“窗口”选项组的 按钮，在其下拉列表中选择 冻结拆分窗格(F) 命令，则 C3 单元格上面的 1，2 行和左边的 A，B 列被冻结起来，如图 9.4.21 所示。

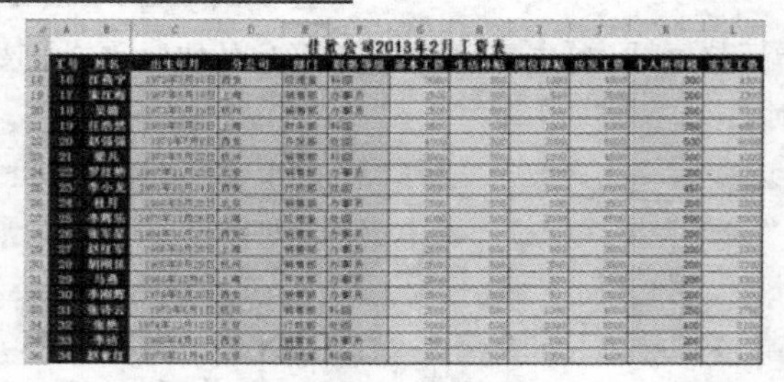

图 9.4.21　冻结窗格

提示：当窗口向下滚动的时候，第 1，2 行不会滚动；当窗口向右滚动的时候，第 A，B 列不会滚动。选择 冻结窗格 按钮下的 取消冻结窗格(F) 解除所有行和列锁定，以滚动整个工作表。 命令，用户可取消窗口的冻结。

6．数据处理

数据处理分以下几步进行：

（1）数据首先按职务等级从低到高排列，职务等级相同的按基本工资从高到低排列。

（2）筛选出实发工资最高的 10 名职工；筛选出所有姓赵和姓李的职工，按姓名的升序排列；筛选出北京和上海的所有职务为处级的员工。

（3）将筛选的数据拷贝到“数据筛选”工作表。

（4）统计出各个分公司的人数，应发工资和实发工资的和，将汇总的结果复制到新建的工作表“数据汇总”。

数据处理的具体操作步骤如下：

（1）将工资表中任一单元格作为活动单元格。

（2）在 数据 选项卡的“排序和筛选”组中单击 排序 按钮，打开 排序 对话框，如图 9.4.22 所示。

（3）在“主要关键字”下拉列表框中选择“职务等级”项，在“次序”下拉列表中选择“自定义序列”，弹出 自定义序列 对话框。单击“自定义序列”列表框的“新序列”，在“输入序列”编辑框中输入序列中的各项值，单击 添加(A) 按钮，将“办事员、科级、处级”定义为一个序列。如图 9.4.23 所示。

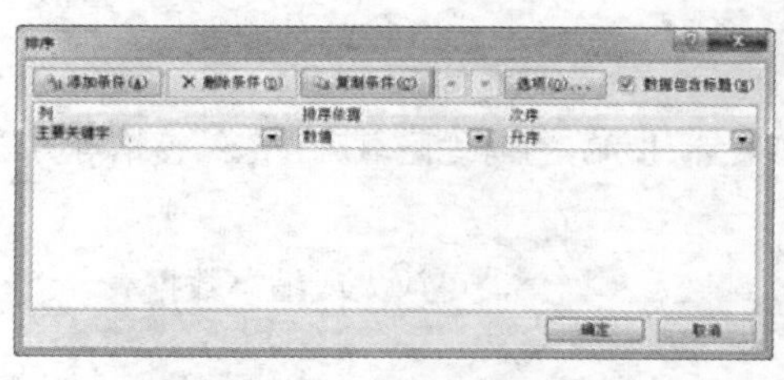

图 9.4.22　“排序”对话框

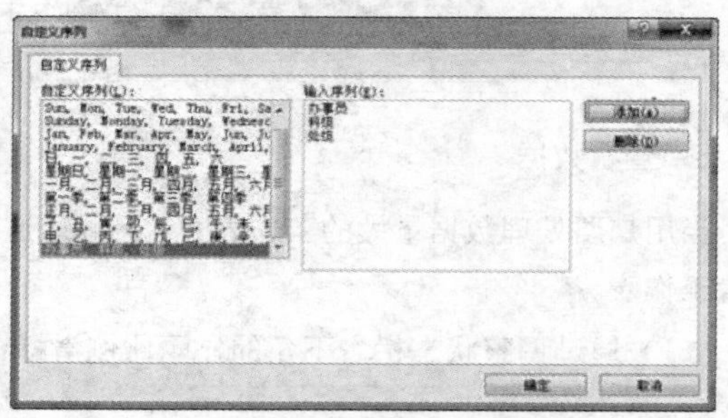

图 9.4.23　自定义排序

（4）单击 确定 按钮 排序 对话框，单击 添加条件(A) 按钮，在“次要关键字”下拉列表选择“基本工资”，再在次序的下拉列表中选择“降序”。

（5）设置完成后，单击 确定 按钮返回工作表，可以到排序的结果，如图 9.4.24 所示。

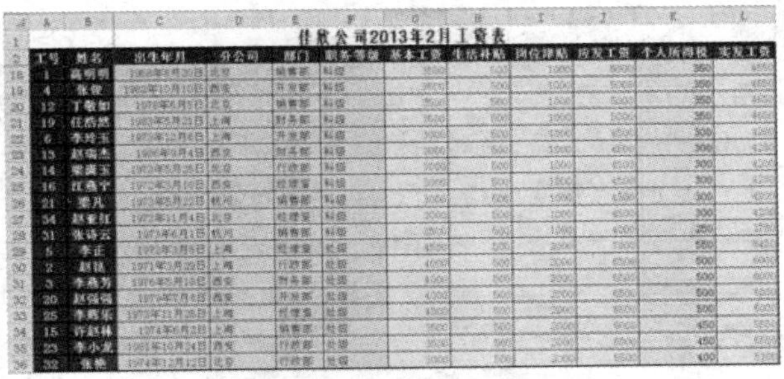

图 9.4.24　自定义排序结果

（6）将工资表数据区域中任一单元格作为活动单元格，单击 数据 选项卡的“排序和筛选”选项组的 筛选 按钮，在每列的列名上出现一个下拉按钮▾。

（7）单击“实发工资”列名的下拉按钮▾，从弹出的下拉菜单中选择 数字筛选(F) → 10 个最大的值(T)... 命令，弹出 自动筛选前 10 个 对话框，如图 9.4.25 所示。

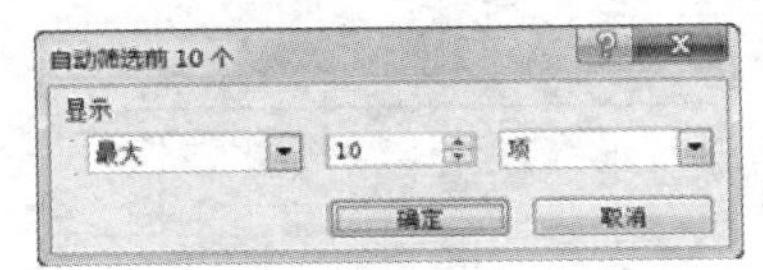

图 9.4.25　“自动筛选前 10 个”对话框

（8）单击 确定 按钮返回工作表，可以看到筛选出了实发工资最高的 10 名员工，如图 9.4.26 所示。

图 9.4.26　筛选前 10 名员工工资

（9）单击状态栏的“插入工作表”图标，新建一个空工作表“Sheet1”。双击工作表标签，将其改名为“数据筛选”。

（10）选中筛选的数据，单击鼠标右键，在弹出的快捷菜单中选择 复制(C) 命令。切换到“数据筛选”工作表，在快捷菜单中选择“粘贴选项”下的“粘贴”按钮，将筛选的数据复制过来，如图 9.4.27 所示。

图 9.4.27　复制工作表中的数据

（11）切换到“2 月工资表”工作表，在“实发工资”列名的下拉菜单中选择从"实发工资"中清除筛选(C) 命令，则取消了筛选。

（12）单击"姓名"列名的下拉按钮，在弹出的下拉菜单中选择 文本筛选(F) → 开头是(I)... 下的"开头是"命令，弹出 自定义自动筛选方式 对话框。

（13）在字符下拉列表中选择"开头是"，在条件下拉列表中输入"赵"。单击 或(O) 单选按钮，在下一行的字符下拉列表中选择"开头是"，在条件下拉列表中输入"李"，如图 9.4.28 所示。

图 9.4.28 "自定义自动筛选方式"对话框

（14）单击 确定 按钮返回工作表，单击"姓名"列名的下拉按钮，从弹出的下拉菜单中选择 升序(S) 命令，如图 9.4.29 所示。

	A	B	C	D	E	F	G	H	I	J	K	L
1			佳欣公司2013年2月工资表									
2	工	姓名	出生年月	分公司	部门	职务等	基本工	生活补	岗位津	应发工	个人所得	实发工
13	30	李刚骞	1979年5月20日	西安	销售部	办事员	2500	500	500	3500	200	3300
16	25	李辉乐	1973年11月26日	上海	经理室	处级	4000	500	2000	6500	500	6000
17	33	李洁	1980年4月13日	西安	销售部	办事员	2500	500	500	3500	200	3300
22	6	李玲玉	1973年12月6日	上海	开发部	科级	3000	500	1000	4500	300	4200
23	23	李小龙	1981年10月24日	西安	行政部	处级	3500	500	2000	6000	450	5550
27	3	李燕芳	1976年5月10日	西安	财务部	处级	4000	500	2000	6500	500	6000
29	5	李正	1972年3月8日	上海	经理室	处级	4500	500	2000	7000	550	6450
30	27	赵红军	1986年9月28日	上海	销售部	办事员	2500	500	500	3500	200	3300
31	2	赵晨	1971年3月29日	上海	行政部	处级	4000	500	2000	6500	500	6000
32	20	赵强强	1979年7月8日	西安	开发部	处级	4000	500	2000	6500	500	6000
33	13	赵瑞杰	1966年9月4日	西安	财务部	科级	3000	500	1000	4500	300	4200
35	34	赵亚红	1973年11月4日	北京	经理室	科级	3000	500	1000	4500	300	4200

图 9.4.29 自定义自动筛选结果

（15）将筛选后的数据拷贝到"数据筛选"工作表中，切换到"2 月工资表"工作表，再次单击 筛选 按钮，取消对数据的自动筛选。

（16）在工资表数据区域外的单元格输入筛选条件，第一行为列名，下面分别设置对该列数据要筛选的条件，如图 9.4.30 所示。

（17）打开 数据 选项卡，在"排序和筛选"选项组中单击 高级 按钮，弹出 高级筛选 对话框。设置列表区域为"A2:L36"。单击条件区域的文本框，选定刚才输入条件的单元格区域，如图 9.4.31 所示。

36	32	张艳	1974年12月12日	北京
37				
38			分公司	职务等级
39			北京	处级
40			上海	处级

图 9.4.30 设置筛选条件

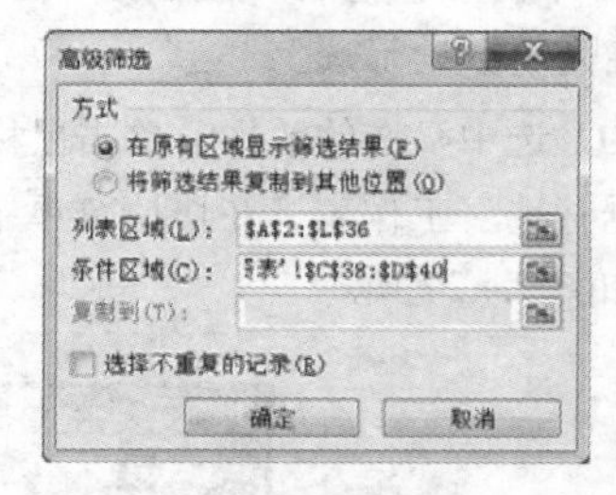

图 9.4.31 "高级筛选"对话框

（18）单击 确定 按钮返回工作表，将筛选的数据拷贝到"数据筛选"工作表，如图 9.4.32 所示。

（19）单击 数据 选项卡"排序和筛选"选项组的 清除 按钮，取消筛选。

（20）切换至"2 月工资表"，将光标置于"分公司"列中的任意单元格中。

（21）单击 数据 选项卡“排序和筛选”选项组的“升序”按钮 A↓Z，将同一公司的员工排列在一起，如图 9.4.33 示。

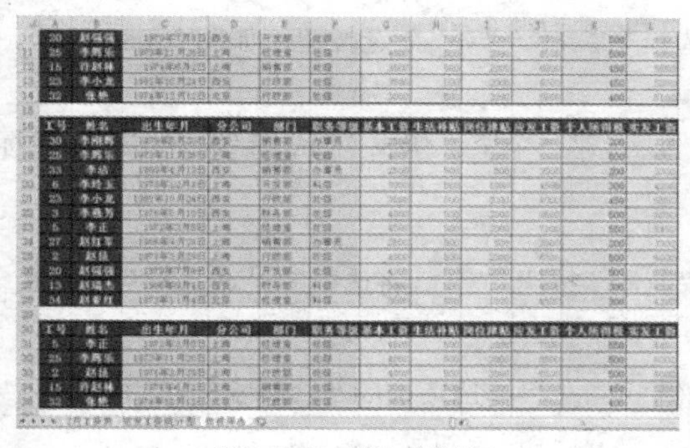

图 9.4.32　筛选的数据

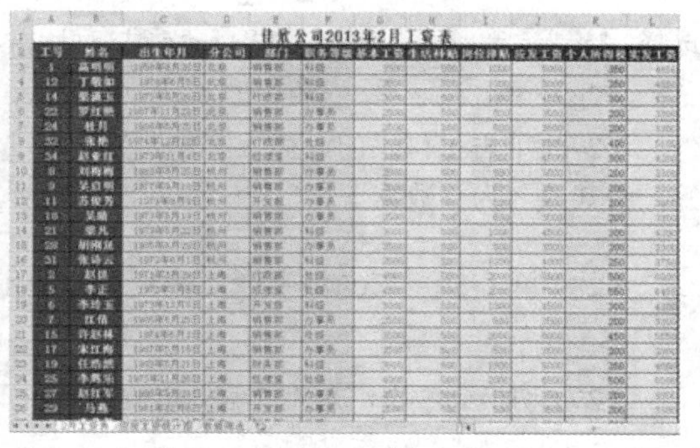

图 9.4.33　将同一公司员工排序

（22）单击 数据 选项卡“分级显示”选项组的 分类汇总 按钮，弹出 分类汇总 对话框。在“分类字段”的下拉列表中选择“分公司”，在“汇总方式”下拉列表中选择“求和”，在“选定汇总项”列表框中，选中需要统计的“应发工资”“实发工资”字段，如图 9.4.34 所示。

（23）单击 确定 按钮返回工作表，如图 9.4.35 所示。

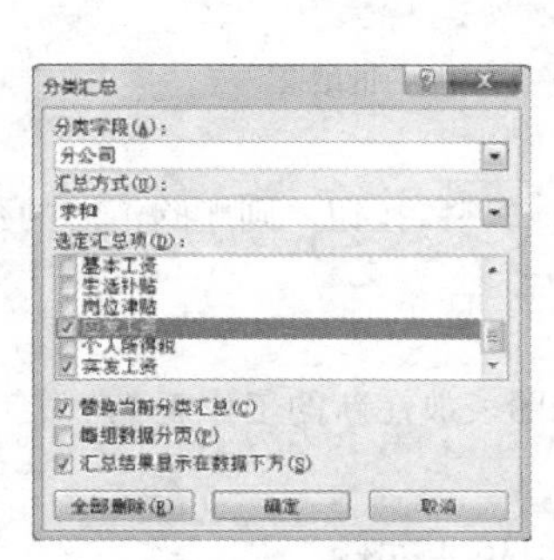

图 9.4.34　“分类汇总”对话框

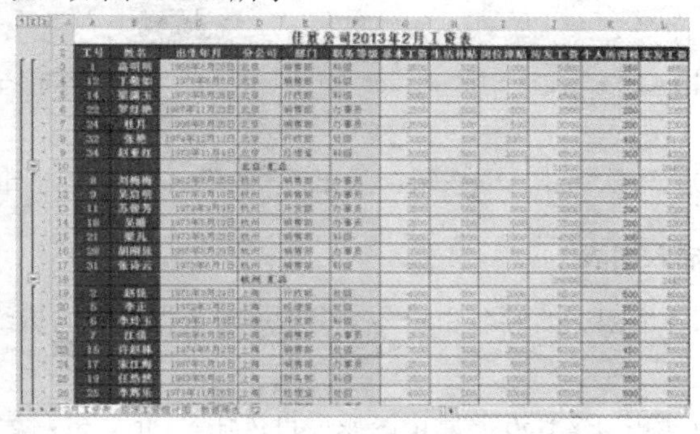

图 9.4.35　第一次分类汇总结果

（24）再次单击 分类汇总 按钮，弹出 分类汇总 对话框。在“分类字段”的下拉列表中选择“分公司”，在“汇总方式”下拉列表中选择“计数”，在“选定汇总项”列表框中，选择“工号”字段。去掉 替换当前分类汇总(C) 复选框，单击 确定 按钮返回工作表，如图 9.4.36 所示。

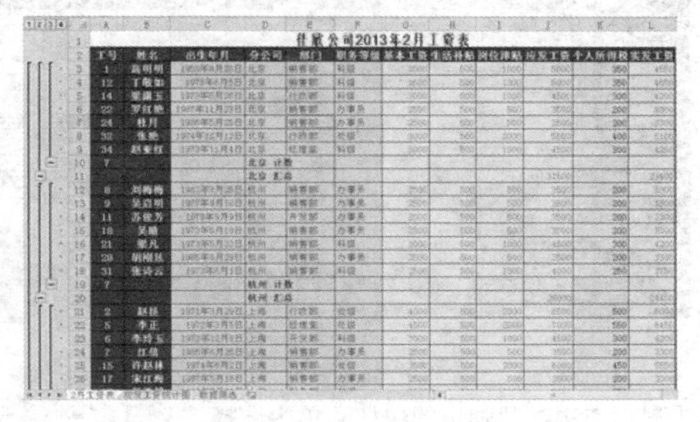

图 9.4.36　再次汇总结果

（25）单击分级显示符号“3”，选择 开始 选项卡的“编辑”选项组的 查找和选择 按钮，在下拉列表中选择 定位条件(S)... 命令，打开 定位条件 对话框，选择 ◉ 可见单元格(Y) 单选按钮，如图 9.4.37 所示。

（26）单击 确定 按钮后，选中汇总结果。

（27）单击工作表的“插入工作表”图标，新建一个空工作表“Sheet1”。双击工作表标签，将其改名为“数据汇总”。

（28）单击 开始 选项卡的“剪贴板”选项组的“复制”按钮，将选中的区域复制到剪贴板。

（29）切换到数据汇总工作表，定位到 A1 单元格，单击 开始 选项卡的“剪贴板”选项组的 粘贴 按钮下的小三角形，在其下拉列表中选择“粘贴数值”按钮，粘贴后的数据如图 9.4.38 所示。

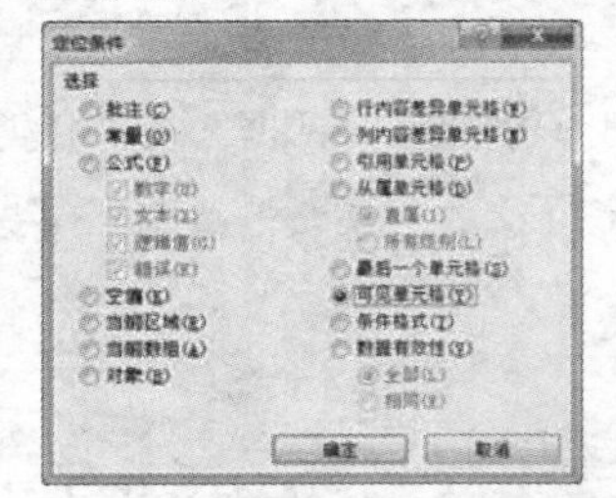

图 9.4.37 “定位条件”对话框

图 9.4.38 粘贴分类汇总的结果

（30）再次单击 分类汇总 按钮，弹出 分类汇总 对话框，单击 全部删除(R) 按钮，则删除汇总的数据。

7．插入图表

根据各位职工的姓名和应发工资生成带数据标记的折线图，图表放在新的工作表“应发工资统计图”中。

（1）选中 B2:B36 单元格区域，再按住“Ctrl”键，选中 J2:J36 单元格。

（2）在 插入 选项卡中的“图表”选项组中单击 折线图 按钮，从弹出的下拉列表中选择“带数据标记的折线图”按钮，则系统自动生成了一个图表，如图 9.4.39 所示。

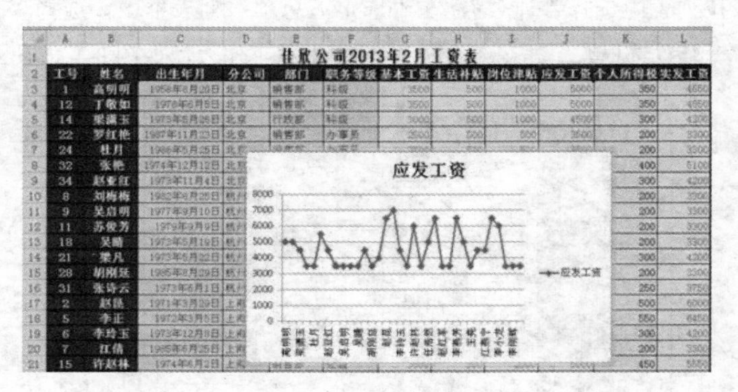

图 9.4.39 插入图表

（3）在图表上单击鼠标右键，从弹出的快捷菜单中选择 移动图表(M)... 命令，弹出 移动图表 对

话框。在◉对象位于(O):右侧的下拉列表中选择“应发工资统计图”，如图 9.4.40 所示。

（4）单击 确定 按钮后返回“应发工资统计图”工作表。

（5）选中图表标题，单击鼠标右键，出现插入点，修改标题中的文字为“应发工资统计图”，如图 9.4.41 所示。

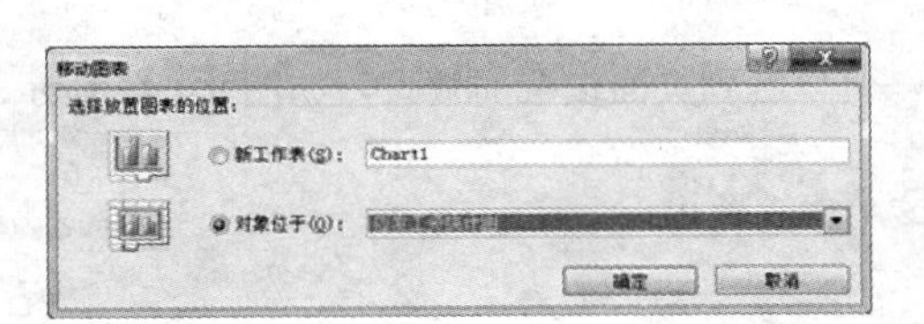

图 9.4.40　“移动图表”对话框

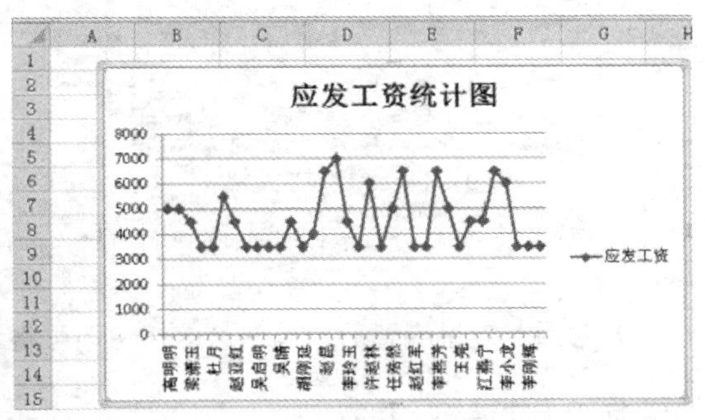

图 9.4.41　修改图表标题

（6）单击 布局 选项卡的“标签”选项组的 按钮，在其下拉列表中选择“无”选项，则图表中不显示图例。

（7）选中插入的图表，将鼠标移至图表四周的控制点上，拖动鼠标调整图表的大小，最终效果如图 9.4.42 所示。

8．打印文档

将页面设置为横向，缩放比例为 80%，页脚为制作为名称、日期、页号、调整页边框、打印预览工作表。

（1）切换到“2 月工资表”，单击 文件 按钮，从打开的文件面板中选择 打印 命令，在打开的“打印”窗口右侧预览区域可以查看文档打印预览效果，如图 9.4.43 所示。

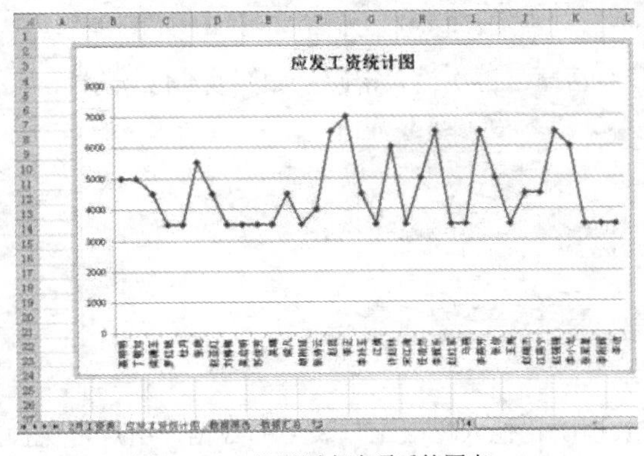

图 9.4.42　设置图表选项后的图表

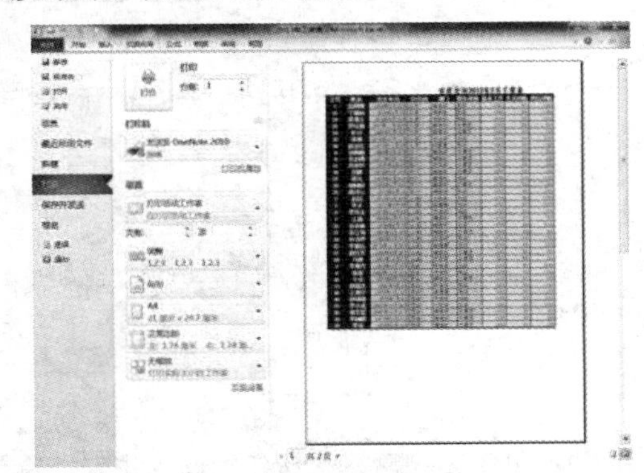

图 9.4.43　预览文档

（2）在“打印”窗口中单击 页面设置 按钮，弹出 页面设置 对话框。选择 页面 选项卡，单击 ◉横向(L) 单选按钮，在“缩放比例”数量框中输入 80%，如图 9.4.44 所示 。

（3）打开 页边距 选项卡，在“居中方式”栏选中 ☑水平(Z) 和 ☑垂直(V) 复选框。打开 页眉/页脚 选项卡，在页脚下拉列表中选择带有制作人名称、日期、页号的选项，如图 9.4.45 所示。

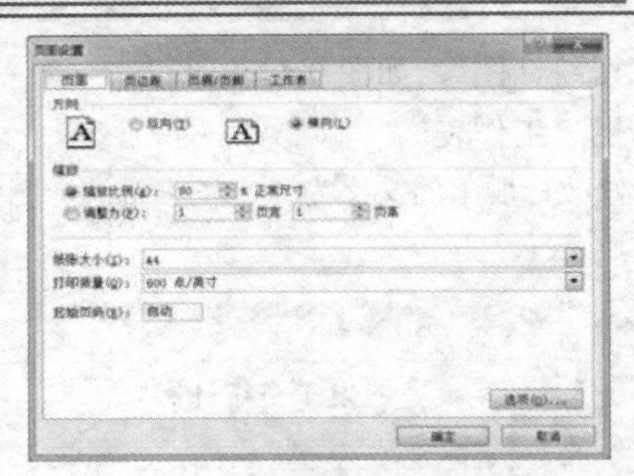

图 9.4.44 “页面”选项卡

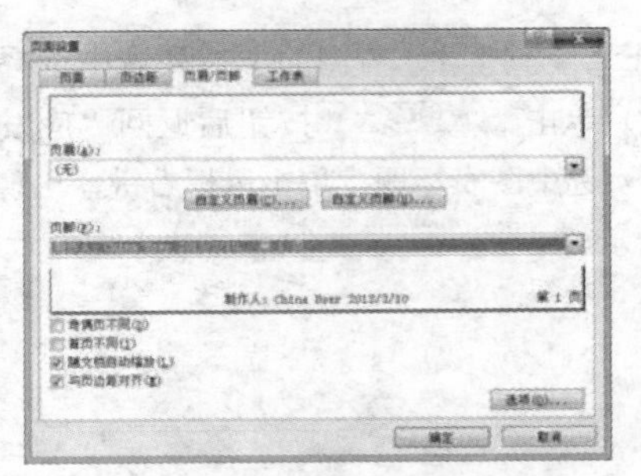

图 9.4.45 “页眉/页脚”选项卡

（4）单击 确定 按钮后返回“打印”窗口，可以看到页面设置的效果，如图 9.4.46 所示。

（5）对预览效果满意后，单击 打印 按钮即可将该工作表输出。

9．保护工作簿和工作表

（1）在 审阅 选项卡中的“更改”选区中单击 保护工作簿 按钮，弹出 保护结构和窗口 对话框。在“密码”文本框中输入保护密码，选中 ☑ 结构(S) 复选框，如图 9.4.47 所示。

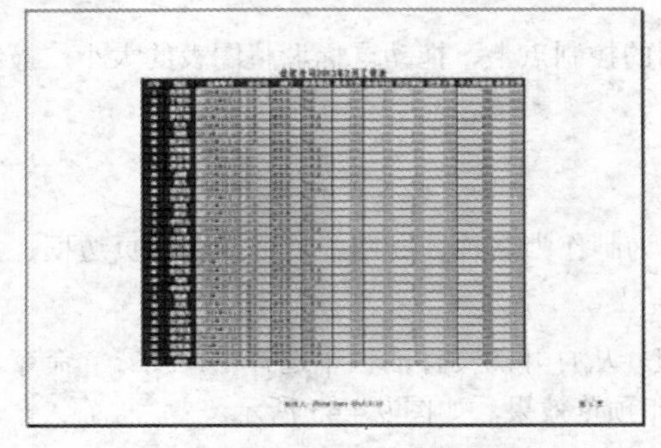

图 9.4.46 页面设置后的效果

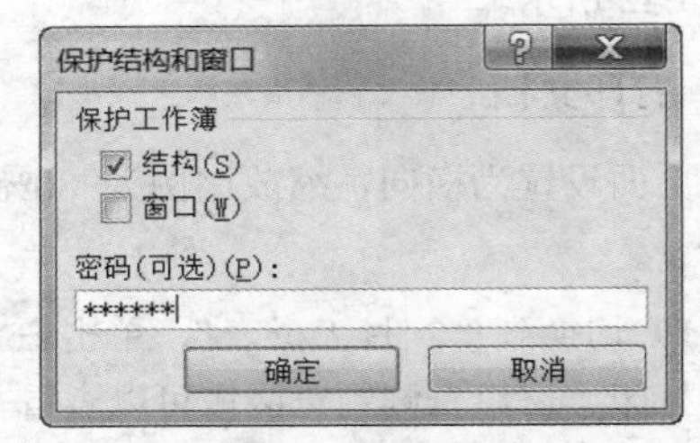

图 9.4.47 “保护结构和窗口”对话框

（2）单击 确定 按钮，系统打开 确认密码 对话框，再次输入密码，如图 9.4.48 所示。

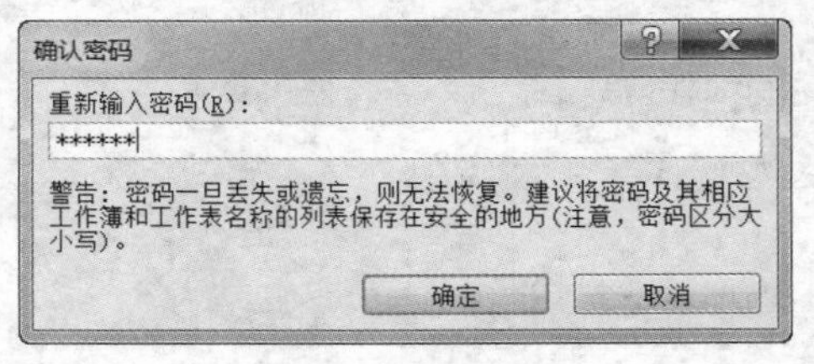

图 9.4.48 “确认密码”对话框

（3）单击 确定 按钮返回工作表。为有效地防止他人修改工作表中的数据，用户可保护工作表。

（4）在 审阅 选项卡中的“更改”选区中单击 保护工作表 按钮，弹出 保护工作表 对话框。选中 ☑ 保护工作表及锁定的单元格内容(C) 复选框，在“允许此工作表的所有用户进行”列表框中，只选中 ☑ 选定未锁定的单元格 复选框，在“取消工作表保护时使用的密码”文本框中输入保护密码，如图 9.4.49 所示。

图 9.4.49　“保护工作表”对话框

（5）单击 确定 按钮，系统打开 确认密码 对话框，再次输入密码进行确认。

至此，整个工作簿制作完成，效果如图 9.4.1 所示。

综合实例 5　三亚之旅演示文稿

实例内容

本例制作三亚梦想海岸之旅演示文稿，最终效果如图 9.5.1 所示。

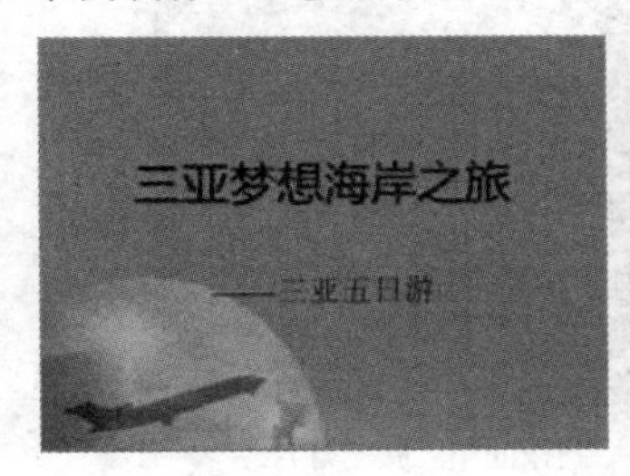

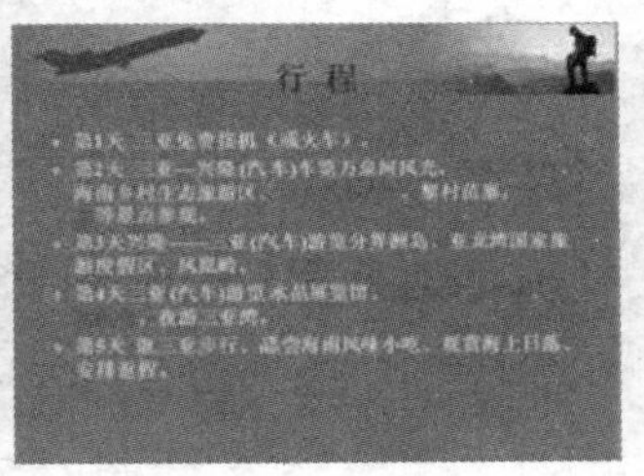

图 9.5.1　效果图（部分）

设计思想

本例在制作的过程中，主要用到下载 Office 模板、选择幻灯片版式、设置字符与段落格式、复制幻灯片、添加超链接、设置幻灯片切换效果、添加标记、打包 CD 等操作。

操作步骤

（1）单击“开始”按钮，从弹出的下拉列表中选择 Microsoft PowerPoint 2010 命令，启动 PowerPoint 2010 应用程序。

（2）单击 文件 按钮，在窗口左侧选择 新建 命令，打开“新建”面板。在“Office.com 模板”右侧的文本框中输入搜索文字“旅游”，然后单击“搜索”按钮，即可搜索到可用的模板，如图 9.5.2 所示。

（3）单击 下载 按钮，即可将该模板下载并应用于幻灯片中，该模板默认包含 3 张幻灯片，如图 9.5.3 所示。

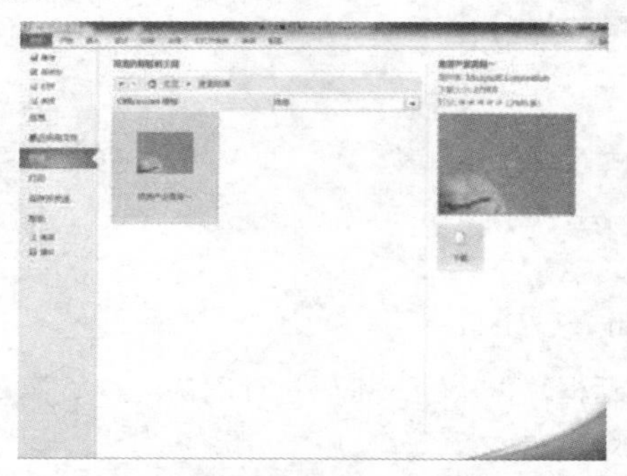

图 9.5.2　搜索 Office.com 中的模板

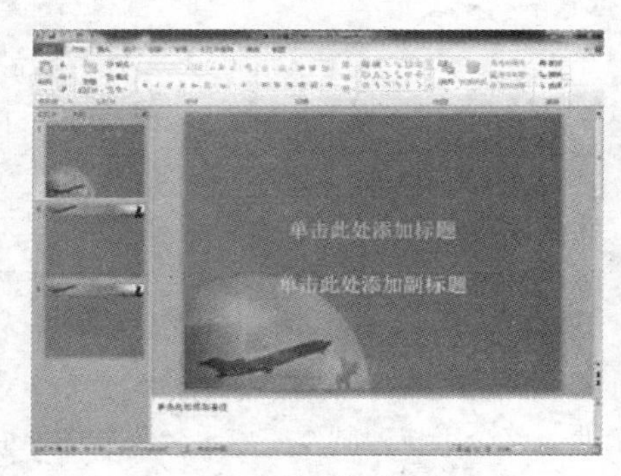

图 9.5.3　应用模板

（4）选择第一张幻灯片，在标题占位符中输入文本，设置字体为“微软雅黑”，字号为“60”，字体颜色为“深蓝”，字体加阴影。在副标题占位符中输入文本，并设置字体、字号等，效果如图 9.5.4 所示。

（5）选择第二张幻灯片，在占位符中依次输入“行程”相关内容，并设置字体、字号，如图 9.5.5 所示。

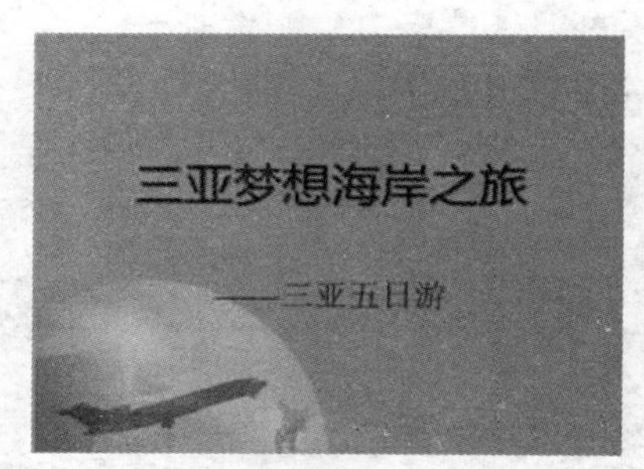

图 9.5.4　制作的第一张幻灯片

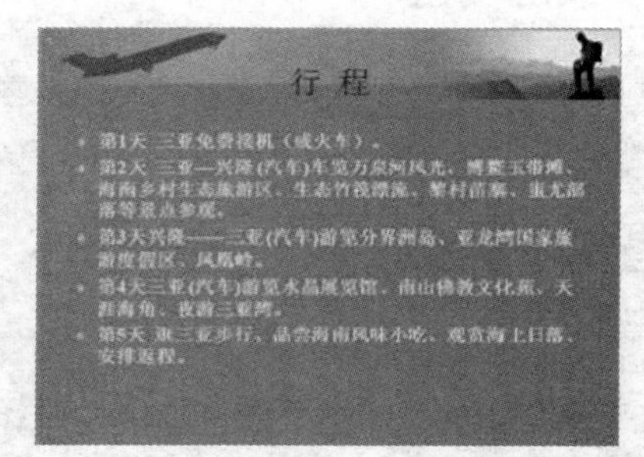

图 9.5.5　制作的第二张幻灯片

（6）选择第 3 张幻灯片，单击 开始 选项卡“幻灯片”组中的 版式 按钮，从弹出的下拉列表中选择“内容与标题”版式，如图 9.5.6 所示。

（7）在标题和副标题占位符中输入文本，并设置字号和字体颜色。选中副标题占位符中的文本，单击 开始 选项卡“段落”组中的 按钮，弹出 段落 对话框。在“特殊格式”下拉列表中选择“首行缩进”，系统默认度量值为“1.27 厘米”，如图 9.5.7 所示。

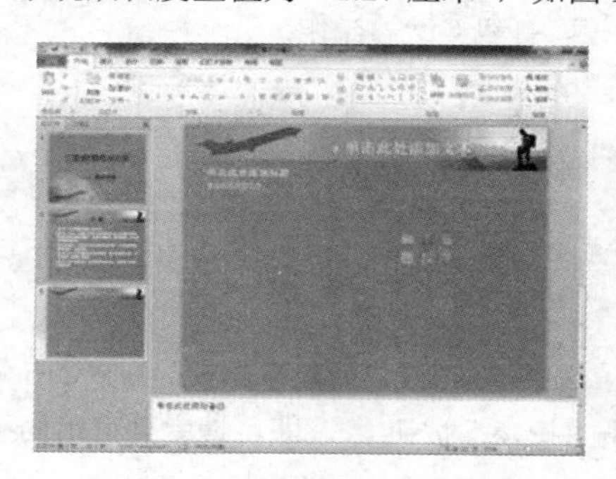

图 9.5.6　应用幻灯片版式

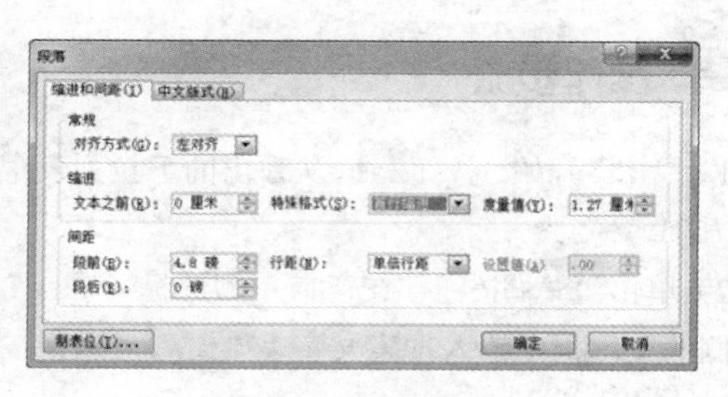

图 9.5.7　“段落”对话框

（8）单击 确定 按钮，返回幻灯片中，效果如图 9.5.8 所示。

（9）在幻灯片右侧占位符中单击“插入图片”按钮，弹出 插入图片 对话框，从中选择“博鳌玉带滩”的图片，如图 9.5.9 所示。

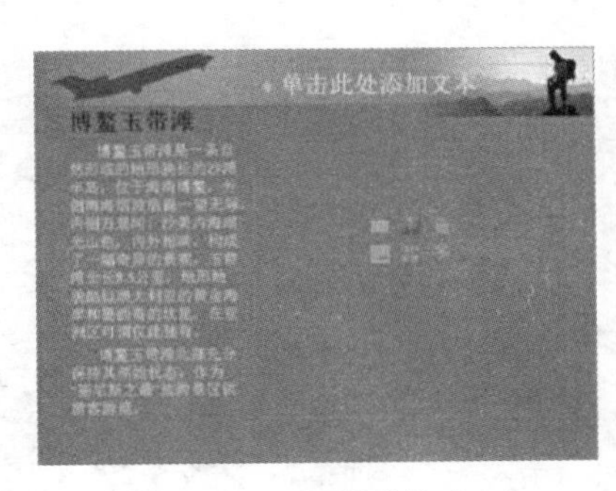

图 9.5.8　设置段落格式

图 9.5.9　“插入图片”对话框

（10）单击 插入(S) 按钮，在幻灯片中插入一张图片，如图 9.5.10 所示。

（11）双击插入的图片，打开 格式 选项卡，在“图片样式”组中单击 图片效果 按钮，从弹出的下拉列表中选择 棱台(B) →“艺术装饰”按钮，效果如图 9.5.11 所示。

图 9.5.10　插入的图片

图 9.5.11　设置图片样式

（12）选中第三张幻灯片，单击“剪贴板”组中的“复制”按钮，在幻灯片左侧窗格的空白处，单击鼠标右键，从弹出的快捷菜单中选择“粘贴选项”下的“保留源格式”按钮，复制一张幻灯片，如图 9.5.12 所示。

（13）在复制的幻灯片中，修改相应的文本，在需要更改的图片上，单击鼠标右键，从弹出的快捷菜单中选择 更改图片(A)... 命令，弹出 插入图片 对话框，从中选择另一张图片插入，效果如图 9.5.13 所示。

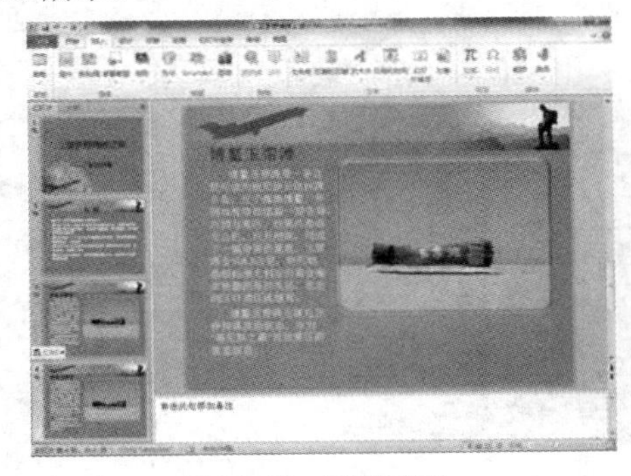

图 9.5.12　复制幻灯片

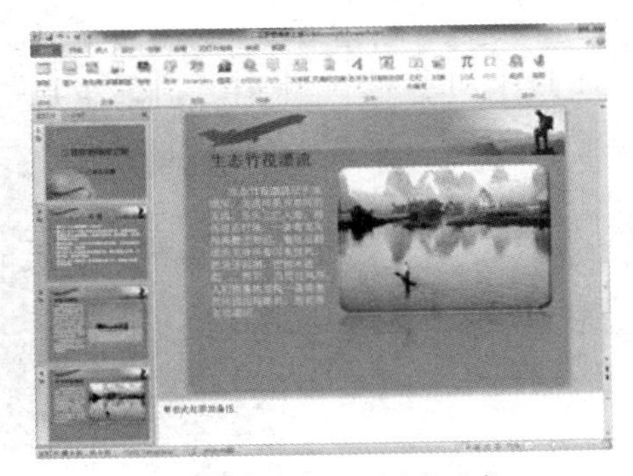

图 9.5.13　更改幻灯片中的元素

（14）重复第（12）～（13）步骤的操作，依次制作其余幻灯片，如图 9.5.14 所示。

（15）切换至第 2 张幻灯片，选中“博鳌玉带滩”文本，单击 插入 选项卡“链接”组中的 超链接 按钮，弹出 插入超链接 对话框。

（16）在“链接到”选区中选择 本文档中的位置(A)，在“请选择文档中的位置”列表框中选择“3. 博鳌玉带滩”，在“预览”框中可以看到预览效果，如图 9.5.15 所示。

图 9.5.14　制作的第 4～8 张幻灯片

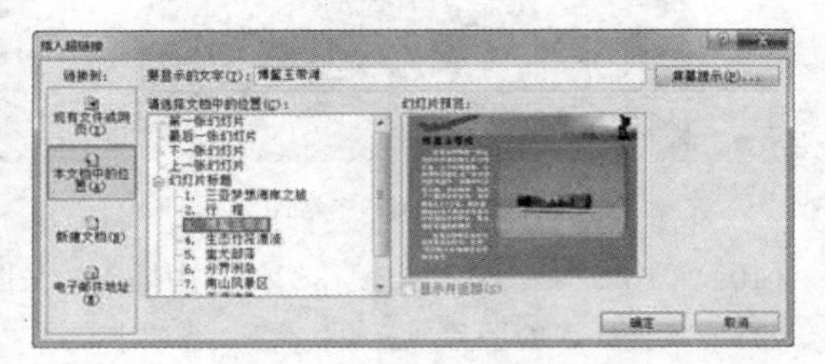

图 9.5.15　“插入超链接”对话框

（17）单击 确定 按钮，返回幻灯片中，效果如图 9.5.16 所示。

（18）依照同样的方法，为其他的相关景点设置超链接，效果如图 9.5.17 所示。

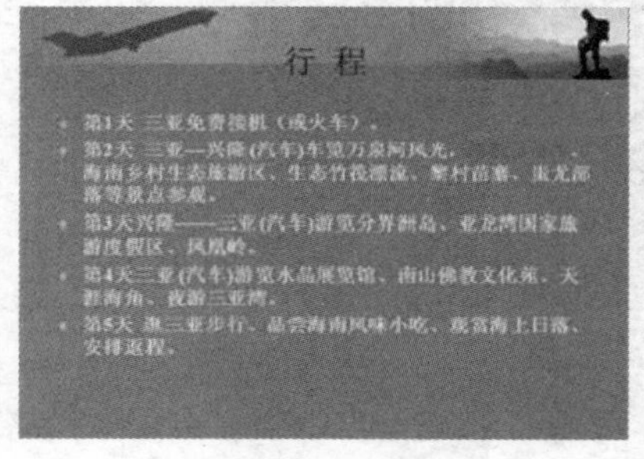

图 9.5.16　添加超链接

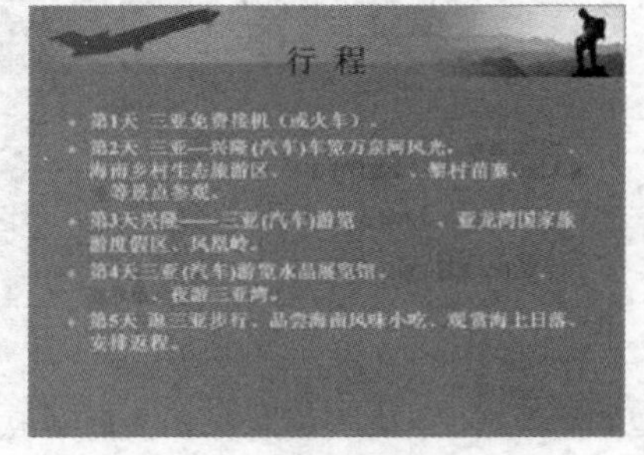

图 9.5.17　为其他文本设置超链接

（19）单击 切换 选项卡“切换到此幻灯片”组的“其他”按钮，在弹出“切换效果”下拉列表中选择“框”切换方式。单击 效果选项 按钮，从弹出的下拉列表中选择 自右侧(R)。

（20）在“计时”组中取消选中 单击鼠标时 复选框，选中 设置自动换片时间: 复选框并将时间设为“00:04”，如图 9.5.18 所示。

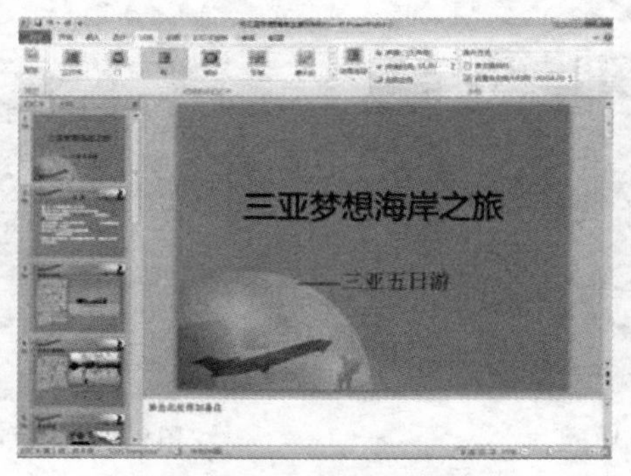

图 9.5.18　设置幻灯片切换效果

（21）单击 全部应用 按钮，将此切换效果应用于所有幻灯片中。

（22）单击幻灯片视图区中的“幻灯片放映”按钮，可以看到幻灯片的放映效果。

（23）在放映视图中，单击鼠标右键，从弹出的快捷菜单中选择 定位至幻灯片(G) 命令，在弹出的子菜单中选择 7 南山风景区 幻灯片，系统将放映该张幻灯片。

（24）在放映视图中，单击鼠标右键，从弹出的快捷菜单中选择 指针选项(O) → 笔(P) 命令。继续单击鼠标右键，从弹出的快捷菜单中选择 指针选项(O) → 墨迹颜色(C) 命令，在弹出的列表框中选择标记的颜色，这里选择“红色”，如图 9.5.19 所示。

（25）稍候片刻，在要标注的内容中单击鼠标并拖动，即可给相关内容添加标注效果，如图 9.5.20 所示。

图 9.5.19　设置标记颜色

图 9.5.20　添加标记

（26）在完成了幻灯片的放映后，退出放映状态前，将打开提示框询问是否保存添加的标记，单击 保留(K) 按钮保存标记，如图 9.5.21 所示。

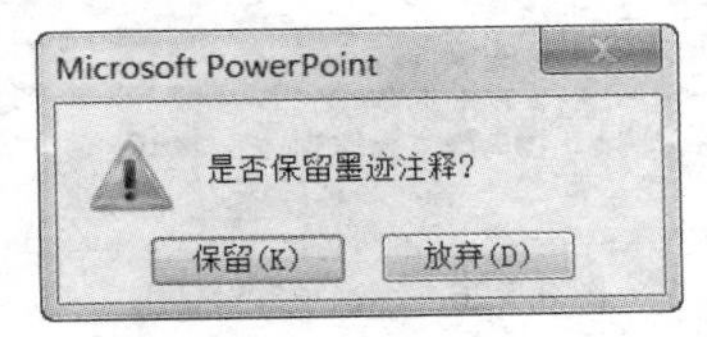

图 9.5.21　询问提示框

（27）返回演示文稿，即可查看添加的标注，如图 9.5.22 所示。若用户对标注不满意，可重新添加标注。

（28）单击 视图 选项卡“演示文稿视图”组中的 幻灯片浏览 按钮，浏览制作的演示文稿，如图 9.5.23 所示。

图 9.5.22　查看标记

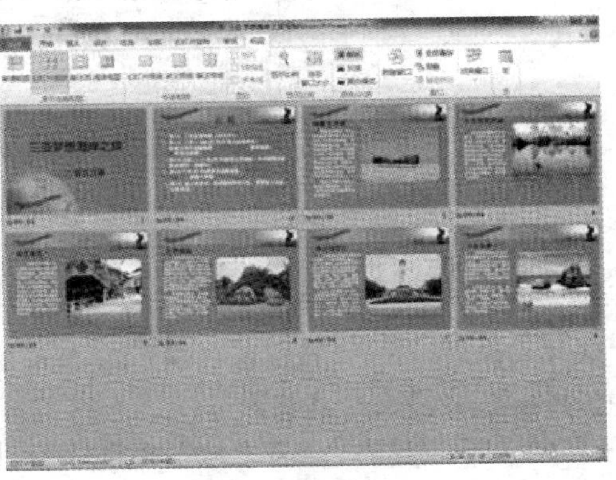
图 9.5.23　浏览幻灯片

（29）单击 文件 按钮，在弹出的菜单中选择 保存并发送 → 将演示文稿打包成CD 命令，如图 9.5.24 所示。

（30）单击 打包成CD 按钮，弹出 打包成 CD 对话框，在“将 CD 命名为”文本框中输入 CD 名称：“三亚之旅”，如图 9.5.25 所示。

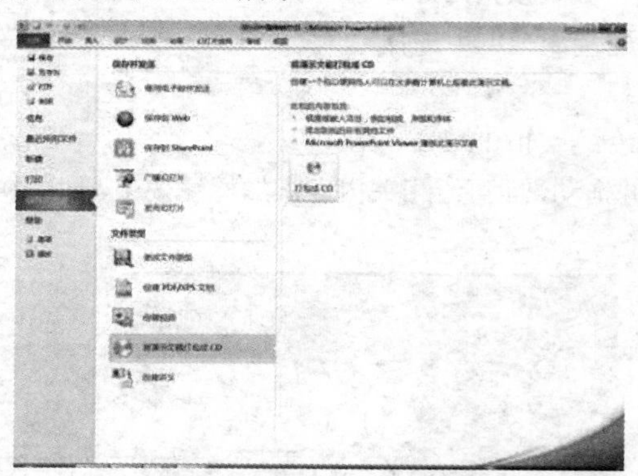

图 9.5.24 选择打包命令

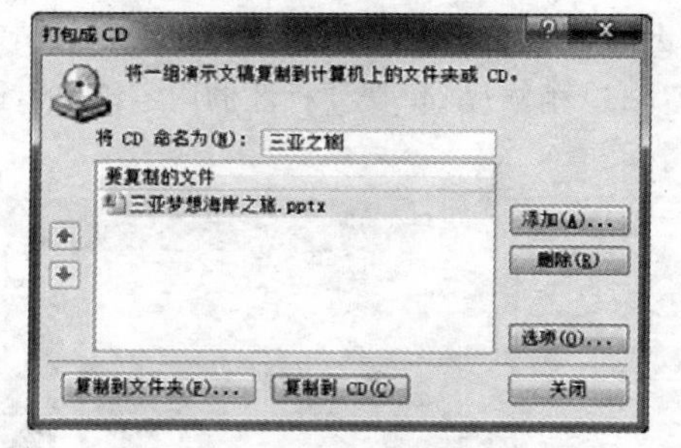

图 9.5.25 “打包成 CD”对话框

（31）单击 选项(O)... 按钮，弹出 选项 对话框，选中 ☑ 嵌入的 TrueType 字体(E) 复选框，在打开和修改密码框中输入密码，如图 9.5.26 所示。

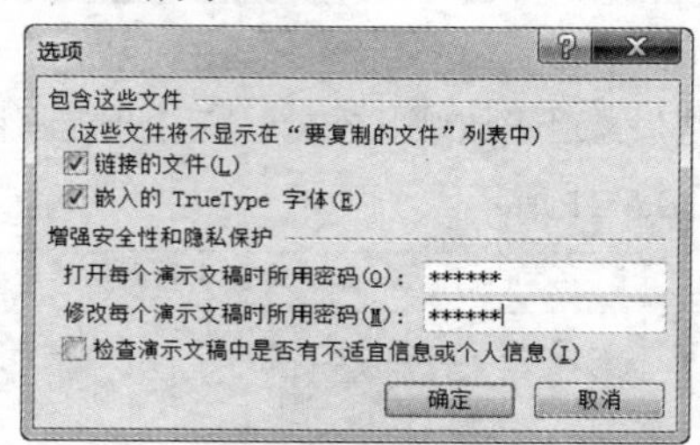

图 9.5.26 “选项”对话框

（32）单击 确定 按钮弹出 确认密码 提示框，再次输入正确的密码后，单击 确定 按钮返回 打包成 CD 对话框。

（33）单击 复制到文件夹(F)... 按钮，弹出 复制到文件夹 对话框，在“文件夹名称”文本框中输入文件夹名称，如图 9.5.27 所示。

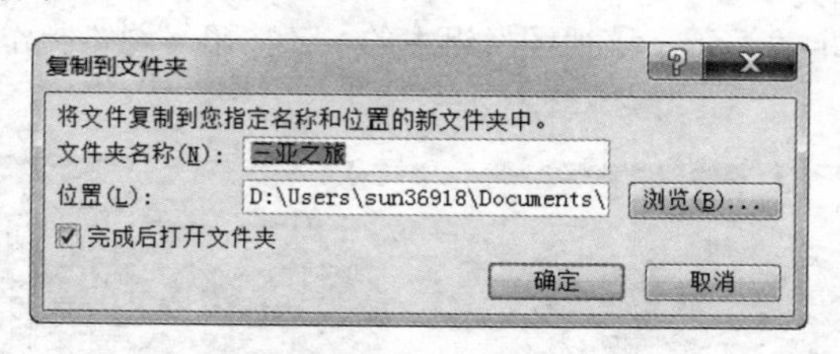

图 9.5.27 “复制到文件夹”对话框

（34）单击 浏览(B)... 按钮，弹出 选择位置 对话框，从中选择打包文件的存放位置，如图 9.5.28 所示。

（35）单击 选择(E) 按钮返回 复制到文件夹 对话框中，单击 确定 按钮返回到 打包成 CD 对话框中，再单击 关闭 按钮即可。

（36）打开创建的“三亚之旅”文件夹，可以看到文件已经被打包，并包含一个 antorun 自动播放文件，如图 9.5.29 所示。

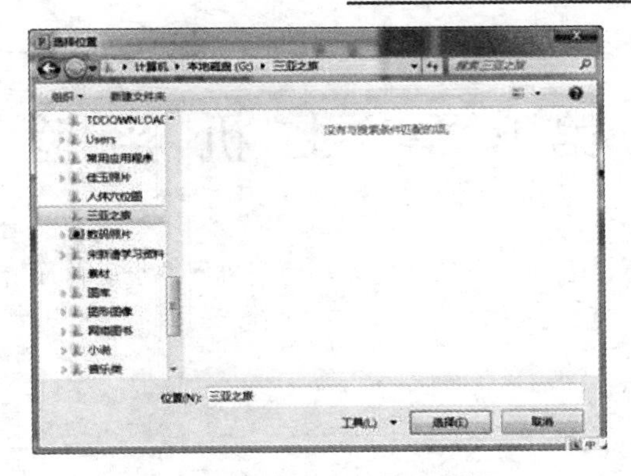

图 9.5.28　“选择位置”对话框

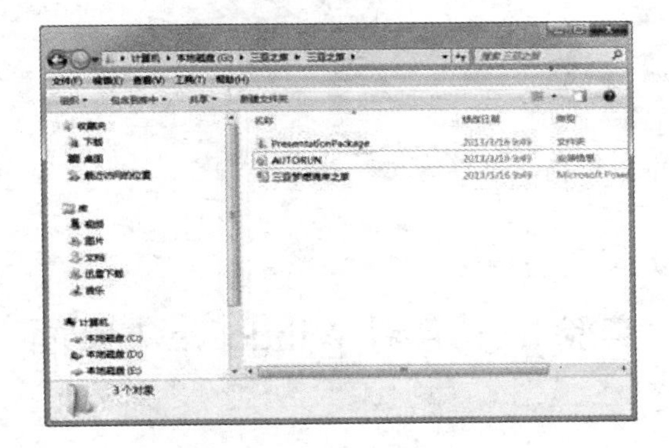

图 9.5.29　打包文件

至此，整个幻灯片制作完毕，最终效果如图 9.5.1 所示。

第 10 章　上 机 实 验

本章通过上机实验培养读者的实际操作能力，达到巩固并检验前面所学知识的目的。

知识要点

- 定制 Windows 7 桌面
- 制作古诗词书卷
- 制作商场销售情况表
- 家庭收支管理
- 制作竞赛评分自动计算表
- 制作交互式选择题
- 在幻灯片中插入 Flash 动画
- 逆序打印页面

实验 1　定制 Windows 7 桌面

1．实验内容

本例练习 Windows 7 操作系统下自定义桌面背景，添加屏幕保护程序。

2．实验目的

掌握桌面背景和屏幕保护程序的设置方法。

3．操作步骤

（1）在桌面空白处单击鼠标右键，从弹出的快捷菜单中选择 个性化(R) 命令，打开“个性化”窗口，如图 10.1.1 所示。

（2）单击窗口下方的 桌面背景 超链接，打开“桌面背景”窗口，如图 10.1.2 所示。

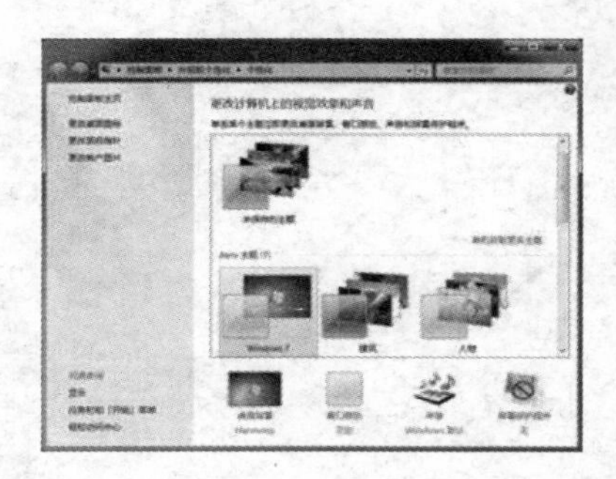

图 10.1.1　“个性化”窗口

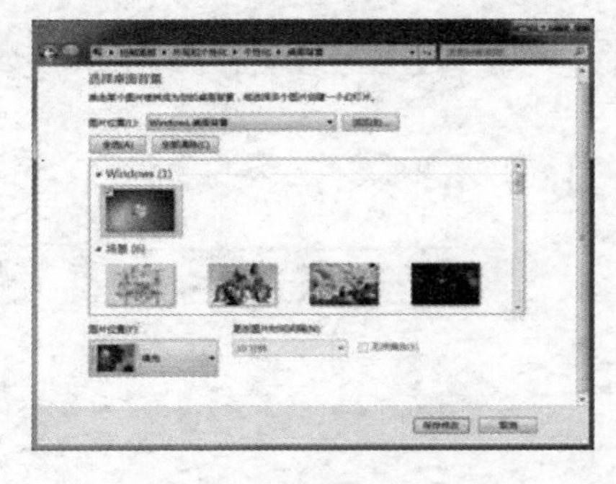

图 10.1.2　“桌面背景”窗口

（3）单击“图片位置”右侧的 浏览(B)... 按钮，弹出 浏览文件夹 对话框，在磁盘中找到背景图片所在的文件夹，如图 10.1.3 所示。

（4）单击 确定 按钮返回到“桌面背景”窗口中，从“My Pictures”文件夹中找到需要的背景图片，如图 10.1.4 所示。

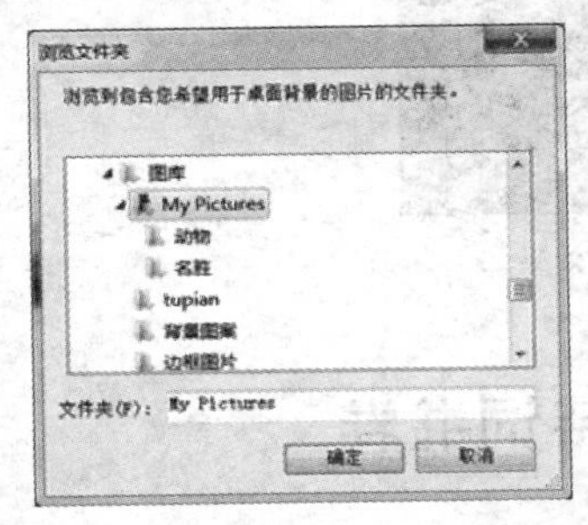

图 10.1.3 “浏览文件夹”对话框

图 10.1.4 选择桌面背景

（5）单击 保存修改 按钮，返回桌面，效果如图 10.1.5 所示。

（6）单击“个性化”窗口下方的 屏幕保护程序 超链接，打开 屏幕保护程序设置 对话框。在“屏幕保护程序”下拉列表框中选择“三维文字”，在“等待”数值框中输入屏幕保护程序的时间，如 30 分钟，如图 10.1.6 所示。

图 10.1.5 应用桌面背景效果

图 10.1.6 “屏幕保护程序”对话框

（7）单击 设置(T)... 按钮，弹出 三维文字设置 对话框，在“自定义文本”框中输入“海阔凭鱼跃 天高任鸟飞”，在“旋转类型”下拉列表中选择“滚动”，如图 10.1.7 所示。

（8）单击 选择字体 按钮，弹出 字体 对话框，设置字体为“华文隶书”，字形为“倾斜”“加粗”，如图 10.1.8 所示。

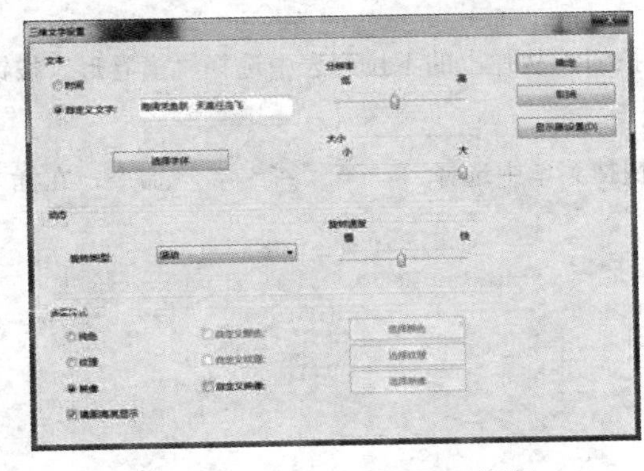

图 10.1.7 “三维文字设置”对话框

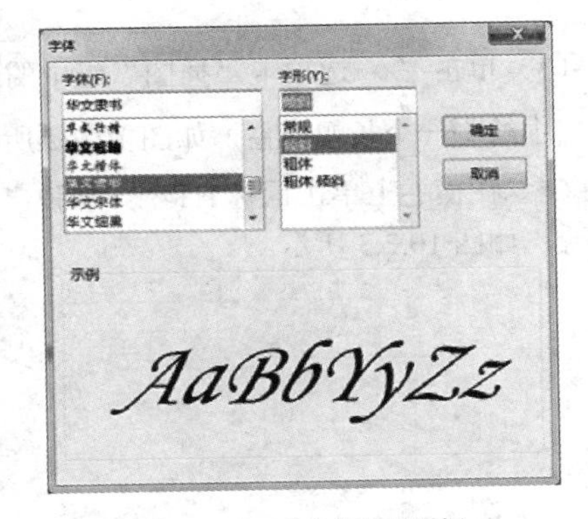

图 10.1.8 “字体”对话框

（9）单击 确定 按钮返回 三维文字设置 对话框，再单击 确定 按钮，效果如图 10.1.9 所示。

图 10.1.9 屏幕保护效果

实验 2 制作古诗词书卷

1．实验内容

本例制作古诗词书卷，效果如图 10.2.1 所示。

图 10.2.1 效果图

2．实验目的

本例在制作的过程中，主要用到绘制图形、设置文字方向、添加图片以及设置图片格式等操作。

3．操作步骤

（1）在打开 Word 2010 文档窗口中，单击 文件 按钮，从弹出的下拉列表中选择 新建 命令，打开“新建”面板。在“可用模板”选区中选择“空白文档”，再单击 创建 按钮创建一个新文档。

（2）打开 页面布局 选项卡，在“页面设置”组中单击 纸张方向 按钮，从弹出的下拉列表中选择 横向。

（3）单击 插入 选项卡“插图”组中的 形状 按钮，从弹出的下拉列表中选择“横卷形”按钮，在文档中绘制一个长幅横卷，如图 10.2.2 所示。

（4）在横卷上单击鼠标右键，从弹出的快捷菜单中选择 编辑文字(X) 命令，在插入点输入古诗，如图 10.2.3 所示。

图 10.2.2 绘制书卷

图 10.2.3 输入古诗

（5）选中输入的文本，单击页面布局选项卡“页面设置”组中的文字方向按钮，从弹出的下拉列表中选择选项，如图 10.2.4 所示。

（6）选中“咏柳”文本，在“字体”组中设置其字体为“华文隶书”，字号为“小初”，设置其余文本为“华文隶书”“二号”。选中古诗正文，单击“下划线”按钮，效果如图 10.2.5 所示。

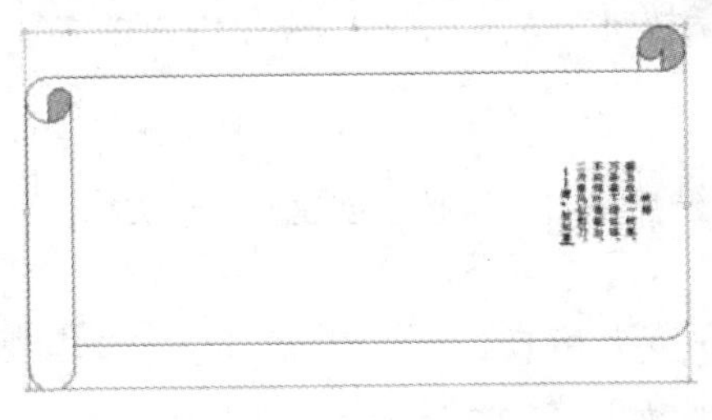

图 10.2.4　设置文字方向

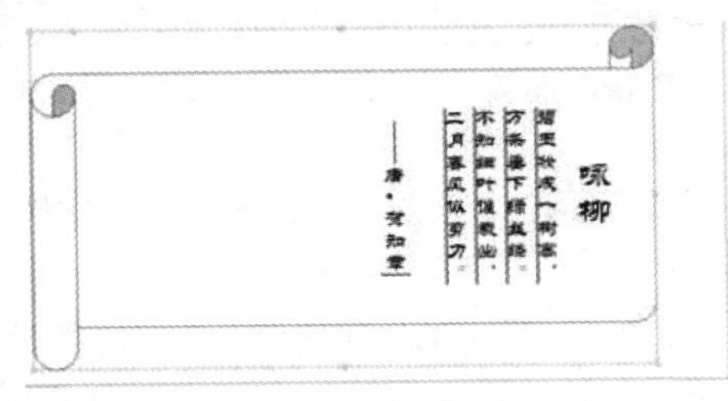

图 10.2.5　设置字体

（7）单击插入选项卡“插图”选项区中的图片按钮，弹出插入图片对话框，从中选择一张“柳树”的图片插入，如图 10.2.6 所示。

（8）单击格式选项卡“图片样式”组中的“其他”按钮，从弹出的下拉列表中选择第一行第六种样式。单击颜色按钮，从弹出的下拉列表中选择“颜色饱和度”的第一种样式，效果如图 10.2.7 所示。

图 10.2.6　插入图片

图 10.2.7　设置图片颜色

（9）单击“快速启动工具栏”中的“保存”按钮，弹出另存为对话框，选择文档的保存位置，并将文档命名为“古诗词书卷”，如图 10.2.1 所示。

实验 3　制作商场销售情况表

1．实验内容

本例制作商场销售情况表，效果如图 10.3.1 所示。

商场上半年销售情况表

类别	1月	2月	3月	4月	5月	6月	合计
食品	23	28	35	27	19	26	158
鞋类	56	58	65	53	48	48	328
家具	85	92	102	99	79	83	540
服装	102	150	98	92	85	84	611
办公文品	185	178	170	183	192	190	1098
厨卫用品	218	269	195	203	194	185	1264
数码产品	205	215	234	228	237	239	1358
珠宝饰品	308	325	280	265	281	279	1738

图 10.3.1　效果图

2．实验目的

在制作的过程中，主要用到新建空白文档、插入表格、调整表格结构、设置表格格式、公式的应用、文档的保存与打印等操作。

3．操作步骤

（1）在打开 Word 2010 文档窗口中，单击文件按钮，从弹出的下拉菜单中选择新建命令，打开“新建”面板。

（2）在“可用模板”选区中选择“空白文档”，然后单击创建按钮创建一个新文档。

（3）在插入选项卡的“表格”组中单击表格按钮，从弹出的下拉列表中选择插入表格(I)...命令，弹出插入表格对话框，设置其列数为“8”，行数为“9”，如图 10.3.2 所示。

（4）单击确定按钮，即可插入相应的表格，并在表格中输入相关信息，如图 10.3.3 所示。

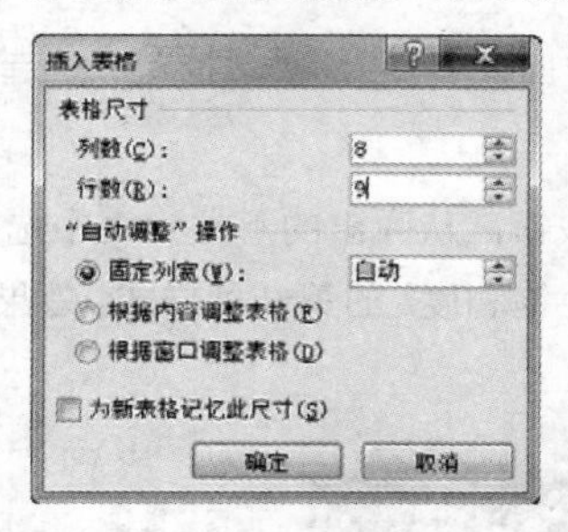

图 10.3.2 “插入表格”对话框

类别	1月	2月	3月	4月	5月	6月	合计
食品	23	28	35	27	19	26	
鞋类	56	58	65	53	48	48	
家具	85	92	102	99	79	83	
服装	102	150	98	92	85	84	
办公文品	185	178	170	183	192	190	
厨卫用品	218	269	195	203	194	185	
数码产品	205	215	234	228	237	239	
珠宝饰品	308	325	280	265	281	279	

图 10.3.3 插入的表格

（5）将光标置于“食品”行的“合计”栏中，单击布局选项卡“数据”组中的公式按钮，弹出公式对话框，如图 10.3.4 所示。

（6）在“公式”文本框中输入计算所用的公式，如“SUM(LEFT)”，在“编号格式”下拉列表框设置计算结果的数字格式，如“0”，在“粘贴函数”下拉列表框中选择 Word 2010 提供的函数类型。

（7）单击确定按钮，便可计算出结果，如图 10.3.5 所示。

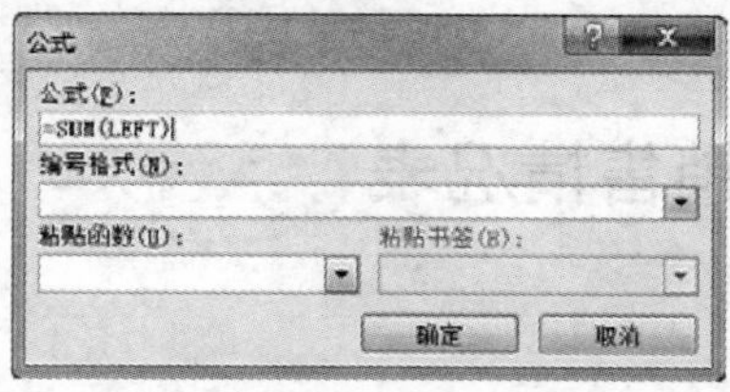

图 10.3.4 “公式”对话框

类别	1月	2月	3月	4月	5月	6月	合计
食品	23	28	35	27	19	26	158
鞋类	56	58	65	53	48	48	
家具	85	92	102	99	79	83	
服装	102	150	98	92	85	84	
办公文品	185	178	170	183	192	190	
厨卫用品	218	269	195	203	194	185	
数码产品	205	215	234	228	237	239	
珠宝饰品	308	325	280	265	281	279	

图 10.3.5 计算出结果

（8）重复上述步骤，计算出其他各项的合计数。

（9）将光标置于“类别”单元格中，单击布局选项卡“行和列”组中的在上方插入按钮，在插入点的上方插入一行，如图 10.3.6 所示。

（10）选中插入的行，单击鼠标右键，从弹出的快捷菜单中选择合并单元格(M)命令，将该行合并为一个单元格，并在其输入标题，如图 10.3.7 所示。

类别	1月	2月	3月	4月	5月	6月	合计
食品	23	28	35	27	19	26	158
鞋类	56	58	65	53	48	48	328
家具	85	92	102	99	79	83	540
服装	102	150	98	92	85	84	611
办公文品	185	178	170	183	192	190	1098
厨卫用品	218	269	195	203	194	185	1264
数码产品	205	215	234	228	237	239	1358
珠宝饰品	308	325	280	265	281	279	1738

图 10.3.6 插入行

商场上半年销售情况表							
类别	1月	2月	3月	4月	5月	6月	合计
食品	23	28	35	27	19	26	158
鞋类	56	58	65	53	48	48	328
家具	85	92	102	99	79	83	540
服装	102	150	98	92	85	84	611
办公文品	185	178	170	183	192	190	1098
厨卫用品	218	269	195	203	194	185	1264
数码产品	205	215	234	228	237	239	1358
珠宝饰品	308	325	280	265	281	279	1738

图 10.3.7 合并单元格

（11）选中标题文本，在“字体”组中设置其字体为“华文隶书”，字号为“三号”。单击“文本效果”按钮，从弹出的下拉列表中选择 阴影(S) →“右上斜偏移”按钮。

（12）选中其余单元格，设置其字体为“小四”，效果如图 10.3.8 所示。

（13）将鼠标指向表格最左边的边框线，当鼠标指针变为形状时，向左拖动鼠标至合适的位置，调整列宽。

（14）单击表格左上角的按钮，选中整个表格，单击鼠标右键，从弹出的快捷菜单中选择 单元格对齐方式(G) →“水平居中”按钮，效果如图 10.3.9 所示。

商场上半年销售情况表							
类别	1月	2月	3月	4月	5月	6月	合计
食品	23	28	35	27	19	26	158
鞋类	56	58	65	53	48	48	328
家具	85	92	102	99	79	83	540
服装	102	150	98	92	85	84	611
办公文品	185	178	170	183	192	190	1098
厨卫用品	218	269	195	203	194	185	1264
数码产品	205	215	234	228	237	239	1358
珠宝饰品	308	325	280	265	281	279	1738

图 10.3.8 设置单元格字体格式

商场上半年销售情况表							
类别	1月	2月	3月	4月	5月	6月	合计
食品	23	28	35	27	19	26	158
鞋类	56	58	65	53	48	48	328
家具	85	92	102	99	79	83	540
服装	102	150	98	92	85	84	611
办公文品	185	178	170	183	192	190	1098
厨卫用品	218	269	195	203	194	185	1264
数码产品	205	215	234	228	237	239	1358
珠宝饰品	308	325	280	265	281	279	1738

图 10.3.9 设置单元格对齐方式

（15）不取消表格的选中状态，单击鼠标右键，从弹出的快捷菜单中选择 边框和底纹(B)... 命令，弹出 边框和底纹 对话框。

（16）选择 边框(B) 选项卡，在“设置”选区中单击“自定义”按钮，在“样式”下拉列表中选择第 10 种线型，在“颜色”下拉列表中选择“深蓝”，在“预览”框中单击表格的四周，如图 10.3.10 所示。

（17）单击 确定 按钮，返回 Word 文档，效果如图 10.3.11 所示。

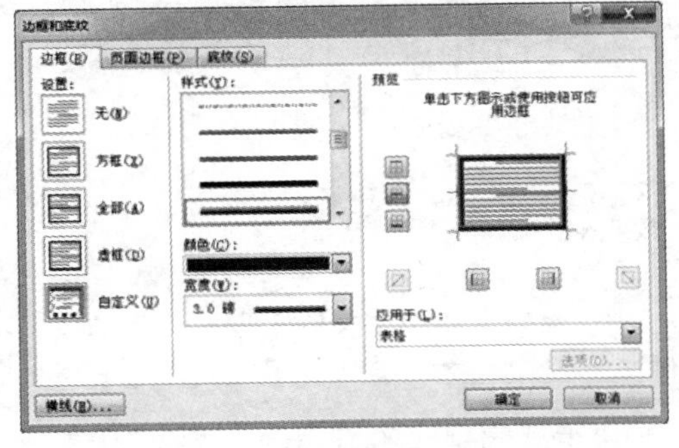

图 10.3.10 设置表格边框

商场上半年销售情况表							
类别	1月	2月	3月	4月	5月	6月	合计
食品	23	28	35	27	19	26	158
鞋类	56	58	65	53	48	48	328
家具	85	92	102	99	79	83	540
服装	102	150	98	92	85	84	611
办公文品	185	178	170	183	192	190	1098
厨卫用品	218	269	195	203	194	185	1264
数码产品	205	215	234	228	237	239	1358
珠宝饰品	308	325	280	265	281	279	1738

图 10.3.11 设置的边框效果

（18）单击“段落”组中的“居中”按钮，将表格居中显示在页面中。

（19）单击“快速启动工具栏”中的“保存”按钮，弹出 另存为 对话框，选择文档的保存位置，并将文档命名为“商场销售情况表”，如图 10.3.12 所示。

（20）单击 保存(S) 按钮返回 Word 文档。

（21）单击 文件 按钮，从弹出的下拉菜单中选择 打印 选项，打开“打印”面板，在“份数”文本框中输入“3”，如图 10.3.13 所示。

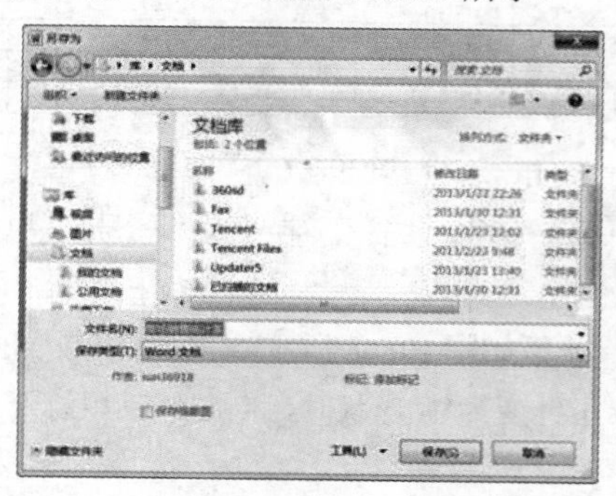

图 10.3.12 “另存为”对话框

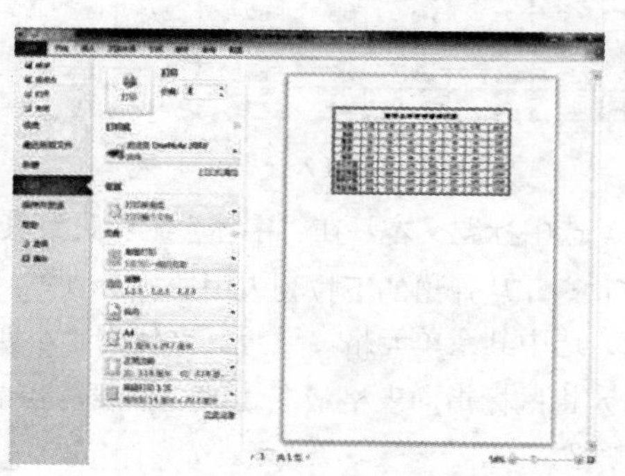

图 10.3.13 打印文档

（22）单击 打印 按钮将该文档输出，最终效果如图 10.3.1 所示。

实验 4 家庭收支管理

1．实验内容

本例要求求出家庭收支每日的余额数值，然后求出收入总数和应存款数，计划应存款数是当月收入的 20%，最终效果如图 10.4.1 所示。

	A	B	C	D	E
1	家庭收支管理				
2	日期	款项说明	收入	支出	余额
3	2012年5月1日	工资	5000		5000
4	2012年5月1日	物业费		150	4850
5	2012年5月1日	电费、天然气费		300	4550
6	2012年5月1日	长途路费		210	4340
7	2012年5月2日	逛公园		30	4310
8	2012年5月3日	游翠华山		360	3950
9	2012年5月3日	学校餐费		270	3680
10	2012年5月4日	学校空调费		30	3650
11	2012年5月4日	业务提成	2000		5650
12	2012年5月5日	废旧东西变卖	110		5760
13	2012年5月6日	买菜		18.5	5741.5
14	2012年5月7日	超市购物		120	5621.5
15	2012年5月8日	其他收入	1000		6621.5
16	2012年5月12日	书籍		135	6486.5
17	2012年5月15日	面粉		24	6462.5
18					
19					
20	收入总和：	8110			
21	支出总和：	1647.5			
22	应存款数：	1622			

图 10.4.1 效果图

2．实验目的

掌握单元格格式设置、公式和函数的使用等操作。

3．操作步骤

（1）启动 Excel 2010 应用程序，打开“家庭收支管理”工作簿，如图 10.4.2 所示。

（2）选中 A1～E1 单元格，在 开始 选项卡的“对齐方式”组中单击“合并后居中”按钮，

使标题居中。在“字体”组中设置其字体为“隶书”，字号为“18”。

（3）选中 A2～E22 单元格，单击“段落”组中的“居中”按钮，使所有文本居中对齐，如图 10.4.3 所示。

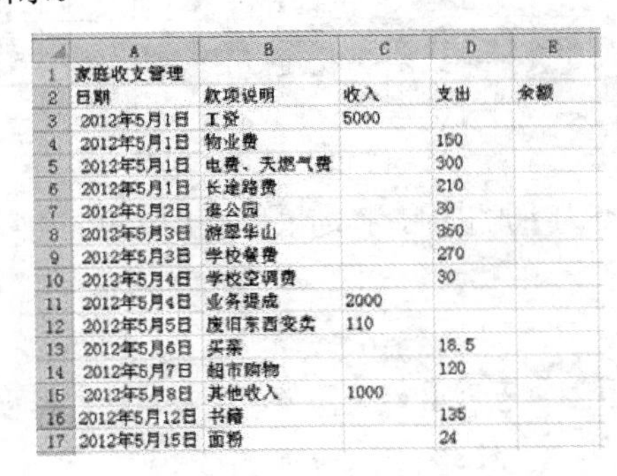

	A	B	C	D	E
1	家庭收支管理				
2	日期	款项说明	收入	支出	余额
3	2012年5月1日	工资	5000		
4	2012年5月1日	物业费		150	
5	2012年5月1日	电费、天燃气费		300	
6	2012年5月1日	长途路费		210	
7	2012年5月2日	逛公园		30	
8	2012年5月3日	游翠华山		360	
9	2012年5月3日	学校餐费		270	
10	2012年5月4日	学校空调费		30	
11	2012年5月4日	业务提成	2000		
12	2012年5月5日	废旧东西变卖	110		
13	2012年5月6日	买菜		18.5	
14	2012年5月7日	超市购物		120	
15	2012年5月8日	其他收入	1000		
16	2012年5月12日	书籍		135	
17	2012年5月15日	面粉		24	

图 10.4.2 打开工作簿

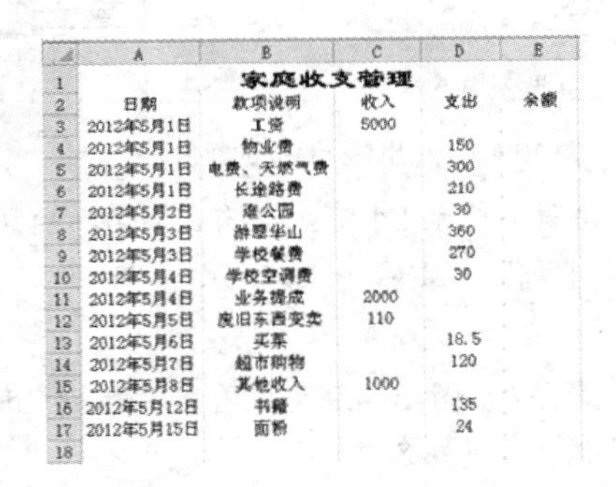

	A	B	C	D	E
1		家庭收支管理			
2	日期	款项说明	收入	支出	余额
3	2012年5月1日	工资	5000		
4	2012年5月1日	物业费		150	
5	2012年5月1日	电费、天燃气费		300	
6	2012年5月1日	长途路费		210	
7	2012年5月2日	逛公园		30	
8	2012年5月3日	游翠华山		360	
9	2012年5月3日	学校餐费		270	
10	2012年5月4日	学校空调费		30	
11	2012年5月4日	业务提成	2000		
12	2012年5月5日	废旧东西变卖	110		
13	2012年5月6日	买菜		18.5	
14	2012年5月7日	超市购物		120	
15	2012年5月8日	其他收入	1000		
16	2012年5月12日	书籍		135	
17	2012年5月15日	面粉		24	
18					

图 10.4.3 设置字符格式

（4）选中 A2～E22 单元格，单击“单元格”组中的格式按钮，在弹出的下拉列表中选择行高(H)...命令，弹出行高对话框。设置其行高为“17”，如图 10.4.4 所示。

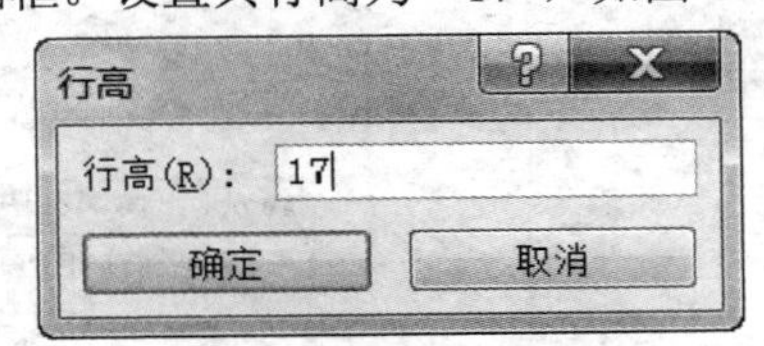

图 10.4.4 设置行高

（5）单击确定按钮返回工作表。选中 A2～E22 单元格，单击鼠标右键，在弹出的快捷菜单中选择设置单元格格式(F)...命令，弹出设置单元格格式对话框。

（6）选择边框选项卡，在“线条样式”下拉列表中选择一种细线，在“颜色”下拉列表中选择“深蓝，文字 2，淡色 40%”，在“预置”选区中单击“外边框”按钮和“内部”按钮，如图 10.4.5 所示。

（7）单击确定按钮返回工作表，效果如图 10.4.6 所示。

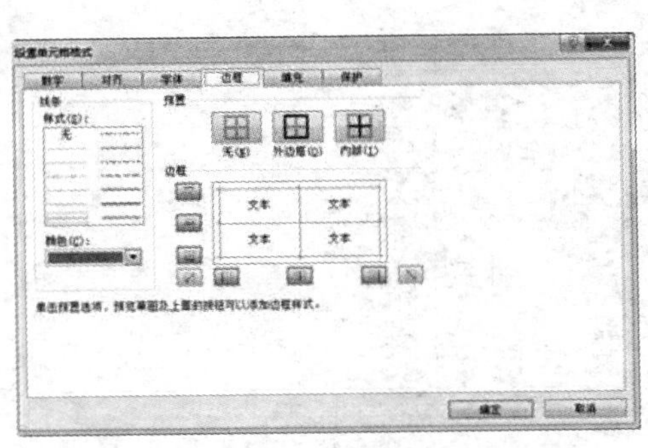

图 10.4.5 设置单元格格式

	A	B	C	D	E
1		家庭收支管理			
2	日期	款项说明	收入	支出	余额
3	2012年5月1日	工资	5000		
4	2012年5月1日	物业费		150	
5	2012年5月1日	电费、天燃气费		300	
6	2012年5月1日	长途路费		210	
7	2012年5月2日	逛公园		30	
8	2012年5月3日	游翠华山		360	
9	2012年5月3日	学校餐费		270	
10	2012年5月4日	学校空调费		30	
11	2012年5月4日	业务提成	2000		
12	2012年5月5日	废旧东西变卖	110		
13	2012年5月6日	买菜		18.5	
14	2012年5月7日	超市购物		120	
15	2012年5月8日	其他收入	1000		
16	2012年5月12日	书籍		135	
17	2012年5月15日	面粉		24	
18					
19					
20					
21					
22					

图 10.4.6 设置边框效果

（8）在 E3 单元格中输入公式“=C3”，按回车键，可计算出 5 月 1 日的余额，如图 10.4.7 所示。

（9）在 E4 单元格中输入公式“=E3+C4-D4”，按回车键后可计算出余额。

（10）将光标置于 E4 单元格中，然后在公式编辑栏将 E4 单元格中的公式修改为“=IF(AND(C4="",D4=""),"",E3+C4-D4)”，如图 10.4.8 所示。

E3 =C3

	A	B	C	D	E
1	家庭收支管理				
2	日期	款项说明	收入	支出	余额
3	2012年5月1日	工资	5000		5000
4	2012年5月1日	物业费		150	
5	2012年5月1日	电费、天燃气费		300	

图 10.4.7　引用单元格中的数据

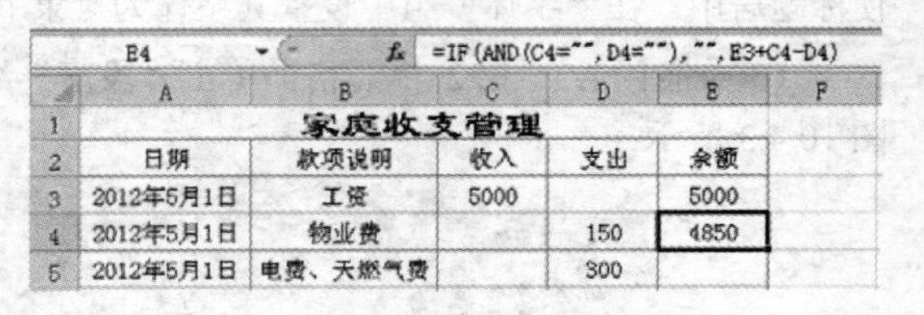
E4 =IF(AND(C4="",D4=""),"",E3+C4-D4)

	A	B	C	D	E	F
1	家庭收支管理					
2	日期	款项说明	收入	支出	余额	
3	2012年5月1日	工资	5000		5000	
4	2012年5月1日	物业费		150	4850	
5	2012年5月1日	电费、天燃气费		300		

图 10.4.8　修改公式

（11）将鼠标移至 E4 单元格的右下角，当其变为╋形状时，拖动鼠标至 E19 单元格后释放，完成函数的复制操作，如图 10.4.9 所示。

提示：从图 10.4.9 可以看出，“5 月 15 日” 下方的 E 列单元格显示为空，满足了我们前面的要求，即下一个月的余额。

（12）选择 C3～C19 单元格，单击 公式 选项卡“定义的名称”组中 定义名称 按钮，弹出 **新建名称** 对话框。在“名称”栏中输入“本月收入”，如图 10.4.10 所示 。

E4 =IF(AND(C4="",D4=""),"",E3+C4-D4)

	A	B	C	D	E	F
1	家庭收支管理					
2	日期	款项说明	收入	支出	余额	
3	2012年5月1日	工资	5000		5000	
4	2012年5月1日	物业费		150	4850	
5	2012年5月1日	电费、天燃气费		300	4550	
6	2012年5月1日	长途路费		210	4340	
7	2012年5月2日	逛公园		30	4310	
8	2012年5月3日	游翠华山		360	3950	
9	2012年5月3日	学校餐费		270	3680	
10	2012年5月4日	学校空调费		30	3650	
11	2012年5月4日	业务提成	2000		5650	
12	2012年5月5日	废旧东西变卖	110		5760	
13	2012年5月6日	买菜		18.5	5741.5	
14	2012年5月7日	超市购物		120	5621.5	
15	2012年5月8日	其他收入	1000		6621.5	
16	2012年5月12日	书籍		135	6486.5	
17	2012年5月15日	面粉		24	6462.5	
18						
19						
20						
21						
22						

图 10.4.9　复制公式

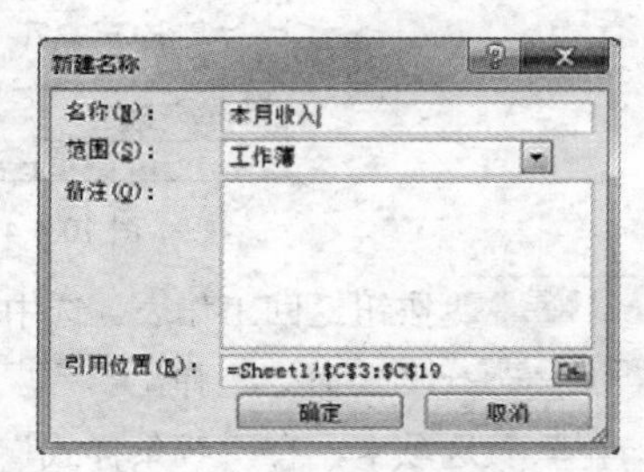

图 10.4.10　“新建名称”对话框

（13）单击 确定 按钮返回 Excel 工作表，在 A20 单元格中输入“收入总和：”文本，在 A21 单元格中输入“支出总和：”，在 A22 单元格输入“应存款数：”。

（14）区域名称创建好后，在 B20 单元格中输入公式“=SUM(本月收入)”，按回车键，如图 10.4.11 所示。

B20 =SUM(收入)

	A	B	C	D	E
1	家庭收支管理				
2	日期	款项说明	收入	支出	余额
3	2012年5月1日	工资	5000		5000
4	2012年5月1日	物业费		150	4850
5	2012年5月1日	电费、天燃气费		300	4550
6	2012年5月1日	长途路费		210	4340
7	2012年5月2日	逛公园		30	4310
8	2012年5月3日	游翠华山		360	3950
9	2012年5月3日	学校餐费		270	3680
10	2012年5月4日	学校空调费		30	3650
11	2012年5月4日	业务提成	2000		5650
12	2012年5月5日	废旧东西变卖	110		5760
13	2012年5月6日	买菜		18.5	5741.5
14	2012年5月7日	超市购物		120	5621.5
15	2012年5月8日	其他收入	1000		6621.5
16	2012年5月12日	书籍		135	6486.5
17	2012年5月15日	面粉		24	6462.5
18					
19					
20	收入总和：	8110			
21	支出总和：				
22	应存款数：				

图 10.4.11　计算收入总和

（15）以同样的方法，将支出列新建名称为“本月支出”，然后在 B21 单元格中输入公式“=SUM(本月支出)”。

（16）在B22单元格输入公式“=B20*0.2”，按回车键，最终效果如图10.4.1所示。

实验5 制作竞赛评分自动计算表

1．实验内容

本例制作评分自动计算表，最终效果如图10.5.1所示。

竞赛评分自动计算表

选手编号	评委1	评委2	评委3	评委4	评委5	评委6	评委7	评委8	最后得分	名次
1	9.7	9.5	9.6	9.8	9.9	9.5	9.3	9.2	9.57	4
2	9.5	9.9	9	9.7	9.8	9.4	9.7	9.5	9.60	2
3	9.6	9.4	9.7	9.8	9.9	9.5	9.1	9.4	9.57	3
4	9.5	9.3	9.4	9.5	8.9	9.2	9.3	9.2	9.32	10
5	9.6	9.5	9.6	9.9	9.2	9.6	9.5	9.3	9.52	7
6	9.7	9.7	9.3	9.5	9.7	9.5	9.8	9.6	9.62	1
7	9.6	9.5	9.7	9.6	9.6	9.5	9.4	9.5	9.55	5
8	9.7	9.5	9.6	9.8	9.6	8.8	8.9	9.2	9.42	9
9	9.5	9.7	9.6	9.6	9.5	9.5	9.4	9.5	9.53	6
10	9.4	8.8	9.6	9.8	9.9	9.5	9.3	9.2	9.47	8

图10.5.1 效果图

2．实验目的

掌握单元格格式设置、数据的快速输入、公式的使用、规则的建立等操作。

3．操作步骤

（1）打开Excel 2010应用程序，新建一个Excel工作簿，并将其保存为“竞赛评分自动计算表”。

（2）选择A1:K1单元格区域，单击 开始 选项卡“对齐方式”组中的“合并后居中”按钮，将标题居中，并在其中输入文本“竞赛评分自动计算表”，在“字体”组中设置其字体为“黑体”，字号为“14”。

（3）在A3中输入“1”，A4中输入“2”，选中A3和A4两个单元格，并将鼠标置于被选中的两个单元格右下角的填充柄上，按住鼠标左键向下拖动到A12，这样就快速地输入了参赛选手的序号。

（4）在B2单元格中输入“评委1”，将鼠标移至B2单元格的右下角的填充柄上，当其变为+形状时，拖动鼠标至I2单元格后释放，将8位评委按顺序填充，如图10.5.2所示。

（5）在J2和K2单元格依次输入“最后得分”“名次”。将光标置于J3单元格中，输入公式“=(SUM(B3:I3)-MAX(B3:I3)-MIN(B3:I3))/6”，按回车键。该公式的作用是：按照一般的比赛规则，去掉一个最高分，去掉一个最低分，剩余分数的平均分作为选手的最后得分，如图10.5.3所示。

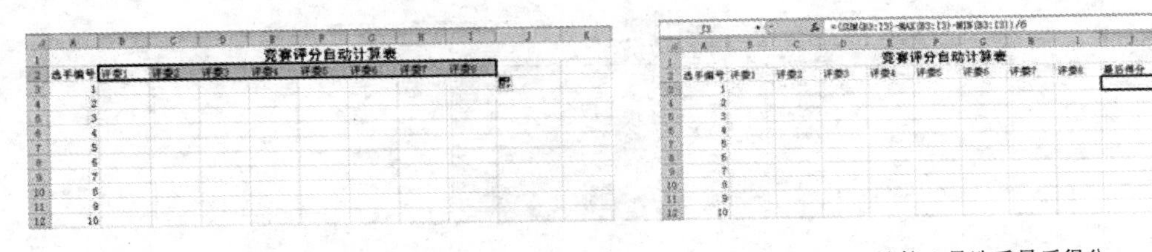

图10.5.2 输入信息

图10.5.3 计算1号选手最后得分

（6）选中B2:I2单元格区域，单击 开始 选项卡“数字”组中的“增加小数位数”按钮，使其保留一位小数。同样，使J3单元格保留两位小数，如图10.5.4所示。

（7）在K3单元格中输入公式“=RANK(J3,$J$3:$J$12)”，按回车键。该公式的作用是算出J3单元格的数值在J4到J12各个单元格中的排序，即1号选手在所有选手中的名次，如图10.5.5所示。

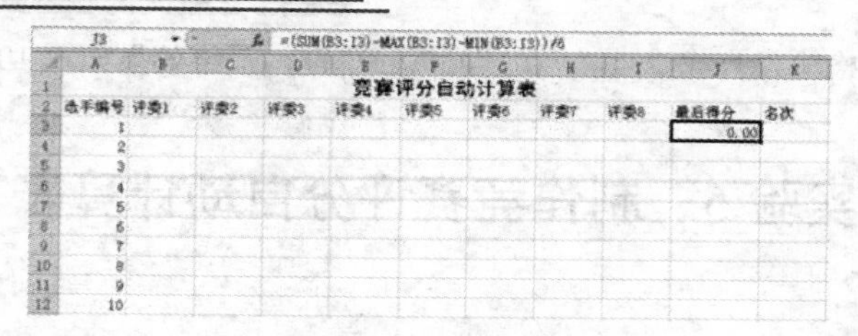

图 10.5.4 设置数字格式

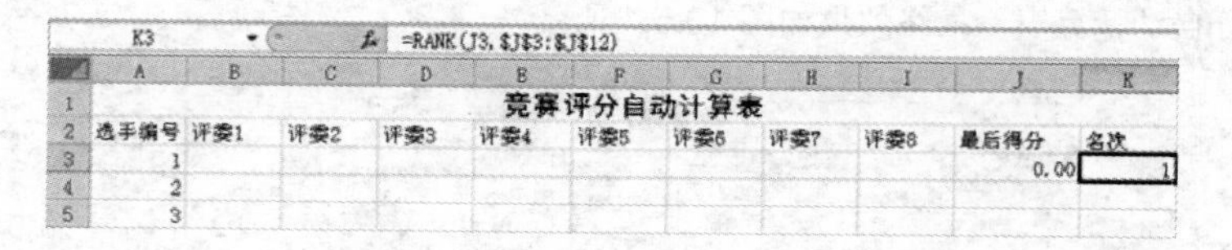

图 10.5.5 计算 1 号选手的名次

（8）选中 J3:K3 两个单元格，将鼠标置于被选中的两个单元格的右下角填充柄上，按住鼠标左键向下拖动到第 12 行，这样就可以算出所有选手的最后得分和名次，如图 10.5.6 所示。

（9）选中 B3:I3 单元格区域，单击 开始 选项卡“样式”组的 条件格式 按钮，从弹出的下拉列表中选择 项目选取规则(T) → 高于平均值(A)... 命令，弹出 高于平均值 对话框，在“设置为”下拉列表中选择“浅红色填充色深红色文本”，如图 10.5.7 所示。

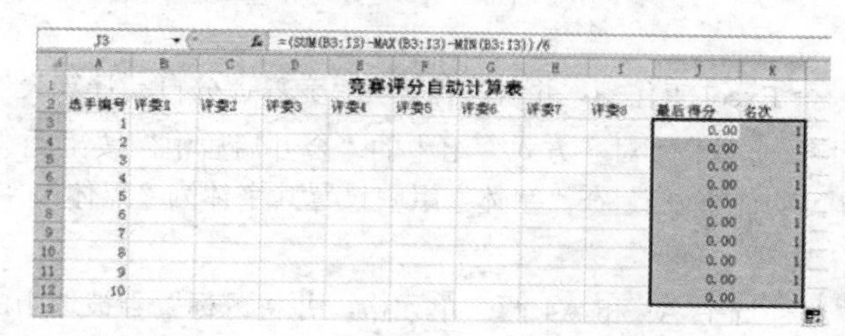

图 10.5.6 计算出所有选手的最后得分和名次

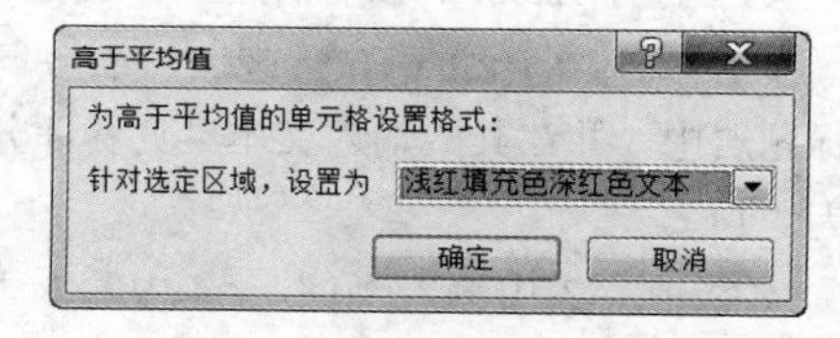

图 10.5.7 “高于平均值”对话框

（10）单击 确定 按钮返回工作表。同样，将“低于平均值”的单元格设置为“绿色填充色深绿色文本”。

（11）将鼠标置于被选中的 B3:I3 单元格区域的右下角填充柄上，按住鼠标左键向下拖动到第 12 行，在“自动填充选项”下拉列表中选择 仅填充格式(F) 单选项，这样就完成对所有评委打分的相同格式设置，如图 10.5.8 所示。

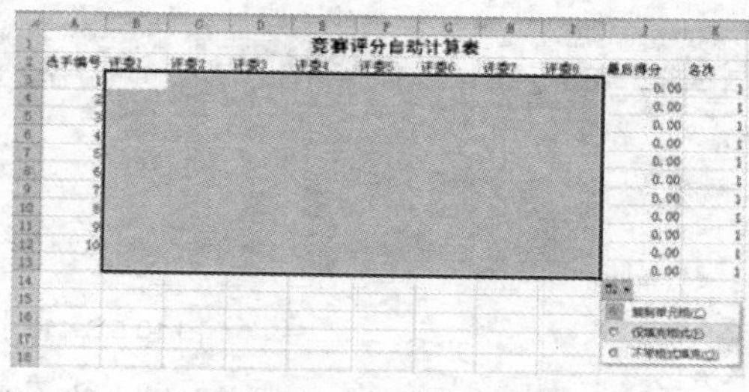

图 10.5.8 选择填充格式

至此，自动计算评分表的空表制作完成。将每位评委给每位选手的得分情况填入表中，最终效果如图 10.5.1 所示。

实验 6　制作交互式选择题

1．实验内容

在 PowerPoint 2010 中制作交互式选择题，效果如图 10.6.1 所示。

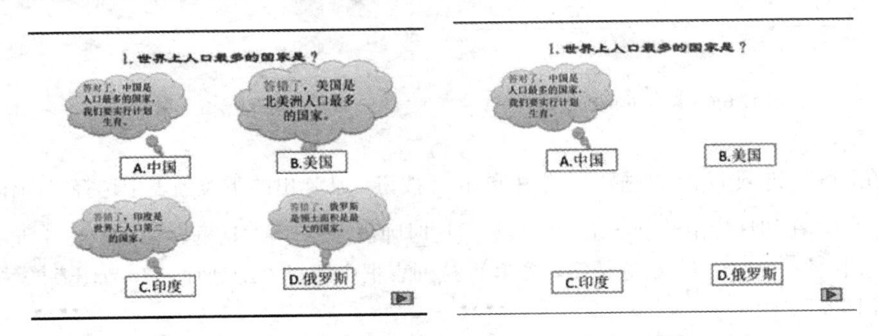

图 10.6.1　效果图

2．实验目的

掌握在 PowerPoint 中绘制文本框、自选图形、添加文字、制作动作按钮及设置动画等操作。

3．操作步骤

（1）启动 PowerPoint 2010 应用程序，单击 文件 按钮，在窗口左侧选择 新建 命令，打开“新建”面板。在中间选择“空白演示文稿”选项，单击 创建 按钮，即可创建一个空白演示文稿。

（2）单击 开始 选项卡“幻灯片”组中的 版式 按钮，从弹出的下拉列表中选择“空白”版式，如图 10.6.2 所示。

（3）在 插入 选项卡中的“插图”组中单击 形状 按钮，从弹出的下拉列表中选择“云形标注”按钮，绘制一个标注图形，并在其中输入文字“答对了，中国是人口最多的国家，我们要实行计划生育”。设置云形标注的字体为“宋体”、字号为“18”，并设置“答对了”文本字体为“红色”，如图 10.6.3 所示。

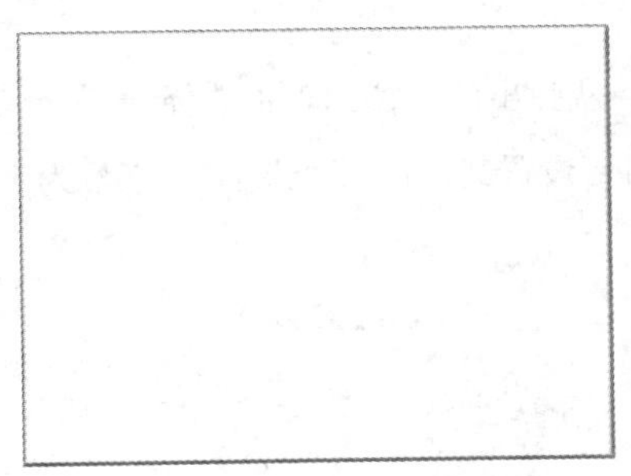

图 10.6.2　建立空白演示文稿

图 10.6.3　绘制标注图形

（4）双击该图形，打开 格式 选项卡，在“形状样式”组中单击“其他”按钮，从弹出的下拉列表框中选择第 4 行第 2 种样式，效果如图 10.6.4 所示。

（5）按住“Ctrl”键，将该标注图形复制三个，并更改图形中的文字，如图 10.6.5 所示。

图 10.6.4　设置图形样式

图 10.6.5　复制图形

（6）在 插入 选项卡中的“插图”组中单击 形状 按钮，从弹出的下拉列表中选择“动作按钮：自定义”按钮，在幻灯片中绘制一个动作按钮，这时弹出 动作设置 对话框，如图 10.6.6 所示。

（7）选中 超链接到(H): 单选按钮，在其下拉列表框中选择“幻灯片…”，弹出 超链接到幻灯片 对话框，如图 10.6.7 所示。

图 10.6.6　“动作设置”对话框

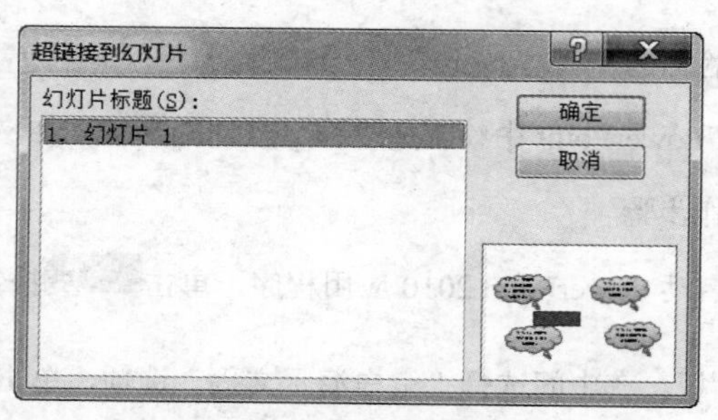

图 10.6.7　“超链接到幻灯片”对话框

（8）单击 确定 按钮返回 动作设置 对话框，再单击 确定 按钮返回幻灯片中。

（9）单击绘制的动作按钮，在弹出的快捷菜单中选择 编辑文字(X) 命令，在动作按钮上输入“A. 中国”，设置其字体和字号，如图 10.6.8 所示。

（10）双击动作按钮框，打开 格式 选项卡，在“形状样式”组中单击“其他”按钮，从弹出的下拉列表框中选择第 1 行第 5 种样式。

（11）将制作好的动作按钮，复制三份，更改其中的文字，调整动作按钮与云形标注的位置。

（12）单击 插入 选项卡“文本”组中的 文本框 按钮，从弹出的下拉列表中选择 横排文本框(H) 命令，在幻灯片的顶部绘制一个文本框，并在其中输入题目，设置其字体为“隶书”，字号为“28”，字体颜色为“红色”，字体加阴影，效果如图 10.6.9 所示。

图 10.6.8　添加的动作按钮

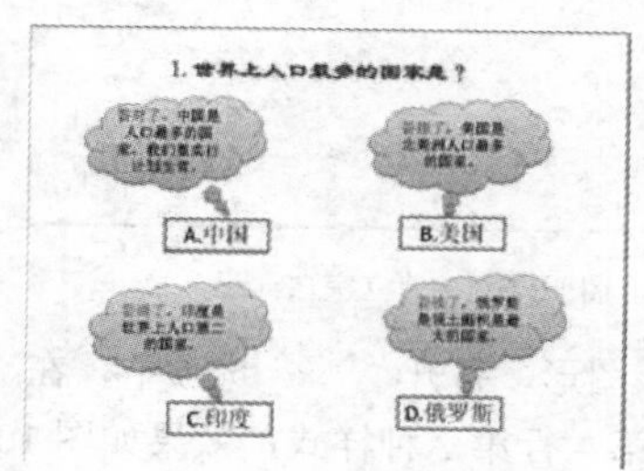

图 10.6.9　制作的幻灯片

（13）单击 动画 选项卡，在“动画”组中单击 动画窗格 按钮，打开“动画窗格”。

（14）选择 B 标注框，单击 添加动画 按钮，从弹出的列表框中选择 放大/缩小 动画，如图 10.6.10 所示。

（15）用鼠标右键单击“动画窗格”中标注 B 的缩略图，在弹出的快捷菜单中选择 效果选项(E)... ，弹出 放大/缩小 对话框。

（16）打开 效果 选项卡，在“声音”下拉列表框中选择“爆炸”声音，在“动画播放后”下拉列表框中选择“播放动画后隐藏”选项，如图 10.6.11 所示。

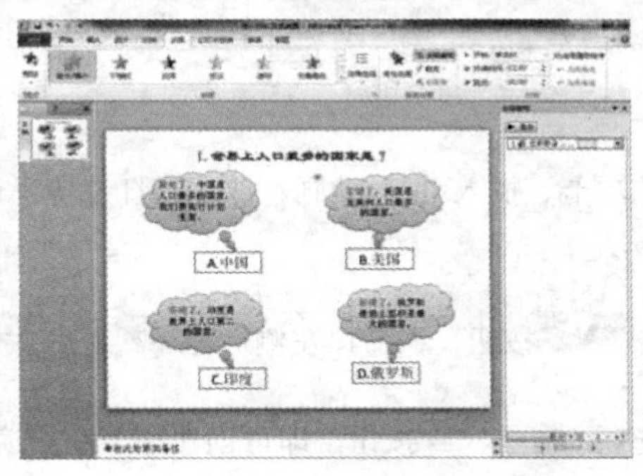

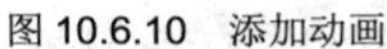

图 10.6.10　添加动画

图 10.6.11　“效果”选项卡

（17）为了使动画在播放后不至于立即隐藏，在 计时 选项卡中，设置“速度”为“非常慢（5 秒）”。单击 触发器(T) 按钮，在弹出的下拉列表中选择 单击下列对象时启动效果(C): 单选按钮，在其右侧下拉列表中选择标注 B 的答案，如图 10.6.12 所示。

（18）单击 确定 按钮返回幻灯片中。依此方法，设置 A，C，D 标注的动画效果。在设置答案 A 的标注时，将声音设为“鼓掌”，“播放动画后”设为“不变暗”，如图 10.6.13 所示。

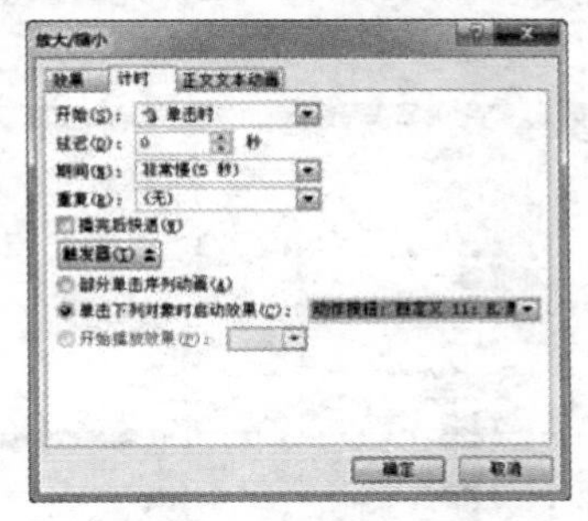

图 10.6.12　“计时”选项卡

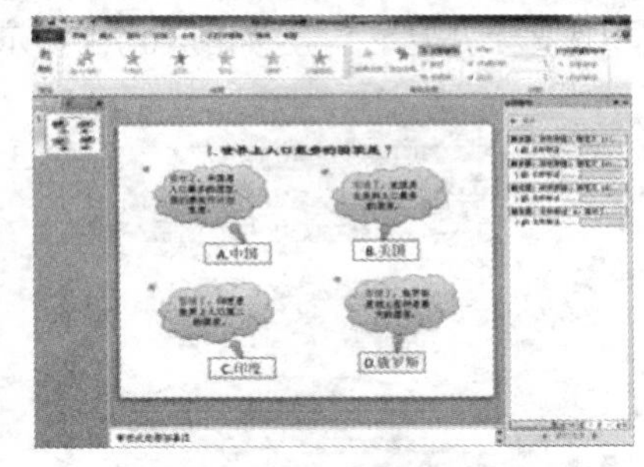

图 10.6.13　设置触发器效果

（19）在演示窗口绘制一个“前进或下一项”动作按钮，同时插入一张新幻灯片，开始制作下一道试题。

（20）设置完成后，单击视图切换区中的“幻灯片放映”按钮，可以看到放映的效果，最终效果如图 10.6.1 所示。

实验 7　在幻灯片中插入 Flash 动画

1．实验内容

在幻灯片中插入 Flash 动画，最终效果如图 10.7.1 所示。

图 10.7.1　效果图

2．实验目的

掌握新建演示文稿、保存演示文稿、添加选项卡、插入 flash 动画、放映幻灯片等操作。

3．操作步骤

（1）启动 PowerPoint 2010 应用程序，单击 文件 按钮，在窗口左侧选择 新建 命令，打开“新建”面板。在中间选择“空白演示文稿”选项，单击 创建 按钮，即可创建一个空白演示文稿。

（2）单击“快速启动工具栏”中的“保存”按钮，弹出 另存为 对话框，选择幻灯片的保存位置，并将其命名为“鱼戏水”，如图 10.7.2 所示。

注意：把需要插入的动画和演示文稿放在一个文件夹内。

（3）单击 文件 按钮，从弹出的下拉菜单中选择 选项 命令，打开 PowerPoint 选项 对话框。

（4）单击 自定义功能区 选项卡，在右侧“自定义功能区”下拉列表中选择“主选项卡”，然后在主选项卡列表中选择“开发工具”，如图 10.7.3 所示。

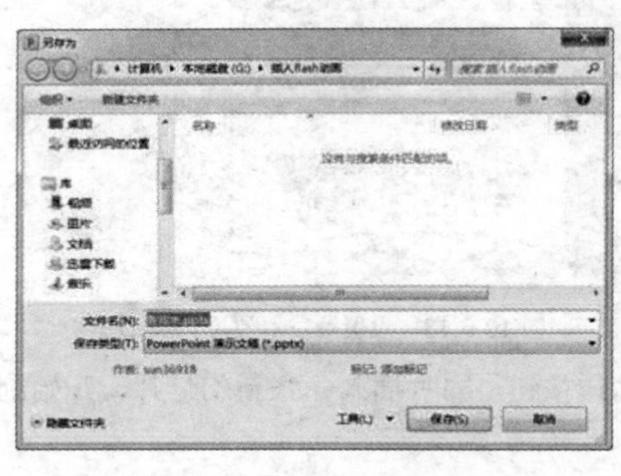

图 10.7.2　“另存为”对话框

图 10.7.3　自定义功能区

（5）单击 确定 按钮返回幻灯片，可以看到在功能区添加了“开发工具”选项卡，如图 10.7.4 所示。

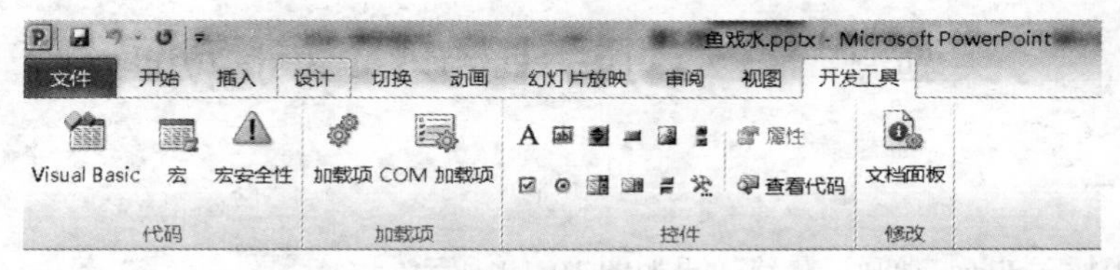

图 10.7.4　添加的选项卡

（6）单击“控件”组中的“其他控件”按钮，弹出 其他控件 对话框，在其列表框中选择“Shockwave Flash Object”选项，如图 10.7.5 所示。

（7）单击 确定 按钮返回幻灯片，此时鼠标变成十字形状，在需要的位置拖动想要的大小，如图 10.7.6 所示。

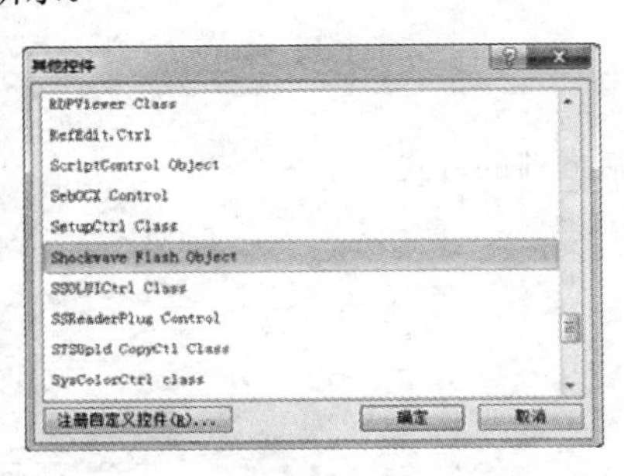

图 10.7.5　“其他控件”对话框

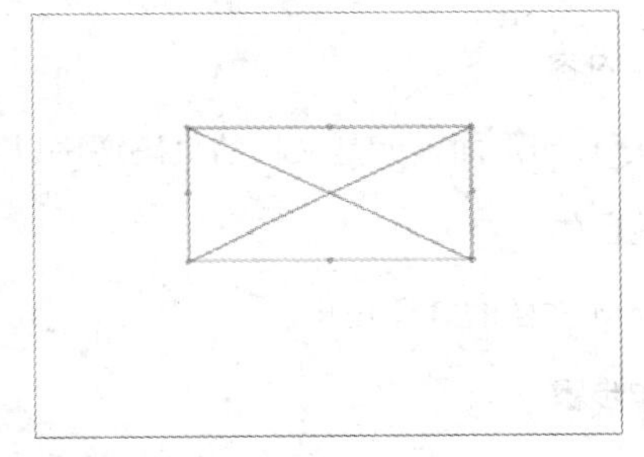

图 10.7.6　绘制控件

（8）在绘制的控件上单击鼠标右键，从弹出的快捷菜单中选择 属性(I) 命令，弹出 属性 对话框，在 Movie 名称右侧的文本框中输入 flash 文件的名称，包括路径及后缀名，比如“G:\插入 flash 动画\yuxishui.swf”，如图 10.7.7 所示。

（9）单击“关闭”按钮返回幻灯片，这时就可以看到控件的预览图了，如图 10.7.8 所示。

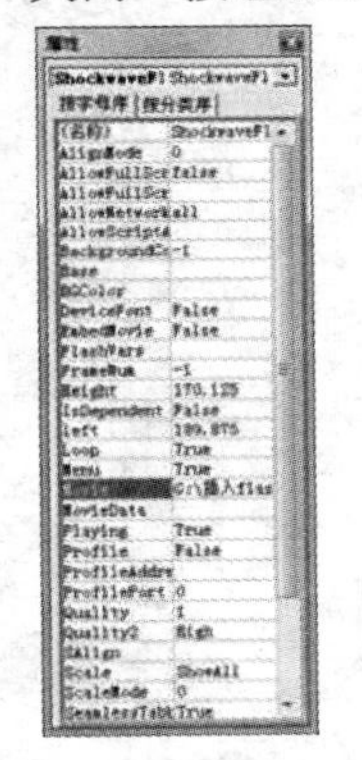

图 10.7.7　“属性”对话框

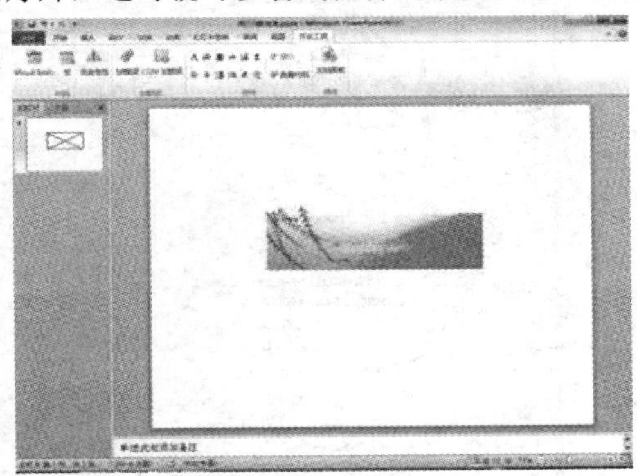

图 10.7.8　插入的控件

（10）拖动控件四周框线，可以调整控件的大小和位置，如图 10.7.9 所示。

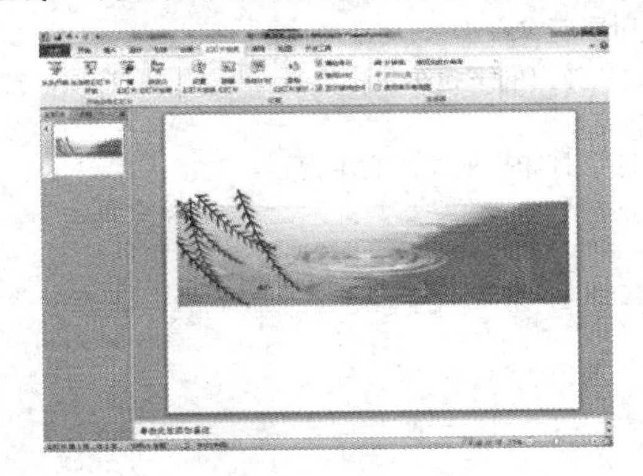

图 10.7.9　调整控件

（11）单击 幻灯片放映 选项卡“开始放映幻灯片”组中的 从当前幻灯片开始 按钮，就能看到放映的动画效果，如图 10.7.1 所示。

实验 8　逆序打印页面

1．实验内容

所谓逆序打印页面，就是文档的页码逆序以从后向前的方式打印，

2．实验目的

掌握 Word 文档的打印技巧。

3．操作步骤

（1）打开“期末物理试卷”文档，单击 文件 按钮，从弹出的下拉菜单中选择 选项 命令。

（2）这时弹出 Word 选项 对话框，单击 高级 选项卡，在“打印”选项组中选中 ☑ 逆序打印页面(R) 复选框，如图 10.8.1 所示。

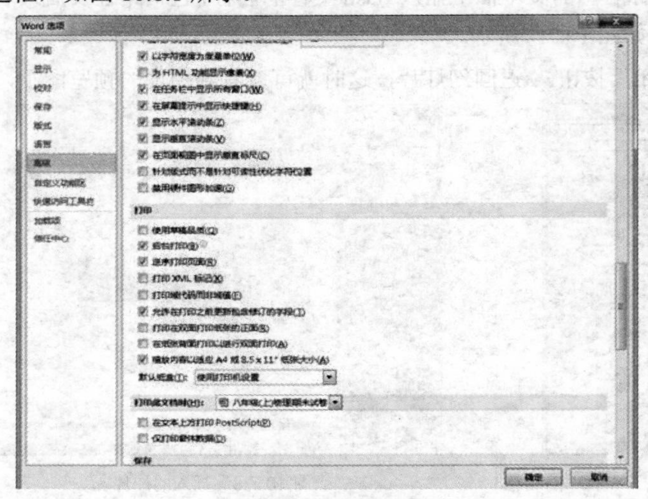

图 10.8.1　“高级”选项卡

（3）单击 确定 按钮完成设置。

（4）单击 文件 按钮，从弹出的下拉菜单中选择 打印 选项，打开“打印”面板。

（5）单击 打印 按钮，即可打印出逆序的文本内容。